普通高等教育"十二五"部委级规划教材

食品工艺学

李先保 主 编

王 岩 王茂增 杜传来 钟瑞敏 副主编

U0217005

中国纺织出版社

内 容 提 要

本书主要讲述粮油食品、畜产食品、果蔬食品和饮料的加工技术及食品加工基本知识,为进一步解决食品生产中的存在的实际问题奠定必要的理论基础。

本教材是食品相关专业的食品工艺学理论课教材,也可作为从事食品行业专业技术人员的参考书。

图书在版编目(CIP)数据

食品工艺学 / 李先保主编. — 北京:中国纺织出版社,2015.8(2025.4重印)

普通高等教育"十二五"部委级规划教材

ISBN 978 – 7 – 5180 – 1768 – 3

Ⅰ.①食… Ⅱ.①李… Ⅲ.①食品工艺学—高等学校—教材 Ⅳ.①TS201.1

中国版本图书馆 CIP 数据核字(2015)第 139271 号

责任编辑:彭振雪   责任设计:品欣排版   责任印制:王艳丽

中国纺织出版社出版发行
地址:北京市朝阳区百子湾东里 A407 号楼   邮政编码:100124
销售电话:010—67004422   传真:010—87155801
http://www.c-textilep.com
E-mail:faxing@c-textilep.com
中国纺织出版社天猫旗舰店
官方微博:http://weibo.com/2119887771
北京虎彩文化传播有限公司印刷   各地新华书店经销
2015 年 8 月第 1 版   2025 年 4 月第 6 次印刷
开本:787×1092   1/16   印张:22.75
字数:429 千字   定价:38.00 元

《食品工艺学》编委会成员

普通高等教育食品专业系列教材
编委会成员

出版者的话

《国家中长期教育改革和发展规划纲要》中提出"全面提高高等教育质量","提高人才培养质量"。教高〔2007〕1号文件"关于实施高等学校本科教学质量与教学改革工程的意见"中,明确了"继续推进国家精品课程建设","积极推进网络教育资源开发和共享平台建设,建设面向全国高校的精品课程和立体化教材的数字化资源中心",对高等教育教材的质量和立体化模式都提出了更高、更具体的要求。

"着力培养信念执着、品德优良、知识丰富、本领过硬的高素质专业人才和拔尖创新人才",已成为当今本科教育的主题。教材建设作为教学的重要组成部分,如何适应新形势下我国教学改革要求,配合教育部"卓越工程师教育培养计划"的实施,满足应用型人才培养的需要,在人才培养中发挥作用,成为院校和出版人共同努力的目标。中国纺织服装教育协会协同中国纺织出版社,认真组织制订"十二五"部委级教材规划,组织专家对各院校上报的"十二五"规划教材选题进行认真评选,力求使教材出版与教学改革和课程建设发展相适应,充分体现教材的适用性、科学性、系统性和新颖性,使教材内容具有以下三个特点:

(1)围绕一个核心——育人目标。根据教育规律和课程设置特点,从提高学生分析问题、解决问题的能力入手,教材附有课程设置指导,并于章首介绍本章知识点、重点、难点及专业技能,增加相关学科的最新研究理论、研究热点或历史背景,章后附形式多样的思考题等,提高教材的可读性,增加学生学习兴趣和自学能力,提升学生科技素养和人文素养。

(2)突出一个环节——实践环节。教材出版突出应用性学科的特点,注重理论与生产实践的结合,有针对性地设置教材内容,增加实践、实验内容,并通过多媒体等形式,直观反映生产实践的最新成果。

(3)实现一个立体——开发立体化教材体系。充分利用现代教育技术手段,构建数字教育资源平台,开发教学课件、音像制品、素材库、试题库等多种立体化的配套教材,以直观的形式和丰富的表达充分展现教学内容。

教材出版是教育发展中的重要组成部分,为出版高质量的教材,出版社严格甄选作者,组织专家评审,并对出版全过程进行跟踪,及时了解教材编写进度、编写质量,力求做到作者权威、编辑专业、审读严格、精品出版。我们愿与院校一起,共同探讨、完善教材出版,不断推出精品教材,以适应我国高等教育的发展要求。

中国纺织出版社

教材出版中心

前　言

　　"十二五"期间，是贯彻落实《国家中长期教育改革和发展纲要》和实施科教兴国的关键时期。如何主动适应社会和经济发展要求，提高学生的创新创业能力与工程实践能力，培养高素质的应用型专业技术人才是急需研究和探索的课题。因此，以精编应用型教材为抓手，更新教学内容，在建立突出应用能力和素质培养的课程标准的基础上，为应用型人才培养编写质量较高、针对性和实用性强的校本教材是我们当前应着力解决的首要问题。

　　《食品工艺学》是食品相关专业的核心课程。为了培养高素质应用型专门人才，在本书的编写过程中，贯彻了以下原则：一是精选内容，既注重体系的完整性，又突出知识的实用性，坚持"有用、可用、管用"的原则，并把握好够用为度的要求；二是注意教材的可读性，做到通俗易懂、循序渐进；三是以食品工艺基本理论知识为重点内容，做好与前修专业基础课程和后续核心课程的有机衔接，以食品大中型加工企业为场景、以应用型人才培养为目标，注重为生产实习及工程实践中的加工技术提供理论指导；四是教材紧密贴近我国食品工业生产实际，注意吸纳食品工艺前沿技术方面的最新进展和成果。

　　《食品工艺学》主要包括粮油食品、畜产食品、果蔬食品和饮料的食品加工技术和食品加工基本知识，为进一步解决食品生产中的问题奠定必要的理论基础。教材共分粮油食品、畜产食品、果蔬食品和饮料四部分。第一篇"粮油食品"主要介绍了大米食品、麦类食品、大豆制品、玉米食品、薯类食品和油脂类食品的加工技术；第二篇"畜产食品"主要介绍肉品、乳品和蛋品的加工技术；第三篇"果蔬食品"主要介绍果蔬原料加工及预处理、果蔬的罐藏、速冻、干制、糖制、腌制及果酒等加工技术；第四篇"饮料"主要介绍饮料用水及水处理、饮料常用的辅料和饮料生产上的关键技术。

　　参加本书编写的人员有：第一篇由闽南师范大学李凤霞、安徽科技学院郭元新和齐齐哈尔大学王岩编写；第二篇由安徽科技学院李先保、安徽科技学院郑海波、齐齐哈尔大学王岩和内蒙古科技大学云月英编写；第三篇由南京晓庄学院陈守江、韶关学院钟瑞敏、安徽科技学院杜传来和河北工程大学王永霞编写；第四篇由滁州学院蔡华珍、安徽科技学院郭元新、常熟理工学院刘晶晶和河套学院郭瑞编写。另外，河北工程大学王茂增，内蒙古科技大学游新勇，河北工程大学李海琴，山西农业大学马玲，湖南邵阳学院赵良忠，齐齐哈尔大学吴红艳，内蒙古民族大学齐景凯，内蒙古工业大学刘培玲，渤海大学吕长鑫，渤海大学宋立参与编写、整理工作。

　　本教材是食品相关专业的食品工艺学理论课教材，也可作为从事食品行业专业技术人员的参考用书。

本教材的编写得到了兄弟院校和出版社的大力协助，在此谨致诚挚的谢意！但由于时间紧、任务重，缺乏经验和水平有限，教材中难免有疏漏之处，恳请业内人士批评指正，以便修订。

李先保

目　录

第一篇　粮油食品工艺学

第二篇　畜产食品工艺学

第三篇　果蔬食品工艺学

第四篇　饮料工艺学

第一篇　粮油食品工艺学

第一章　大米食品加工技术

本章学习目标　熟悉大米食品加工业的基本状况，掌握方便米饭加工原理与工艺；理解米粉加工的基本原理，掌握米粉及方便米粉的生产工艺、主要设备及技术要求；掌握大米膨化食品、年糕及方便米粥的生产工艺。

一、方便米饭

我国有 2/3 的人口食用大米，解决米饭的食用方便化问题，对我国发展方便食品有重要意义。方便米饭最初采用金属罐装，虽然在食用时不需要再次蒸煮，但携带很不方便。为了克服这一缺点，美国首先研制出了 α 化米饭。α 化米饭就是把精白米洗净之后，经过两次蒸煮和一次洗涤，然后通过快速干燥冷却，用塑料袋密封包装，食用时加入热开水浸泡 3~5 min 就可以食用的米饭。α 化米饭起初是作为军粮，后来逐渐转为民用。α 化米饭虽然比罐头米饭前进了一步，但由于经过多道工序处理，特别是冲洗，使米饭失去固有的清香味，损失很多营养物质。另外，由于蒸煮和大量脱水，消耗能源多，成本高。为了克服这些不足，又研制出了冷冻米饭，即将煮熟的米饭装入气密性很强的包装容器中，密封后，在 -20℃ 的条件下冻结。这种冷冻米饭要存放在冷库中，要用冷藏车运输和销售。这样，虽然能保持米饭的营养和风味，并能延长保质期，但生产成本较高。

经过科技人员多年努力和研究，又发明了软罐头米饭、膨化米饭等更为方便快捷的方便米饭产品，从而有力地促进了方便米饭的生产。目前，市场上的方便米饭主要有两种产品形式：一种是经过脱水干燥的米饭颗粒，在食用时需要用热水处理后才可食用，如 α 化米饭、冷冻干燥米饭、膨化米饭等；另一种是未经过脱水干燥的成品米饭，打开包装加热或不加热就可以食用，如（软）罐头米饭或蒸煮袋米饭等。

（一）α 化米饭

α 化米饭又称脱水米饭、速煮米饭，是第二次世界大战期间作为战备物资而开发的一种方便食品，只要稍加烹煮或直接用沸水冲泡即可食用。用不同原料加工的速煮米饭具有不同的质构特点，配料不同又可加工成不同的风味。α 化米饭的生产工艺流程如图 1-1-1 所示。

精白米→清理→淘洗→浸泡→加抗黏剂→搅拌→蒸煮→冷却→离散→装盘→干燥→冷却→卸料→筛理→计量包装

图 1-1-1　α 化米饭的生产工艺流程

1. 选料

大米品种对速煮米饭的质量影响很大。如选用直链淀粉含量较高的籼米为原料，制品复水后，质地较干硬、口感不佳；若用支链淀粉含量较高的糯米为原料，又因加工时黏度大，米粒易粘接成块、不易分散，从而影响制品质量。因此，生产速煮米饭宜依据最终制品品质要求，科学合理选用不同品种的大米原料。

2. 清理和淘洗

一般大米中混有米糠、尘土、石块、金属等杂质，因此必须对大米进行清理。可采用风选、筛选和磁选等方法。风选可用吸式、吹式风选器和循环风选器。筛选则根据粒径不同而进行，常用的有溜筛、振动筛和平面回转筛等。磁选是利用磁性吸住金属的特性去除杂质，主要有磁栏、磁筒和永磁滚筒。经清理后的大米，用射流式洗米机或流化床连续洗米机进行淘洗。

3. 浸泡

浸泡的目的是使大米吸收适量的水分，大米吸水率与大米支链淀粉的含量有关。支链淀粉含量高，其吸水率高，因为支链淀粉具有较高分散性、结构较松散，有利于浸泡时与水分子之间的氢键缔合。浸泡可采用常温浸泡和加温浸泡两种，常温浸泡时间为2~4 h，浸泡时间长，大米易发酵产生异味，影响米饭质量。为防止上述缺陷，可采用加温浸泡。大米糊化温度在68~78℃之间，当浸泡温度在65℃以下时，大米水分达到30%以后，即使再延长浸泡时间，水分也几乎不再增加，这是因为浸泡水温没有达到使淀粉糊化的温度。所以当浸泡温度低于65℃时，提高水温可能增加大米的吸水速度，但不会增加大米最终的吸水量。当水温超过大米淀粉的糊化温度时，大米水分将随着浸泡时间的延长而几乎呈直线增加。提高浸泡水温虽然能使大米吸水速度加快，但会使大米颜色加深，米粒外层糊化，使水分不能均匀地渗透到米粒内部，使米粒产生白心。另外，浸泡水温过高，会导致大米吸收水分过多，使米粒膨胀过度，以致表面裂开，大米中的可溶性物质溶于水中，造成营养成分过多损失。因此，浸泡温度不宜太高，一般选择加温浸泡的条件为：水温70℃，浸泡时间约20 min，或水温35~45℃，浸泡时间为60~100 min。

为提高大米的吸水速率，可在浸泡时进行真空处理，使大米组织细胞内的空气被水置换，促进水分的渗透，从而可以缩短浸泡时间。

4. 加抗黏剂

大米经蒸煮后，因米粒表面也发生糊化，米粒之间常常互相粘连甚至结块，影响米粒的均匀干燥和颗粒分散，导致成品复水性降低。为此，在蒸煮前应加入抗黏剂。其方法有两种：一种是在浸泡水中添加柠檬酸、苹果酸等有机酸，可防止蒸煮过程中淀粉过度流失，但制品残留有机酸味，复水后米饭的外观及口感较差；另一种是在米饭中添加食用油脂类或乳化剂与甘油的混合物，也可防止米饭结块，但易引起脂肪氧化，影响制品的货架寿命。

5. 蒸煮

蒸煮是将浸泡后的大米进行加热熟化的过程。在蒸煮过程中，大米在有充足水分的条件下加热，吸收一定量的水分，并使淀粉糊化、蛋白质变性，将大米煮熟。为保证大米中的淀粉充分糊化，需提供足够多的水分和热量。

6. 离散

经蒸煮的米饭，水分可达65%～70%，虽然蒸煮前加抗黏剂，但由于米粒表面糊化层的影响仍会互相粘连。为使米饭能均匀地干燥，必须使结团的米饭离散。离散的方法有多种，较为简单的方法是将蒸煮后的米饭用冷水冷却并洗涤1～2 min，以除去溶出于米粒表面的淀粉，就可达到离散的目的。另一种方法是喷淋离散液。日本研制出一种米饭离散液，能较好地解决米饭结团问题。离散液由水、乙醇、非离子型表面活性剂（如糖脂、单甘酯、脂肪酸丙二醇酯）组成，添加量为米饭质量的2%～10%。添加量低于2%，结块米量太多，会使干燥不均匀。离散液中的乙醇有利于米饭的离散，其在离散液中的用量应大于10%，否则离散液的离散效果会随着乙醇含量的降低而迅速下降。非离子型表面活性剂含量一般为0.1%～1.0%。为使离散液均匀地附着于米粒表面，可采用带有喷雾或滴加装置的混合机。离散时，米饭的温度应低于55℃，以保证良好的离散效果。添加离散液后进行干燥所得的速煮米饭的碎粒（10目筛下物）含量为1.6%。

采用机械设备也可将米饭离散，蒸煮后的米饭输送到冷却解块输送带上。输送带用0.5 mm厚的不锈钢多孔板制成，在输送带上方装有轴流式风机送风，冷风穿过物料达到冷却的目的。冷却的物料在冷却终端由铲刀刮下，落入高速旋转的解块机（1400 r/min）被击打散开。

若将蒸煮后的米饭经短时间冻结处理（如在-18℃冻结处理3 min），也有利于米饭离散的完成，但时间必须掌握恰当，不然会造成整批米饭粒回生，影响制品的品质。

7. 装盘

离散后的米粒均匀地置于不锈钢网盘中，装盘的厚度、厚薄是否均匀对于米粒的糊化度、干燥时间以及产品质量均有直接影响。应尽量使米粒分布均匀、厚薄一致，以保证干燥均匀。然后，将装米盘插入小车以便干燥。

8. 干燥

将充分糊化的大米用100℃热风强力通风干燥，可采用顺流式隧道干燥固定米粒的组织状态，使糊化淀粉保持原型被固定下来。在80℃以上的温度条件下，α-淀粉来不及产生氢键缔合以前就予以干燥，这样就可长期保持α化状态，有利于保持制品的食用品质。方法是将装米盘推入干燥小车，再将干燥小车推入隧道式干燥机干燥，干燥机两边装有加热器，用蒸汽间接加热，进入的蒸汽压力不低于0.4 MPa。干燥机顶端安装有引风机用于排潮，一般干燥机最高温度不低于90℃。要求把含有65%～70%水分的米饭迅速干燥，使成品水分降至9%以下。一般在干燥开始阶段温度可适当高些，干燥的末尾阶段温度要适当低些。温度过高易焦化，影响成品色泽；温度太低，干燥速度慢，会增加米饭的回生程度，也影响米饭的内部结构，使复水性变差，产量降低。

9. 冷却卸料

刚出干燥室的米温为 60~70℃，这时仍进行能量交换，必须进行冷却，使温度降至 40℃以下才能将米从盘中取下。可采用自然冷却，然后卸料。

10. 搓散和筛理

将已冷却的速煮米饭经搓散机使尚黏结在一起的米粒分开，然后用振动筛将碎屑和小饭团分离，即成速煮米饭。搓散过程必须保证碎米率少于 5%。

（二）冷冻干燥米饭

将大米炊煮成米饭后，先冻结至冰点以下，使水分变成固态冰，然后在较高真空度下，将冰升华成蒸汽而除去，即成为冷冻干燥米饭。冷冻干燥米饭的生产过程主要包括以下几个步骤。

① 将大米放在 55~60℃的温水中浸泡 2 h，水中应含有足够的柠檬酸使水的 pH 值达到 4.0~5.5，浸泡结束时米粒表面必须仍有水覆盖。

② 排去浸泡水，重新用同样的水漂洗除去细杂质。

③ 采用振动筛面或空气吹干的方式彻底除去米粒表面的水。

④ 在压力锅底部放少量水，加盖烧开使设备加热。将控水以后的米放在压力锅中的筛网上，米层厚度不要超过 5 cm，加盖加热至排气阀出汽，关闭排气阀，将汽压升到 2.05×10^5 Pa，保持 12~15 min，然后逐渐排汽防止暴沸。

⑤ 将蒸过的热米放在过量的 93~99℃的水中，不要搅拌（搅拌会使米粒变黏），使米粒吸水膨胀、变软并分散。米应装在多孔容器中，这样水可以循环流过。

⑥ 按步骤④中的方法再煮 10~15 min，控去热水，用步骤①中用酸调节过 pH 值的冷水漂洗 2 次。

⑦ 用振摇或真空过滤机去除米粒上的游离水。

⑧ 将米饭放在不锈钢筛网传送带上，通过空气冷却器冷却至室温，然后装入纸袋或塑料袋，在气流式冷冻机中冷冻。米饭也可在包装前用流化床冷冻机冷冻。在煮后进行预冷却处理，可以除去米饭表面大部分的水分。包装前用 -34.4℃的冷空气处理，能保证米粒分散。冷冻干燥米饭在 -18℃的条件下可储存 1 年。食用时用微波炉解冻即可。

（三）膨化米饭

膨化米饭分为两种，一种是将大米直接膨化，另一种是将大米预糊化后再膨化。一般常采用预糊化后再进行膨化。膨化米饭的生产工艺流程如图 1-1-2 所示。

大米→淘洗→浸泡→蒸煮→压扁→二次蒸煮→干燥→膨化→冷却→包装

图 1-1-2 膨化米饭的生产工艺流程

1. 浸泡

将原料米放在水中，冷热水均可，浸泡时间不应少于 1 h。浸泡后米的含水量为

30%～35%。浸泡时可以添加其他食品及辅料，如调味料、各种氨基酸、食盐、白砂糖、葡萄糖、果糖、磷酸盐、酶制剂以及稀酸等。

2. 蒸煮

将浸泡后的大米捞出晾干，用压力为 0.8 kgf/cm^2（1 kgf/cm^2 = 98.0665 kPa，下同）的蒸汽蒸煮 10～30 min，使米的含水量达到 30%～35%，但米心部分尚未 α 化，米粒处于半熟状态。

3. 压扁

压扁前先吹入 10～40℃的冷风，时间约为 5 min，将蒸煮米冷却至室温，使米粒处于松散、分离状态，然后进行压扁。

4. 二次蒸煮

压扁工序结束后，加水搅拌，加水量为原料的 10%～40%，使米粒均匀吸水，并将所加入的水全部吸收。待米粒充分吸水后，再用 0.8 kgf/cm^2 的蒸汽蒸煮 15～30 min。蒸煮后米的含水量为 35%～50%，使米粒充分 α 化，也就是使米心高度 α 化，米粒处于非常松软的状态。在 α 化的过程中，可以添加一些乳化剂或油脂，添加量为原料大米的 0.1%～1.0%。乳化剂可以添加甘油酯、蔗糖酯、山梨糖醇酯等；油脂可以添加棉籽油或大豆油等半干性油。

5. 干燥

干燥一般采用热风干燥法，干燥温度为 60～100℃。干燥后的米粒含水量为 8%～20%。

6. 膨化

膨化操作是将米粒与高温热风接触。高温热风的温度为 150～300℃，尤以 180～250℃最为理想。膨化时间很短，为 10～40 s，膨化后大米的含水量降到 4%～7%。

7. 冷却

将膨化后的米粒通过输送 40℃以下冷风的办法，冷却至常温。

8. 包装

将冷却后大米用塑料袋或塑料杯定量包装，即可入库或销售。

用上述方法制得的膨化米饭，不仅复水性好，而且复水后的米饭与普通米饭有相同的味道和口感。食用时向米饭中添加适量的热开水，放置 10～30 s，倒掉水，加盖 5 min 即可食用。

（四）软罐头米饭

软罐头米饭也叫蒸煮袋米饭，它是先将炊煮的米饭或一定量的大米与水或半生半熟的米饭，充填密封在蒸煮袋内，经过高温高压蒸煮杀菌，再通过一道热风处理工序把袋子表面的水分去掉后所得到的产品。软罐头米饭的生产工艺流程如图 1 - 1 - 3 所示。

大米→淘洗→浸泡→预煮→定量充填、密封→装盘→蒸煮杀菌→蒸煮袋表面脱水→成品

图 1-1-3　软罐头米饭的生产工艺流程

1. 淘洗和浸泡

选用优质精白米为原料，筛选除杂，清洗后，将大米放入水中浸泡 2 h 备用，浸泡后大米的水分增加到 25%~30%。

2. 预煮

预煮就是将大米预先煮成半生半熟的米饭。经过预煮，能克服蒸煮袋内上、下层米水比例差别显著这一弊端，避免产品复原后出现软硬不匀、夹生等现象。预煮时间一般为 25 min 左右，米粒松软即可。

3. 定量充填、密封

将经过预煮的大米投入一台旋转式全自动充填密封包装机中。该机由供袋装置、自动开口装置、充填装置、热合封口装置及冷却装置等部分组成，能自动完成供袋、开口、充料、加水、挤压脱气、加热密封、冷却等工序，每分钟可装 20~25 袋，每袋充填量为 50~300 g，能自动定量充填大米原料，并按比例加水于袋中。由于采用了先进的喷嘴切割装填法，原料不会附着在包装袋口的密封面，所以密封性能较好。

密封过程中需要注意两个方面：一是蒸煮袋密封要在较高温度（180~230℃）下进行，压力为 304 kPa，时间在 0.5 s 以上，密封部位不要沾染污物，以防止裂口影响外观；二是封口前应尽量减少袋中残留的空气量，要求残留空气量在 10 mL 以下。因为过多的残留空气会导致以下问题：高压杀菌会发生破袋；食品容易腐败变质；杀菌时传热率降低，同时会使杀菌时冷却时间过长；在食用前加热时也会引起破裂。

4. 装盘

将从自动充填密封包装机出来的半成品小袋装入蒸煮盘内，蒸煮盘为长方形，每盘可装半成品小袋 60 个，小袋在蒸煮盘内要均匀排列。然后把装好半成品小袋的蒸煮盘装入一个专用的蒸煮手推车中，每车装 10~11 个蒸煮盘，以供下道工序进行蒸煮杀菌。

5. 蒸煮杀菌

将装好的蒸煮手推车送入加压加热杀菌装置内进行蒸煮杀菌，以使淀粉全部糊化，同时达到高温杀菌的目的。蒸煮杀菌的温度一般为 105~135℃。时间为 35 min。使用的高压杀菌釜能自动调温、调压、定时及记录，而且加热均匀，杀菌可靠，既能在 1 min 内快速升温到 135℃，又能在 1 min 内快速冷却。蒸煮器的密封门能够快开和快闭，只要转动一个手柄，就能把门严密封闭，可耐 608 kPa 的压力。另外，还装有安全连锁装置，如果门不封闭，其他设备就不能运转。

6. 蒸煮袋表面脱水

蒸煮杀菌后的软包装袋表面附着水分，如果不除去，就不能装箱，因此必须在脱水机中进行包装袋表面脱水。脱水机的主要结构是一对用特殊的海绵体制成的轧辊，并装

有两条进料、出料用的输送带。杀菌后的方便米饭袋通过海绵轧辊，附着在包装袋表面的水滴就可除去。如要求完全干燥，还可以用热风机将包装袋吹干。

二、方便米粥

米粥是一种流食，适合于婴幼儿、老人、病人等食用，也被作为早餐食品、美容食品和特殊食品。但是米粥的制作很费时间，随着人们生活水平的提高和生活节奏的加快，省时、便捷的方便米粥日益受到人们的欢迎，尤其在炎热的夏日，人们更渴望吃上清凉可口的方便米粥。方便米粥是以物理、化学的方法对大米进行预处理。目前市场上的方便米粥主要分为两类：一类是未经脱水干燥的即食方便米粥，如八宝粥罐头；另一类是经过蒸煮，然后冷冻干燥得到的产品，食用时只要用开水冲泡几分钟就可变成稀粥。

（一）方便米粥生产工艺

1. 八宝粥

八宝粥的生产工艺流程比较简单，从总体上来说，就是把原料按照一定的比例混装在罐内，再经过封口、杀菌、冷却、包装等步骤。一般八宝粥的生产工艺流程如图 1 - 1 - 4 所示。

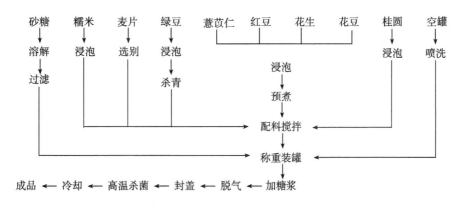

图 1 - 1 - 4　八宝粥生产工艺流程

（1）原辅料的选择和处理

谷类、豆类、干果、杂粮等原料应颗粒饱满、色泽正常，无虫蛀，无霉变，无杂质，无污染。红小豆应在常温下浸泡 2~4 h，以除去红小豆所含有的胰蛋白酶抑制剂，然后沥干水备用。花生经烘烤去红衣，淘洗干净，加水浸泡，沥干备用。薏米、花豆等除去杂质后，分别置于容器中加水浸泡（时间与红小豆基本相似），沥干水分备用。桂圆肉先用冷水浸洗，至散开为止，洗去杂质，用 80℃ 的热水浸泡 3~5 min 再捞出冷却，备用。优质糯米经称量后挑选去杂，用清水淘洗干净，在其他一些原料浸泡、预煮后，方开始加水浸泡 20~30 min，沥干水分备用。绿豆要用沸水煮 5~10 min，捞出用冷水冲洗，沥干备用

（2）配料

原料中糯米、赤小豆、绿豆、薏苡仁、花豆等配比不同，产品的稳定性、体态、色泽、口感均有差异。原料固形物与糖水的比例（即料水比）直接影响八宝粥产品最终的体态、粥样、软硬度等。比较三种料水比发现原料与水之比为 1:4 时，杀菌糊化后的产品黏稠度较适宜，原料固形物能够得到很好糊化，形成很好的粥形。产品甜度也是八宝粥质量的一个重要指标。砂糖添加量为 5% ~ 5.5% 时，产品甜度适宜，口感较好，适合于大多数消费者。

（3）预煮

完成上述各种原料的加工处理后，进入预煮工序。将处理后的红小豆、花生、薏苡仁、花豆等放入杀菌锅中，蒸熟后出锅，冲水冷却，滤干水分即成为备用的配料。

（4）装罐、注糖液

各种原料按照一定的配比称量后，装入罐中，注入 85℃ 以上的糖液。原料固形物与糖水的比例应根据最终产品的稀稠度、体态来确定。糖水浓度按照产品净重的百分比换算，根据成品甜度确定其砂糖用量。也可以加入 20 mg/kg 的乙基麦芽酚作为增香剂。

（5）脱气与密封

工业化生产八宝粥罐头，一般采用自动真空机进行脱气与封盖，也可以用排气箱脱气、封盖。根据实际生产经验，密封后罐头的真空度一般以 59 kPa 为宜。罐头封好后，要用温水洗净罐外表面的油污与糖浆。

（6）杀菌、冷却

八宝粥产品的杀菌过程也是糊化过程，既要保证产品的保质期，又要使产品具有一定的体态，质地细腻，软硬适当，入口即酥。

杀菌时先在 121℃ 下处理 50 ~ 60 min，再反压冷却至 40℃ 以下。蒸煮时间短的产品，花生等达不到入口即酥的效果，粥形差，保温后有产气现象，达不到长时间保存的目的。但杀菌时间若过长，产品会有异味（焦糊味）。121℃ 杀菌 60 min 的产品体态、口感均佳，保温检验未出现败坏现象，能达到卫生要求。反压冷却时要注意锅压下降速度应低于罐温下降速度，以免出现假胖听。杀菌操作最好采用回转式杀菌锅，以防粘底现象。

2. 蒸煮冷冻干燥速煮方便粥

蒸煮方便米粥的预处理可以采用两种方式：一种是在蒸煮前进行焙炒处理；另一种是采用真空处理的方式进行预处理，然后再蒸煮，其工艺流程如图 1 - 1 - 5 所示。

大米→真空处理（或焙炒）→蒸煮→漂洗→沥水晾干→冷冻干燥→成品

图 1 - 1 - 5　蒸煮方便米粥的生产工艺流程

（1）选料

制作方便米粥时，可以使用糯米或粳米，也可以将粳米、糯米混合使用。使用糯米时，要求含水量在 13% 左右，并且对加工条件要求比较严格，否则容易黏结成团，使用粳米时，要求含水量在 14% 左右，其生产条件比较容易控制，也不易黏结成团。

（2）真空处理或焙炒

将需要真空处理的大米放入真空干燥机中，真空度保持在 27 kPa，干燥 30 min，使米粒水分由 13% ~ 14% 降至 12% ~ 13%，质量减少 2% ~ 3%，使米粒表面龟裂率达 90% ~ 100%。米粒产生细孔和细微龟裂，这样米粒在蒸煮加工中就不会发生破裂损坏，并能充分吸水膨胀，米饭冷冻后形成多孔性结构，制品的复水性好。如果真空干燥不充分，米粒含水量超过 13%，质量减少低于 2%，则米粒表面龟裂率低于 90%，蒸煮后的米粒吸水不均匀，不能充分膨胀，复原性差；如果真空干燥过度，则蒸煮时米粒破裂，很难保持原状。

采用焙炒对大米进行预处理，即将大米投入炒锅中用文火焙炒至水分含量为 5% ~ 7%，使大米产生细孔及微小龟裂，以便在蒸煮过程中能充分吸水膨润，有利于淀粉的 α 化。焙炒时间约为 15 min。

（3）蒸煮

将经真空处理或焙炒后，产生无数细微龟裂的米粒直接投入沸水中，米粒表面形成 α 化淀粉薄层，可以防止后续加工过程中米粒的破坏。例如，在米粒质量 8 倍的沸水中投入干燥米，加盖后，用 100℃ ±2℃ 的温度煮沸 1 ~ 2 min。如果煮沸时间超过 2 min，则会煳锅；相反，如果煮沸时间不到 1 min，米粒表层形成的 α 化淀粉层不充分，蒸煮效果不好。

煮沸结束后，打开盖，继续用 95℃ ±2℃ 的温度加热 20 ~ 40 min，使米粒进一步膨胀，促进淀粉 α 化。如果温度低于 93℃，加热时间少于 20 min，则淀粉糊化不充分，米粒中有硬心；但加热温度超过 97℃ 或加热时间超过 40 min，则会破坏米粒。此外，热水多少也会影响产品质量。一般来说，1 份米使用 8 份水比较适宜。

随后再加盖、不加热保温 20 ~ 40 min，在此期间，温度逐渐降至 80 ~ 90℃。这样处理的目的是防止在米粒被破坏的情况下使淀粉进一步膨胀。放置时间少于 20 min，膨胀不充分；而超过 40 min 则会损坏米粒。

（4）漂洗

蒸煮后，为抑制淀粉的 β 化，应马上将米饭放入冷水中，充分漂洗，去掉米粒表面的淀粉液。如不洗掉淀粉液，冻结干燥后的制品还原性非常差。水洗后排掉米粒中多余的水分，使冻结干燥后制品的还原性更为理想。沥水晾干后，在 1% 的食盐水中浸渍，再沥水晾干，以排出米粒中多余的水分，使产品复原性更为理想。经处理后的米粒，体积为普通米饭粒的 2 倍。

（5）冷冻干燥

冷冻干燥的目的是保持米粒的多孔性结构，方法之一是将水洗、盐水处理后的大米置于真空冷冻干燥机中，以 -30℃ 冷冻后，在 80℃、真空度 40 Pa 条件下干燥 12 h，最终得到水分含量为2%、密度为0.12 g/cm³的方便米粥产品，食用时，加入米粒质量8倍的热水或温水，产品即可复原成粥状，食味和口感与普通米粥相比毫不逊色。如果感到米粥黏性不足，可将水洗工序中去掉的黏液冷冻干燥，将所得到的糊化淀粉掺入米粥内，使用薯类糊化淀粉同样能起到增黏作用。

3. 挤压成型方便粥

速煮挤压成型方便粥的生产工艺流程如图 1-1-6 所示。

大米→淘洗→浸渍→蒸煮→调湿→挤压膨化→切割→干燥→成品

图 1-1-6　速煮挤压成型方便粥的生产工艺流程

（1）淘洗、浸渍

原料可选用粳米，也可选用糯米或粳米与糯米的混合米。原料经淘洗后，在清水中浸渍 1 h，至水分含量为 25% ~ 30%。

（2）蒸煮

沥水后，添加 0.2% 原料米量的蔗糖酯混合，在 115℃温度下蒸煮 10 min，使淀粉糊化。

（3）调湿

经蒸煮的米饭水分为 30% ~ 40%，在此情况下，也可以用挤压机制出加热水后短时间内即能复水的方便粥。但因制品水分高，往往容易黏附在机器上，影响生产；或成型后制品粘连在一起，影响制品的质量和得率。因此，在挤压成型前，应将水分调整至26% 左右，可提高制品的质量和得率。反之，如果水分含量低于 20%，因黏性不足，会出现大量不合格的产品。因此，可采用 60 ~ 80℃热风干燥机将蒸煮米的水分调整到 26% 左右。

（4）挤压成型

用挤压蒸煮机将调湿后的米进行挤压成型。挤压膨化机预热温度为 180℃，时间20 ~ 30 min（电控加热），螺杆转速为 60 r/min。加冷水检验膨化机的预热情况，将冷水加入进料斗后，膨化机出口有大量蒸汽喷出时开始进料，同时应除去开始喷出料时膨化不良的部分。最终膨化温度以 150℃左右为宜。

（5）切割与干燥

原料膨化后从膨化机的喷头挤出，经过冷却后，切割成 4 mm 长的颗粒状（与米粒大小类似）。将切割后的成型颗粒用 60 ~ 80℃的热风将水分干燥至 14% 左右，干燥后的颗粒再用 230℃热风干燥 20 s，干燥后的产品水分应在 3% ~ 4%。

（二）方便米粥主要生产设备

1. 螺旋式连续蒸煮机（图 1-1-7）

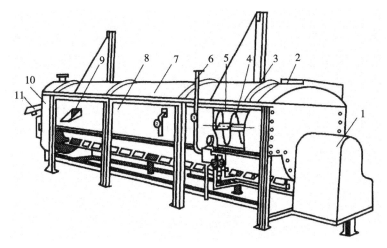

图 1 - 1 - 7 螺旋式连续蒸煮机结构示意

1—变速装置 2—进料斗 3—支座 4—螺旋 5—筛网圆筒 6—蒸汽管

7—盖子 8—壳体 9—溢流水出 10—料斗 11—斜槽

2. 链带式连续蒸煮机

链带式连续蒸煮机结构如图 1 - 1 - 8 所示。其特点是能够适应多种物料的预煮，原料在水中下沉、漂浮或半浮半沉，形状规则或不规则都可使用，物料经预煮后的机械伤也很少。其缺点是清洗十分困难，占地面积也较大。同时，一旦链条在槽内卡死，检修很不方便。

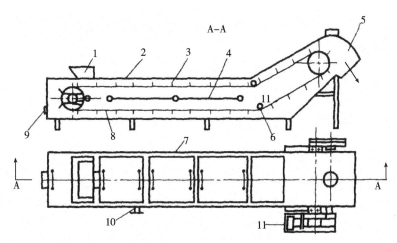

图 1 - 1 - 8 链带式连续蒸煮机结构示意图

1—料斗 2—盖子 3—刮板 4—吹泡管 5—卸料斗 6—压轮

7—钢槽 8—链条 9—舱口 10—溢流管 11—电动机

三、米粉及米粉食品

"米粉"的称呼是有地区性的。从广义上理解,米粉是指以米作原料,采用生米磨粉或将米加热糊化、干燥后破碎而成粉状产品。但在广东、广西、贵州、湖南、江西、福建等省区以及我国港澳地区、东南亚一些地区,米粉是指以大米为原料,经浸泡、蒸煮、压条等工序而制成的条状或片状或丝状米制品,一些地方将此类产品称为米粉条。

(一)米粉生产工艺

糯米粉、粳米粉、籼米粉等产品的生产和销售在我国南方各省很普遍,除直接食用外,还是制作中国传统食品的重要原料,在江、浙、沪、黔、赣及两广等南方地区颇受消费者喜爱。以下介绍几种典型的米粉生产工艺。

1. 水磨糯米粉

水磨糯米粉是一种生米粉,其生产工艺流程如图1-1-9所示。

糯米→水洗→水磨→筛分→糯米粉浆液→破碎→干燥→糯米粉

图1-1-9 水磨糯米粉生产工艺流程图

糯米进行水洗时,要翻洗,尤其是米刚浸入水中,由于吸水膨胀易结块,若不及时翻洗,就会堵塞循环浸洗管道,影响生产的正常进行。一般浸泡时间为3~4 h,时间长短与季节有关,天气冷浸洗时间长些,天气热浸洗时间短些。糯米的浸洗程度,以手指用力能搓碎为好,洗米的水要符合卫生标准为宜。浸泡后,滤水,并加入1~2倍的水,用水磨机磨成浆液。将得到的浆液过80~100目的筛网,筛上物再返回重磨,筛下浆液用压滤机脱水至40%~45%,制成生粉,然后破碎,用60~70℃的热风干燥即可得成品。

2. 糊化米粉

预糊化米粉的制作工艺如图1-1-10。

糯米→水洗→浸泡→蒸煮→捣制→干燥→粉碎→筛理→包装

图1-1-10 预糊化米粉的制作工艺

糯米经水洗、浸泡、蒸煮以后捣制成黏糕状,然后经过滚筒干燥,将干燥得到的产品粉碎、过筛即可得到成品。预糊化米粉加水冲调后即可食用。糊化后米粉的淀粉结构发生变化,分子量减小,可溶性成分增加,吸水润胀能力增强,易于消化,加水冲调后能形成糊状流体,具有较好速食性能。

影响预糊化米粉质量的因素很多,如糊化度、干燥过程中的老化及其黏度、操作中乳液滞留程度、滚筒表面的温度、滚筒的速度都会影响米粉的冲调性能。预糊化米粉最忌混入异物,如干燥不完全的部分便老化回生,成为不溶性异物,滚筒与刮刀摩擦有时产生铁粉,用刮刀不能完全刮下淀粉时,余下的薄膜就会变成角质的褐色物质。

预糊化米粉是花生米、青豆等食品的包衣的专用淀粉,产品杂质含量低,黏结力强,抗老化,与面粉配合使用,起到黏合和成膜剂的作用,使产品松、脆、酥、口感好、颗粒大，保质期长。特别适用于花生米、青豆、果仁等包衣休闲食品生产。

3. 速溶营养米粉

速溶营养米粉是采用螺旋挤压机进行挤压膨化，然后再粉碎得到粉末状产品，按配方加入不同的营养素，可以制成适合不同年龄人群的产品，特别适合于老年人和婴幼儿。其生产工艺流程如图1-1-11。

配料→混合→预处理→挤压膨化→切割→干燥→冷却→磨粉→过筛→包装→成品

图1-1-11　速溶营养米粉生产工艺流程图

（1）配料与混合

原辅料从各储罐按配比称重后，进入混合器充分混合，然后送入预处理。速溶营养米粉的配方见表1-1-1。

表1-1-1　速溶营养米粉配方

配方	大米	大豆	米胚	玉米	奶粉	蛋黄粉	砂糖
I	36	25	11	6.1	4	2.9	15
II	38	24.4	12	5.0	2.6	3.0	15

（2）预处理

在原料进入挤压膨化机以前，按生产工艺要求进行增湿或加温处理，以减少主机螺杆的负荷，起到保证最终产品质量的作用。预处理可以在性能较好的混合机内喷水或喷蒸汽，如螺旋锥形混合器具有这种功能。但要注意的是：在这种设备里当干粉尚未均匀混合时，就喷入蒸汽或水，原料容易结块成球而难以达到高精度的混合，所以多数情况下都是在干粉混合均匀后再加水或蒸汽处理。在预处理器内，使物料的水分调整至20%左右，然后再把物料送入挤压膨化机内。

（3）挤压膨化

由于螺旋挤压机的摩擦生热，糊状物在120～160℃的温度下产生淀粉糊化，受高压力作用，通过微细小孔的网片挤出，在挤出的瞬间因压力骤降，米粉立即迅速膨胀而失水干燥，形成有蜂窝状组织的固形物，最后经旋转切割刀切成小球状。

（4）干燥、冷却

从模头挤出的物料水分仍较高，经烘干冷却，使物料的水分降至4%左右，温度降至室温。

（5）磨粉、筛分、包装

经过干燥的膨化物料，用磨碎机磨碎再经80～100目筛筛理，用复合薄膜袋或金属罐包装即为成品。

（二）常用米粉加工设备

按照生产工艺的不同，可以将米粉分为生米粉、预糊化米粉和膨化米粉。不论是何种米粉，其生产设备都离不开淘米机、磨浆机、干燥机等；其中，预糊化米粉还需要滚筒干燥机，膨化米粉还需要混合机和挤压膨化机。

1. 淘米机

将清理后的原料在淘洗机中用水淘洗，将附着在大米表面的霉菌等微生物和其他附着物淘洗除去。螺旋式淘米机（图1-1-12）是以250 r/min的转速转动的绞龙将大米从进料端向出料端输送。在输送过程中，通过大米与水之间、大米之间和大米与绞龙叶片的摩擦作用实现大米的淘洗。为防止已经淘洗的大米与未淘洗的大米混合，中间设有一个隔板。淘洗后的大米由水泵提至浸泡罐浸泡。

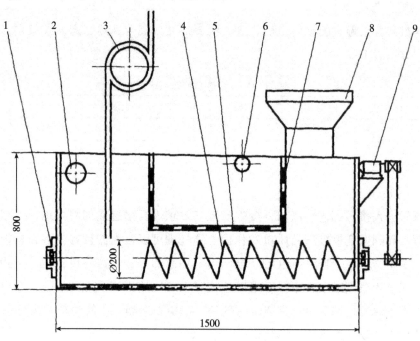

图1-1-12　螺旋式淘米机结构示意图

1—轴承座　2—溢流孔　3—泵　4—绞龙　5—孔板

6—进水机　7—隔板　8—进料斗　9—电动机

2. 磨浆机

大米清理、浸泡后进行磨浆，最理想的磨浆机是石磨，其主要由料斗、磨盘间距调节机构、静磨盘、动磨盘、流浆槽和传动机构等部分组成（图1-1-13）。石磨盘常用花岗岩制成，该机具有动磨盘高速转动，噪声低，运转平稳，浆液细腻，出浆温度低，含砂量少等特点。

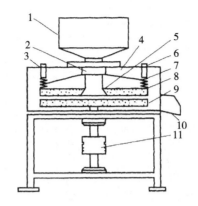

图 1 - 1 - 13　磨浆机结构示意图

1—料斗　2—调节螺母　3—机壳　4—压板　5—落料斗　6—定位螺栓

7—弹簧　8—静磨盘　9—动磨盘　10—流浆槽　11—皮带轮

3. 干燥机

（1）流化床干燥机

多层振动流化床干燥机（图 1 - 1 - 14）分设上下多层筛板，利用振动电机，产生振动。待干燥物料在机械振动和气流的共同作用下，形成流态化。物料沿筛板向前并从上层至下层匀速传送，热空气从下层穿过筛板向上运动，多次与物料混合并进行热交换，达到物料干燥和充分利用热能的目的。

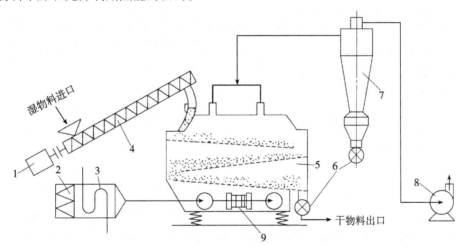

图 1 - 1 - 14　多层振动流化床干燥机结构示意图

1—无级调速机　2—空气过滤器　3—空气加热器　4—螺旋输送机　5—干燥机

6—下料器　7—旋风分离器　8—风机　9—振动电动机

（2）滚筒干燥机

预糊化米粉，又称寒梅粉、熟化粉或膨化粉。预糊化米粉的干燥方法可分为喷雾法、挤压膨化法、微波法、脉冲喷气法和滚筒干燥法等数种，其中最常见的是滚筒干燥法。滚筒干燥法所用滚筒干燥机又可分为单滚筒干燥机和双滚筒干燥机（图 1 - 1 - 15）两种类型。

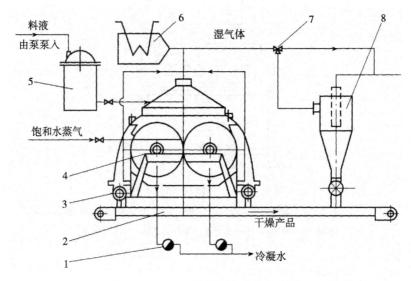

图1－1－15　双滚筒干燥结构示意图

1—疏水阀　2—皮带输送机　3—螺旋输送机　4—双滚筒干燥器

5—料液高位槽　6—湿空气加热器　7—切换阀　8—细粉捕集器

4. 双螺旋锥形混合机

挤压前各种食品原料必须进行预混合，才能得到均一的膨化度。挤压食品生产用的原料混合器有多种形式，现在普遍采用的是较为先进的锥形双螺旋混合机，它结构复杂，成本高，但混合精度高，混合时间短，可以连续进出料混合，也可关闭出料阀门进行封闭间歇式混合。

（三）方便米粉的生产

我国早期米粉的生产是用煮熟的米饭经人工舂压榨丝制作而成的。民间至今仍使用古老的手工方法生产米粉。20世纪60年代后，开始使用机械代替手工榨粉，以后出现一些简易组合生产线，但仍不能连续化生产。到80年代，开始研制机械化程度较高的成套生产线，较为成熟的米粉加工成套设备有波纹米粉生产线、方便河粉生产线、排米粉生产线。其中波纹米粉生产线自动化程度较高，产量和成品率高。近年来，直条米粉在工艺和设备上也取得了重大突破。鉴于篇幅有限，本部分仅对高档直条米粉和波纹方便米粉生产工艺进行介绍。

1. 高档直条米粉

高档精制直条米粉是在传统直条米粉生产基础上，通过改进生产工艺和设备而发展起来的。产品质量比传统直条米粉有显著提高，产品外观洁白光亮、条形均匀挺直、久煮不糊汤、不断条、吐浆率低，口感柔韧爽滑、有咬劲。产品大量出口，在出口米粉市场上一枝独秀。其原料全部采用大米，不需任何食品添加剂，而且以早籼米为主要原料，成本低、经济效益好、市场竞争力强。高档直条米粉的生产工艺如图1－1－16所示。

大米→洗米→浸泡→磨浆→筛滤→拌粉→榨粉→ 一次时效处理→复蒸→二次时效处理→梳条整理→干燥→切条→计量与包装

图 1 - 1 - 16　高档直条米粉的生产工艺流程

（1）大米预处理

大米预处理工序主要包括去石、精碾、清洗、浸泡、脱水和粉碎等工序，但工艺参数有所不同。碾米时，调整喷风机的流量调节器和阻力调节板，根据原料大米的精度，使碾白出糠量控制在投料量的 2% ~5%。并考虑大米的黏度、直链淀粉含量等参数，对大米进行搭配，通常早、晚稻米配比为早稻米 60% ~80%，晚稻米 20% ~40%。

由于生产精制高档直条米粉的大米浸泡时间较长，大米含水量高，如不充分沥干水分，粉碎时很容易堵塞粉碎机筛孔，因此必须先对湿大米进行脱水，以米粒表面没有明显的游离水、粉碎时不堵塞筛片为准。粉碎后的大米粉料中往往粗细不匀，还夹带有糠皮等杂质。粗细不匀的粉料会影响糊化效果，使米粉条表面粗糙不平。糠皮进入粉丝则成为有色斑点，对产品外观有较大影响，应予以过筛去除，一般过 60 目筛即可。由于湿粉料中水分含量较高，一般在 26% ~28%，用普通平筛分级较为困难，常用振动离心圆筛进行筛理。

（2）拌粉

大米经浸泡、粉碎后，其含水量在 26% ~28%。水分偏低，不能满足榨粉机的生产要求，需要补充适量水分。拌粉工艺要求：粉料粒度和水分分布均匀一致、一捏即拢、一碰即散，含水量 30% ~32% 为宜。

拌粉机主要由机筒、搅拌杆、主轴、传动机构、机架等组成。机筒是装载大米粉料的不锈钢容器，内有两对竖直的搅拌杆，一侧为出料口。将大米粉料倒入拌粉机中，加料量约占拌粉机机筒容积的 60%。启动电机，待机内的粉状物料翻滚后，喷加适量的水，这样可以使加水比较均匀。同时，粉头和生产花色米粉条需要的香菇、蒜蓉等辅料也应该在此时加入，以便和大米粉末混合均匀。拌粉 5 ~10 min 后，打开出料口闸门，依靠搅拌杆带动粉料旋转时产生的离心作用将粉料排出。

扩散和对流是拌粉机的拌粉机理。扩散是粉料向四周作无规则的运动，对流是粉料在扩散的同时又作相对运动。这有利于固相物料与液相物料混合均匀。

混合是否均匀，对最终产品质量有很大影响。混合不均匀，会使物料的含水量出现差异，在榨粉时导致米粉条粗细不匀。混合后料含水量的高低，对产品质量及榨粉、时效处理、复蒸、梳条等工序的顺利进行和出品率有显著影响。水分高，榨粉后米粉易粘连，难松散，时效处理时间长；水分低，榨粉时米浆流动性能差，米粉丝色泽深，易出现气泡，米粉条较松散，不易蒸透，常有断挂现象。拌粉后粉料含水量宜控制在 30% ~32%。混合过程中加水量还与大米的种类及其内在品质有关，实际生产中要灵活掌握。

（3）榨粉

通常根据挤出米粉条的外观来调整榨粉机流量，合理控制熟化程度，以挤出的米粉条粗细均匀、透明度好、表面光亮平滑、有弹性、无生白、无气泡为宜。榨出的米粉条既不能太熟，也不能太生。粉料熟度不够，挤出来的米粉条生白无光、透明度差，榨出来的米粉条韧性差、断条率高、吐浆值大。过熟，挤丝不顺，容易粘连，挤出来的米粉条褐变严重、色泽较深，且易产生气泡。

（4）时效处理

时效处理就是让糊化了的淀粉回生老化，即将米粉丝送入时效房内静置一定时间，使糊化的大米淀粉适度 β 化。同时使米粉丝水分平衡、结构稳定，米粉条之间黏性减小，易于散开而不粘连。高档直条米粉生产中有两次时效处理。第一次是榨粉后，第二次是在复蒸后，其目的都是为了使大米淀粉适度 β 化。熟化后的大米淀粉易粘连并条，不利于后续处理。经时效处理后，米粉条才适合后续工序的工艺要求。

（5）复蒸

经过一次时效处理后，米粉条已经充分老化，但若直接进入烘干工序，所制得的米粉条糊汤率较高。只有将米粉条进行复蒸，提高熟化度，使米粉条的表层进一步糊化，以降低成品吐浆率，提高表面光滑度及其韧性。复蒸的工艺要求是提高 α 化度，尤其是米粉条表面要充分糊化。

（6）梳条

两次时效处理后的米粉条都要进行梳条，即将晾透的粉挂移到梳条架上逐挂松散。梳条时，用少许水润湿，并反复揉搓，使粉丝间充分分离。然后再用钢丝梳上下梳理整齐。

（7）烘干

为了保证精制高档直条米粉的质量，多选用索道式烘干房，其烘干温度低、时间长。烘干的热源，可以采用锅炉产生的蒸汽，也可采用热风炉产生的热风。

已梳条的粉挂人工逐杆挂上烘房的移动悬挂器上，进入烘干房。烘干时间为 6~7 h。烘房分为 3 个干燥区段，即预干燥区 20~25℃、相对湿度 80%~85%，主干燥区 26~36℃、相对湿度 85%~90%，完成干燥区 22~25℃、相对湿度 70%~75%。

在干燥过程中，应通过控制供热和排湿维持各区段温度、湿度的稳定，以使先后进入烘房的粉挂能在相同条件下得到适度的干燥，从而保证干燥度的稳定。米粉条干燥后的最终水分含量控制在 13%~14%。烘干工作参数宜随季节、空气温度和湿度等情况进行调整，实际生产中应灵活掌握。

（8）切条和包装

干燥后的粉挂由人工逐杆取下，用切粉机切割成 18~20 cm 长。切粉机上装有圆盘式锯片来完成切割。对圆盘式锯片的要求是锯齿多、锯片薄，锯片的转速为 1000~1300 r/min。若锯片厚而齿数少，在切割时会造成较大的浪费，并降低出品率。精制直条米粉因品质、档次较高，一般都采用印刷精美的聚丙烯塑料袋包装。直条米粉正品要求粉丝外观均匀挺直、无弯曲、无并条、无杂质、无气泡。

2．波纹方便米粉

我国南方及其他部分省区都有食用米粉条的传统和饮食习惯，如能利用大米资源优势，生产类似于方便面的方便型米粉产品，不仅能增加大米食品的花色品种，适应时代的发展潮流，而且能大大提高大米附加值，拉长产业链。波纹方便米粉是通过清理、浸泡、磨浆、脱水、挤丝、烘干等一系列工序加工而成的米制品，其加工工艺流程如图1-1-17所示。波纹方便米粉生产中，大米的预处理工序与直条状米粉的生产工艺基本相似，因此，在此仅就米浆脱水的后续工序加以介绍。

大米→清理→浸泡→磨浆→筛滤→脱水→蒸粉→挤片、挤丝→波纹成型→风冷→复蒸→风冷→切断→干燥→冷却→计量与包装

图1-1-17　波纹方便米粉的工艺流程

（1）搅拌蒸粉

蒸粉是米粉条生产中最重要的工序之一。通过蒸粉，使相互间无黏性的大米粉料颗粒糊化，把结晶态淀粉分子与非结晶态淀粉分子之间的氢键断裂，使之吸水膨胀、淀粉分子充分伸展，成为相互交联且具有一定流变学特性和可塑性的淀粉凝胶。在挤压成丝后才能具有一定的弹性和韧性。

蒸粉工序的要求是：蒸粉后粉团应呈淡淡的黄色，透明有光泽，熟化度为70%～80%；用手掰开粉团，里面无生粉，里外熟化度基本一致。如果蒸后粉料夹生则表明熟度不够，粉团过大则表明熟过头。熟化度不够的粉料，会造成成品泛白、断条多、吐浆率高；熟过头的粉料，榨条时粉条之间过度粘连，不利于疏松成型。

（2）挤片和挤丝

挤片又称榨片，是将蒸熟后的粉料挤压成长条状，然后进入挤丝工序。其作用是使糊化后的粉料变得紧密有韧性，并排除粉团内部空气。

波纹米粉与波纹方便面成型的方法不同，它是利用超长榨条机的螺旋轴产生的强大压力，迫使米粉条穿过出丝模头，克服出丝孔板的阻力而形成丝状。由于不锈钢输送网带速度比米粉条出丝速度慢，就会使米粉条带产生弯曲和折叠。同时由于冷风的强制作用，米粉条表面的黏液被迅速吹干，温度降低，表面变硬，而形成弯曲平整、折叠规则均匀的波浪状。

（3）冷却

直条米粉在挤丝后，往往有4～12h的时效处理，目的是使淀粉充分回生。而波纹米粉，为了全面机械化生产，其冷却的时间相当短，只是用2台并列的轴流通风机对米粉条带进行强制风干和冷却，其目的是降低黏度、温度和疏松米粉。风干和冷却时间不宜太长，以防表面硬化发脆。

（4）复蒸

复蒸也称蒸丝或蒸条。波纹米粉的复蒸是为了进一步提高熟化度，尤其是表层的熟化度。在复蒸过程中，波纹米粉继续吸收蒸汽中的水分，在100℃左右的温度下，熟化度提高到90%以上，特别是表层熟化度更高。表层的完全糊化会使米粉产品具有油润透明感、吐浆率低、韧性强等特点。由于波纹米粉在挤丝后，只经过短时间的风干和冷却，其水分、温度的降低都很有限，淀粉回生较少，水分含量依然较高，复蒸条件比直条米粉相对好，难度较低。因此，一般采用常压连续式复蒸机进行复蒸处理，其工艺效果较好。复蒸工艺效果受波纹米粉块的水分、疏密厚薄、复蒸的温度和时间等因素影响。厚度薄，密度低，熟化度高。虽然大米淀粉的糊化初始温度只有60℃，但对于有一定密度和厚度的粉片而言，需要更高的温度才能提高其 α 化度。通常，复蒸温度在100℃左右，复蒸时间为 12 ~ 18 min。

（5）切割

复蒸后的波纹米粉离开复蒸室后被滚刀切成面块，切刀每旋转一周，刀口对米粉带切割一次，切后粉块的长度由切刀的转速决定。刀口应定时刷无色无味的色拉油，防止刀口与粉块黏结。

（6）干燥

波纹方便米粉的干燥原理与直条米粉相同。但在干燥过程中，必须快速固定淀粉的 α 化，尽可能防止淀粉的回生（β 化），使波纹米粉有较好的复水性能。因此，要求烘干时间短，烘干温度尽可能高。现多采用较为先进的三段式高温高湿链盒式热风循回干燥机，它能确保烘干的粉块不弯曲、不酥条、色泽洁白且有光泽。

（7）包装

可做各种方便包装，使食用做到真正方便，一般波纹米粉的包装有袋装、碗装、纸箱装等3种形式。

思考题

1. 方便米饭产品的主要类型有哪些？各有何特点？
2. α - 化米饭生产的原理及主要流程是什么？
3. 冷冻干燥米饭、膨化米饭和软罐头米饭的生产中应注意哪些问题？
4. 常见的米粉产品有哪些，各有何特点？
5. 试述流化床干燥机的工作原理。
6. 榨粉可分为哪两个阶段，各有何特点？
7. 高档直条米粉和波纹方便米粉的生产工艺流程是什么？
8. 方便米粥有哪些产品？试述其加工工艺。

第二章　麦类食品加工技术

本章学习目标　熟悉麦类食品加工业的基本情况，掌握蒸煮食品和面条加工原理与工艺；理解方便面加工的基本原理，掌握方便面及馒头的生产工艺、主要设备及技术要求；掌握麦类早餐食品的基本概念、制作原理和制作工艺。

一、挂面

（一）定义

挂面是将面粉和制成面团，在机械挤压下形成湿面条，经干燥而成的一种面制食品。

（二）分类

挂面按面的宽度不同可分为龙须面、细面、小阔面、大阔面、特阔面五大类，根据营养成分不同分为普通面、营养面、风味面三大类，具体如图 1 - 2 - 1 所示。

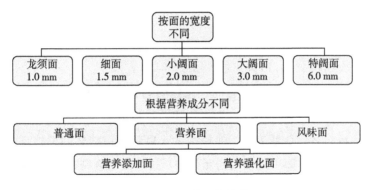

图 1 - 2 - 1　挂面的分类

（三）挂面生产工艺流程

原辅料→和面→熟化→轧片→切条→烘干→切断→包装

（四）操作要点

1. 和面

和面的作用是在小麦粉中加入适量的水和其他辅料，经过一定时间的搅拌，使小麦粉中所含的非水溶性蛋白质（麦胶蛋白和麦谷蛋白，图 1 - 2 - 2）吸水膨胀，相互粘连，逐步形成具有韧性、私性、延伸性和可塑性（变形性能最佳）的湿面筋。与此同时，小麦粉中在常温下不溶于水的淀粉粒子吸水湿润，逐步膨胀饱满起来，并使其胶化后的淀粉被面筋网络所包围，从而使原来没有粘连性、延伸性和可塑性的小麦粉转变成为具有粘弹性、延伸性和可塑性的湿面团，为压片、切条和具有良好的烹调性能准备条件。网络结构愈紧密，面条的强度愈高，煮面时从面条表面溶于汤中的淀粉粒子愈少，即通常我们所说的"不浑汤"。这样面条的烹调性能良好，就可以生产出优质的面条。

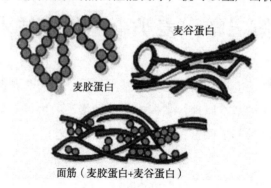

图1-2-2　麦胶蛋白和麦谷蛋

（1）和面过程

和面过程大致可以分为六个阶段。

① 原料混合阶段：原料混合阶段又分成两段。当和面开始时，先是使各种粉状原料成分混合，然后加入盐、碱水，面粉开始与水进行有限的表面接触和混合，形成结构松散的、呈粉状或小颗粒状的混合料。前一阶段的混合时间大致需要3～4 min。加水过程随加水设备不同有些区别，采用自动定量罐时，自流加水1～2 min，如果采用流量计加压，则加水过程大约在1 min以内完成。

② 面筋形成阶段：和面继续进行时，已经湿润的面粉颗粒、水分从表面进而渗透到内部，使大分子的蛋白质聚合物进行水化作用，这样就使面团中局部地形成面筋。面筋具有胶体物质的特性之一是粘流性，使松散的小颗粒在搅拌桨的搅拌下，彼此粘连而形成网络结构，此时面团中即出现较大的团状物，这阶段的调制经历5～6 min。

③ 成熟阶段：初步成团状的面团，网络结构的内聚力较为松散，表面粗糙。如果以此时的面团放到复合压片机上进行辊轧的话，将极易断裂，难以成片，即使经多次辊轧，勉强成片也会显得极粗糙，结构不均匀，所以必须要继续调制，使面团成熟需要6～7 min。

④ 塑性增强阶段：面条面团的物理性状不仅要有相当的弹性，还应具有一定程度的延伸性和可塑性。达到成熟阶段的面团常表现为私弹性增强，但可塑性和延伸性不够理想。若误认为面团调制已经完毕，用以压片，会使面片表现出各个局部的自行收缩，产生微小的孔洞，表面不够光润。不仅如此，盘花后的生坯因弹性过大而收缩变粗，形态不够理想，所以必须继续以低速调粉。

⑤ 搅拌过度阶段：面团搅拌过度，会超过面筋的搅拌耐度，使已形成的面筋网络受到不同程度的破坏，使面团弹性减弱，赫性增强，给压片甚至产品质量带来不利影响。

⑥ 破坏阶段：若继续搅拌，面团温度升高到引起蛋白质变性的程度，造成面筋网络严重破坏，从而破坏了面团的加工性能，这种面团很难进行压片。

（2）和面工艺的要求

和面工艺的要求是形成具有良好加工性能的面团。即面团形成颗粒坯状，吸水均匀而充足，面筋扩展适宜，颗粒松散，粒度大小一致，色泽一致并略显肉黄色，不含"生粉"，手握成团，经轻轻搓揉仍能成为松散的颗粒面团。

必须指出，并不是所有的小麦粉任意加水搅拌后，都能够形成"淀粉颗粒被面筋网络所包围"那样理想的状态，它是需要掌握好和面过程中的各有关工艺参数，才能使生产顺利进行，保证产品质量。

（3）影响和面的主要因素

① 原、辅料的质量：面粉应具有足够的湿面筋含量和具有一定的弹性、延伸性。对于挂面湿面筋含量要求为 30% ～32%，油炸方便面湿面筋含量要求为 32% ～34%。

水质会直接影响制品的质量，因为水的硬度太高，会使小麦粉的亲水性变劣，吸水速度变慢，硬水中的金属离子与小麦粉中的蛋白质结合，会降低面筋的弹性和延伸性，变硬变脆，削弱了面团的勃度和工艺性能；金属离子与淀粉结合，会影响淀粉在和面过程中的正常糊化，也会降低面团的私度和工艺性能。

为了提高和面效果，可在和面时使用一些添加剂，如食盐、碱等。和面时适当加入溶解的食盐，能起到强化面筋、改善面团加工性能的作用。因为食盐溶于水离解为钠离子和氯离子，该水溶液加入面粉后，能使面粉吸水速度加快，水容易分布均匀，同时，钠离子和氯离子分布在蛋白质周围，能起固定水分的作用，有利于蛋白质吸水形成面筋。通过水分子、钠离子和氯离子双重媒介作用，使蛋白质快速吸水膨胀并相互连接得更加紧密，从而使面筋的弹性和延伸性增强。由于食盐是和蛋白质起作用的，所以加盐量主要根据小麦中蛋白质含量的多少来调整。其次，由于食盐有抑制酶的活性、防止面团酸败的作用，因而食盐的加入量还要根据季节、气温高低来调整。一般原则是：蛋白质含量高则多加，蛋白质含量少则少加；加水率高则多加，加水率低则少加；夏季气温高则多加，冬季气温低则少加。添加量为面粉重量的 2%，一般先将盐化成盐水加入。

② 加水量：加水多少是影响和面效果的主要因素之一。生产挂面的加水量一般为面粉质量的 26% ～30% 较好，即面团水分测定值控制在 30.5% ～31.5% 之间为宜。对于方便面生产，因加水量与 α 化度有关，一般 30% 以上的水分就可使淀粉充分糊化，水分太低，糊化不均匀，也不完全。加水量多，蒸面时可获得较高的 α 化度，加之又没有挂面悬挂干燥的影响，其加水量可增加，加水量一般为面粉质量的 28% ～32%，面团实际含水应控制在 33% ～34%。

③ 和面用水的温度：和面时，面筋生成率与面坯温度有很大关系。面料温度主要由水的温度决定，所以必须重视水温对和面效果的影响。

目前我国在夏季、春季和秋季，一般采用自来水和面，平均水温在 20 ～30℃。如冬天及春初秋末，气温在 20℃ 以下，最好用温水和面，水温应控制在 40 ～45℃，不宜超过 50℃。

④ 和面时间：和面时间的长短对和面效果有明显的影响。由于小麦面粉中的蛋白质吸水形成面筋、淀粉吸水膨胀形成良好的面团结构需要一定时间，和面时间过短，加入的水分难以和小麦粉搅拌均匀，蛋白质、淀粉没有与水接触或没来得及吸水，会大大影响面团的加工性能。和面时间太长，面团温度升高（主要是由于机械能转变为热能），使蛋白质部分变性，降低了湿面筋的数量和质量，同时还会使面筋扩展过度，出现面团"过熟"现象。

⑤ 和面机搅拌强度：和面效果好坏，与和面机的形式及其搅拌强度也有关系。搅拌强度一般用搅拌轴的转速来表示。搅拌的作用主要是将和面机内的面粉和水以及其他添加剂不断地翻动，使小麦粉的各部分吸水均匀一致，并通过揉搓，使其形成具有良好加工性能的面团。因此，搅拌速度快慢对和面效果具有显著影响。

搅拌速度与和面机容量、和面时间有关。如果和面机的容量小，和面时间短，则搅拌速度可适当快些；如果和面机容量大，和面时间长，则搅拌转速可以慢些。制作方便面的和面机转速可取下限为 70 r/min 左右，生产挂面可以适当快一些。因为制作挂面时，回机的湿断条头较多，如转速过低，难以把湿断头打碎。

由于搅拌翅的回转半径不同，将上速转速依搅拌翅的一般尺寸换算成线速度，则更准确描述面粉搅拌情况，搅拌线速度为 2 ~ 3 m/s。

⑥ 回机干湿断头量的影响：挂面在生产中不可避免地产生许多断头。挂面在烘房内移动和烘干后下架时受机械振动落条，成品在切成一定长度时以及在称量、包装过程中所产生的断条，这些统称"面头"或断头。我国大多数挂面厂正品率为 80% ~ 90%，这就是说投料 100 kg 面粉就有 10 ~ 20 kg 的面头。再加上有时因制面工艺掌握不当而产生的"酥面"，面头的数量就更可观了。目前普遍采用回机处理法，即将面头粉碎成一定细度后直接掺入和面机的干法处理，或将面头用水浸湿软化后掺入和面机的湿法处理两种。

（4）和面设备

一定的工艺条件要靠一定的设备来实现。合理的和面设备对和面工艺条件的实现及和面工序的完成有重要意义。挂面生产中的主要技术指标如正品率、出品率、产量、电耗、成本等以及对制品的技术要求，与和面机的工作都有密切关系。

① 和面机工作原理：和面机工作原理是当小麦粉与水接触时，在接触表面形成面筋膜，这种膜能阻碍水的浸透和其他蛋白质的相互作用。和面机的搅拌桨叶能破坏这层面筋膜，使水化作用得以不断进行。与此同时，利用机械桨的有力旋转，使小麦粉、水和添加剂以较快的速度同机体内表面进行碰撞与翻腾，使之充分混合。小麦粉在此生产过程中充分吸水膨胀，形成面筋质和淀粉颗粒被面筋网络所包围的面团结构。

② 卧式双轴和面机：卧式双轴和面机具有容量大、转速低、和面时间长及动耗省、残留量小、运转平稳、噪声低等优点，可以较好地满足各项工艺条件，已被选定作为制面机械中标准化设备。全机由机壳双缸体、双搅拌轴和圆柱形搅拌齿（桨叶）组成。桨叶用螺母紧固在主轴的径向孔内成为搅拌器，主轴端连有传动装置，双缸底部安置开卸

料门装置，加水装置安装在面缸上方中央。与面粉接触的双缸体、搅拌器、卸料门等均用不锈钢制造。其结构如图 1 - 2 - 3 所示。

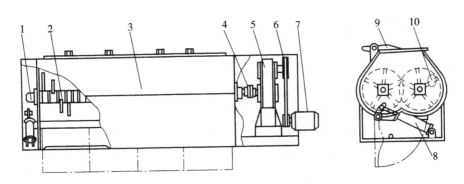

图 1 - 2 - 3 卧式双轴和面机结构示意图

1—轴承座 2—搅拌轴 3—箱体 4—联轴器 5—减速器

6—皮带及大小链轮 7—电动机 8—汽缸 9—盖 10—搅拌轴（桨叶）

加水过程对混合效果有重要影响。一般加水过程中，碱水从定量罐靠自重流出，经小孔或其他分配装置加入和面机，这一过程通常需要 1～2 min。比较先进的进水管安装在和面缸内正上方中央，可调节缸内不同部分的进水量，达到均匀进水的目的，但必须保证定量罐与和面机适当的位差。最近有研究提出喷雾加水的方法，碱水在压力下经过专门设计的喷嘴分散成雾状加入和面机，因为有水泵的压力，通常 1 min 即完成加水过程。理论上碱水喷成雾状，面粉能够吸收较多的水分，可以提高加水量，改善加工性能，缩短混合时间。现在许多企业和面加水实现了自动化，如图 1 - 2 - 4 所示。

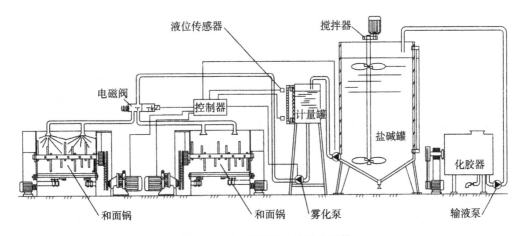

图 1 - 2 - 4 和面加水自动化系统

面条生产中最常用的卧式双轴和面机主要技术性能如表 1 - 2 - 1 所示。

表 1 - 2 - 1　双轴和面机主要技术性能

转子直径/mm	转子长度/mm	和面量/（kg/次）	搅拌时间/min	动力配置/kW	产量/（kg/h）	班产量/（t/8 h）
Φ450	1200	125～150	15	5.5	500～600	2.5
Φ450	1500	175～200	15	7.5	700～800	4.0
Φ450	1800	225～250	15	11	900～1000	5.5
Φ450	2000	275～300	15	15	1100～1200	7.0

在生产中，常见的故障产生原因和排除方法见表 1 - 2 - 2

表 1 - 2 - 2　卧式双轴和面机常见的故障及排除

故障	产生原因	排除方法
和面机加料后，搅拌速度明显减慢	1. 皮带过松 2. 原料与水超量，点击负荷过量 3. 电压低于 380 V	1. 收紧传动带 2. 检查原料与水是否过量，检查电机是否两相运转 3. 检查电压是否正常
交班时，和面机内有部分物料不运动	搅拌齿紧固螺丝松动	拧紧搅拌齿的紧固螺丝
和面机运转时突然停车	1. 负荷过重，熔断丝燃断 2. 使用磁力启动器时脱扣 3. 卡有异物	1. 熔断丝是否烧断 2. 检查电器接触部分是否良好 3. 取出异物
和面机发生异响	1. 皮带轮与轴齿键的配合过松 2. 轴承损坏偏位 3. 机内有异物	1. 键的配合按标准重心配置 2. 将已坏轴换下 3. 停车取出异物
供水量过小、不均或不供水	1. 供水泵或供水阀故障 2. 供水管的小孔堵塞	1. 检查供水泵和供水阀，排除故障 2. 停机清理下水管
卸料门关闭不严，漏粉	1. 和面缸卸料边缘或卸料门变形 2. 气缸内气压不足，关门不到位 3. 和面缸卸料边缘与卸料门贴合处粘有面块或异物	1. 停机进行修理 2. 检查压缩空气系统 3. 清除该处面块或异物

③ 真空和面机：真空和面机是目前国际上先进的和面设备，是由日本东京面机株式会社和日本 TOM 公司共同研制成功的，应用在湿方便面生产线上。该机的和面桶内抽成真空，真空度为 86659.3～93325.4 Pa。在真空状态下，水分呈雾状，更容易与面粉结合，使面粉的蛋白质及淀粉充分吸水，形成面筋网络，有利于提高湿面筋的数量和质量。与此同时，真空和面采用变速方式，开始时高速搅拌利于面粉和水的均匀接触，以后用低速搅拌松弛面团张力，保护形成的面筋网络。真空和面机主要技术关键是要解决和面桶内的密封问题。真空和面与常压和面比较有以下优点：

a. 在真空状态下，喷入的水很容易雾化，保证了加水的均匀性；

b. 在真空状态下，面粉中没有气体，水分容易渗透到内部，和面效果提高；

c. 真空和面制得的面团结构紧密；

d. 真空和面方式可提高和面加水量；

e. 真空和面可缩短熟化时间；

f. 真空和面—面团发热少，面温低。

2. 熟化工序

熟化是进一步改善面团的加工性能，提高产品质量的重要环节之一。

（1）熟化的基本原理

所谓"熟化"，即自然成熟的意思，也就是借助时间的推移来改善原料、半成品或者成品品质的过程。在制面生产中，面团的熟化是把和面后的如散豆腐渣状的面团放入一个低速搅拌的容器中，在低温、低速搅拌下完成熟化。对于面团来讲，熟化是和面过程的延续。如中国传统的拉面工艺中即有熟化工序，和面后，让面团静置一段时间，在搓条过程中再进行两次静置。现代工业化制面工艺是受传统工艺的启发，再加上现代理论与实践而设计的。

根据上述理论，熟化工序的主要作用有以下四点。

① 使水分最大限度地渗透到蛋白质胶体粒子的内部，使之充分吸水膨胀，互相粘连，进一步形成面筋网络组织。

② 通过低速搅拌或静置，消除面团的内应力，使面团内部结构稳定。

③ 促进蛋白质和淀粉之间的水分自动调节，达到均质化，起到对粉粒的调节作用。

④ 对下道复合压片工序起到均匀喂料的作用。

（2）熟化工艺的要求

熟化工艺的要求是熟化时间一般为 15 min，最少为 10 min，如设备条件许可，时间长一些更好。熟化后的面团不结成大块，不升高温度。

（3）影响熟化效果的主要因素

影响熟化工艺效果的主要因素有熟化时间、搅拌速度、温度三个方面。

① 熟化时间：根据检验小麦粉面筋质的经验，试样加水搅拌成面团以后，再静置 30 min 面筋就已基本形成。因此在生产中把和面和熟化时间之和控制为 30 min，如果和面时间为 10 min，则熟化时间为 20 min；如果和面时间为 15 min，则熟化时间应为 15 min；如果和面时间为 20 min，则熟化时间为 10 min，，这就是确定熟化时间长短的依据。

要保证足够的和面时间，必须使熟化器的容积足够大。前面提到要保证 15 min 的和面时间，必须使和面机的容积等于或大于每小时产量的 1/3。对于熟化器，为了保证熟化时间，熟化器的容积应等于或大于产量的 1/3。

② 搅拌速度：熟化工艺理论上要求在静态下进行，而作为机械化工业生产，面团静置后会结成大块，给复合压片喂料造成困难。因此，在连续化制面生产流水线中，不得不把静态熟化改为动态熟化，以低速搅拌来防止面团结块，低速搅拌的盘式熟化机就是根据这个原理设计的。搅拌速度以能防止面团结块并能满足喂料为原则，只要达到这两点要求，搅拌速度越低越好。对于盘式熟化机，经实验和大量的工厂实践，其搅拌杆的转速以 5~8 r/min 为宜。

③ 熟化温度：熟化工艺要求在常温下进行，温度高低对熟化工艺效果有一定影响，其影响关系与和面相似。由于圆盘式熟化机的搅拌速度很慢，从和面机下来的面团不可

能在低速度搅拌下升温，而且圆盘式熟化机无盖，有利于面团散热，所以，熟化机中的面团温度低于和面机中面团的温度。比较理想的熟化温度为25℃左右，宜低不宜高。值得注意的是，卧式熟化机转速较高，面团散热也较困难，很容易使面团温度升高。静置熟化时必须注意保持水分，因为长时间静置会有大量水分蒸发，造成面团工艺性能下降。

（4）熟化设备

熟化机有的叫做存料器、第二搅拌器或第二和面机，其形式有立式（盘式）和卧式两种。从熟化原理可知，对熟化机的设计和选用，应从熟化、供料、散热等方面全面考虑。一卧式熟化机的结构和卧式双轴和面机相同，但比和面机要长很多。一般长度为2m左右，也有长达3m的。其主要结构是在不锈钢板制作的搅拌槽内装有一根主轴，轴上装有若干搅拌杆。在搅拌槽的底部可根据需要开一个到多个卸料门。装上手动阀板，可以实现一台熟化机向一台或几台复合压片机喂料，如图1-2-5所示。这种熟化喂料机的特点是结构比较简单，制造安装和检修比较方便。如果需要延长熟化时间，在安装空间许可的前提下，可以把两台熟化机上下串联起来使用。它的主要不足之处是转速不能过慢，否则要影响面团在轴向均匀分布。但搅拌线速度过高，又不利于面筋组织的进一步形成。

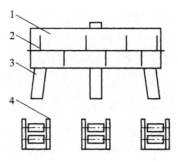

图1-2-5　卧式熟化机

1—卧式熟化机　2—搅拌齿杆　3—出料口　4—复合压片机

3. 压片工序

压片是使面团经过若干道辊压作用形成面片的过程，为切条成型作准备。成型面片是否符合要求，对产品的内在与外观质量以及烘干工序的操作有着显著的影响，因而，压片是保证产品质量的中心环节。

（1）压片的作用

概括说压延有三个作用：一是将松散的面团辊压成细密的、达到规定厚度要求的薄面片；二是压延过程中，面筋蛋白逐渐由零乱、无序状态转为有序状态，面筋蛋白受压变细，成为纤维状，沿压延方向分配，同时将淀粉颗粒包络其中，形成更为完善的面筋网络体，并最终在面片中均匀排列，使面片具有一定的韧性和强度，以保证产品质量；三是压延使面带水分分布更加均匀。

（2）压片的基本原理

压片的基本过程如图 1 - 2 - 6 所示：面团从熟化喂料器进入复合压片机中，两组轧辊压出的两片面带复合为一片，再经连续压片机的几组轧辊逐步压延成符合产品要求的面片。

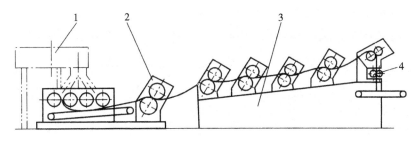

图 1 - 2 - 6　熟化、复合、连续压片及成型器

1—熟化喂料机　2—复合压片机　3—连续压片机　4—成型器

（3）影响压片工艺效果的主要因素

影响复合压延工艺效果的主要因素有面团的工艺性能、压延倍数、压延道数、轧辊直径、压延比、轧辊速度等。

① 面团的工艺性能：面团的结构、水分含量、水的均匀性、面筋形成的数量与质量、面团温度等都直接影响复合压延的工艺效果。含水适宜稳定、干湿均匀、面筋形成充分而且质量好、温度适当、结构性能良好的面团，在复合压片、连续压延过程中所产生的断片、破片等现象就少，面片质量好，而且调节好的轧辊轧距一般可较长时间不再调整。反之压片效果差，不但断片、破片严重，面片的韧性、弹性也差，而且轧辊轧距的调节也频繁。

② 压延倍数：压延倍数是初轧面片厚度与末轧面片厚度的比值，它反映复合压延前后变形的程度。目前国内制面多是复合压延，小产量的设备也有单片压延的。若初压片的面片厚度为 4 mm，末压片的面片厚度为 1 mm. 则复合压延与单片压延的压延倍数分别为：

复合压延：压延倍数 $N_复$ = （4 + 4）/1 = 8

单片压延：压延倍数 $N_单$ = 4/1 = 4

由此可见，复合压延的压延倍数大于单片压延。压延倍数越大，面片受挤压的作用越强（不可超过面团所能承受压力的极限值），面粉颗粒之间空隙越有可能被挤紧填满，面片内面筋网络组织越细密化，成品面带越紧密，强度越好，吃时富有咬劲。因此采用复合压片比单压片的面片紧密度和强度好。但复合的两片有时粘接不好，会影响产品质量，如出现分条现象。根据面条（挂面、方便面）成品质量能够满足国内消费习惯，压片道数一般为 6 ~ 8 道，压延倍数为 8 ~ 100 倍。

③ 压延比：压延比为面片进出同道轧辊的厚度差与进入前面片厚度的比值。压片是一个由厚到薄的过程，这个过程应是缓慢的。轧薄率的大小反映了经轧辊减薄幅度的大小，即面带被拉伸的幅度大小。当拉伸力大于面筋质的互相粘接力和拉伸长度超过面筋

质允许长度时，则面筋组织沿面带的互相连接和排布将被破坏。因此，面带经每道轧辊的减薄幅度不应过大，并且随压延道数逐步减小。

初压成型时，轧薄率可视为100%，因为这时面片由颗粒物料成型，没有厚度变化问题。两条刚成型的面带，组织较为疏松，面筋组织的互相粘接和排列也不完全。两条面带进行复合压延时，为使两成型面带紧密地复合成一条面带，以避免成品挂面出现分条现象，除需要较大的辊压力和较长的辊轧时间外，通过增大减薄幅度，使面带在较大的拉伸过程中紧密地复合。所以，复合压延选择较大的轧薄力，一般取50%。

面带随逐道轧辊的揉压、减薄，越来越紧密，面筋组织沿面带的互相粘接和排列也渐趋完整，同时，随面带的压延减薄，轧辊线速也渐次增高，即面带所拉伸的速度越来越快。这时如采用较大的轧薄率，被拉伸伸长变弱的面筋网络结构很容易破坏。因此，随面带的压延减薄，轧薄率应渐次减小。

对复合6压、7压，设备的轧薄率按表1-2-3、表1-2-4所示配备，可获得较好的工艺效果。

表1-2-3 复合6压轧薄率参考值

辊次	1号、2号	3号	4号	5号	6号	7号
轧薄率/%	100	50	38~43	30~33	20~25	10~15

表1-2-4 复合7压轧薄率参考值

辊次	1号、2号	3号	4号	5号	6号	7号	8号
轧薄率/%	100	50	38~43	28~35	23~26	11~23	9~10

④压延道数：压延道数是在整个复合压延设备中所配置的轧辊对数。压延道数与压延比有密切关系，适当增加压片道数，可减少压延比，增加揉压次数，对面筋在面带中纵向分布有利。但道数增多，辊压过度，容易使面带组织过于紧密，表面发硬不利于传热，造成干燥时水分不易蒸发和煮面时时间延长，同时增加消耗。道数过少，则压延比增大，面筋会急剧压伤。压片道数的确定必须考虑轧薄率的大小。根据实验结果，比较合理的压延道数为7道，其中复合阶段为2道，连续压片阶段为5道。

⑤轧辊直径：压片时，面带的质量好坏与轧辊压力有关。选择合适的轧辊压力并配之以相应的辊径，对压面效果和复合压延机的设计制造都有重要作用。

当压薄量一定，轧辊直径越大，喂入角越小，面团或面片越易喂入。

从另一角度看，轧辊直径越大，对面团或面片产生的压力也越大。若轧距不变，直径越大，工作区长度自然会增大，面团或面片通过工作区的路程、时间增长，受到的挤压强度也自然增大。

⑥轧辊转速：轧辊线速度对压片效果有重要影响。在轧距相同条件下，转速越高，线速度越大，产量越大，面片被拉伸的速度越快。但过快的拉伸容易破坏已形成的面筋

网络组织，而且面片光滑度较差。若转速较低，线速度小，面片受压时间长，面片紧密光洁，但产量低。因此，在生产中必须严格控制每道轧辊的转速，特别是末道轧辊的转速，使之既能保证压片效果，又能满足产量要求。

同时，轧辊速度提高，还会增加喂料的难度。原因之一是由于轧辊速度的提高，降低了轧辊与面团之间的摩擦系数；二是由于速度的提高而产生了妨碍面团喂入的惯性力。

⑦ 不同压延方式对面皮的影响：根据压延方向的不同，压延方式可分单向压延和多向压延。普通机械压延为单向压延，而手排方式为多向压延。压延时，面筋沿压延方式分布，这样一来，多向压延，面筋沿各个方向分配均匀，面筋网络在各个方向上形成较好，使面条的流变特性和食用品质比单向压延大为改善。排拉式压延，就是通过对轧辊的改进，较好地模拟了手排方式的多向压延，是对传统机械压延方式的一次革新。

除上述工艺因素外，还有料坯是否符合压片的要求，刮刀在生产过程是否完好等，都会影响压片效果。

（4）压片设备

复合压片与连续压片设备主要由喂料装置、轧辊、轧距调节机构、刮刀、传动系统等组成，如图 1 - 2 - 7 所示。

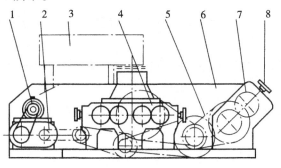

（a）复合压片设备

1—电动机　2—减速器　3—熟化器　4—初压部分　5—链　6—机架　7—复合部分　8—调节手轮

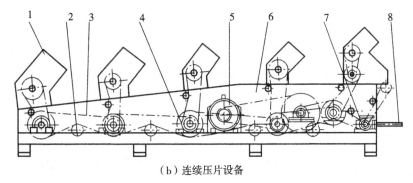

（b）连续压片设备

1—轧辊架　2—张紧轮　3—齿形皮带　4—轴承座　5—电动机　6—机架　7—变速器　8—传动长轴

图 1 - 2 - 7　复合压片与连续压片设备

喂料装置主要用于初道轧辊。喂料是否均匀，对面片的质量有着直接的影响。喂料装置有三种形式，如图1-2-8所示。

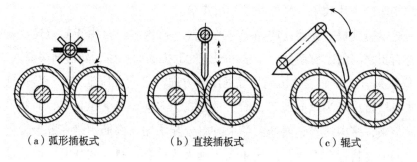

（a）弧形插板式　　　　（b）直接插板式　　　　（c）辊式

图1-2-8　喂料装置

① 弧形插板式：弧形插板式是通过四连杆机构或偏心轮带动作往复运动，其往复速度较慢，一般为8~12 r/min，将物料压入轧辊间。其特点是强制性喂料，均匀性好，物料入轧容易。

② 直接插板式：直接插板式是通过偏心轮带动直接插板作往复运动，将物料压入轧辊间。其特点是强制性喂料，均匀性好，物料入轧容易。

③ 辊式：辊式轴旋转时，能把成团结块的物料打碎，并拨入轧辊间。其特点是结构简单，维修方便等，但喂料的均匀性差。

轧辊的主要工作部件是一对轧辊直径相同、转速相同、相向旋转的铁制或钢制辊。轧辊的材料有灰铸铁、冷硬铸铁、不锈钢或钢管等。轧辊结构如图1-2-9所示，图中（a）和（b）轧辊为空心的，（c）是实心的。实心辊铸造方便，但太笨重，安装、拆卸均不方便。轧辊要求有一定的强度与高的表面硬度和粗糙度，复合压片机的初轧辊表面还拉出斜向的浅沟纹，便于喂料。

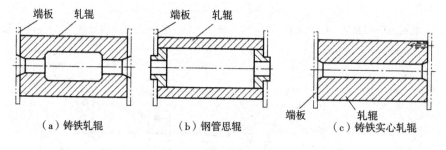

（a）铸铁轧辊　　　　（b）钢管思辊　　　　（c）铸铁实心轧辊

图1-2-9　轧辊的结构

轧辊的排列方式有水平、倾斜、垂直三种形式，如图1-2-10所示。

水平排列的特点是机组高度低，维修和安装方便，喂料容易，但机组横向尺寸大，占地面积大，轧距调节费力。复合压片机两组初轧辊是水平排列的，目的是为了面团喂料容易。

倾斜排列时，轧距调节省力，占地面积小，但喂料不太方便。这种排列方式最常

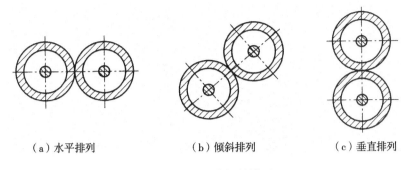

（a）水平排列　　　　　（b）倾斜排列　　　　　（c）垂直排列

图1-2-10　轧辊的排列

采用。

垂直排列的特点是上轧辊由于自重加大了压片压力，压片效果较好，轧距调节省力，占地面积小，但操作不方便，喂料困难且不安全。

轧距调节机构是保证压片效果的工作部件，两轧辊之间距离称为轧距。工作时，轧距大，辊间的压力就小，反之压力就大。压片设备的每对轧辊中，有一个轧辊是固定的，其轴承座在机架槽内的位置受到压板的限制。另一个轧辊是活动可调节的，其轴承座可在机架槽内滑动。轧距调节机构作用就是按工艺要求调节轧距大小。目前常用的轧距调节机构有螺杆式（图1-2-11）和蜗轮蜗杆式（图1-2-12）两种。

刮刀的作用主要是铲除轧辊表面上所黏附的面屑，以保证面片的光洁度和轧辊的正常运转。刮刀是用不锈钢板或铜板制成，安装在轧辊的下侧方，使与轧辊接触角为30°左右，并稍离面片落下方向，如图1-2-13所示。要注意刀刃口与轧辊表面相吻合，不能压得过紧。

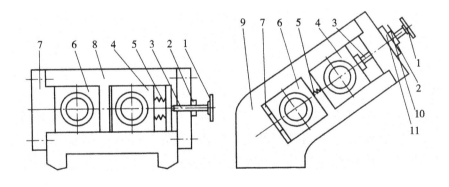

图1-2-11　螺杆式调节机构

1—手轮　2—固定螺母　3—调节丝杆　4—活动轴承座　5—弹簧
6—固定轴承座　7—压板　8—机架　9—墙伴　10—指针　11—刻度盘

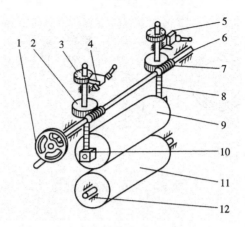

图 1－2－12　蜗轮蜗杆式轧距调节机构

1—手轮　2—蜗轮　3—锁紧齿轮　4，5—锁紧齿条　6—蜗杆轴　7—蜗杆
8—调整螺杆　9—动辊　10—滑块、螺母　11—定辊　12—机架、支承

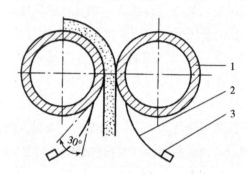

图 1－2－13　刮刀装置

1—轧辊　2—刮刀　3—支撑块

（5）压片的工艺要求

压片的工艺要求是面片厚薄均匀、平整光滑、无破边、无孔洞，色泽均匀，并有一定的韧性和强度。

4. 切条工序

把经过若干道压轧成型的薄面片，纵向切成一定形状和横向切成一定长度的过程称为切条。其作用是将压片后的面片切成一定长度和宽度的湿面条，以备悬挂烘干。

切条的工艺要求是切出的湿面条表面光滑、厚薄均匀、长宽一致、无毛刺、无并条、断条要少等。

（1）切条的基本原理

切条的基本原理是用一对并列放置、相向等速旋转的齿辊相互啮合，使面片从相对旋转而啮合的齿辊中通过，利用齿辊凹凸槽的两个侧面相互紧密配合而旋转的剪切力作用，像剪刀一样把面片纵向剪切成面条。同时在齿辊下方装有两片对称而紧贴齿辊凹槽的蓖齿，以铲下被剪切下的面条，不让其赫附在齿辊上，保证切条连续进行。

（2）切条设备

切条设备目前有两种形式：一种是切条部件与连续压片机末道轧辊组合为一体；另一种是切条部件组合为一体成为切条机，与连续压片机固定在同一机架上。但不论何种形式，其传动均由连续压片机驱动。

切条设备一般由面刀、蓖齿、切断刀及传动等部件组成。

① 面刀：面刀是全套面条设备中的关键件和易损件，是保证面条质量、提高正品率、降低成本的重要环节。面刀的粗糙度、硬度和配合间隙的大小，往往直接影响切面的效果。

面刀的作用主要是将面带纵向切成规定宽度尺寸的面条。它是一对并列安装、由齿轮带动相向旋转的齿辊。两齿辊的齿槽与齿的宽度是相等的，它们互相啮合，刀齿的啮合深度靠螺杆调节装置来调整。相向旋转时，依靠各刀齿的侧刃，将面带剪切成面条，面条在面刀的旋转速度带动下，由面梳铲下不断向前流出，如图 1 - 2 - 14 所示。

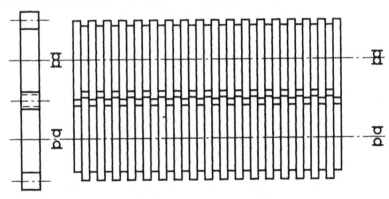

图 1 - 2 - 14　面刀的结构

面刀规格。面刀规格为齿辊直径用长度表示。直径一般与末道辊一致，从而使其线速度一致即 0.4 ~ 0.6 m/s，防止起皱。长度与轧辊略宽，防止有未切面片。不同的槽宽剪出不同宽度的面条，面刀齿与槽的宽度根据挂面规格品种选择，一般有：

龙须面 1.0 mm、1.25 mm；

细面 1.5 mm；

小阔面 2.0 mm、2.5 mm；

大阔面 3.0 mm、3.5 mm；

特宽面 4.0 mm、5.0 mm、6.0 mm。

其中 1.0 mm，1.5 mm，2.0 mm，3.0 mm，6.0 mm 等五个规格为通用的标准槽宽。日本采用面刀号代表不同的面条宽度，其换算公式为：面刀号 =30/面条宽度。

挂面、方便面生产中常见的面刀号如表 1 - 2 - 5 所示，其中 24# 面刀在方便面生产中效果较好。

表1-2-5 常用面刀规格

刀号	宽度/mm	刀号	宽度/mm	刀号	宽度/mm
20#	1.5	26#	1.15	32#	0.94
21#	1.43	27#	1.11	33#	0.91
22#	1.36	28#	1.07	34#	0.88
23#	1.3	29#	1.03	35#	0.86
24#	1.25	30#	1.0	40#	0.8
25#	1.2	31#	0.97	50#	0.6

② 面梳：面梳又称蓖齿，是用来铲下被切下的面条，并清理面刀齿槽内所赫附的面屑的零件，如图1-2-15所示。面梳的齿距必须与面刀一致，与面刀配合单侧间隙应小于0.03mm梳齿侧面光洁度应优于1.6级。面梳弯曲的角度和安装位置应保证梳齿处于面刀圆周的切线上，梳齿尖应紧贴面刀齿底。梳齿压紧度要松紧适宜，如压得过紧，梳齿会很快磨损，太松则湿面条在槽中铲不干净，有碎屑堆积起来。要调节到恰到好处需要多次调试。

③ 面刀轴承：面刀轴承的工作条件较差，轴承座同轴度不易保证，润滑困难，又经常有面粉等杂物容易进入摩擦面，因此工作寿命受到影响。粉末冶金轴承不需要经常加油，磨损量较低，且价格便宜，更换方便，一般选用此轴承。

④ 切断刀：切断刀是用钢板制成，装于面刀下方，并以一定的转速旋转，周期性地将从面刀下落的湿面条切成所需长度，其工作原理如图1-2-16所示。

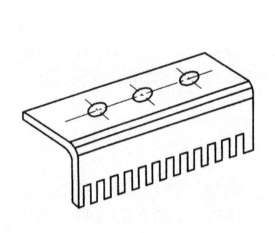

图1-2-15 面梳结构

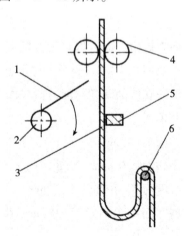

图1-2-16 切断刀

1—切断刀 2—轴 3—面条 4—面刀

5—定刀块 6—面杆

切断刀的转速根据面刀线速度和每杆面条的长度计算：

$$N_{断} = v_{刀}/L \ (r/min)$$

式中：$v_{刀}$——面刀线速度，m/min；

　　　L——每杆面条长度，m，一般取 $L = 2.7 \sim 3m$。

5. 挂面干燥

挂面干燥是挂面生产十分重要的环节，它不仅仅是影响挂面质量决定因素，而且直接影响能耗、产品得率、产量及成本等一系列技术经济指标。

（1）挂面干燥的目的

挂面干燥是挂面生产工艺中十分重要的工序，它直接影响到挂面正常烹调性能和挂面产品质量。如果干燥不当，会发生酥条，降低挂面成品质量，严重地影响了生产的正常进行。挂面的干燥不同于方便面的干燥。因为方便面是熟面条进行干燥，在干燥以前，经过 100℃ 左右直接蒸汽的高温连续蒸面机，大部分淀粉受热糊化，蛋白质因受热变性而凝固，面条中的淀粉微粒被面筋网络所包围的组织结构已经固定。蒸熟的面条是一种凝胶体，良好的烹调性能已基本形成，不会像未经煮熟的生挂面那样容易发生酥面。方便面干燥的目的单纯，仅是除去多余的水分，便于保管和销售，因而可用高温快速干燥。其中油炸方便面是高温快速脱水，非油炸方便面是高温短时热风干燥，干燥作业难度不大。而挂面的干燥是用生面条进行干燥，面条内部淀粉尚未糊化，蛋白质尚未热变性而凝固，面筋网络包围淀粉微粒的组织结构尚未完全形成。因而干燥的目的除了去除多余水分以外，还要固定面条的组织状态，保持良好的烹调性能。如果干燥不当，很容易产生酥面，丧失正常烹调性能。

（2）挂面干燥的工艺要求

感官要求：已烘干的挂面平直光滑，不酥、不潮、不脆。

理化要求：有良好的烹调性能和一定的抗断强度，水分 ≤14.5%；在梅雨季节，空气潮湿，挂面的含水率最好控制在 ≤14.0%。

（3）挂面干燥原理

挂面的干燥是各类面条生产技术中难度最大的一项干燥技术。如前所述，因挂面的干燥不同于方便面和蒸面类的干燥。这些面条的干燥，单纯是为了除去多余的水分，可以运用干燥的一般规律。而挂面的干燥除了去除多余的水分以外，还要保持挂面煮食时不断条、不糊、不浑汤和柔软爽滑而有一定咬劲等烹调性能，如用一般干燥规律进行干燥就会失去烹调性能，在煮食时变成一锅长短不一的烂糊面。因而挂面干燥作业要求高，难度大。为了保证干燥后的挂面质量，掌握特殊的干燥方法，必须在了解一般湿物体干燥基本原理基础上，进一步了解挂面干燥的特殊性，从了解一般被干燥物干燥共性，进而了解挂面这个被干燥物的干燥个性，才能指导实际的挂面干燥作业。

根据上述的"保湿烘干"理论，一般将烘干过程分为三个阶段。在保证挂面质量的条件下，控制烘房各区域的温度、相对湿度，以利于内层水分向外扩散，从而达到使表面水分汽化与内部水分扩散速度相平衡，加快干燥速度的目的。

① 预备干燥阶段：预备干燥阶段也称为"冷风定条"阶段或前低温区。所谓冷风定条，就是借助不加温或微加温的空气来降低湿挂面的表面水分，初步固定挂面的形状，防止因自重拉伸而断条。

② 主干燥阶段：主干燥阶段是湿挂面干燥的关键阶段，可划分前后两个区，前区"保潮出汗"区，后区是"升温降潮"区。"保潮出汗"区这四个字是中国烘干工人长期观察总结出来的一个形象化的专用词。这个阶段的温度为 35～40℃，相对湿度为 80%～90%，干燥时间占干燥总时间的 15%～20%，湿挂面的水分应该从 28% 以内降低到 25% 以内。

升温排潮区的温度为 40～45℃，相对湿度由 85% 逐步降到 65% 上下，湿挂面的水分从 25% 以内降低到 16% 左右，挂面已经基本干燥。干燥时间约占总时间的 35%。

③ 完成干燥阶段：完成干燥阶段也称最后干燥阶段，或降温散热阶段。经过主干燥阶段，挂面的大部分水分已经蒸发，挂面的组织已基本固定，这时可以逐步降低温度，继续不断地通风，在降温散热的过程中，蒸发掉一部分多余的水分，使之达到产品质量标准所规定的水分的 14.5%。

缓苏过程应注意，挂面温度应逐渐下降至室温，缓苏时间与挂面形状组织的紧密程度、缓苏仓温、湿度、通风条件有关，一般不少于 2 h，遇阴雨天气，空气湿度过大，挂面缓苏应加强排潮。

挂面在烘干过程中各主要阶段技术参数见表 1-2-6。

表 1-2-6　烘干过程技术参数

干燥阶段		温度/℃	相对湿度/%	占总移行时间/%
预备干燥	冷风定条	室温或低 1～5	85～95	25
主干燥	保潮出汗	35～40	80～90	15
	升温降潮	45 左右	60～70	35
最后干燥	降温散热	室温以上 2～10	70～75	25

（4）索道式烘干室（低温长时间干燥）干燥过程

中国目前采用低温干燥挂面生产线，多数是从日本引进铃木株式会社的设备和经过消化吸收的国产设备。索道式挂面的生产线工艺流程见图 1-2-17，低温生产线索道式的烘干室一般为一、二、三室，相当于隧道式烘干室一、二、三个干燥阶段。

① 第一烘干室（预备干燥阶段）：预备干燥阶段是挂面表面干燥工序，使湿挂面从可塑性体转变成弹性体。在这一工序里，可以不必考虑面条中的水分分布状态，为了使面条定型，应快速烘干，最大加热量 597000 kJ/h 最高温度 30～35℃，运行时间 1.30 h，运行 97 m，使挂面含水量达到 26%～28%。

② 第二干燥室（主干燥阶段）：主干燥阶段是使湿面条在高温高湿的条件下，长时间地干燥，达到发汗的作用，是促进面条的内部水分向外扩散。最大加热量 1150000 kJ/h，最高温度 35～40℃，相对湿度为 70%～80%，运行时间 5 h 左右，运行 300 m，挂面表面风速为 1 m/s，使挂面含水量可达 17%～18%。

③ 第三干燥阶段（完成干燥阶段）：完成干燥阶段是使干燥到一定程度的面条，缓慢降温，使之达到室温。如果用低温空气急速冷却，面条就会出现裂口、断条现象，为了避免急速干燥，冷却速度必须＜0.5℃/min，最大加热量350000 kJ/h，最高温度20～25℃（或常温），运行时间为1h，能使面条含水率降到14%以下。

索道式烘干室挂面烘干时间为6～8 h，运行长度一般在400～480 m，挂面的运行长度是隧道式的10倍左右，烘干时间为2～3倍，而烘干室的高温区35～40℃。索道式烘干室温度及相对湿度采用自动控制系统，所以很少出现酥面。

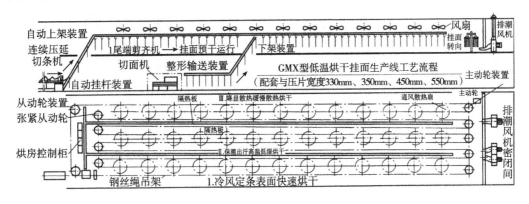

图1-2-17　索道式挂面的生产线工艺流程

（5）挂面低温干燥与中、高温干燥的比较

高温干燥与低温干燥相比，有很大差别及明显的优缺点。中温中速干燥是综合了两者的优缺点，是目前中国隧道式干燥所采用的方法。高、中、低温干燥比较见表1-2-7。

表1-2-7　国产隧道式高、中温干燥与索道式低温干燥比较表

干燥方式	干燥温度/℃	干燥时间/h	干燥能力/（t/8h）	烘房占地面积/m²	设备投资/万元	挂面质量情况	酥面情况
高温	50	2	15	150	20～30	合格	经常发生
中温	45	3～5	10	150	25～45	较好	很少发生
低温	35	5～8	5	440	40～120	良好、油脂	无酥面

6. 切断工序

为了便于挂面的计量、包装、运输、库存及食用，需对烘干后的长面条进行切断（截断）。

切断的工作原理是利用切刀与挂面的相对运动，借助切刀的剪切或切削作用把挂面切断。挂面的切断对产品的内在质量影响不大，但对干面头量的增减关系极大。

切断工序是整个挂面生产过程中面头量最多的环节，因而切断的作用不仅是按要求将长面条切断成一定长度的挂面，而且还要尽量减少挂面的断损，尽可能使整杆面得到最大的成品挂面，把断头量降到最低限度。挂面的切断长度大多数选取200 mm 和

240 mm，长度的允许误差为 ± 10 mm，切断断头率控制在6% ~7%。

目前常用的机械切断装置有圆盘式切面机和切片式切面机。

（1）盘踞片式切断机

这种切断机是中国应用最广泛的切断设备。它由进料输送带、切断工作面板、圆盘式锯片、碎面输出绞龙等所组成，如图 1 – 2 – 18 所示。

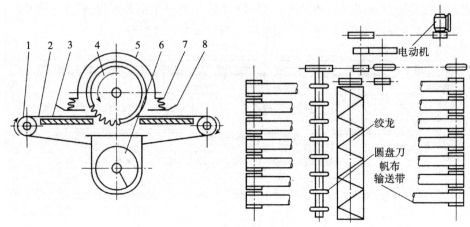

图 1 – 2 – 18　盘踞片式切断机

1—带轮　2—帆布输送带　3—工作台面板　4—锯片　5—防护罩　6—绞龙　7—弹簧　8—压面板

（2）往复式切面机

往复式切面机主要由往复式切刀、压面架、立柱、输面带以及传动装置组成，如图 1 – 2 – 19 所示。立柱可用两根或四根，对切刀架起着导向和支撑作用。多把切刀架是用槽钢或角钢焊制成长方形框架，切刀分别固定在框架的底部，框架四个角通过弹簧连接一个压面框，框上绷紧若干根软橡胶带，工作时软橡胶带比切刀口先与挂面接触，起着将挂面压紧的作用。切刀架的两端装有与立柱相配合的滑块筒，滑块筒受到偏心连杆机构的驱动而带动切刀架沿着立柱作往复运动。刀的长度比压片机轧辊长 100 ~ 150 mm，刀与刀的间距等于成品挂面的长度。

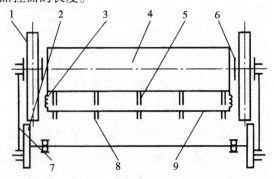

图 1 – 2 – 19　往复式切面机工作原理示意图

1—导向立柱　2—驱动偏心轮　3—压面框弹簧　4—切刀框架
5—切刀　6—滑块　7—连杆　8—软橡胶压面块　9—压面块

该机具有以下优点：当待切断的长面条厚度适宜时（一般为 4~6 杆面），其工作平稳性和挂面断损率指标较好，且工作噪声低，挂面长度一致性好；尤其是当其动作周期与下架周期相配对，可实现自动下架与切断的连续化生产。但为了实现输面带和切刀的间隙时间，该机采用了蜗轮蜗杆变速箱和两组不完全齿轮，于是就对整台设备的动作协调性要求较高，增加了安装调试的困难和传动装置的繁琐。往复式切面机主要技术参数见表 1-2-8 所示。

表 1-2-8　往复式切面机主要技术参数

切刀长度/mm	床面宽度/mm	实用范围/（t/8h）
320		2.5
420	1600	4
600		5.5
800		7

二、方便面

（一）方便面的概念及特点

随着人类工业文明的不断进步，人们的生活节奏不断加快，方便食品应运而生，方便面就是其中最受欢迎的品种之一。

方便面是 20 世纪 80 年代引进中国的一种制面技术，它是在传统面条生产的基础上应用现代科学技术生产的一种主食方便食品。方便面以面粉为主要原料，经和面、熟化、复合压延、切条折花得到波纹生面条，经过温度为 90℃ 左右的隧道蒸面机，使其充分糊化，然后用油炸或热风干燥脱水，经冷却、包装得到的产品。食用时只需用开水冲泡 3~5 min，加入调味料即可成为各种不同风味的面食，是国内外颇受欢迎的一种主食方便食品。

方便面又称"快熟面"或"即食面"、"快餐面"等，它是随着现代社会和工业的高速发展，人们紧张的工作和生活的需要而产生和发展起来的一种新型食品，具有很多优点。

① 食用方便，节约时间。各种方便面都是预先制好，并附有各种风味的调料，只需沸水浸泡几分钟即可食用。

② 已实现加工专业化，从原料到成品实现自动化生产，生产效率高。

③ 包装精美，便于携带。各种方便面都用彩色塑料袋包装或杯装，标明产品成分及食用方法。如杯装方便面的容器本身就是餐具，食用更加方便。

④ 营养丰富，卫生安全。有严格的产品质量规格。

⑤ 便于产品创新。可在生产中加入各种营养强化剂、药物治疗剂及各种风味的调料等，变换和增加产品的花样，适应消费者的需要。

（二）方便面生产现状和发展趋势

方便面自 1958 年问世以来到现在，已经发展为销售量最大的方便食品。日清公司首创方便面生产，由于其具备食用方便、价格低廉等优点，迅速占领了日本市场，并发展到了中国、美国、韩国、澳大利亚和世界许多国家和地区。

（三）方便面生产基本原理

方便面的主要成分是淀粉，首先是控制好水分和温度，使淀粉充分糊化，从生的变成熟的，然后在不易"回生"的温度条件下，快速脱水，通过易"回生"的含水区域，再在水分含量较低的情况下，冷却降温，从而保证了淀粉不易"回生"，其复水性能好。所以说方便面生产原理是"充分糊化，快速干燥"。

（四）方便面的分类及其特点

方便面自 1958 年问世以来迅速发展，有上百个品种和数千个不同商标，而且叫法也不同，如"即席面"、"快食面"、"快餐面"、"即食面"、"方便面"等。在分类上也没有统一规定，习惯上有三种分类方法。

1. 按方便面干燥工艺分

按照方便面干燥工艺分为油炸方便面和热风干燥方便面。

① 油炸方便面干燥速度快（大约 70 s 完成干燥），糊化度高（α 化 >85%），面条由于在短时间内快速蒸发脱水使其内部具有多孔性，因而该产品复水性良好，沸水中浸泡 3 min 即可食用，方便性较高，而且具有宜人的油炸香味。但由于产品含有 20% ~24% 的油脂，因而成本高。另外，尽管使用饱和脂肪酸含量较高的棕榈油，但经一段时期储存，仍然会产生氧化酸败现象，产生油腻味，使产品口感和滋味明显下降，所以油炸方便面储存期较短。

② 热风干燥方便面是将蒸煮糊化的湿面条在 70 ~90℃ 温度下进行脱水干燥的，由于不使用油脂，因而造价低，不易氧化酸败，保存时间长。由于干燥温度低，因而干燥时间长，糊化度低（α 化 >80%），面条内部多孔性差，食用时复水时间长，方便性较差。

2. 按包装方式分

按包装方式可分为袋装、杯装、碗装三种。

我国目前以袋装为主，袋装成本低，易于储存和运输，食用时需另有餐具，因而其方便性不如碗装、杯装的产品。碗装、杯装方便面由于其本身有餐具，具有更好的方便性，而且这类产品一般都有两包以上的汤料，营养丰富。但由于包装容器较贵，所以这种产品成本较高，而且由于包装材料回收率低，会给环境造成污染。

3. 按产品风味分

按照产品风味可分若干种，如中国风味的酱油炒面、葱油虾味面，日本风味的酱味粗面、咖喱荞麦面等。

（五）方便面的基本配方

各种方便面的配方大同小异，如表1-2-9所示。

表1-2-9　方便面的基本配方

名称	质量/kg	百分比/%（添加物占小麦粉的百分比）
小麦粉	25.00	100
精制盐	0.35	1.4
碱	0.035	0.14
增黏剂	0.05	0.2
水	8.25	33

（六）方便面生产工艺流程

目前方便面生产工艺流程各厂各不相同。如有的厂在蒸面与切断之间加一道着味工序，有的厂家则将着味设在分排与干燥之间，还有相当一部分厂没有着味工序。但主要工序是基本相同的，方便面生产工艺流程图如图1-2-20所示。

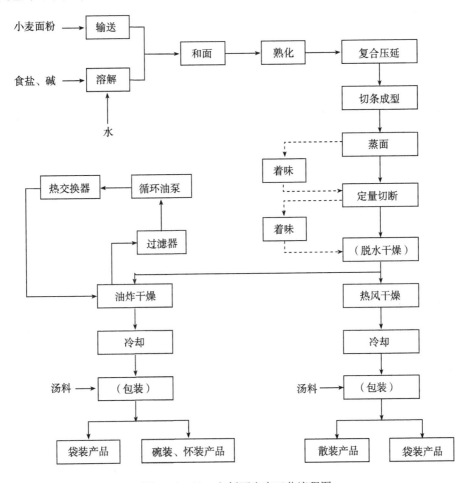

图1-2-20　方便面生产工艺流程图

（七）操作要点

1. 切条与折花工序

经压片工序生产出符合要求的面带，通过切面装置切出厚度 0.8 ～ 1.5 mm、宽 1.2 ～ 1.5 mm 的面条，这道工序称为切条；切条的面条继而被折花成型装置折成一种独特的波浪形花纹状，即所谓折花。

（1）折花的作用

折花的作用是折花成型的波纹，其波峰竖起、彼此紧靠，形状美观；条状波纹之间的空隙大，使面条脱水及成熟速度快，不易黏结；油炸固化后面块结构结实，在储藏和运输中不易破裂；食用时复水速度快。

（2）折花成型的基本原理与工艺要求

当切条后的面条进入导箱后，与导箱的前后壁发生碰撞，所遇到的抵抗阻力，使面条卷曲起来，同时，由于变速网带的速度大大低于未折花面条的速度，限制了面条的伸展，于是在导箱这一区域，形成了一个阻碍面条质点作直线运动的阻力面，迫使面条不得不发生弯曲，折叠而成为细小波浪形花纹状，连续移动变速网带，就连续形成花纹。

面条光滑、无并条，波纹整齐、密度适当、分行相等、行与行之间不粘连。

（3）切条折花成型设备的结构和技术规格

① 切条折花成型设备的结构：主要是由面刀、导箱、压力门和变速网带所组成，如图 1 - 2 - 21 所示。方便面切条折花成型方便面切条折花成型器是一个经长期研究、反复改进的结构简单而作用十分巧妙的装置。导箱前壁用铰链装着可活动的压力门，在压力门上装有钩子可以悬挂螺帽，以螺帽的多少和大小来调节压力门的大小也可在压力门上焊接一根螺杆，上加螺帽，以螺帽的进退来调节压力的大小。导箱下部是变速网带，其速度可调。

② 切条折花成型设备的技术规格：

面刀规格：$\Phi60$ mm $\times300$ mm、$\Phi60$ mm $\times360$ mm、$\Phi60$ mm $\times450$ mm、$\Phi60$ mm $\times 600$ mm。

面排数：三排面。

齿距：根据面刀型号，齿距分别为 0.8 ～ 1.2 mm。24# 面刀在应用中效果最好。

导箱尺寸：长度 × 宽度 × 轨道宽度 = 300 mm × 100 mm × 100 mm。

面刀转速：100 ～ 120 r/min。

面刀与成型网带速比：1:（4 - 10）（无级调速）。

成型网带线速度：5 ～ 6 m/min（无级调速）。

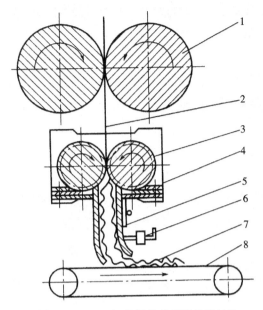

图 1 - 2 - 21 切条折花成型设备的结构

1—末道轧辊 2—面带 3—面刀 4—铜梳 5—成型导箱
6—调整压力的重锤 7—已成波纹顿块 8—可调速的不锈钢成型网带

2. 蒸面工序

蒸面是制造方便面的重要环节。制造方便面的基本原理是将成型的生面糊化，然后迅速脱水便得到产品。糊化的程度对产品质量，尤其是复水性有明显影响。

（1）蒸面的基本原理与工艺要求

蒸面就是使波纹面层在一定温度下适当加热，在一定时间内使生面条中的淀粉糊化，蛋白质产生热变性。蒸面后面条外观发生变化，如体积膨胀 110% ~ 130%；颜色变深成微黄色，表面产生光泽；赫弹性增强。所谓淀粉糊化，就是把 β 化状态的淀粉变成 α 化状态的淀粉。β 化淀粉即是生淀粉，它的分子是按一定规律排列的结晶状态，β - 淀粉吃起来口感不好，而且由于消化酶不易进入分子之间，因而也不易消化。α 化淀粉吸水加热后即变成 β 化淀粉，这种淀粉分子排列是混乱的，消化酶容易进入分子之中，易于消化分解。糊化淀粉吃起来口感也好。糊化后的淀粉是可以逆转的，它可以在储存过程中使 α 化淀粉又变成 β 化淀粉，这就是淀粉的"回生"或"老化"现象。减少方便面在储藏过程中的"回生"速度，保证产品具有良好的复水性，首先就要尽量提高蒸面时的糊化率，然后迅速脱水使糊化后的淀粉结构固定下来。在一定范围内，脱水速度越快，糊化的淀粉"回生"速度越低。固定"糊化"状态的面条具有较好的复水性，用沸水浸泡一段时间，能够恢复到原来蒸熟时的状态，即可食用。

蒸面工序要求尽量提高产品的糊化度，油炸方便面要求 α 化度大于 85%，非油炸方便面要求 α 化度大于 80%。

（2）蒸面设备及技术特性

蒸面机是方便面生产中的主要设备之一。蒸面机有高压和常压两种，高压蒸面机可以在较高温度下工作，因而蒸面效果好，但由于要求有密封装置，只能用于间歇式生产，不能应用于连续化的工业生产，目前已很少采用。现在常用的连续蒸面机也称为隧道式蒸面机，一般由2~3节组装而成，其基本结构如图1-2-22所示。

蒸面机主要由网带、链条、蒸汽喷管、排汽管、底槽（加隔热层）、上罩（加隔热层）和机架几部分组成。连续输送带有两种形式。一种是过去使用的钢带，带上钻许多小孔以便透气，这种输送带制造方便，但由于小孔不可钻得太多，所以透气性不好，蒸面效果较差，这种钢带一般是用0.4~0.5mm厚的不锈钢制成，接头处不可能铆接十分准确，以致钢带运行时易走偏，使用寿命短。另一种是用不锈钢丝编织的网带，用不锈钢链条传动，透气性好，不跑偏，蒸面效果好，使用寿命长，但其造价较第一种高一些。目前连续蒸面机绝大多数都是采用网带式。蒸汽喷管是用不锈钢制造的，两端是堵死的，管上钻有许多小孔，小孔的直径和数量必须合理，首先打孔要均匀，而且一般以不降低蒸汽压力作为确定孔径、孔数的依据。

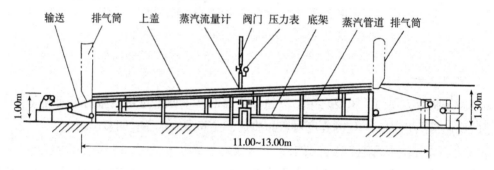

图1-2-22　连续蒸面机

连续式蒸面机除了倾斜式的外，还有一种水平式的。水平式蒸面机槽内盛有自来水，直接蒸汽喷入水中，使水沸腾而产生大量水蒸气，其基本原理就是靠水沸腾产生的蒸汽对面条加热而使面条中的淀粉糊化。

蒸面机主要技术参数见表1-2-10所示。

表1-2-10　蒸面机主要技术参数

机型	ZZJ-5（单层）	BF505（单层）	BF12A6（单层）	C/W800（直线型）	C/W（折叠式）
长度/m	12	14.6	7	20	7
蒸箱宽度/mm	475	540	920	1100	1100
蒸面网带宽度/mm	300	380	600	870	870
切斜度	1:60	1:60	1:60	0	0
实用蒸汽压力/MPa	0.05~0.1	0.05~0.1	0.05~0.1	0.05~0.1	0.05~0.1
蒸面温度/℃	95~100	95~100	95~100	95~100	95~100
蒸面温度/s	90~100	90~100	90~100	100~110	100~110

3.定量切断与分排输出

（1）定量切断与分排输出的作用与工艺要求

定量切断工艺的作用有四个方面，首先将从蒸面机出来的波纹面连续切断以便包装，并以面块长度定量，这样可将复杂的质量定量系统变成长度定量系统，有利于设备的简化。然后将面块折叠为两层，最后分排输出。

定量切断的工艺要求是定量基本准确，折叠整齐，进入热风干燥机或自动油炸机时落盒基本准确。

（2）定量切断设备

定量切断设备由面条输送网带、切断刀、折叠板、托辊、调整电机及分排网链等部分组成，其工作原理如图 1 – 2 – 23 所示。

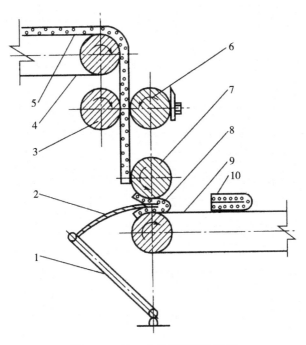

图 1 – 2 – 23　定量切断折叠设备

1—连杆　2—折叠板　3—切刀托辊　4—进给输送带　5—已蒸熟的面带　6—切刀

7—折叠导辊　8—正在折叠中的面块　9—分排输送网带　10—已折叠成型的面块

定量切断设备主要技术特性见表 1 – 2 – 11 所示。

表 1 – 2 – 11　定量切断设备主要技术特性

机　型	QFJ – 6	BF5 – 06	BF12A – 7	C/W500	C/W800
蒸面网带线速度 /（m/min）	6.11	10.7	13.06	0 ~ 13.5	0 ~ 13.5
托辊速度 /（m/min）	6.15	17.54	23.38	30 ~ 60	30 ~ 60

续表

机　型	QFJ-6	BF5-06	BF12A-7	C/W500	C/W800
切刀折叠次数／（次/min）	34	37	54	2.2+1.5	2.2+1.5
动力配备/kW	2.05	1.5	105		

4. 干燥工序

（1）干燥的作用及原理

干燥的目的是除去水分，固定组织和形状，便于保存。对于方便面来说干燥的首要作用是通过快速脱水，固定α化淀粉结构，防止面条回生，有利于提高其复水性。蒸熟的面条如不迅速脱水干燥，让其逐渐冷却，它就会产生"回生"现象。面条"回生"后，食用时不易复水，失去了"方便"意义。

（2）油炸干燥

油炸工序是制作油炸方便面的关键工序，油炸干燥是中国方便面生产中普遍采用的快速脱水方法。

① 油炸干燥的基本原理与工艺要求：油炸干燥就是把定量切断的面块放入自动油炸机的链盒中，使之连续通过高温的油槽，面块被高温的油包围起来，本身温度迅速上升，其中所含水分迅速汽化。原来在面条中存在的水迅速逸出，使面条中形成了多孔性结构，同时也进一步增加了面条中淀粉的糊化率。另外，由于油炸的快速干燥，固定了蒸熟后淀粉的糊化状态，大大降低了方便面在储运期间的老化速度，在面块浸泡时，热水很容易进入这些微孔，所以油炸方便面的复水性能好。油炸方便面的水分含量低，有利于储存。

油炸的工艺要求是：油炸均匀、色泽一致、面块不焦不枯，含油少、复水性良好，其他指标符合有关质量标准。

② 油炸设备及其技术特性：油炸设备的结构由主机、油加热系统、循环用油泵、粗滤器和储油罐等部分组成。油炸主机（图2-26）由支架、底槽、上盖、传送链、型模盒、型模盖、驱动电机等部分组成，型模传送链是用一个电机传动，另有一个间歇运动装置，自动定时将分配器里的面送出，面块在切下的同时就自动落在型模中，型模传送链作间歇运行。当装入面块的模型被送至油锅，接触油之前，模盖传送链同步供给模盖，将模型盖好，以确保油炸过程中面块不会脱出，当型模离开油锅时，模盖便自动与型模分开。当模盒转到盒口朝下时，面块即脱盒进入下一道工序。

由于模盒与模盖上面有许多小孔，保证了面块与油的良好接触状态。盒中的面块随链条一起运行时被热油加热，使其中的水分达到蒸发状态成为水蒸气从烟筒中排出，从而达到脱水干燥的目的。

油炸设备系列化主要技术参数油炸设备系列化主要技术参数见表1-2-12。

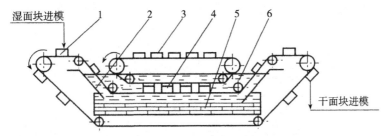

图 1 - 2 - 24　连续油炸机

1—模盒传送链　2—油槽　3—模盖传送链

4—模盖与模盒配合工作状态　5—加热装置　6—炸面食油

表 1 - 2 - 12　油炸设备主要技术参数

机　型	BF3Y.07	BF5Y.07	BF12A.8	C/W800
油炸温度/℃	140 ~ 155	140 ~ 155	140 ~ 155	140 ~ 155
油炸时间/s	70	110	120	120
蒸汽压力/MPa	0.6 ~ 1.0	0.6 ~ 1.0	0.6 ~ 1.2	0.6 ~ 0.8
油盒规格/mm	4 列，100 × 123 × 26	6 列，100 × 123 × 26	10 列，100 × 123 × 26	8 列，100 × 123 × 26
油锅容量/m³	1.9	1.9	3.0	3.5
热交换器型号	116T40 - 1.0/1200 - 18	116T40 - 1.0/1200 - 18	116T40 - 1.0/1200 - 18	波纹管薄管板列管式 125 m²
循环油泵型号	GDRY100 - 20	GDRY100 - 28	GDRY125 - 20	
外形尺寸/mm	11951 × 1190 × 1640	11951 × 1405 × 1840	11951 × 1385 × 1500	

（3）热风干燥

① 热风干燥的基本原理与工艺要求：热风干燥是生产非油炸方便面的干燥方法。由于方便面已经过90℃以上的高温糊化，其中所含淀粉已大部分糊化，由蛋白质所组成的面筋已变性凝固，组织结构已基本固定，面条已是一种凝胶体，已具有良好的烹调性能，蒸过的面条不像挂面那样产生"酥面"现象，因而不必采用"保湿干燥"，能够在较高温度、较低湿度下在较短时间内进行烘干。干燥后的方便面要求水分含量 < 12.0%。

② 热风干燥设备和技术特性：热风干燥设备如图 1 - 2 - 25、图 1 - 2 - 26 所示，该机适用于非油炸方便面等块状食品的干燥。

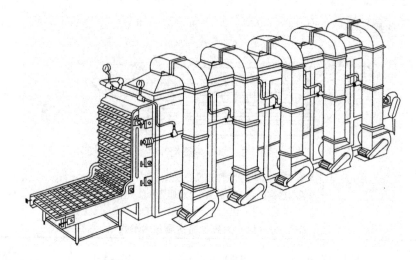

图 1 - 2 - 25　链盒式连续干燥机外形图

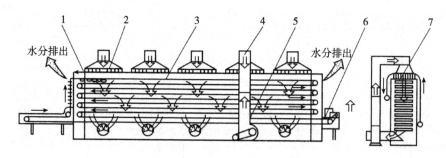

图 1 - 2 - 26　链盒式连续干燥机示意图

1—机架　2—热交换器　3—链条　4—风管　5—热风循环鼓风机

6—无级变速传动装置　7—不锈钢面盒（固定在链条上）

热风干燥设备系列化主要技术参数见表 1 - 2 - 13。

表 1 - 2 - 13　热风干燥设备主要技术参数

处理能力/（袋/8 h）	35000	50000	70000
加热段数	4	5	6
面盒数/个	500	700	900
面盒尺寸/mm	130 × 110 × 30	130 × 110 × 30	130 × 110 × 30
每段风机静压/kPa	0.5	0.5	0.5
每段风量/（m³/min）	250	250	250
链盒速度/（m/min）	3	3	3
蒸汽压力/MPa	0.5	0.5	0.5
机内温度/℃	70 ~ 80	70 ~ 80	70 ~ 80
面盒链条输送层数/层	5	5	5

5. 冷却工序

油炸方便面经过油炸后有较高的温度，输送至冷却机时，温度一般还在 80~100℃。热风干燥方便面从干燥机出来的面条达到冷却机时，其温度还在 50~60℃，这些面块若不冷却直接包装会导致面块及汤料不耐储存，若冷却达不到预定的标准，也会使包装内产生水汽而造成吸湿发霉，因而对产品进行冷却是必要的。冷却方法有自然冷却和强制冷却。

冷却工艺的要求是冷却后的面块温度接近室温或高于室温5℃左右。

6. 包装

包装就是把冷却后的方便面块，通过面块供给输送装置送到包装薄膜之上，借助于薄膜传送装置和成型装置，把印有彩色商标的带状复合塑料薄膜从两侧折叠起来成为筒状，通过纵向密封装置把方便面块间隔地卷包在内，再通过上下两条装有条状海绵的输送带，将卷在薄膜内的面块夹住送往横向终端密封装置，在面块两端定长横向密封切断。

三、速冻水饺的加工

1. 原料的预处理

饺子是含馅的食品，饺子馅的原料可以是蔬菜、肉和食用菌类，原料处理的好坏与产品质量关系密切。

（1）蔬菜的预处理

洗菜工序是饺子馅加工的第一道工序，洗菜工序控制的好坏，将直接影响后续工序，特别是对产品卫生质量更为重要。因此洗菜时除了新鲜蔬菜要去根、坏叶、老叶，削掉霉烂部分外，更主要的是要用流动水冲洗，一般至少冲洗 3~5 次，复洗时也要用流动水，以便清洗干净。

切菜的目的是将颗粒大、个体长的蔬菜切成符合馅料需要的细碎状。从产品使用口感方面讲，菜切的粗一些好，一般人们较喜欢使用的蔬菜长度在 6 mm 以上，但蔬菜的长度太长不仅制作的馅料无法成型，且手工包制时饺子皮也容易破口；如果是采用机器包制，馅料太粗，容易造成堵塞，在成型过程中就表现为不出馅或出馅不均匀，所形成的水饺就会呈扁平馅少或馅太多而破裂，严重影响水饺的感官质量；如果菜切的太细，虽有利于成型，但食用口感不好，会有很烂的感觉，或者说没有咬劲，消费者不能接受。一般机器加工的饺子适合的菜类颗粒为 3~5 mm，手工包制时颗粒可以略微大一点。

脱水程度控制得如何，与馅类的加工质量关系很大，也是菜类处理工序中必不可少的工艺，尤其是对水分含量较高的蔬菜，如地瓜、洋葱、包菜、雪菜、白菜、冬瓜、新鲜野菜等，各种菜的脱水率还要根据季节、天气和存放时间的不同而有所区别，春夏两季的蔬菜水分要比秋冬两季的蔬菜略高，雨水时期采摘的蔬菜水分较高。实际生产中很容易被忽略的因素就是采摘后存放时间的长短，存放时间长了，会自然干耗脱水，一般春季干旱时期各种蔬菜的脱水率可以控制在 15%~17%。一个简单的判断方法就是采用手挤压法，即将脱水后的菜抓在手里，用力捏，如果稍微有一些水从手指缝中流出来，说明脱水率已控制良好。

有时一些蔬菜需要漂烫，漂烫时将水烧开，把处理干净的蔬菜倒入锅内，将菜完全被水淹没，炒菜入锅开始计时，30 s 左右立即将菜从锅中取出，用凉水快速冷却，要求凉水换三遍以防止菜叶变黄。严禁长时间把菜在热水中热烫，最多不超过 50 s。

（2）肉类预处理

在水饺馅制作过程中，肉类的处理非常重要，如果使用鲜肉，用 10 mm 孔径的绞肉机绞成碎粒，反复两次，以防止肉筋的出现，注意绞肉过程中要加入适当的碎冰块；若是冻肉，可以先用切肉机将大块冻肉刨成 6 ~ 8 cm 薄片，再经过 10 mm 孔径的绞肉机硬绞成碎粒。如果肉中含水量较高，可以适当脱水，脱水率控制在 20% ~ 25% 为佳。硬绞出的肉糜一般不宜马上用作制馅，静置一段时间后，待肉糜充分解冻后方能使用。否则会出现肉糜没有黏性，馅料不成形和馅料失味等现象。

（3）配料

肉类要和食盐、味精、白糖、胡椒粉、酱油以及各种香精香料等先进行搅拌，主要是为了能使各种味道充分的吸收到肉类中，同时肉只有和盐搅拌才能产生黏性，盐分能溶解肉类中的不溶性蛋白而产生黏性，水饺馅料有了一定的黏性后生产时才会有连续性，不会出现馅料不均匀，也不会在成型过程中脱水。但是也不能搅拌太久，否则肉类的颗粒性被破坏，食用时就会产生口感很烂的感觉，食用效果不好。判断搅拌时间是否适宜可以参考两个方面：首先看肉色，肉颗粒表面有一点发白即可，不能搅拌到颗粒发白甚至都模糊了，肉色没有变化也不行。其次还可以查看肉料的整体性，肉料在拌馅机中沿一个方向转动，如果肉馅形成一个整体而没有分散开来，且表面非常光滑并且有一定的光泽，说明搅拌还不够，肉料还没有产生黏性；如果肉料已没有任何光泽度，不再呈现一个整体，体积缩小很多，几乎是粘在转轴上，用手去捏时感觉柔软，且会粘手，说明搅拌时间太长了。

菜类和油类需要先拌和，这点往往被人们忽略或不重视，其实这是一个相当重要和关键的工艺。肉料含有 3% ~ 5% 的盐分，而菜类含水量非常高，两者混合在一起很容易使菜类吸收盐分而脱水，由此产生的后果是馅料在成型时容易出水，另外一个可能隐藏的后果是水饺在冻藏过程中容易缩水，馅料容易变干，食用时汤汁减少，干燥。如果先把菜类和油类进行拌和，油类会充分地分散在菜的表面，把菜叶充分包起来，这样产品在冷冻、冷餐过程中，菜类的水分不容易分离出来，即油珠对菜中的水分起了保护作用。而当水饺食用前水煮时，油珠因为受热会完全分散开来，消除了对菜类水分的保护作用，菜中的水分又充分分离出来，这样煮出来的水饺食用起来多汤多汁，口感最佳。

影响打馅质量的因素很多，关键要控制好以下三个方面：

① 搅拌速度的控制：按照产品配方计算出各种原辅料数量，准确称量各种按照指定工艺加工过的原辅料，倒入搅拌机中，先慢搅 5 min 左右，然后快速搅拌 8 min 左右，加入适量水，进行第二次搅拌，搅拌时间比第一次延长 5 min 左右，制得的馅料有一定的

黏度，外观没有明显的肥膘。

② 植物油的添加时间：植物油的最佳添加时间在加菜中间或之后尽快加入，并尽可能将油均匀撒在菜上。

③ 制备好的馅料要在 30 min 内发往包制生产线使用。

（4）面团的调制

制作水饺的面粉要求灰分低、蛋白质质量好。一般要求面粉的湿面筋含量在 28% ~40%。

搅拌是制作面皮的最主要的工序，这道工序掌握的好坏不但直接影响到成型是否顺利，还影响到水饺是否耐煮，是否有弹性（Q 性），冷冻保藏期间是否会发裂。为了增加制得的面皮的 Q 性，要充分利用面粉中的蛋白质，要使这部分少量蛋白质充分溶解出来，为此在搅拌面粉时添加少量食盐，食盐添加量一般为面粉量的 1%，添加时要把食盐先溶解先溶解于水中，添加量通常为面粉量的 38% ~40%，在搅拌过程中，用水要分 2 ~3 次添加，搅拌时间与和面机的转速有关，转速快的搅拌时间可以短些，转速慢的搅拌时间要长。搅拌时间是否适宜，可以用一种比较简单的感官方法判定：搅拌好的面皮有很好的筋性，用手拿取一小撮，用食指和拇指捏住小面团的两端，轻轻地向下上和两边拉延，使面团慢慢变薄，如果面团伸的很薄，透明，不会断裂，说明该面团搅拌的刚好；如果面团伸不开，容易断裂或表面很粗糙会粘手，说明该面团搅拌的不够，用于成型时，水饺表皮不光滑，有粗糙颗粒感，容易从中间断开，破饺率高。当然，面皮也不能搅拌的太久，如果到发热变软，面筋也会因面皮轻微发酵而降低筋度。压延的目的是把皮料中的空气赶走，饺子皮更加光华美观，成型时更易于割皮。如果没有压延，皮料有大块的面团，分割不容易。

计算每次面粉、食盐和食用碱的投料量，准确称量好面粉和小料，先倒入和面机内干搅 3 ~4 min，使各种原料均匀混合，再按照投入干粉的总量加水。加水量计算方法为：室温在 20℃ 以上时加水量为干粉量的 38% ~40%，（根据实践经验，通常加工第一批面粉时，加水量可以比计算量减少大约 1 kg，以后在打面时加水量可恢复为实际计算量）。当室温在 20℃ 以下时，加水量为干粉量的 45%。要求将计算好的加水量一次性加入。不同批次面粉的加水量不一定完全相同，要根据实验所得的结果进行计算每次的加水量。另外，盐的加入量为面粉量的 1% 左右，添加时先把食盐溶于水中。搅拌完毕后面团要静置 2 ~4 h，使它回软，有韧性。

（5）饺子面皮的辊压成型

用于生产水饺的面粉最主要的质量要求是湿面筋含量，因此，并不是所有的面粉都适合生产水饺。另外，不同厂家对面粉的白度也有不同的要求，一般要求面粉的湿面筋含量为 28% ~30%，面筋是形成面皮筋力的最主要的因素，制作的面皮如果没有好的筋力，在成型时水饺容易破裂、增加废品率，因而增加成本。

如果面皮的辊压成型工序控制条件不合适，制得的饺子水煮后，可能会导致饺子皮气泡，或饺子破肚率增高等质量问题。目前工业制得的饺子皮的厚度均匀，而手工加工的饺子皮具有中间厚，周围薄的特点，因此手工加工的饺子口感好，且不容易煮烂。

调制好的面团经过 4~5 道压延，就可以得到厚度符合要求的饺子面皮，整张面皮厚度约为 2 mm，经过第一道辊压后面皮厚度约为 15 mm，第二道辊压面皮厚度约为 7 mm，第三道辊压厚度约为 4 mm，第四道辊压面皮厚度约为 2 mm 左右。第四道辊压时用的面扑为玉米淀粉和糯米粉混合得到的面扑（玉米淀粉：糯米淀粉 = 1∶1）。第三道压延工序所用的面扑均与和面时所用的面粉相同。

（6）饺子的成型（包制）

馅料和皮料加工完成后，接下来就是饺子成型工序了，如果是手工包制，一定要对生产工人的包制手法进行统一培训，以保证产品外形的一致。同时该工序是工人直接接触食品阶段，因此除了进入车间进行常规的消毒以外，同时还应该加强车间和生产用具的消毒，手工包制车间人员多，为了保证食品的安全，要定期对车间唤起通道出口的空气进行卫生指标的检验。

如果用水饺机包制，成型出的水饺外观和质量自然就一样，但成型时有几个要点需要注意：首先要调节好皮速，皮速过快会使成型出的水饺产生痕纹，且皮很厚；如果皮速慢了，成行出的水饺容易在后脚断开，也就是通产所说的缺角，因此调节皮速是水饺成型时首先要考虑的关键工作。调节皮速的技巧是关上机头，关闭馅料口或不添加馅料，先让空皮形成一些水饺，此时可能会因为皮料空心管中没有空气，出现瘪管，空皮饺形不出来，这时也可以在机头前的皮料关上用尖器迅速地捅一个小洞，让空气进入，这样皮料管会重新鼓起，得到合适的外观和稳定的质量时，皮速才算调好。其次，要调节好机头的撒粉量，水饺成型时由于皮料经过绞纹龙绞旋后，面皮会发热发黏，经过模头压模时，水饺会随着模头向上滚动，滚到刮刀时会产生破饺，因此需要在机头上方放适量的撒粉，撒粉的目的是缓和面皮的黏性，通常可以用玉米淀粉。撒粉量不是越多越好，如果撒粉太多，经过速冻、包装后，水饺表面的撒粉就容易潮解，而使水饺表面发黏影响产品外观。

调整好饺子成型机首先把馅料调至每 5 只重（30±5）g，然后调节供馅开关使包出的饺子饱满，每 5 只饺子质量为（80±4）g。一般，每个饺子重 18~20 g，馅心 60%，面皮 40%。

（7）速冻

对于速冻调理食品来说，要把食品原有的色香味保持得较好，速冻工艺条件控制至关重要。原则上要求低温短时快速，使水饺以最快的速度通过最大冰晶生成带，中心温度要在短时间达到 -15℃。在速冻过程中，工艺条件控制不好的现象有：

① 速冻隧道冻结温度还没有达到 -20℃ 以下就把水饺放入速冻隧道，这样就不会在短时间内通过最大冰晶生成带，因此不是速冻而是缓冻；

② 温度在整个冻结过程中达不到 -30℃，有的小厂家根本没有速冻设备，甚至急冻间都没有，只能在冰柜里冻结，这种条件冻结出来的水饺很容易解冻，而且中心馅料根

本达不到速冻食品的要求，容易变质；

③ 生产出的水饺没有及时放入速冻车间，在生产车间放置的时间太长，馅料中的盐分水汁已经渗透到了皮料中，使皮料变软，变扁变塌，这样的水饺经过速冻后最容易发黑，外观也不好；

④ 隧道前段冷冻温度不能过低或风速太大，否则会造成水饺进入后因温差太大，而导致表面迅速冻结变硬，内部冻结时体积变化表皮不能提供更多的退让空间而出现裂纹。

⑤ 通过实验确定速冻水饺在速冻隧道中的停留时间，速度过快不能达到速冻的目的，停留时间过长会影响产量。

包制好的水饺要尽快进入速冻隧道，速冻 30 min 左右，使饺子中心温度达 −18℃ 即可。速冻隧道温度要求低于 −35 ~ −45℃，冻结时间为 15 ~ 30 min，完成速冻后的产品要求表面坚硬、无发软现象。必要时可在速冻水饺表面喷洒 V_C 水溶液，可以对水饺表面的冰膜起到保护作用，防止饺子龟裂，形成冰晶微细，减少面粉老化现象。

四、早餐谷物食品加工

早餐谷物食品通常包括经过加工以改善其结构、香味和消化率的多种谷物产品。早餐谷物食品可简单分为两种主要类型：一类属于冲调食品，食用前需烧煮或加沸水冲调处理，如燕麦粥和各种麦片等，这类食物的起源或许与人类文明一样悠久，因为利用碾碎谷粒制成的糊和粥很可能是人类最早的谷物食品；另一类属于加工完好、可随时食用的即食早餐谷物食品，如玉米片和各种挤压膨化食品等，这类食物起源于美国，只有100多年的历史。英美居民认为谷物主要适用于早餐，尽管谷物食品在人类现代饮食中所占的比例呈不断下降趋势，而早餐谷物食品的人均消费水平却增加了，早餐谷物食品仅在美国市场上的年销售收入就达 70 亿美元，并以 11.6% 增长速率稳定增长。早餐谷物食品的生产和销售在我国及世界其他地区同样存在着巨大的发展潜力。

（一）早餐谷物食品的种类和原辅料

1. 早餐谷物食品的种类

早餐谷物食品是一种脆性食品，其主要成分是谷类，早餐谷物加工是通过蒸煮和脱水等工艺操作使谷物转变成一种更易于食用和消化的形式。按加工原理和产品形状可分为许多种类，从表 1 − 2 − 14 可以看出，15% 的早餐谷物是直接由挤压加工而成的，加上薄片状或喷射爆熟状等通过挤压蒸煮成型而完成的产品，可以说早餐谷物中有 1/2 以上的产品都使用挤压蒸煮技术。

表 1 − 2 − 14　早餐谷物食品的分类

食品种类	所占市场比例/ %	食品种类	所占市场比例/ %
薄片状产品（包括挤压成型）	35	整粒谷物产品	8
喷射爆熟状产品（包括挤压成型）	26	普通谷物产品	7
直接挤压产品	15	其他类型产品	9

早餐谷物食品中含有相当广的各种成分形成的不同组分,原始的谷物颗粒和薄片制品现已增加了难以想像的一系列不同的形态、营养组分、色泽和风味。早餐谷物食品已成为一种名副其实的营养食品。图 1-2-27 将早餐谷物食品按原料组合分成 3 类:普通谷物、预加糖型谷物和混合型谷物。

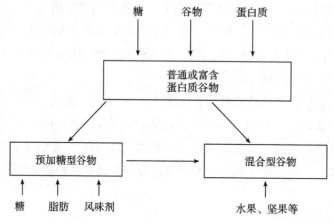

图 1-2-27　普通谷物产生合成谷物产品组合图

高度糖化的食品是由普通谷物产品表面涂上糖、调味料和防止产品粘结的脂类物质形成的,普通的或预加糖的谷物在加工演化中也可以混入其他一些非谷类食品,如水果或干果等。因此,所有的早餐谷物食品都是由相当简单的谷物发展而来的,通过适当添加糖和水果等原料甚至矿物质和维生素而形成了多种多样的产品,从营养和加工两方面来看,都说明谷类是所有这些早餐谷物食品的核心。

2. 早餐谷物食品的原辅料

对美国市场上 48 种早餐谷物品的调查表明,26 种谷类产品包含了 123 种不同的原辅配料(表 1-2-15),由于产品由多种食物原料混合而成,谷物早餐食品的营养和风味已足以和其他任何食品相媲美。

表 1-2-15　早餐谷物食品的原配料

	主要成分	具体配料
谷类	大麦	麦芽(糖原)、全大麦
	玉米	玉米粉、去胚黄玉米粉、碾碎黄玉米
	燕麦	燕麦麸皮、(全)燕麦粉、(全)燕麦片、全燕麦
	大米	碾碎的大米、大米粉
	面粉	脱脂胚芽、麸皮、胚芽、面筋、全小麦片、全小麦粉、粗粉、全麸粉
蛋白质	水果(糖源)	苹果及苹果汁、枣、葡萄汁、葡萄干、草莓及草莓汁
	糖	红糖、麦芽糖浆、玉米糖浆、蜂蜜等
	脂类	椰子油、部分氢化油
	干果和豆类	花生酱、大豆粉、杏仁、椰子、山核桃、胡桃
	乳制品	脱脂乳粉、乳清粉、酪蛋白酸钠(钙)
	其他	明教、小麦面筋

续表

添加剂	主要成分	具体配料
	抗氧化剂	BHA、BHT、大豆卵磷脂等
	食用色素	合成色素、焦糖色素、胭脂树子红提取物
	调味品	麦芽抽提物、盐、桂皮、咳咳、苹果酸、柠檬酸、酵母提取物、味精等
	维生素和矿物质	包括了几乎所有维生素和铁、钙、锌等矿物质
	品质改良剂	明胶、玉米淀粉、变性淀粉、糊精、果胶、磷酸盐、小苏打等

（二）早餐谷物食品的加工原理

1. 早餐谷物食品加工的工艺原理

图 1-2-28 总结了各种早餐谷物食品加工的基本过程。所有产品都经历了蒸煮糊化、质构转化和特定工艺成型等基本单元操作步骤。蒸煮糊化可改善食物风味，提高其营养吸收性，并且产生香美可口的特色风味。为了使产品具有脆性，所有谷物将经历某种形式的质构变化，使之变形成为一种孔状松脆的结构。谷物中大量的淀粉颗粒加水蒸煮后会破裂，淀粉糊化后形成一种胶粘化的淀粉基质，包围和维系着谷物中的其他化学成分和各种加入的组分，这种半均相的物质在适当的温度和水分下，由特定工艺（如辊轧）处理直接形成所需的形状，并且通过其他工艺（如焙烤）使产品中的水分汽化而形成多孔状。

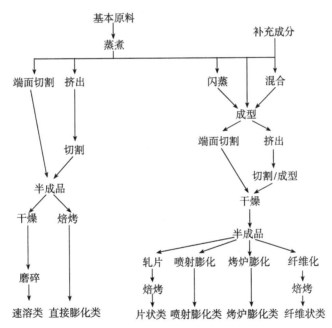

图 1-2-28　早餐谷物食品加工流程图

2. 早餐谷物食品加工的工艺要素

（1）糊化程度

用于蒸煮所需的热量来源有三种：一为直接加热蒸煮器表面，通过热传导将热传给产品；二是将热蒸汽喷射在产品上与产品相混合；三是使产品内发生剪切或强烈混合作用，通过摩擦将机械能转化为热能。这三种能量在生产中常以不同形式结合使用，被产品吸收的能量将转换成三种形式：一部分用于提高产品温度；另一部分被糊化反应和其他内热反应所吸收，这部分能量在总量中所占比重较少，但十分重要；还有一部分用于压缩成品，但由于远小于其他两部分而经常忽略不计。各种热反应速率随温度升高而增快，较高的温度会缩短完成某一特定反应的所需时间，从而缩短谷物产品的加工时间。

（2）含水量和剪切程度

含水量和剪切程度也是影响谷物糊化和质构变化的两个重要因素。水是一种参与反应的物质，若含水量多（高于30%），就会提高蒸煮速率；相反较低的含水量会降低反应速率。剪切作用可通过对天然谷物淀粉的结构进行机械破裂而引起糊化，若缺少剪切作用，则糊化只是一个水合作用过程，在低水分下加工（如蒸煮挤压加工）通常由于原料具有较高薪性产生很大的剪切应力，剪切作用的存在会缓和低水分蒸煮的糊化抑制效应。最短加工时间是那些具有低含水量和高剪切的情况。

3. 早餐谷物食品的加工技术

（1）片状早餐谷物食品的加工

片状早餐谷物食品生产的"心脏"是压片辊，它将蒸煮后的谷物颗粒压碎成薄片状，并通过烘烤获得质地松脆和风味良好的产品。

① 原料筛选和混合：各种生产配料须经筛选除杂和正确计量后，混配均匀，筛选操作采用振动或螺旋机械，混合操作采用搅拌混合或翻腾装置。

② 蒸煮：蒸煮操作可以采用多种方法完成，早期片状谷物制品采用传统的间歇式蒸汽蒸煮方法加工，物料混配后用蒸汽蒸煮形成糊化的面团，再切割成单个的谷物颗粒或小的微粒聚合体，颗粒需经过冷却和干燥以达到最优的压片准备状态。随着挤压加工技术的广泛应用，挤压蒸煮工艺逐渐取代了传统的蒸汽蒸煮方式，挤压蒸煮的原料适用范围较广，挤压后的产品颗粒大小也比传统方式要均匀得多，不足之处是由于过分均匀，使产品在某种程度上失去了谷物固有的自然质构感。

③ 成型：挤压蒸煮之后紧接着进行挤压成型，物料从蒸煮挤压机内出料后在常压下完成"排气"与冷却作用，再在成型挤压机内成型，一般成型挤压机的套筒较短（L/D 8:1），且螺杆的螺旋槽较深以消除物料在套筒内的回流和过度升温，螺杆的螺距和螺槽深度通常是由大到小，以产生轻微的压缩作用（3:1），从而消除气泡并保证物料在充满的状态下流动，以获得较好的成型效果。

挤压成型操作时，成型挤压机重新压缩已经蒸煮过的湿热物料，将其逐渐揉捏压缩成为密实的面团，最后通过模具挤出形成具有波纹珠泡的小球，实为连续挤压使物料形成连续的绳状，待物料冷却并干燥至一定程度后送往切割段切断，再经辊轧制成高质量的早餐谷物薄片，物料压片的最适水分含量是10%~24%。

（2）挤压膨化早餐谷物的加工

以谷类为主的物料经高温糊化从挤压机模孔中挤出，在常压下物料中的水分迅速汽化而产生膨化，形成泡沫状的酥脆质地，即为挤压膨化型早餐谷物产品。挤压膨化早餐谷物食品一般比休闲小吃食品密度大，并常含有盐和糖之类的其他成分，这些成分会由于减少水分活度而妨碍糊化，但挤压膨化早餐谷物产品的糊精化程度通常比其他方法生产的食品要高。

（3）焙烤膨化早餐谷物食品的加工

膨化是由产品和大气之间一种突然的压力不平衡导致产品中的水分急剧汽化引起的。当糊化后的谷物以合适的水分暴露在非常高的焙烤温度下时，将导致膨化而形成一种多孔状结构。焙烤膨化是在瓦斯烤炉或用过热蒸汽加热的流化床中，在高达343℃温度下完成的，获得焙烤膨化的谷物最适宜含水量为9%～10%。

（4）喷射膨化早餐谷物食品的加工

谷物原料在一个密闭的容器中加热，因水分的汽化和气体的膨胀而处于高压状态，当容器突然被打开后，骤然的减压使物料从容器中喷射出来，物料中的水分急剧汽化使产品膨化，称为喷射膨化。与挤压膨化不同的是物料在喷射膨化操作中不受到剪切的作用，喷射膨化基本保留了谷物子粒的固有结构，如膨化小麦虽由于膨化而变形，但看上去仍非常像小麦粒，仅仅是大一点而已。另外，由于喷射膨化加工过程不依赖于流体特性或物料大小，当原料水分和脂肪含量较高时仍可进行加工生产，故许多特殊的原料能使用喷射膨化法加工，包括蔬菜一类的原料。

膨化喷射器加热室中的温度一般控制在200℃左右，压力一般达0.5～0.8 MPa，部分原料喷射膨化的主要技术参数列于表1-2-16。

表1-2-16　喷射膨化的主要技术参数

谷物名称	膨化温度/℃	膨化压力/MPa	膨化率/%
玉米	190～225	0.6～0.75	95
大豆	190～220	0.6～0.7	100
籼米	180～200	0.7～0.85	不开花
江米	170～180	0.6～0.7	95
花生米	170～200	0.4～0.6	100
大米	180～200	0.75～0.8	100
绿豆	140～280	0.7	95
高粱米	185～210	0.75～0.8	95
小黄米	180～210	0.75～0.8	95
蚕豆	180～250	0.75～0.8	85
土豆片	180～220	0.6～0.8	不开花

续表

谷物名称	膨化温度/℃	膨化压力/MPa	膨化率/%
红薯片	170～220	0.6～0.8	不开花
玉米渣	190～225	0.75～0.8	95
芝麻	250～270	0.75～0.8	不开花
葵花子	200～230	常压	不开花
稻壳	180～220	常压	呈金黄色

（5）纤维状早餐谷物食品的加工

纤维状早餐谷物食品是依靠特殊的成型机械来生产的细条状饼干一类食品。细条状产品生产机械的核心是纤化辊，它是由一对水平平行放置、相向旋转且直径较小的圆筒体组成，其中一个辊子沿长度方向刻有一组圆周方向的沟槽，通过这些轴向沟槽来产生谷物纤维化的横向组织。当辊子旋转时，蒸煮过的谷物粉质胚乳被喂进两辊之间（图1-2-29），破碎的谷物被挤压通过辊隙，从辊子下方出来成为一股蒸煮谷物带自由落下，沿着辊子长度方向的一连串的这些带状物汇集在输送带上，输送带置于一组纤化辊之下（图1-2-30），每对辊子产生一层纤化物，输送带上的纤化物达到所需的层数（20层）后，由一个切断、折边装置将物料分割成单个的块状，接着进行焙烤，在204～315℃温度下焙烤至4%的最终含水量。

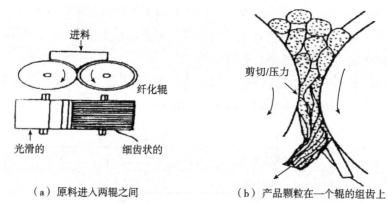

（a）原料进入两辊之间　　　　　（b）产品颗粒在一个辊的组齿上

图1-2-29　谷物纤化原理图

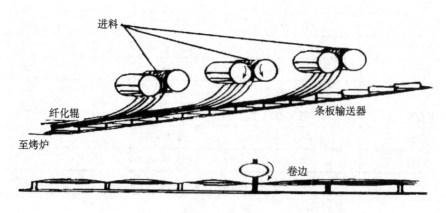

图1-2-30　纤维状早餐谷物食品生产示意图

思考题

1. 挂面的概念及其分类？

2. 何为面条"浑汤"？其原因是什么？如何避免？

3. 和面过程有哪些阶段，各阶段有何特征？

4. 在和面操作中，为什么说"四定"最为重要？

5. 影响和面效果的因素有哪些？为什么？

6. 熟化是什么？为什么要进行熟化？

7. 影响压片效果的因素有哪些？试分析其原因？其工艺参数是如何选择的？

8. 挂面干燥为什么要采用"保湿干燥"？在生产中是如何来防止"酥面"产生？

9. 影响挂面干燥效果的因素有哪些？为什么？

10. 面头对挂面生产有何影响？怎样克服？

11. 方便面的分类如何？方便面生产的关键是什么？

12. 馒头发酵的方法有哪几类？制作的原理是什么？机械化馒头制作的设备有哪些？

13. 何为方便早餐食品？分为哪几类？加工原理是什么？

14. 早餐谷物食品加工的工艺原理是什么？

15. 试分析蒸煮挤压技术在早餐谷物食品加工中的作用和典型应用领域。

16. 试比较挤压膨化、喷射膨化和焙烤膨化的主要区别。

17. 试分析一早餐谷物食品加工的原料特点、技术途径和发展趋势。

第三章 大豆制品的加工技术

本章学习目标 掌握传统大豆制品生产的原理和加工技术，现代大豆制品的加工工艺及大豆中的生物活性成分的提取及应用。

一、大豆蛋白质的提取

（一）大豆蛋白的功能特性

大豆蛋白制品不仅蛋白质含量高，营养丰富，而且它们大都具有一定的功能特性，是功能性原料。

1. 吸油性

大豆蛋白能吸收自由脂肪和结合脂肪，表现出吸油性。组织化大豆粉能吸收为其自重的65%~130%的脂肪，并在15~20 min内达到吸收最大值。脂肪的吸收仅是乳化作用的一种表现。在食品中加一些大豆粉有助于防止油炸时过量地吸收脂肪，其原因可能是大豆蛋白受热变性，从而在油炸食品表面形成抗脂肪层。

2. 吸水性

大豆蛋白质的结构长链中含有极性侧链，具有亲水性，因此，大豆蛋白质能吸收水分并能在食品成品中保留住水分。在焙烤制品和糖果生产中，添加一定量的大豆蛋白制品，能增加产品的持水能力，使产品能有较长的货架期。

3. 乳化性

大豆蛋白能够帮助油在水中形成乳化液，形成乳化液后仍可使之保持稳定。因为大豆蛋白是表面活性物质，能降低油—水界面的表面张力，使油—水体系发生乳化。乳化的油滴表面集合的蛋白质形成了一保护层，阻止油滴凝聚，从而提高了乳化液的稳定性。

4. 胶凝性

含有8%以上分离蛋白的溶液加热则形成胶凝体。进一步研究显示，大豆蛋白组分中7S的分子胶凝性很好，能做很好的豆腐，而11s的溶解性好，能用它加工成奶酪一样的东西。

5. 起泡性

大豆蛋白质是表面活性物质，其胃蛋白酶水解产物可用作起泡剂，并且在pH4~5溶液中也能溶解。大豆蛋白水解产物很容易起泡，在糖果生产中可用作起泡剂。起泡的原因也与少量的未水解的蛋白质有关。

（二）大豆蛋白的变性

1. 变性的定义

由于物理的和化学的条件改变而引起了大豆蛋白内部结构的改变，从而导致蛋白质的物理、化学和功能特性的改变，这种现象称为大豆蛋白的变性。

2. 变性的起因

能导致大豆蛋白变性的主要因素有物理因素和化学因素。物理因素有过度加热、剧烈振荡、过分干燥、超声波处理等。化学因素有极端 pH、有机溶剂、重金属盐以及某些无机化合物等。

3. 大豆蛋白变性后性质的变化

① 溶解度下降：由于肽链的舒展，使原先裹在分子内部的疏水基团被迫转移到分子的表面，以致使蛋白质的溶解性下降。因此，可利用蛋白质的溶解度变化来判断蛋白质的变性程度。

② 黏度增加：大豆蛋白变性时，蛋白质分子的紧密结构被破坏，多肽链充分舒展，促使分子的体积增大。黏度则由分子量的大小和分子的形状所决定，当分子量一定时。体系的黏度随分子体积的增大而增加.

③ 生物活性的丧失：酶是一种具有生物活性的蛋白质，当酶分子结构被破坏时，酶分子表面的活性也就被破坏，从而丧失了生物活性。大豆蛋白变性后其所含酶的活性也就没有了。

④ 变性大豆蛋白易被蛋白酶水解：蛋白酶极难作用于裹在内层结构中的肽键，因此无法水解未变性的蛋白质。但当变性蛋白质的分子结构变得松散和舒展后. 酶分子就很容易作用于暴露了的肽键，进而达到水解的目的。

（三）大豆蛋白质的制取

1. 浓缩蛋白质制取方法

浓缩蛋白质（SPC，Soy protein concentrate）主要是指以低温脱脂豆粕为原料，通过各种加工方法，除去低温粕中的可溶性糖分、灰分以及其他可溶性微量成分，使蛋白质的含量从 45% ~ 50% 提高到 70% 左右的制品。

SPC 制取方法主要有：酒精浸提法、稀酸浸提法和热处理 3 种。常用酒精浸提法和稀酸浸提法。

（1）酒精浸提法

酒精浓缩蛋白质生产工艺流程如图 1 - 3 - 1 所示，首先将低温脱溶豆粕经风机吸入集料器，在经过螺旋输送机送入酒精洗涤罐中进行洗涤。洗涤罐 2 只，内装有摆动式搅拌器，可轮流使用。每次装低温粕的同事按料液比 1:7 的比例由酒精泵从暂存罐中吸入 60% ~ 65% 的酒精。操作温度 50℃，搅拌 30 min。每个生产周期为 1 h。

洗涤过程中，可溶性糖分、灰分及一些微量组分便溶解于酒精中。为尽量较少蛋白质损失。洗涤后，从罐中将蛋白质淤浆物由泵送入管式超速离心机中进行分离，分离出

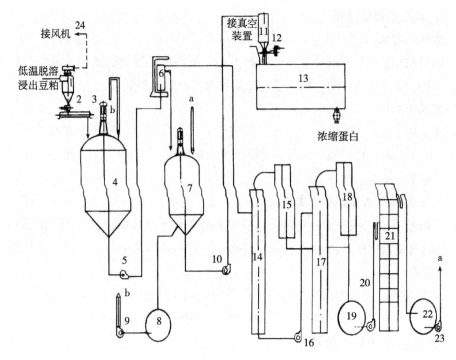

图 1 - 3 - 1　酒精浓缩蛋白质生产工艺流程图

1—集料室　2—封闭阀　3—螺旋运输器　4—酒精洗涤罐　5—离心泵　6—管式离心机
7—二次洗涤罐　8—酒精暂存罐　9—酒精泵　10—浆液泵　11—暂存罐　12—闸板阀
13—真空干燥器　14—一次酒精蒸发器　15—分离器　16—酒精泵　17—二次酒精蒸发器
18—分离器　19—浓酒精暂存罐　20—酒精泵　21—蒸馏塔　22—酒精暂存罐　23—酒精泵
24—吸料风机

的固形物和酒精溶液。分离出来的酒精要回收进行再次利用，分离出来的糖溶液首先被送入一效蒸发器进行初步浓缩，再由泵送入二效蒸发器中进一步蒸除酒精，其操作真空度 66.7~73.3 kPa，温度 80℃。最后浓缩糖浆由二效蒸发器底部排出，另作它用。从一效、二效蒸发分离器出来的酒精流入浓酒精暂存罐中，通过泵入工作温度为 82.5℃酒精蒸馏塔中蒸馏，一方面制取浓酒精，另一方面脱除酒精中的不良气味。

（2）烯酸浸提法（图 2 - 3 - 2）

烯酸浓缩蛋白质生产工艺流程如图 1 - 3 - 2 所示，先将通过 100 目的低温脱脂豆粕加入酸洗涤罐中，加入 10 倍质量的水搅拌均匀后，加入 37% 的盐酸，调节 pH 值到 4.5，搅拌 1 h。这时大部分蛋白质沉析，粗纤维形成浆状物一部分可溶性糖、灰分及低分子蛋白质形成乳清，而浆状物送入碟片式离心机中进行固液分离。固态浆状物流入一次水洗罐内，在此连续加水洗涤，然后经泵注入第二部蝶式离心机中分离脱水。浆状物流入二次水洗罐中进行二次水洗，然后由泵注入第三部蝶式离心机中分离废水，浆状物流入中和罐内，加入适量碱调节 pH 值为中性，再经泵压入干燥塔中，脱水干燥成成品。

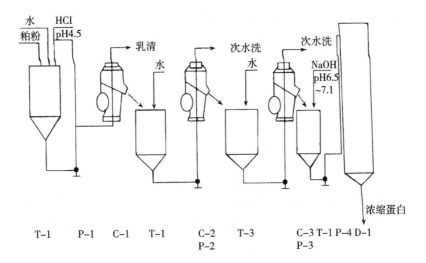

图 1 - 3 - 2　烯酸浓缩蛋白质生产工艺流程图

T - 1—酸洗池　T - 2—一次水洗池　T - 3—二次水洗池　C - 1—蝶式浆液分离机

C - 2——一次水洗分离机　C - 3—二次水洗分离机　P - 1—浆液输送泵　P - 2—浆液输送泵

P - 3—浆液输送泵　D - 1—干燥塔

2. 分离蛋白质生产技术

分离蛋白质（SPI，Soy protein isolate）是指除去大豆中的油脂、可溶性及不可溶性碳水化合物、灰分等的可溶性大豆蛋白质。蛋白质含量在 90% 以上，蛋白质的分散度在 80% ~ 90%，具有较好的功能性质。

分离蛋白质的生产工艺流程见图 1 - 3 - 3。

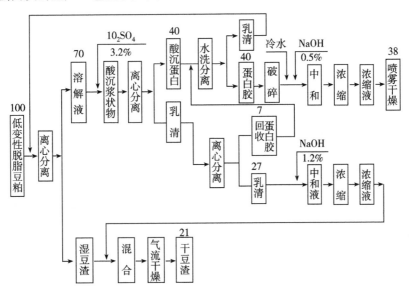

图 1 - 3 - 3　分离蛋白质生产工艺流程图

3. 组织蛋白的制取方法

组织蛋白（SP, Structured protein）是指蛋白质经加工成型后其分子发生了重新排列，形成具有同方向组织结构的纤维状蛋白。主要工艺包括原料粉碎、加水混合、挤压膨化等工艺。膨化的组织蛋白形同瘦肉又具有咀嚼感，所以又称为膨化蛋白或植物蛋白。

二、传统豆制品的生产

（一）传统豆制品生产的基本原理

中国传统豆制品种类繁多，生产工艺也各有特色，但是就其实质来讲，豆制品的生产就是制取不同性质的蛋白质胶体的过程。

大豆蛋白质存在于大豆子叶的蛋白体中，大豆经过浸泡，蛋白体膜破坏以后，蛋白质即可分散于水中，形成蛋白质溶液即生豆浆。生豆浆即大豆蛋白质溶胶，由于蛋白质胶粒的水化作用和蛋白质胶粒表面的双电层，使大豆蛋白质溶胶保持相对稳定。但是一旦有外加因素作用，这种相对稳定就可能受到破坏。

生豆浆加热后，蛋白质分子热运动加剧，维持蛋白质分子的二、三、四级结构的次级键断裂，蛋白质的空间结构改变，多肽链舒展，分子内部的某些疏水基团（如 –SH）疏水性氨基酸侧链趋向分子表面，使蛋白质的水化作用减弱，溶解度降低，分子之间容易接近而形成聚集体，形成新的相对稳定的体系——前凝胶体系，即熟豆浆。

在熟豆浆形成过程中蛋白质发生了一定的变性，在形成前凝胶的同时，还能与少量脂肪结合形成脂蛋白，脂蛋白的形成使豆浆产生香气。脂蛋白的形成随煮沸时间的延长而增加。同时借助煮浆，还能消除大豆中的胰蛋白酶抑制素、血球凝集素、皂苷等对人体有害的因素，减少生豆浆的豆腥味，使豆浆特有的香气显示出来，还可以达到消毒灭菌、提高风味和卫生质量的作用。

前凝胶形成后必须借助无机盐、电解质的作用使蛋白质进一步变性转变成凝胶。常见的电解质有石膏、卤水 δ – 葡萄糖酸内酯及氯化钙等盐类。它们在豆浆中解离出 Ca^{2+}，Mg^{2+}，Ca^{2+}，Mg^{2+} 不但可以破坏蛋白质的水化膜和双电层，而且有"搭桥"作用，蛋白质分子间通过—Mg – –或—Ca – –桥相互连接起来，形成立体网状结构，并将水分子包容在网络中，形成豆腐脑。

豆腐脑形成较快，但是蛋白质主体网络形成需要一定时间，所以在一定温度下保温静置一段时间使蛋白质凝胶网络进一步形成，就是一个蹲脑的过程。将强化凝胶中水分加压排出，即可得到豆制品。

（二）传统豆制品生产的原辅料

1. 凝固剂

（1）石膏

实际生产中通常采用熟石膏，控制豆浆温度 85℃ 左右，添加量为大豆蛋白质的 0.04%（按硫酸钙计算）左右。合理使用可以生产出保水性好、光滑细嫩的豆腐。

（2）卤水

卤水的主要成分为氯化镁，用它作凝固剂，由于蛋白质凝固快，网状结构容易收缩，因而产品的保水性差。卤水适合于做豆腐干、干豆腐等低水分的产品，添加量一般为 2 ~ 5 kg/100 kg大豆。

（3）δ – 葡萄糖酸内酯

δ – 葡萄糖酸内酯（简称 GDL）是一种新型的酸类凝固剂，易溶于水，在水中分解为葡萄糖酸，在加热条件下分解速度加快，pH 值增加时分解速度也加快。加入内酯的熟豆浆，当温度达到60℃时，大豆蛋白质开始凝固，在 80 ~ 90℃凝固成的蛋白质凝胶持水性最佳，制成的豆腐弹性大，质地滑润爽口。GDL 适合于做原浆豆腐。在凉豆浆中加入葡萄糖酸内酯，加热后葡萄糖酸内酯分解转化，蛋白质凝固即成为豆腐。添加量一般为 0.25% ~ 0.35%（以豆浆计）。

用葡萄糖酸内酚作凝固剂制得的豆腐，口味平淡而且略带酸味。若添加一定量的保护剂，不但可以改善风味，而且还能改变凝固质量。常用的保护剂有磷酸氢二钠、磷酸二氢钠、酒石酸钠及复合磷酸盐（含焦磷酸钠41%，偏磷酸钠29%，碳酸钠1%，聚磷酸钠29%）等，用量为 0.2%（以豆浆计）左右。

（4）复合凝固剂

所谓复合凝固剂是将 2 种或 2 种以上的成分加工成的凝固剂，它是伴随豆制品生产的工业化、机械化和自动化的发展而产生的。如一种带有涂覆膜的有机酸颗粒凝固剂，常温下它不溶于豆浆，但是一旦经过加热涂覆膜就熔化，内部的有机酸就发挥凝固作用。常用的有机酸有柠檬酸、异柠檬酸、山梨酸、富马酸、乳酸、琥珀酸、葡萄糖酸及它们的内酯或酐。采用柠檬酸时，添加量为豆浆（固形物含量10%）的 0.05% ~ 0.50%。涂覆剂要满足常温下完全呈固态，而稍经加热就完全熔化的条件，因此其熔点一般在 40 ~ 70℃之间。符合这些条件的涂覆剂有动物脂肪、植物油、各种甘油醋、山梨糖醇醉脂肪酸醋、丙二醇脂肪酸醋、动物胶等。为使被涂覆的有机酸颗粒均匀地分散于豆浆中，可以添加可食性表面活性剂如卵磷脂、聚环氧乙烷、月桂基醚等。

2. 消泡剂

豆制品生产的制浆工序中会产生大量的泡沫，泡沫的存在对后续操作极为不利，因此必须使用消泡剂消泡。

（1）油脚

它是油炸食品的废油，含杂质多，色泽暗，但是价格低廉，适合于作坊式生产使用。

（2）油脚膏

它是由酸败油脂与氢氧化钙混合制成的膏状物，配比为 10:1，使用量为 1.0%。

（3）硅有机树脂

它是一种较新的消泡剂，它的热稳定性和化学稳定性高，表面张力低，消泡能力强。豆制品生产中使用水溶性的乳剂型，其使用量为 0.05 g/kg 食品。

（4）脂肪酸甘油酯

它分为蒸馏品（纯度达90%以上）和未蒸馏品（纯度为40%～50%）。蒸馏品使用量为1.0%。使用时均匀地添加在豆浆中一起加热即可。

3. 防腐剂

豆制品生产中采用的防腐剂主要有丙烯酸、硝基呋喃系化合物等。丙烯酸具有抗菌能力强、热稳定性高等特点，允许使用量为豆浆的5 mg/kg以内。丙烯酸防腐剂主要用于包装豆腐，对产品色泽稍有影响。

（三）传统豆制品生产工艺

传统豆制品生产工艺过程一般如图1-3-4所示。

大豆→清理→浸泡→磨浆→过滤→煮浆→凝固→成型→成品

图1-3-4　传统豆制品生产工艺过程

1. 清理

选择品质优良的大豆，除去所含的杂质，得到纯净的大豆。

2. 浸泡

浸泡的目的是使豆粒吸水膨胀，有利于大豆粉碎后提取其中的蛋白质。生产时大豆的没泡程度因季节而不同，夏季将大豆泡至9成开，冬季将大豆泡至10成开。浸泡好的大豆吸水量为1:（1～1.2），即大豆增重至原来的2.0～2.2倍。浸泡后大豆表面光滑，无皱皮，豆皮轻易不脱落，手感有劲。

3. 磨浆

经过浸泡的大豆，蛋白体膜变得松脆，但是要使蛋白质溶出，必须进行适当的机械破碎。如果从蛋白质溶出量角度看，大豆破碎的越彻底，蛋白质越容易溶出。但是磨的过细，大豆中的纤维素会随着蛋白质进入豆浆中，使产品变得粗糙，色泽深，而且也不利于浆渣分离，使产品得率降低。因此，一般控制磨碎细度为100～120目。实际生产时应根据豆腐品种适当调整粗细度，并控制豆渣中残存的蛋白质低于2.6%为宜。采用石磨、钢磨或砂盘磨进行破碎，注意磨浆时一定要边加水边加大豆。磨碎后的豆糊采用平筛、卧式离心筛分离，以能够充分提取大豆蛋白质为宜。

4. 煮浆

煮浆是通过加热使豆浆中的蛋白质发生热变性的过程。一方面为后序点浆创造必要条件，另一方面消除豆浆中的抗营养成分，杀菌，减轻异味，提高营养价值，延长产品的保鲜期。煮浆的方法根据生产条件不同，可以采用土灶铁锅煮浆法、敞口罐蒸汽煮浆法、封闭式溢流煮浆法等方法进行。

5. 凝固与成型

凝固就是大豆蛋白质在热变性的基础上，在凝固剂的作用下，由溶胶状态转变成凝胶状态的过程。生产中通过点脑和蹲脑两道工序完成。

点脑是将凝固剂按一定的比例和方法加入熟豆浆中，使大豆蛋白质溶胶转变成凝胶，形成豆腐脑。豆腐脑是由呈网状结构的大豆蛋白质和填充在其中的水构成的。一般来讲豆腐脑的网状结构网眼越大，交织的越牢固，其持水性越好，做成的豆腐柔软细嫩，产品的得率也越高；反之则做成的豆腐僵硬，缺乏韧性，产品的得率也低。

经过点脑后，蛋白质网络结构还不牢固，只有经过一段时间静置凝固才能完成。根据豆腐品种的不同，蹲脑的时间一般控制在 10～30 min。

成型即把凝固好的豆腐脑放入特定的模具内，施加一定的压力，压榨出多余的黄浆水，使豆腐脑密集地结合在一起，成为具有一定含水量和弹性、韧性的豆制品，不同产品施加的压力各不相同。

（四）主要豆制品生产

1．内酯豆腐生产工艺和操作要点

内酯豆腐生产利用了蛋白质的凝胶性质和 δ - 葡萄糖酸内酯的水解性质，其工艺流程如图 1 - 3 - 5 所示。

原料大豆→清理→浸泡→磨浆→滤浆→煮浆→脱气→冷却→混合→罐装→凝固杀菌→冷却→成品

图 1 - 3 - 5　内酯豆腐生产工艺流程

（1）磨浆

采用各种磨浆设备制浆，使豆浆浓度控制在 10～11 波美度。

（2）脱气

采用消泡剂消除一部分泡沫，采用脱气罐排出豆浆中多余的气体，避免出现气孔和砂眼，同时脱除一些挥发性的成分，使内酯豆腐质地细腻，风味优良。

（3）冷却混合与罐装

根据 δ - 葡萄糖酸内酯的水解特性，内酯与豆浆的混合必须在 30℃ 以下进行，如果浆温过高，内酯的水解速度过快，造成混合不均匀，最终导致粗糙松散，甚至不成型。按照 0.25%～0.30% 的比例加入内酯，添加前用温水溶解，混合后的浆料在 15～20 min 罐装完毕，采用的包装盒或包装袋需要耐 100℃ 的高温。

（4）凝固成型

包装后进行装箱，连同箱体一起放入 85～90℃ 恒温床，保温 15～20 min。热凝固后的内酯豆腐需要冷却，这样可以增强凝胶的强度，提高其保形性。冷却可以采用自然冷却，也可以采用强制冷却。通过热凝固和强制冷却的内酯豆腐，一般杀菌、抑菌效果好，储存期相对较长。

2．腐竹生产工艺和操作要点

腐竹是由煮沸后的豆浆，经过一定时间的保温，豆浆表面蛋白质成膜形成软皮，揭出烘干而成的。煮熟的豆浆保持在较高温度条件下，一方面豆浆表面水分不断蒸发，表面蛋白质浓度相对提高；另一方面蛋白质胶粒热运动加剧，碰撞机会增加，聚合度加大，以至形成薄膜，随着时间的延长，薄膜厚度增加，当薄膜达到一定厚度时，揭起即为腐竹。

生产工艺流程如图 1 - 3 - 6 所示。

大豆→清理→脱皮→浸泡→磨浆→滤浆→煮浆→揭竹→烘干→包装→成品

图 1 - 3 - 6　腐竹生产工艺流程

（1）磨浆

腐竹生产的制浆方法与豆腐生产制浆一样，这里要求豆浆浓度控制在 6.5 ~ 7.5 波美度，豆浆浓度过低难以形成薄膜；豆浆浓度过高，虽然膜的形成速度快，但是形成的膜色泽深。

（2）揭竹

将制成的豆浆煮沸，使豆浆中的大豆蛋白质发生充分的变性，然后将豆浆放入腐竹成型锅内成型揭竹。在揭竹工序中应该注意 3 个因素：

① 揭竹温度：一般控制在（82℃ ±2℃）。温度过高，产生微沸会出现"鱼眼"现象，容易起锅巴，腐竹的产率低；温度过低，成膜速度慢，影响生产效率，甚至不能形成膜。

② 时间：揭竹时每支腐竹的成膜时间为 10 min 左右。时间过短，形成的皮膜过薄，缺乏韧性。揭竹时容易破竹；时间过长，形成的皮膜过厚，色泽深。

③ 通风：揭竹锅周围如果通风不良，成型锅上方水蒸气浓度过高，豆浆表面的水分蒸发速度慢，形成膜的时间长，影响生产效率和腐竹质量。

（3）烘干

湿腐竹揭起后，搭在竹秆上沥浆，沥尽豆浆后要及时烘干。烘干可以采用低温烘房或者机械化连续烘干法。烘干最高温度控制在 60℃ 以内。烘干至水分含量达到 10% 以下即可得到成品腐竹。

三、豆乳生产

豆乳制品是 20 世纪 70 年代以来迅速发展起来的一类蛋白饮料，主要包括豆乳、豆炼乳、酸豆乳、豆乳晶等。该类产品采用现代技术与设备，已实现了规模化工业生产。豆乳制品具有特殊的色、香、味，营养也非常丰富，可与牛奶相媲美。

（一）豆乳生产的基本原理

豆乳生产是利用大豆蛋白质的功能特性和磷脂的强乳化特性。磷脂是具有极性基团和非极性基团的两性物质。中性油脂是非极性的疏水性物质，经过变性后的大豆蛋白质分子疏水性基团大量暴露于分子表面，分子表面的亲水性基团相对减少，水溶性降低。这种变性的大豆蛋白质、磷脂及油脂的混合体系，经过均质或超声波处理，互相之间发生作用，形成二元及三元缔合体，这种缔合体具有极高的稳定性，在水中形成均匀的乳状分散体系即豆乳。

（二）豆乳生产工艺和操作要点

豆乳的生产工艺流程如图 1 - 3 - 7 所示。

大豆→清理→脱皮→浸泡→磨浆→浆渣分离→真空脱臭→调制→均质→杀菌→罐装

图 1 - 3 - 7　豆乳的生产工艺流程

1. 清理与脱皮

大豆经过清理除去所含杂质，得到纯净的大豆。脱皮可以减少细菌，改善豆乳风味，限制起泡性，同时还可以缩短脂肪氧化酶钝化所需的加热时间，极大地降低储存蛋白质的变性，防止非酶褐变，赋予豆乳良好的色泽。脱皮方法与油脂生产一致，要求脱皮率大于95%。脱皮后的大豆迅速进行灭酶。这是因为大豆中致腥的脂肪氧化酶存在于靠近大豆表皮的子叶处，豆皮一旦破碎，油脂即可在脂肪氧化酶的作用下发生氧化，产生豆腥味成分。

2. 制浆与酶的钝化

豆乳生产的制浆工序与传统豆制品生产中制浆工序基本一致，都是将大豆磨碎，最大限度地提取大豆中的有效成分，除去不溶性的多糖和纤维素。磨浆和分离设备通用，但是豆乳生产中制浆必须与灭酶工序结合起来。制浆中抑制浆体中异味物质的产生，因此可以采用磨浆前浸泡大豆工艺，也可以不经过浸泡直接磨浆，并要求豆浆磨的要细。豆糊细度要求达到120目以上，豆渣含水量在85%以下，豆浆含量一般为8%～10%。

3. 真空脱臭

真空脱臭的目的是要尽可能地除去豆浆中的异味物质。真空脱臭首先利用高压蒸汽（600 kPa）将豆浆迅速加热到140～150℃，然后将热的豆浆导入真空冷凝室，对过热的豆浆突然抽真空，豆浆温度骤降，体积膨胀，部分水分急剧蒸发，豆浆中的异味物质随着水蒸气迅速排出。从脱臭系统中出来的豆浆温度一般可以降至75～80℃。

4. 调制

豆乳的调制是在调制缸中将豆浆、营养强化剂、赋香剂和稳定剂等混合在一起，充分搅拌均匀，并用水将豆浆调整到规定浓度的过程。豆浆经过调制可以生产出不同风味的豆乳。

5. 均质

均质处理是提高豆乳口感和稳定性的关键工序。均质效果的好坏主要受均质温度、均质压力和均质次数的影响。一般豆乳生产中采用13～23 MPa的压力，压力越高效果越好，但是压力大小受设备性能及经济效益的影响。均质温度是指豆乳进入均质机的温度，温度越高，均质效果越好，温度应控制在70～80℃较适宜。均质次数应根据均质机的性能来确定，最多采用2次。

6. 杀菌

豆乳是细菌的良好培养基，经过调制的豆乳应尽快杀菌。在豆乳生产中经常使用三种杀菌方法。

（1）常压杀菌

这种方法只能杀灭致病菌和腐败菌的营养体，若将常压杀菌的豆乳在常温下存放，由于残存耐热菌的芽孢容易发芽成营养体，并不断繁殖，成品一般不超过24 h即可败坏。若经过常压杀菌的豆乳（带包装）迅速冷却，并储存于2~4℃的环境下，可以存放1~3周。

（2）加压杀菌

这种方法是将豆乳罐装于玻璃瓶中或复合蒸煮袋中，装入杀菌釜内分批杀菌。加压杀菌通常采用121℃、15~20 min的杀菌条件，这样即可杀死全部耐热型芽孢，杀菌后的成品可以在常温下存放6个月以上。

（3）超高温短时间连续杀菌（UHT）

这是近年来豆乳生产中普遍采用的杀菌方法，它是将未包装的豆乳在130℃以上的高温下，经过数十秒的时间瞬间杀菌，然后迅速冷却、罐装。

超高温杀菌分为蒸汽直接加热法和间接加热法。目前我国普遍使用的超高温杀菌设备均为板式热交换器间接加热法。其杀菌过程大致可分为3个阶段，即预热阶段、超高温杀菌阶段和冷却阶段，整个过程均在板式热交换器中完成。

7. 包装

包装根据进入市场的形式有玻璃瓶包装、复合袋包装等。采用哪种包装方式，是豆乳从生产到流通环节上的一个重大问题，它决定成品的保藏期，也影响质量和成本。因此，要根据产品档次、生产工艺方法及成品保藏期等因素做出决策。一般采用常压或加压杀菌只能采用玻璃瓶或复合蒸煮袋包装。无菌包装是伴随着超高温杀菌技术而发展起来的一种新技术，大中型豆乳生产企业可以采用这种包装方法。

（三）豆乳品质的改进

豆乳制品中异味物质有的是原料自身带来的，有的是在加工过程中形成的。大豆加工过程形成的异味物质主要是大豆中不饱和脂肪酸的氧化，而脂肪氧化酶是促使不饱和脂肪酸氧化的主要因素。不饱和脂肪酸氧化后形成氢过氧化物，它们极不稳定，很容易发生分解，分解后形成异味化合物。化合物的种类包括前面提及的6大类异味成分。要改善豆乳的口味，从原理出发可以归纳为以下几种。

1. 热处理法

这种方法是使蛋白质发生适度的热变性，以使脂肪氧化酶失活，进而抑制加工过程中异味物质的产生。具体方法有：干热处理法、汽蒸法、热水浸泡法、热烫法和热磨法。其中热水浸泡法和热磨法适合于不脱皮的生产工艺。热水浸泡法是把清洗过的大豆用高于80℃的热水浸泡30~60 min，然后磨碎制浆；热磨法是将浸泡好的大豆沥净浸泡水，另加沸水磨浆，并在高于80℃条件下保温10~15 min，然后过滤制浆；热烫法适合于脱皮大豆，它是将大豆迅速放入80℃以上的热水中，并保持10~30 min，然后磨碎制浆，温度越高，时间越短。

2．酸碱处理法

这种方法是依据 pH 对脂肪氧化酶活性的影响，通过酸或碱的加入，调整溶液的 pH 值，使其偏离脂肪氧化酶的最适 pH 值，从而达到抑制脂肪氧化酶活性，减少异味物质的目的。常用的酸主要是柠檬酸，调节 pH 至 3.0 ~ 4.5，此法在热浸泡中使用。常用的碱有碳酸钠、碳酸氢钠、氢氧化钠、氢氧化钾等，调节 pH 至 7.0 ~ 9.0，碱可以在浸泡时、热磨时或热烫时加入。单独使用酸碱处理效果不够理想，常配合热处理一起使用。加碱对消除苦涩味有明显的效果，而且可以提高蛋白质的溶出率。

3．添加还原剂和铁离子络合剂的方法

这种方法是利用氧化还原反应或络合反应来抑制脂肪氧化酶的活性。

4．生物工程法

它是利用微生物及酶的作用，通过一系列复杂的生化反应来达到脱腥、脱涩的目的。如在大豆中加入 1% ~ 2% 米曲，加水保持 pH 在 4 ~ 7，待其浸泡后磨浆，即可制得脱腥、脱涩的豆乳。

5．添加风味剂掩盖法

添加风味剂的掩盖法，就是豆乳风味调制工序采用的添加各种风味调节剂调制的方法。

四、豆乳粉及豆浆晶的生产

豆乳是一种老少皆宜的功能性营养饮料，但是含水量高，不耐储存，运输销售不便。豆乳粉和豆浆晶的生产不同程度地解决了上述问题，并保留了豆乳的全部营养成分。

（一）基料制备

豆乳粉和豆浆的基料制备过程，就是豆乳生产去掉杀菌、包装工序的全过程。只是根据产品不同，调配工序的操作及配料略有差别。

豆乳粉、豆浆晶的生产，一方面要注意改善产品风味和营养平衡，另外还要提高其溶解性。它们的溶解性除与后续的浓缩、干燥工序有关外，和基料的调制关系密切。在两者的生产中，一方面糖的加入对其溶解性影响很大，糖可以在浓缩前加入，也可以在浓缩后加入；另一方面，在浓缩前向豆乳粉的基料中加入一定量的酪蛋白，可以大大改善豆乳粉的溶解性。通过试验发现随着酪蛋白添加量的增加，豆乳粉的溶解度随之增大，但是增加到一定量时，其溶解度增大不明显，而且会影响豆乳的风味。一般酪蛋白的添加量占豆乳固形物含量的 20% 为最佳。再如用碱性物质醋酸钠、碳酸钠、磷酸铵、磷酸氢铵、磷酸三钠、磷酸三钾、氢氧化钠等调节 pH 接近 7.5 时；豆乳的溶解性可以明显提高。

豆乳粉、豆浆晶在基料调制完毕后，要进行均质和杀菌，然后再进行浓缩。

（二）豆浆晶的生产

经过浓缩后的基料，经过真空干燥进行脱水。真空干燥是豆浆晶生产的关键工序，真空干燥是在真空干燥箱内完成的。操作时首先将浓缩好的浆料装入烘盘内，每盘浆料

量要相等，缓慢放入真空干燥箱内，然后关闭干燥箱，立即抽真空，接着打开蒸汽阀门通入蒸汽。干燥过程大致分为 3 个阶段。第一阶段为沸腾段，此阶段为了使浆料迅速升温，蒸汽压力一般控制在 200 ~ 250 kPa，但是为了防止溢锅，真空度不宜过大，应控制在 83 ~ 87 kPa。从蒸汽到浆料沸腾结束，约需 30 min，料温可以从室温升至 70℃ 左右。第二阶段为发胀阶段，从浆料开始起泡到定型，大约需要 1.5 h 随着干燥的进行，干燥箱内浆料沸腾程度越来越慢，浆料浓度越来越高，黏度增大。泡膜坚厚，表面张力也大，如果此时真空度不大，温度高，浆料内部水分蒸发困难，造成干燥速度慢，产生焖浆现象。造成蛋白质变性，成品溶解性差，色泽深。所以当浆料沸腾趋于结束时，应逐渐减少蒸气进量、提高真空度。此阶段的蒸汽压力维持在 100 ~ 150 kPa，温度 45 ~ 50℃，真空度 96 ~ 99 kPa。第三阶段为烘干阶段，此阶段是为了进一步蒸发出豆浆晶中的水分，不需要供给过多的热量，蒸气压应维持在 50 kPa 以下，温度保持在 45 ~ 50℃，为了干燥迅速，真空度应保持高水平 96 kPa 以上。

整个干燥过程完成以后，通入自来水冷却，消除真空，出炉、粉碎。

真空干燥后的豆浆晶为疏松多孔的蜂窝状固体，极易吸湿受潮，干燥后应马上破碎。破碎时先剔除不干或焦糊部分，然后投入破碎机破碎。粉碎后的豆浆晶呈细小晶体，分袋包装即为成品。粉碎包装车间应安装有空调机、吸湿机，空气相对湿度控制在 65% 以下，温度为 25℃ 左右。

（三）豆乳粉的生产

喷雾干燥是目前将液体豆乳制成固体豆乳粉的唯一方法。制取的固态豆乳粉销售、储存、运输方便。但是食用时须将固态豆乳粉与水混合制成浆体，豆乳粉的溶解性成为必须考虑的因素。影响豆乳粉溶解性有 5 方面的因素。

① 豆乳粉的物质组成及存在状态。

② 粉体的颗粒大小。溶解过程是在固液界面上进行的，粉的颗粒越小，总表面积越大，溶解速度也就越快，但是小颗粒影响粉的流散性。

③ 粉体的容重。较大的容重有利于水面上的粉体向水下运动，容重小的粉体容易漂浮形成表面湿润、内部干燥的粉团，俗称"起疙瘩"。

④ 颗粒的相对密度。颗粒密度接近水的相对密度，颗粒能在水中悬浮，保持与水的充分接触顺利溶解，相对密度大于水的颗粒迅速下沉，颗粒与水的接触面减少，并停止与水的相对运动，溶解速度减慢；颗粒相对密度小于水时，颗粒上浮，产生同样效果。

⑤ 粉体的流散性。粉体自然堆积时，静止角小的则表明粉的流散性好，这样的粉容易分散，不结团。颗粒之间的摩擦力是决定粉体流散性的主要因素。为减少摩擦力，应要求粒度均匀，颗粒大且外形为球形或接近球形，表面干燥。以上 5 个因素，第一个因素是基本的，它决定溶解的最终效果，其余 4 项影响豆乳粉的溶解速度。

与上述因素相关的喷雾干燥工艺参数主要有：

① 喷盘的转速与喷孔的直径。它们由设备决定，对粉体的容重及流散性影响较大。

喷盘的转速过高，喷孔小，喷头出来的液滴小，粉体团粒容易包埋气体，粉体容重小；喷盘转速过低，喷孔大，喷头出来的液滴大，粉体团粒包埋气体少，粉体容重大；但液滴过大，轻者不容易干燥，有湿心，重者挂壁流浆。另外，在转速与喷孔直径一定的情况下，浆料浓度越高，黏度越大，喷头出来的液滴越大，粉体团粒也大，粉体的容重及流散性好。

② 进排风温度。进风温度越高，豆粉的含水量越低，溶解性越差而且色泽深，一般进风温度控制在 150～160℃，排风温度控制在 80～90℃为宜。

由喷雾干燥塔出来的豆乳粉，经过降温、过筛、包装即为成品。

五、大豆低聚糖的制取及应用

（一）大豆低聚糖的制取

大豆低聚糖是大豆中所含的可溶性糖类，主要成分是水苏糖、棉子糖和蔗糖，它们在成熟大豆中占干基含量分别为 3.7%、1.7% 和 5%。大豆低聚糖的制备工艺主要有浸提和纯化两大步骤。

1. 浸提

浸提过程如图 1 - 3 - 8 所示。

脱脂豆粕→水浸提→过滤→加酸沉淀蛋白→离心分离→抽提液

图 1 - 3 - 8　浸提过程

首先将脱脂豆粕粉碎通过 40 目的筛，以固液比 1:15 的比例用水浸提，过滤除去豆渣得滤液。将滤液用酸调节 pH 值为 4.3～4.55 使蛋白质沉淀，采用离心机分离去除大豆蛋白和抽提液对抽提液进行纯化。

2. 纯化

纯化过程如图 1 - 3 - 9 所示。

抽提液→超滤→活性炭脱色→过滤→离子交换脱色→真空浓缩→喷雾干燥→成品

图 1 - 3 - 9　纯化过程

将抽提液用 XHP03 的膜在压力为 0.18 MPa，温度为 45℃的条件下进行超滤，除去残存的少量蛋白质，得滤液。滤液用活性炭脱色。脱色条件为：温度 40℃，pH 值 3.0～4.0，活性炭用量为糖液干物质的 1.0%，脱色时间为 40 min。然后过滤，再用离子交换树脂精制，真空浓缩成大豆低聚糖浆，或者真空浓缩后喷雾干燥成粉状大豆低聚糖成品。

（二）大豆低聚糖的应用

1. 大豆低聚糖的生理功能

① 促进双歧杆菌的增长、改善肠道细菌群体结构。大豆低聚糖在人体胃内不会被消化吸收，只有存在于肠道内的双歧杆菌才能利用它。双歧杆菌是人体肠道内的有益菌种，其主要功效是将糖类分解为乙酸、乳酸和一些抗生素类物质，从而抑制有害菌的生长。

大豆低聚糖是双歧杆菌增殖的食料，而其他有害菌几乎不能利用低聚糖，因此可以阻止致病菌的定居和增殖。

② 抑制有害物质生成，增强机体免疫力。大豆低聚糖被双歧杆菌利用，产生一些有益物质，促进新陈代谢，抑制腐败菌的生长，减少有害物质生成，减轻肝脏的解毒负担；同时双歧杆菌的大量繁殖，诱导免疫反应，增强免疫功能。

③ 改善排便。防止腹泻和便秘。

④ 降低胆固醇和作为甜味剂的替代品

2. 大豆低聚糖的应用

① 用做双歧杆菌的促生因子。双歧杆菌的保健功能众所周知，人们增强肠道内双歧杆菌的数量往往服用活菌制剂，然而双歧杆菌是厌氧性细菌，活菌制剂经过胃、小肠到达大肠，其活菌数量大大减少，影响其功效。因大豆低聚糖能够促进双歧杆菌的增殖，因此服用大豆低聚糖能增加双歧杆菌的数量，调整肠道菌群的结构，两者同时服用效果更佳。

② 一些糖类的替代品。大豆低聚糖具有良好的热稳定性，甜味纯正，不被人体消化吸收，能量低等优点。可用做糖尿病人、肥胖病人以及喜爱甜食而又怕发胖的人甜味剂的替代品。

③ 各种饮料的配制原料。如运动饮料、果汁饮料、发酵乳、乳酸饮料、固体饮料、清凉饮料、粉末饮料、酒类饮品等。

④ 添加剂可以用做各种健齿的糖果、糕点、甜点、面制品、豆沙馅的添加剂；也可以作为各种乳制品、果酱、调味汁、罐头、香肠等的添加剂。

思考题

1. 传统豆制品加工的基本原理是什么？
2. 简述豆腐的生产工艺流程。
3. 简述腐竹的制作原理。
4. 在腐竹制作过程中，影响揭竹的因素有哪些？
5. 大豆制品中不良气味的产生原和防止措施有哪些？
6. 传统豆制品有哪些种类？主要工艺特点是什么？
7. 在豆乳生产中，如何控制产品豆腥味的生成？

第四章　玉米食品的加工技术

本章学习目标　掌握玉米食品加工原理及玉米食品加工工艺；淀粉糖的种类和性质、淀粉的酸糖化工艺、淀粉的酶液化和酶糖化工艺、淀粉糖的精制和浓缩、主要淀粉糖的生产工艺。

玉米是我国主要粮食作物之一，其产量仅次于稻谷和小麦而名列第三。在食品工业中，玉米主要作为淀粉及其深加工的原料，随着人们健康意识的增强和各种专用型玉米的推广使用，玉米的营养和食用价值逐渐为世人所重视，由于玉米含有特殊的抗癌因子——谷胱甘肽以及丰富的胡萝卜素和膳食纤维等，运用现代食品工程技术生产多种多样的玉米食品显得尤为重要，展示了广阔的开发利用前景。

一、玉米淀粉的提取原理及工艺操作

玉米是世界三大主要粮食作物之一，在农业生产中占有重要的地位，世界上美国为玉米最大的生产国，年产 2 亿多吨，占全世界玉米总产量的 46%。在我国，播种面积约 2666.4 万公顷，仅次于水稻和小麦，产量为 1.1 亿吨左右，产量居世界第二。在世界范围内，玉米首先被作为饲料使用，它是世界上消耗最多的饲料。有"饲料之王"之称。其次，玉米是重要的工业原料，其可被制成淀粉、淀粉糖、变性淀粉等多种产品，这些产品在食品、医药、纺织等部门有重要用途。此外，玉米作为主要粮食之一，经加工可制成玉米粉、玉米面条、玉米糁以及各种配餐食品，在人民的生活中具有不可替代的作用。

（一）玉米淀粉生产的工艺流程

玉米淀粉提取采用湿磨工艺，自 1842 年开始在美国应用以来，人们对玉米湿磨工艺进行了许多改进。中国玉米淀粉工业起步较晚，湿磨工艺是 1956 年从前苏联引进的，直到 20 世纪 80 年代末期，中国的玉米淀粉工业开始有较大幅度的发展。

玉米淀粉的提取主要包括浸泡、磨碎、分离、脱水干燥几个过程，其实质是利用淀粉不溶于冷水、相对密度大于水、与其他成分相对密度不同的特性而利用机械作用使其分离。如果与淀粉的水解或变性处理工序连接起来，可以考虑用湿磨的淀粉乳直接进行糖化或变性处理，省去脱水干燥的步骤。

玉米淀粉生产的工艺流程如图 1-4-1 所示。工艺流程中，大致可分为 4 个部分：玉米的清理去杂，玉米的湿磨分离，淀粉的脱水干燥，副产品的回收利用。其中玉米湿磨分离是工艺流程的主要部分。

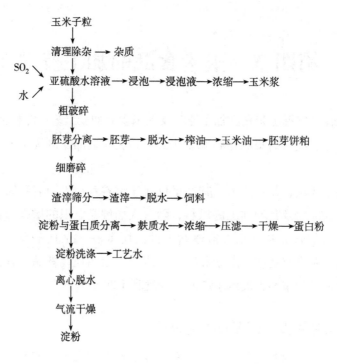

图 1-4-1 玉米淀粉的生产工艺流程

（二）玉米淀粉提取的工艺原理及工艺操作要点

1. 玉米原料选择、加工前的清理和输送

马齿型和半马齿型黄玉米是主要的淀粉原料，糯玉米和高直链淀粉玉米是特种淀粉的加工原料。后两种玉米，我国目前还没有形成大的生产规模。

生产淀粉要求玉米要充分成熟，含水量符合标准，储存条件适宜，储存期较短，未经热风干燥处理，具有较高的发芽率。因为子粒饱满、充分成熟的玉米是保证淀粉得率的基础。含水量过高的子粒容易变质。未成熟的和过干的玉米子粒加工时会遇到困难，影响技术经济指标。发芽率过低的玉米和经热风干燥过的玉米子粒中淀粉老化程度高，会给淀粉的得率和质量带来不利的影响。

玉米在收获、脱粒及运输、储藏的过程中，不可避免的要混进各种杂质，如穗轴、碎块、土块、石子、其他植物种子以及瘦瘪、霉变的子粒，还有昆虫粪便、虫尸以及金属杂质等，子粒表面还附有灰尘及附着物。这些杂质在进入浸泡工艺之前必须清理干净，否则会给后面的工序带来麻烦，增加淀粉中的灰分，降低淀粉的质量。石子、金属杂质会严重损坏机器设备。原料玉米中含有各种杂质，如破碎的秸秆、玉米芯、土块、石块、其他植物种子、金属杂质等，为保证产品质量及安全生产，必须加以清理。主要清理设备有：

① 振动筛：去除大小与玉米相差较大的大杂及小杂。

② 密度去石机：去除大小与玉米子粒相差不大的土块及石块。

③ 磁选机：可去除磁性金属物。

清理后的玉米送至浸泡罐进行浸泡，一般多采用水力输送法，水通过提升机把玉米送至罐顶上的淌筛之后与玉米分离再流回开始输送的地方，重新输送玉米，循环使用。这一输送过程也起到了清洗玉米表面灰尘的作用。在输送过程中，注意定时排掉含有泥沙的污水，补充新水，保证进罐玉米的洁净。

2．玉米的湿磨分离

从玉米的浸泡到玉米淀粉的洗涤整个过程都属玉米湿磨阶段，在这个阶段中，玉米子粒的各个部分及化学组成实现了分离，得到湿淀粉浆液及浸泡液、胚芽、麸质水、湿渣滓等。国际上先进的玉米湿磨的工艺流程如图1-4-2所示。

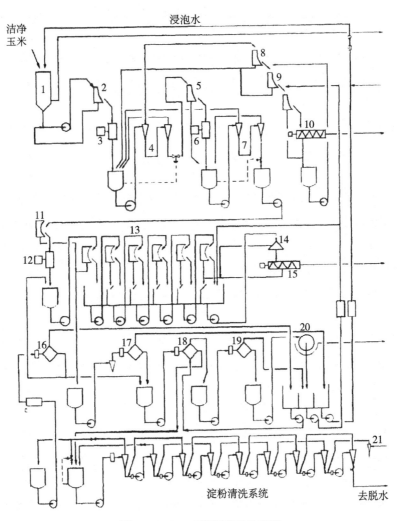

图1-4-2 玉米湿磨工艺流程

1—浸泡罐 2—玉米清洗筛 3—第一道破碎磨 4、7—旋风分离器 5—曲筛 6—第二道破碎磨

8、9—胚芽清晰 10—胚芽挤压脱水 11—分离浆料中的淀粉 12—第三道破碎磨 13—皮渣曲筛筛洗

14—离心筛 15—胚芽挤压脱水 16—离心澄清 17—淀粉乳离心浓缩 18—麸质分离 19—麸质浓缩

20—麸质脱水 21—引入清洗水

（1）玉米的浸泡

① 玉米浸泡的理论基础：玉米淀粉的提取是利用湿磨法，也就是先进行浸泡而后在水的参与下进行磨碎。浸泡是将玉米籽粒浸泡在 0.2% ~ 0.3% 浓度的亚硫酸水中完成浸泡操作。亚硫酸兼有氧化和还原的性质，利用亚硫酸浸泡具有如下的作用。

a. 亚硫酸经过玉米的半渗透，通过种皮进入玉米籽粒内部，使蛋白质分子解聚，角质型的胚乳的蛋白质失去了自己的结晶型结构，促进了淀粉颗粒从包围着的蛋白质中释放出来。

b. 把一部分不溶解状态蛋白质转变成溶解状态。

c. 亚硫酸可钝化胚芽，使之在浸泡过程中不萌发，因为萌发会使淀粉酶活化，使淀粉水解，对提取淀粉是不利的。

d. 亚硫酸作用于种皮，增加种皮的透性，可以加速籽粒中可溶性物质向浸泡液中渗透，可溶性物质尽可能集中于浸泡液中，经浓缩后（即玉米浆），这些可溶性物质得到充分利用。

e. 亚硫酸还具有防腐作用。它能抑制霉菌、腐败菌及其他杂菌的生命活力，从而抑制玉米在浸泡过程中发酵。

f. 经过浸泡可起到降低玉米子粒的机械强度，有利于粗破碎使胚乳与胚芽分离。

但是在浸泡过程中可引起乳酸发酵形成乳酸，其含量可达 1.0% ~ 1.2%。乳酸对玉米浸泡过程有很大影响。它能促进蛋白质的软化和膨胀；乳酸不挥发，在浓缩玉米浆时仍残留下来，保持溶液中的镁离子和钙离子，有利于减少蒸发设备的结垢。但是乳酸浓度也不能过高，以避免淀粉结构发生变化。

玉米的浸泡是湿磨的第一环节。浸泡的效果如何，影响到后面的各个工序，以至影响到淀粉的得率和质量。

② 玉米浸泡的工艺条件：玉米浸泡的工艺条件受许多因素的影响，如温度、时间、亚硫酸水溶液的浓度以及玉米品种等。一般的操作条件为：亚硫酸水溶液浓度 0.2% ~ 0.3%，pH 为 3.5，但结束时亚硫酸浓度将降至 0.01% ~ 0.02%，而 pH 值上升至 3.9 ~ 4.1。浸泡温度为 48 ~ 55℃，过低过高都不利于淀粉的提取并影响淀粉质量。浸泡时间一般为 60 ~ 70 h。

③ 玉米浸泡工艺：采用科学的浸泡工艺，保证适宜的工艺条件，才能达到所要求的浸泡效果。一般说来，浸泡水中的 SO_2 含量应控制在 0.2% ~ 0.3%，含量过低达不到预期的浸泡效果，浓度过高又易产生毒害及腐蚀作用。浸泡温度应控制在 48 ~ 55℃之间，因为温度低，浸泡时间要延长，温度高于 55℃，淀粉会发生糊化，蛋白质会发生变性而失去亲水性质，不易分离。

为了取得理想的浸泡效果，特别是使玉米子粒中的可溶性成分能最大限度地被浸提出来，需采用合适的浸泡工艺。浸泡通常是在浸泡罐中进行，罐之间的联系及组合方式组成了不同的浸泡工艺。

a. 静止浸泡法：静止浸泡法每个浸泡罐都是一个独立的浸泡单位，互相之间不发生联系。但由于浸泡水中可溶性物质的浓度只能达到 5% ~6% 甚至更低，达不到理想的浸提效果，因此，此法现在一般很少用。

b. 逆流浸泡法（扩散法）：逆流浸泡法把几个或十几个浸泡罐用管路连接起来，组成一个相互之间浸泡液可以循环的浸泡罐组。循环浸泡是逆流进行的，所谓逆流进行，就是将新配制的亚硫酸注入将要浸泡好了的罐内，各罐内的浸泡液浓度依次不断增加，至最后浓度最大的浸泡液去浸新装入罐的玉米。也就是说，浸泡水中干物质的浓度是沿顺时针方向提高，而玉米粒中可溶性物质含量及单位时间玉米的浸泡程度则是按逆时针方向降低的。这种工艺的特点是在浸泡过程中，浸泡水中可溶性物质的浓度可达到 7% ~9%，玉米子粒中的可溶性成分被充分浸提，玉米浸泡液的进一步浓缩也可节约能源，因而采用较多。

c. 连续浸泡法：在逆流浸泡法的基础上，罐内装入的玉米通过卸料门和空气升液器来实现罐与罐之间的循环，并且与浸泡液的循环方向相反，这样进一步加大了玉米和浸泡水之间可溶性物质的浓度差，可达到理想的浸泡效果。但连续浸泡法设备布置比较复杂。

④ 亚硫酸水溶液的制备：亚硫酸的制备是玉米淀粉生产必不可少的一个工序。制取亚硫酸的方法及设备很简单。把硫磺燃烧生成二氧化硫然后用喷淋水吸收便成为亚硫酸溶液。制备亚硫酸的装置有燃烧炉、混合室和两个吸收塔。

（2）玉米子粒的粗破碎和胚芽分离

① 胚芽分离的工艺原理：玉米的浸泡为胚芽分离提供了条件，因为经浸泡、软化的玉米容易破碎，胚芽吸水后仍保持很强的韧性，只有将子粒破碎，胚芽才能暴露出来，并与胚乳分离。所以玉米的粗破碎是胚芽分离的条件，而粗破碎过程保持胚芽完整，是浸泡的结果。破碎后的浆料中，胚乳碎块与胚芽的密度不同，胚芽的相对密度小于胚乳碎粒，在一定浓度的浆液中处于漂浮状态，而胚乳碎粒则下沉，可利用旋液分离器进行分离。

② 玉米的粗破碎：粗破碎就是利用齿磨将浸泡的玉米破成要求大小的碎粒。破碎的目的是使胚芽与胚乳分开，同时也释放出一定数量的淀粉。一般经过两次粗破碎，第一次破碎可将玉米破成 4~6 瓣，经第一次胚芽分离后，再进一步破碎成 8~12 瓣，将其中的胚芽再次分离。进入破碎机的物料，固液相之比应为 1:3，以保证破碎要求，如果含液相过多，通过破碎机速度快，达不到破碎效果。如果固相过多，会因稠度过大，而导致过度破碎，使胚芽受到破坏。

③ 胚芽的分离：玉米胚芽中淀粉含量极少，主要是脂肪、可溶性蛋白及糖分，应分离出来单独加工和利用。根据胚芽与胚乳颗粒密度不同，在一定浓度的液体中悬浮程度不同的情况，胚芽分离可采用两种方法。

较原始的方法是漂浮槽法，在漂浮槽中，使淀粉乳的浓度达到 12% ~13%，稠度不高于 70 g/L。这时密度较小的胚芽漂浮到液面上，可用刮板刮除。这种方法适合小规模生产厂家应用。现代工业从破碎的玉米浆料中分离胚芽通用的设备是旋液分离器（图1-4-3）。水和破碎玉米的混合物在一定的压力下经进料管进入旋液分离器。破碎玉米的较罩颗粒浆料做旋转运动，并在离心力的作用下抛向设备的内壁，沿着内壁移向底部出口喷嘴。胚芽和玉米皮壳密度小，被集中于设备的中心部位经过顶部喷嘴排出旋液分离器。在分离阶段，进入旋液分离器的浆料中淀粉乳浓度很重要，第一次分离应保持11% ~13%，第二次分离应保持13% ~15%。粗破碎及胚芽分离过程中，大约有25%的淀粉破碎形成淀粉乳，经筛分后与细磨碎的淀粉乳汇合。分离出来的胚芽经漂洗，进入副产品处理工序。

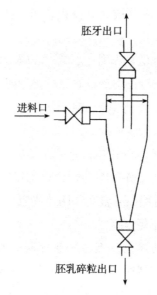

图 1-4-3　悬液分离器

（3）浆料的细磨碎

经过破碎和分离胚芽之后，由淀粉粒、麸质、皮层和含有大量淀粉的胚乳碎粒等组成破碎浆料。在浆料中大部分淀粉与蛋白质、纤维等仍是结合状态，要经过离心式冲击磨（图1-4-4）进行精细磨碎。这步操作的主要工艺任务是最大限度地释放出与蛋白质和纤维素相结合的淀粉，为以后这些组分的分离创造良好的条件。

为了达到磨碎效果，要遵守下列工艺规程，进入磨碎的浆料应具有30~35℃的温度，稠度120~220 g/L。用符合标准的冲击磨，可经一次磨碎，达到所要求的淀粉深加工磨碎效果。其他各种磨碎机，经一次研磨往往达不到磨碎效果，要经过多次研磨。

（4）纤维分离

细磨浆料中以皮层为主的纤维成分是通过曲筛逆流筛洗工艺从淀粉和蛋白质乳液中被分离出去。曲筛又叫120°压力曲筛，筛面呈圆弧形，筛孔50 μm，浆料冲击到筛面上的压力要达到2.1~2.8 kg/cm²，筛面宽度为61 cm，由6或7个曲筛组成筛洗流程，见

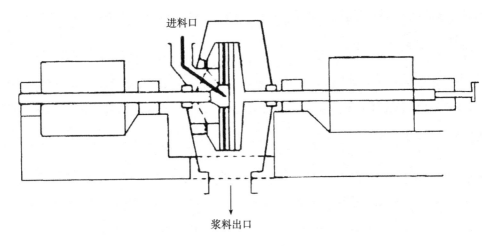

图 1 - 4 - 4 冲击磨

图 1 - 4 - 5。细磨后的浆料首先进入第一道曲筛，通过筛面的淀粉与蛋白质混合的乳液进入下一道工序。而筛出的皮渣还裹带部分淀粉，要经稀释后进入第二道曲筛，而稀释皮渣的正是第二道曲筛的筛下物，第二道曲筛的筛上物再经稀释后送入第三道曲筛，稀释第二道曲筛筛出的皮渣用的又是第三道曲筛的筛下物，以此类推。最后一道曲筛的筛上物皮渣则引入清水洗涤，洗涤水依次逆流，通过各道曲筛。最后一道筛的筛上物皮渣纤维被洗涤干净，淀粉及蛋白质最大限度地被分离进入下一道工序。曲筛逆流筛洗流程的优点是淀粉与蛋白质能最大限度地分离回收，同时节省大量的洗渣水。分离出来的纤维经挤压干燥作为饲料。

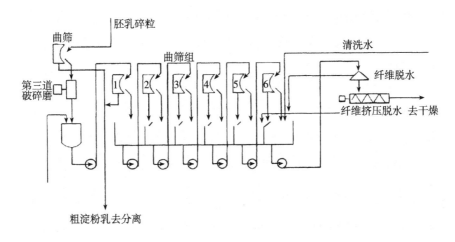

图 1 - 4 - 5 皮渣曲筛筛选流程

（5）麸质分离

通过曲筛逆流筛洗流程的第一道曲筛的乳液中的干物质是淀粉、蛋白质和少量可溶性成分的混合物，干物质中有 5% ~ 6% 的蛋白质，前面已经提到，经过浸泡过程中 SO_2 的作用，蛋白质与淀粉已基本游离开来，利用离心机可以使淀粉与蛋白质分离。在分离过程中，淀粉乳的 pH 值应调到 3.8 ~ 4.2，稠度应调到 0.9 ~ 2.6 g/L，温度在 49 ~ 54℃，最高不要超过 57℃。

根据淀粉与蛋白质的颗粒大小及密度的差别，可采用如下工艺方法分离。

① 流槽分离：悬浮液在用砖砌成的具有一定坡度（0.3%）的槽中流动时，密度较大的淀粉颗粒首先沉淀下来，而密度较小的蛋白质来不及沉淀被分离出来。操作时要控制淀粉乳在槽中的流速，一般为 6 ~ 8 m/min。因为流速过快，导致淀粉来不及沉淀，随蛋白质一起排出，降低淀粉得率；流速过慢，导致蛋白质在槽后部沉降，影响成品淀粉的质量。由于流槽法为间歇式操作，分离效率较低，效果不理想，占地面积大，易污染，所以现在仅被一些小型淀粉厂采用。

② 离心分离法：在离心力的作用下，密度不同的固体颗粒在液体中的分离速度提高，所以对淀粉和蛋白质悬浮液的分离，现多采用离心分离机来进行。为达到淀粉和蛋白质的充分分离和浓缩，可以采用多台离心机连续分离的方法。这种情况下进料悬浮液的淀粉浓度为 11% ~ 13%，最后一台离心机底部流出的浓缩纯净淀粉乳被送到下步工序，每台离心机的溢流蛋白质悬浮液依次回流到前一台离心机中，第一台和第二台离心机的部分溢流蛋白质悬浮液被送往浓缩设备。

③ 气流浮选法：气流浮选机分离蛋白质和淀粉时是向淀粉悬浮液中通入空气，在悬浮液中形成向上浮起的气泡，气泡吸附蛋白质及其他轻的悬浮粒子，漂浮于液体表而，密度大的淀粉粒子沉降于下层。形成的气泡直径为 0.5 ~ 30 mm。在相同空气量下，气泡越小，液体与空气的接触面积就越大，也越能有效地利用泡沫进行脂肪、蛋白质与淀粉的分离。气泡的大小取决于输入的空气量，也取决于悬浮液的量、浓度和黏度。在悬浮液中. 空气占的总体积应在 8% 左右。进一步增加空气的量，气泡的数量随之增多，直至黏合、扩大，这样反而不利于蛋白质的分离。气流浮选法一般不单独采用，往往与其他分离方法结合应用。

分离出来的麸质（蛋白质）浆液，经浓缩干燥制成蛋白粉。

（6）淀粉的清洗

分离出蛋白质的淀粉悬浮液含干物质含量为 33% ~ 35%，其中还含有 0.2% ~ 0.3% 的可溶性物质，这部分可溶性物质的存在，对淀粉质量有影响，特别是对于加工糖浆或葡萄糖来说，可溶性物质含量高，对工艺过程不利，严重影响糖浆和葡萄糖的产品质量。

3. 淀粉的脱水干燥

经过前几道工序后得到的湿淀粉浓度一般为 36% ~ 38%。如果不是直接用来生产淀粉糖，则需进行脱水干燥。脱水干燥一般分为两步，即机械脱水和气流干燥。

用机械方法脱水，可去除淀粉乳中总水分量的 73%，用干燥方法能排除总水分量的 15%，还有大约 14% 的水分残留在干淀粉中。含水约 14% 的淀粉可以安全储藏。

① 机械脱水：机械脱水由离心式过滤机进行。从收集器来的淀粉乳经过进料阀门及结料管进入转动的转子中，滤液通过筛网、带孔的转子，经安装在机座底部的分离阀排

出。从离心机排除的脱水淀粉，含水量为 37% ~ 38% 可手捏成团，一触即散。分离出的清液，可返回到淀粉提出工序作为工艺水使用。

② 气流干燥：淀粉经机械脱水之后，里边仍含有 36% ~ 38% 的水分。这些水分均匀地分布在淀粉中，只有用干燥的方法才能排除。含水量较高的湿淀粉属热敏性物料，加热温度过高会造成淀粉糊化，严重影响淀粉质量。加热温度过低，脱水速度较慢，影响生产效率，所以常选用气流干燥法。气流干燥装置如图 1 - 4 - 6 所示。

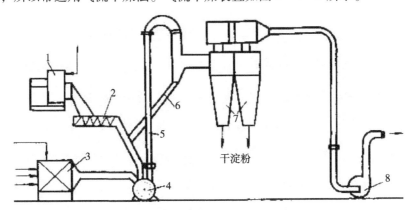

图 1 - 4 - 6　淀粉气流干燥流程图

1—离心脱水机　2—进料绞龙　3—加热器　4—疏松器
5—干燥室　6—未干燥的淀粉回流管　7—旋风分离器　8—风机

二、变性淀粉生产

（一）变性淀粉的基本概念

在淀粉所具有的固有特性的基础上，为改善淀粉的性能和扩大应用范围，利用物理、化学或酶法处理，改变淀粉的天然性质，增加其某些功能性或引进新的特性使其更适合于一定应用的要求。这种经过二次加工，改变了性质的产品统称为变性淀粉。

淀粉变性的目的主要有两个方面：一是为了适应各种工业应用的要求。如高温技术（罐头杀菌）要求淀粉高温黏度稳定性好，冷冻食品要求淀粉冻融稳定性好，果冻食品要求透明性好，成膜性好等；二是为了开辟淀粉的新用途，扩大应用范围。如纺织上使用淀粉；羟乙基淀粉、羟丙基淀粉代替血浆；高交联淀粉代替外科手套用滑石粉等。

以上绝大部分新应用是天然淀粉所不能满足或不能同时满足的，因此要变性且变性目的主要是改变糊的性质，如糊化温度、热黏度及其稳定性、冻融稳定性、凝胶力、成膜性、透明性等。

（二）变性淀粉的分类

目前，变性淀粉的品种、规格达 2000 多种，变性淀粉的分类一般是根据处理方式来进行。其分类见图 1 - 4 - 7。

① 物理变性：预糊化（α 化）淀粉，γ 射线、超高频辐射处理淀粉，机械研磨处理

淀粉，湿热处理淀粉等。

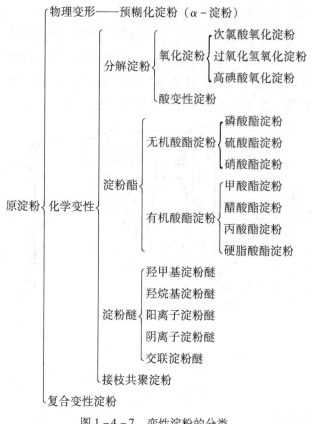

图 1 - 4 - 7　变性淀粉的分类

② 化学变性：用各种化学试剂处理得到的变性淀粉。其中有两大类：一类是使淀粉相对分子质量下降，如酸解淀粉、氧化淀粉、焙烤糊精等；另一类是使淀粉相对分子质量增加，如交联淀粉、酯化淀粉、醚化淀粉、接枝淀粉等。

③ 酶法变性（生物改性）：各种酶处理淀粉，如 α - 环状糊精、β - 环状糊精、γ - 环状糊精、麦芽糊精、直链淀粉等。

④ 复合变性：采用两种以上处理方法得到的变性淀粉，如氧化交联淀粉、交联酯化淀粉等。采用复合变性得到的变性淀粉具有两种变性淀粉的各自优点。

另外，变性淀粉还可按生产工艺路线进行分类，有干法（如磷酸酯淀粉、酸解淀粉、阳离子淀粉、氨基甲酸酯淀粉等）、湿法、有机溶剂法（如羧基淀粉制备一般采用乙醇作溶剂）、挤压法和滚筒干燥法（如以天然淀粉或变性淀粉为原料生产预糊化淀粉）等。

（三）变性淀粉的生产方法、条件和变性程度的衡量

随着工业和科学技术的发展，变性淀粉品种不断增加，应用也越来越广泛，目前已开发的变性淀粉品种已有 2000 多种。其生产的方法主要有湿法、干法、滚筒干燥法和挤压法等几种，其中最主要的生产方法为湿法生产。

1. 湿法生产工艺流程

湿法也称浆法，即将淀粉分散在水或其他液体介质中，配成一定浓度的悬浮液，在一定的温度条件下与化学试剂进行氧化、酸解、酯化、醚化、交联等反应，生成变性淀粉。如果采用的分散介质不是水，而是有机溶剂或含水的混合溶剂时，为了区别水又称为溶剂法。大多数变性淀粉都可采用湿法生产。如图 1-4-8。

① 淀粉的变性：淀粉浆用泵通过热交换器送入反应器，反应时用冷水或热水通过热交换器冷却或加热淀粉乳至所需温度，调节好 pH 值，根据产品要求加入一定量的化学试剂反应。反应持续时间根据所需变性淀粉的黏度、取代度和交联度来决定，一般 1～24 h 不等。生产过程中，通过测试检查反应结果，达到要求后，立即停止反应，浆料送入放料桶。

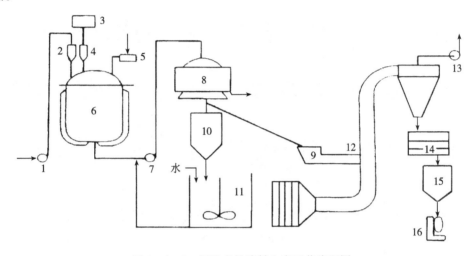

图 1-4-8 湿法变性淀粉生产工艺流程图

1、7—泵 2、4—计量器 3—高位罐 5—计量泵 6—反应罐 8—自动卸料离心机
9—螺旋输送机 10、11—洗涤罐 12—风机 13—气流干燥器 14—粉筛 15—贮罐
16—包装机

② 淀粉的提纯：浆液由放料桶用泵送到水洗工段，通过多级旋流或分离机串联对淀粉乳进行逆流清洗，淀粉乳经水洗后，过筛送入精浆筒内进入下道工序。

③ 淀粉的脱水干燥：精浆桶淀粉乳进入一个水平转轴的脱水机或三足式离心机内脱水，脱水后湿淀粉经气流干燥器干燥。再经筛分和包装，即为成品。若性能未达到要求可添加部分化学试剂解决其性能，但需增加混合器。

2. 干法生产工艺流程

干法，即淀粉在含少量水（通常在 20% 左右）或少量有机溶剂的情况下，与化学试剂发生反应生成变性淀粉的一种生产方法。干法反应体系由于含水量少，所以以干法生产中一个最大的困难是淀粉与化学试剂的均匀混合问题，工业上除采用专门的混合设备以外，还采用在湿的状态下混合，在干的状态下反应，分两步完成变性淀粉的生产。干法生产的品种不如湿法生产的品种多，但干法生产工艺简单，收率高，无污染，是一种很有发展前途的生产方法。挤压法与滚筒干燥法是干法生产预糊化淀粉的主要方法。

（1）挤压法生产工艺流程

挤压法是将含水20%以下的淀粉加入螺旋挤压机中，借助于挤压过程中物料与螺旋摩擦产生的热量和对淀粉分子的巨大剪切力使淀粉分子断裂，降低原淀粉的黏度。若在加料时同时加入适量的化学试剂，则在挤压过程中还可同时进行化学反应。此法比滚筒干燥法生产预糊化淀粉的成本低，但由于过高的压力和过度的剪切使淀粉黏度降低，因此维持产品性能的稳定是此法的关键。挤压法生产工艺流程见图1-4-9。

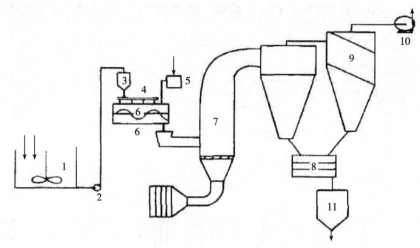

图1-4-9　挤压法生产工艺流程

1—试剂贮罐　2—泵　3—计量器　4—分配系统　5—计量泵　6—混合器
7—沸腾反应器　8—成品筛　9—分离器　10—风机　11—贮罐

① 淀粉和化学品的准备：袋装或贮罐中的淀粉用气力输送或手工操作送到计量桶中计量，化学试剂预先按一定比例在带有搅拌装置的桶中溶解，并被引射至高速混合器中，于是化学试剂被逐步地分散在淀粉中，继而直接进入干法反应器中。

② 淀粉的变性反应：淀粉借重力或输送器进入反应器中，反应器可以是真空状态，壳体和搅拌器均为传热体，从而使得热载体和产品之间的温度差为最小。若要降低淀粉黏度也可以加入气体盐酸来进行酸化分解。一旦达到降解黏度，热载体就被冷却。淀粉也随之冷却后倾出。

③ 后处理：产品冷却、增湿、混合和包装。

（2）滚筒干燥法生产工艺

滚筒干燥法是工业上生产预糊化淀粉的一种主要方法，由于采用的关键设备是滚筒干燥机而得名。虽然生产的品种不多，但就品种而言，也是不可缺少的生产方法。也可与化学变性结合使用。其生产工艺流程如下。

① 淀粉的准备：袋装或贮罐中的淀粉用气力输送或手工运输送到计量桶中计量，配

成 19～21 波美度的淀粉乳，过筛除去杂质，以防损伤滚筒。过筛的精制淀粉乳预热去下道工段。

② 淀粉的 α 化：首先用蒸汽将滚筒表面加热至 130～150℃，然后用泵输入预先加热的精制淀粉乳，淀粉乳液在滚筒表面立即被糊化，经小滚筒调节间隙，使滚筒表面形成厚薄一致的薄膜，用液压操作刮刀将滚筒表面淀粉薄膜刮下来。

③ 后处理：预糊化后的产品粗碎，细碎，筛选，混合，包装。

3. 变性条件

① 浓度：干法生产一般水分控制在 5%～25% 范围内；湿法生产淀粉乳含量一般为 35%～40%（干基）。

② 温度：按淀粉的品种以及变性要求不同而不同，一般为 20～60℃，反应温度一般低于淀粉的糊化温度（糊精、酶法除外）。

③ pH：除酸水解外，pH 值控制在 7～12 范围。pH 值的调节，酸一般采用稀 HCl 或稀 H_2SO_4；碱一般采用 3% NaOH 或 Na_2CO_3 或 Ca（OH）$_2$。在反应过程中为避免 O_2 对淀粉产生的降解作用，可考虑通入 N_2。

④ 试剂用量：取决于取代度（DS）要求和残留量等卫生指标。不同试剂用量可生产不同取代度的系列产品。

⑤ 反应介质：一般生产低取代度的产品采用水作为反应介质，成本低；高取代度的产品采用有机溶剂作为反应介质，但成本高。另外可添加少量盐（如 NaCl、Na_2SO_2 等），其主要作用为：避免淀粉糊化；避免试剂分解；遇水分解，加入 NaCl 可避免其在水中分解；盐可以破坏水化层，使试剂容易进入，从而提高反应效率。

⑥ 产品提纯：干法改性，一般不提纯，但用于食品的产品必须经过洗涤，使产品中残留试剂符合食品卫生质量指标；湿法改性，根据产品质量要求，反应完毕用水或溶剂洗涤 2 或 3 次。

⑦ 干燥：脱水后的淀粉水分含量一般在 40% 左右，高水分含量的淀粉不便于储藏和运输，因此在它们作为最终产品之前必须进行干燥，使水分含量降到安全水分以下。目前一般工业生产采用气流干燥，一些中小型工厂也有采用烘房干燥或带式干燥机干燥。

4. 变性程度的衡量

一般预糊化（α 化）淀粉评价指标为糊化度；酶法糊精评价指标为 DE 值，即还原糖含量占总固形物的比例，DE 值越高，酶解程度越高；酸解淀粉一般用黏度或分子质量来评价水解程度，一般水解程度越高，其黏度越低，分子质量越小；氧化淀粉用—COOH 含量或碳基含量或双醛含量来评价其氧化程度，一般—COOH 含量或碳基含量或双醛含量越高，氧化程度越高；接枝淀粉用接枝百分率来评价接枝程度；交联淀粉则用溶胀度或沉降体积来表示交联程度，溶胀度或沉降体积越小，表示交联程度越高；其他变性淀粉用取代度 DS 或摩尔取代度 MS 来表示，DS 或 MS 值越大，表示变性程度越高。

DS 是指每个 D - 吡喃葡萄糖残基（AGU）中羟基被取代的平均数量。淀粉中大多数

D–吡喃葡萄糖残基上有 3 个可被取代的羟基，所以 DS 的最大值为 3，其计算公式如下：

$$DS = \frac{162\omega}{100\omega - (M_r - 1)\ \omega}$$

式中：ω——取代基质量分数，%；

  M_r——取代物相对分子质量。

当取代基进一步与试剂反应产生聚合取代物时，摩尔取代度（MS）就用来表示平均每摩尔的吡喃葡萄糖基中取代基的物质量，这样 MS 便大于 3，即 $MS \geqslant DS$。

三、淀粉制糖

（一）淀粉糖的概念和性质

将淀粉用酸或酶加水分解时，根据分解条件可得到组成不同的各种中间产物的混合物。由于这些分解产物的共同特性是溶于水，具有不同程度的甜味，被称为淀粉糖。

淀粉：淀粉是由若干个葡萄糖分子以 α–1，4 糖苷键和 α–1，6 糖苷键聚合而成的高分子化合物。

淀粉水解：糊化后的淀粉在催化剂的作用下，经适宜的温度，使淀粉分子的糖苷键断裂成葡萄糖或低聚糖的过程。催化剂：酸、酶、酸 + 酶。

淀粉糖化：在适宜的条件下，淀粉分子发生水解，得到各种聚合度的水解产物。淀粉完全水解产物则为葡萄糖。淀粉的水解过程，在工业生产上称为糖化或转化。

淀粉糖化程度：用葡萄糖值（Dextrose Equivalent，DE 值）表示，工业上采用标准碱性铜溶液来测定糖化液的还原性，将测定所得的还原糖量完全当作葡萄糖来计算，占干物质的百分率称为 DE 值。

$$DE = \frac{\text{直接还原糖（以葡萄糖计）}}{\text{总固形物}} \times 100$$

DE 值越高，甜度越高，黏度越低，吸湿性越低，溶液冰点越低，渗透压越高，结晶性越高，平均分子量越小。

（二）淀粉糖的种类

淀粉糖种类按成分组成来分大致可分为液体葡萄糖、结晶葡萄糖（全糖）、麦芽糖浆（饴糖、高麦芽糖浆、麦芽糖）、麦芽糊精、麦芽低聚糖、果葡糖浆等。

1. 液体葡萄糖

液体葡萄糖是控制淀粉适度水解得到的以葡萄糖、麦芽糖以及麦芽低聚糖组成的混合糖浆。葡萄糖和麦芽糖均属于还原性较强的糖，淀粉水解程度越大，葡萄糖等含量越高，还原性越强。淀粉糖工业上常用 DE 值来表示淀粉水解的程度。液体葡萄糖按转化程度可分为高、中、低 3 大类。工业上产量最大、应用最广的中等转化糖浆，其 DE 值为 30% ~ 50%，其中 DE 值为 42% 左右的又称为标准葡萄糖浆。高转化糖浆 DE 值在 50% ~ 70%，低转化糖浆 DE 值 30% 以下。不同 DE 值的液体葡萄糖在性能方面有一定差异，因此不同用途可选择不同水解程度的淀粉糖。

2. 葡萄糖

葡萄糖是淀粉经酸或酶完全水解的产物。由于生产工艺的不同，所得葡萄糖产品的纯度也不同，一般可分为结晶葡萄糖和全糖两类，其中葡萄糖占干物质的 95% ~97%，其余为少量因水解不完全而剩下的低聚糖，将所得的糖化液用活性炭脱色，再流经离子交换树脂柱，除去无机物等杂质，便得到了无色、纯度高的精制糖化液。将此精制糖化液浓缩，在结晶罐冷却结晶，得含水 α-葡萄糖结晶产品；在真空罐中于较高温度下结晶，得到无水 β-葡萄糖结晶产品；在真空罐中结晶，得无水 α-葡萄糖结晶产品。

3. 果葡糖浆

如果把精制的葡萄糖液流经固定化葡萄糖异构酶柱，使其中葡萄糖一部分发生异构化反应，转变成其异构体果糖，得到糖分组成主要为果糖和葡萄糖的糖浆，再经活性炭和离子交换树脂精制，浓缩得到无色透明的果葡糖浆产品。这种产品的质量分数为 71%，糖分组成为果糖 42%（干基计），葡萄糖 53%，低聚糖 5%，这是国际上在 20 世纪 60 年代末开始大量生产的果葡糖浆产品，甜度等于蔗糖，但风味更好，被称为第一代果葡糖浆产品。20 世纪 70 年代末期世界上研究成功用无机分子筛分离果糖和葡萄糖技术，将第一代产品用分子筛模拟移动床分离，得果糖含量达 94% 的糖液，再与适量的第一代产品混合，得果糖含量分别为 55% 和 90% 两种产品。甜度高过蔗糖分别为蔗糖甜度的 1.1 倍和 1.4 倍，也被称为第二、第三代产品。第二代产品的质量分数为 77%，果糖 55%（干基计），葡萄糖 40%，低聚糖 5%。第三代产品的质量分数为 80%，果糖 90%（干基计），葡萄糖 7%，低聚糖 3%。

4. 麦芽糖浆

是以淀粉为原料，经酶或酸结合法水解制成的一种淀粉糖浆，和液体葡萄糖相比，麦芽糖浆中葡萄糖含量较低（一般在 10% 以下），而麦芽糖含量较高（一般在 40% ~90%），按制法和麦芽糖含量不同可分别称为饴糖、高麦芽糖浆、超高麦芽糖浆等，其糖分组成主要是麦芽糖、糊精和低聚糖。

（三）淀粉糖的性质

不同淀粉糖产品在许多性质方面存在差别，如甜度、黏度、胶黏性、增稠性、吸潮性和保潮性，渗透压力和食品保藏性、颜色稳定性、焦化性、发酵性、还原性、防止蔗糖结晶性、泡沫稳定性等等。这些性质与淀粉糖的应用密切相关，不同的用途，需要选择不同种类的淀粉糖品。下面简单的叙述淀粉糖的有关特性。

1. 甜度

甜度是糖类的重要性质，但影响甜度的因素很多，特别是浓度。浓度增加，甜度增高，但增高程度，不同糖类之间存在差别，葡萄糖溶液甜度随浓度增高的程度大于蔗糖，在较低的浓度，葡萄糖的甜度低于蔗糖，但随浓度的增高差别减小，当含量达到 40% 以上两者的甜度相等。淀粉糖浆的甜度随转化程度的增高而增高。此外，不同糖品混合使用有相互提高的效果。表 1 - 4 - 1 是几种糖类的相对甜度。

表 1 - 4 - 1　几种糖类的相对甜度

糖类名称	相对甜度	糖类名称	相对甜度
蔗糖	1.0	果葡糖浆（42 型）	1.0
葡萄糖	0.7	淀粉糖浆（DE 值 42）	0.5
果糖	1.5	淀粉糖浆（DE 值 70）	0.8
麦芽糖	0.5		

2. 溶解度

各种糖的溶解度不相同，果糖最高，其次是蔗糖、葡萄糖。葡萄糖的溶解度较低，在室温下浓度约为 50%，过高的浓度则葡萄糖结晶析出。为防止有结晶析出，工业上储存葡萄糖溶液需要控制葡萄糖含量 42%（干物质）以下，高转化糖浆的糖分组成保持葡萄糖 35% ~ 40%，麦芽糖 35% ~ 40%，果葡糖浆（转化率 42%）的质量分数一般为 71%。

3. 结晶性质

蔗糖易于结晶，晶体能生长很大。葡萄糖也容易结晶，但晶体细小。果糖难结晶。淀粉糖浆是葡萄糖、低聚糖和糊精的混合物，不能结晶，并能防止蔗糖结晶。糖的这种结晶性质与其应用有关。例如，硬糖果制造中，单独使用蔗糖，熬煮到水分 1.5% 以下，冷却后，蔗糖结晶，破裂，不能得到坚韧、透明的产品。若添加部分淀粉糖浆可防止蔗糖结晶，防止产品储存过程中返砂，淀粉糖浆中的糊精，还能增加糖果的韧性、强度和黏性，使糖果不易破碎，此外，淀粉糖浆的甜度较低，有冲淡蔗糖甜度的效果，使产品甜味温和。

4. 吸湿性和保湿性

不同种类食品对于糖吸湿性和保湿性的要求不同。例如，硬糖果需要吸湿性低，避免遇潮湿天气吸收水分导致溶化，所以宜选用蔗糖、低转化或中转化糖浆为好。转化糖和果葡糖浆含有吸湿性强的果糖，不宜使用。但软糖果则需要保持一定的水分，面包、糕点类食品也需要保持松软，应使用高转化糖浆和果葡糖浆为宜。果糖的吸湿性是各种糖中最高的。

5. 渗透压力

较高浓度的糖液能抑制许多微生物的生长，这是由于糖液的渗透压力使微生物菌体内的水分被吸走，生长受到抑制。不同糖类的渗透压力不同，单糖的渗透压力约为二糖的两倍，葡萄糖和果糖都是单糖，具有较高的渗透压力和食品保藏效果，果葡糖浆的糖分组成为葡萄糖和果糖，渗透压力也较高，淀粉糖浆是多种糖的混合物，渗透压力随转化程度的增加而升高。此外，糖液的渗透压力还与浓度有关，随浓度的增高而增加。

6. 黏度

葡萄糖和果糖的黏度较蔗糖低，淀粉糖浆的黏度较高，但随转化度的增高而降低。利用淀粉糖浆的高黏度，可应用于多种食品中，提高产品的稠度和可口性。

7. 化学稳定性

葡萄糖、果糖和淀粉糖浆都具有还原性，在中性和碱性条件下化学稳定性低，受热易分解生成有色物质，也容易与蛋白质类含氮物质起羰氨反应生成有色物质。蔗糖不具有还原性，在中性和弱碱性条件下化学稳定性高，但在 pH 值 9 以上受热易分解产生有色物质。食品一般是偏酸性的，淀粉糖在酸性条件下稳定。

8. 发酵性

酵母能发酵葡萄糖、果糖、麦芽糖和蔗糖等，但不能发酵较高的低聚糖和糊精。有的食品需要发酵，如面包、糕点等；有的食品不需要发酵，如蜜饯、果酱等。淀粉糖浆的发酵糖分为葡萄糖和麦芽糖，且随转化程度而增高。生产面包类发酵食品应用发酵糖分高的高转化糖浆和葡萄糖为好。

（四）淀粉的酸糖化工艺

1. 酸糖化机理

淀粉乳加入稀酸后加热，经糊化、溶解，进而葡萄糖苷链裂解，形成各种聚合度的糖类混合溶液。在稀溶液的情况下，最终将全部变成葡萄糖。在此，酸仅起催化作用。淀粉的酸水解反应可由化学式简示于下：

$$(C_6H_{10}O_5)_n + nH_2O \longrightarrow nC_6H_{12}O_6$$

在淀粉的水解过程中，颗粒结晶结构被破坏。α-1，4 糖苷键和 α-1，6 糖苷键被水解生成葡萄糖，而 α-1，4 糖苷键的水解速度大于 α-1，6 糖苷键。

淀粉水解生成的葡萄糖受酸和热的催化作用，又发生复合反应和分解反应。复合反应是葡萄糖分子通过 α-1，6 键结合生成异麦芽糖、龙胆二糖、潘糖和其他具有 α-1，6 键的低聚糖类。复合糖可再次经水解转变成葡萄糖，此反应是可逆的。分解反应是葡萄糖分解成 5-羟甲基糠醛、有机酸和有色物质等。葡萄糖的复合反应和分解反应简示于下如图所示：

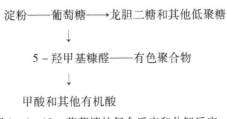

图 1 - 4 - 10　葡萄糖的复合反应和分解反应

在糖化过程中，水解、复合和分解 3 种化学反应同时发生，而水解反应是主要的。复合与分解反应是次要的，且对糖浆生产是不利的，降低了产品的收得率，增加了糖液精制的困难，所以要尽可能降低这两种反应。

2. 影响酸糖化的因素

表 1 - 4 - 2 酸的种类和浓度

酸的种类	水解力	中和	优缺点
盐酸	100	NaCO₃	①中和生成大量的盐，增加灰分和咸味，给后继工艺带来困难 ②盐酸对设备的腐蚀性很大 ③对葡萄糖的复合反应催化作用较强
硫酸	50.35	Ca (OH)₂	生成硫酸钙沉淀在过滤时可大部分除去，但仍具有一定的溶解度，会有少量溶于糖液中，在糖液蒸发时形成结垢，影响蒸发效率，且糖浆在储存中，硫酸钙会慢慢析出而变混浊，因此工业上很少使用
草酸	20.42	Ca (OH)₂	生成的草酸钙不溶于水，过滤可全部除去，且可减少葡萄糖的复合反应，糖液的色泽较浅，不过草酸的价格较贵，因此工业上也较少使用
亚硫酸	4.82		
醋酸	6.8		

酸水解常控制糖化液的 pH 值为 1.5~2.5，酸的浓度不能过大。

（1）淀粉乳浓度

淀粉乳浓度越高，水解糖液中葡萄糖浓度越大，葡萄糖的复合反应也就越强烈，生成龙胆二糖（苦味）和其他低聚糖也多，影响制品品质，降低葡萄糖产率；淀粉浓度太低，水解糖液中葡萄糖浓度也过低，设备利用率降低，蒸发浓缩耗能大。所以调节淀粉乳浓度是控制复合反应和分解反应的有效方法。生产淀粉糖浆一般淀粉乳浓度控制在22~24波美度，结晶葡萄糖则为12~14波美度。

（2）温度、压力、时间

温度、压力、时间的增加均可增进水解作用，但过高的温度、压力和过长的时间，也会引起不良的后果。生产上对生产淀粉糖浆一般控制在283~303 kPa，温度142~145℃，时间8~9 min；结晶葡萄糖则采用253~353 kPa，温度138~147℃，时间16~35 min。

（3）酸糖化工艺

① 间断糖化法：这种糖化方法是在一密闭的糖化罐内进行的，糖化进料前，首先开启糖化罐进汽阀门，排除罐内冷空气。在罐压保持0.03~0.05MPa的情况下，连续进料，为了使糖化均匀，尽量缩短进料时间。进料完毕，迅速升压至规定压力，并立即快速放料，避免过度糖化。由于间断糖化在放料过程中仍可继续进行糖化反应，为了避免过度糖化，其中间品的DE值要比成品的DE值标准略低。

② 连续糖化：由于间断糖化操作麻烦，糖化不均匀，葡萄糖的复合、分解反应和糖液的转化程度控制困难，又难以实现生产过程的自动化，许多国家采用连续糖化技术。连续糖化分为直接加热式和间接加热式两种。

a. 直接加热式：直接加热式的工艺过程是淀粉与水在一个贮槽内调配好，酸液在另一个槽内储存，然后在淀粉乳调配罐内混合，调整浓度和酸度。利用定量泵输送淀粉乳，通过蒸汽喷射加热器升温，并送至维持罐，流入蛇管反应器进行糖化反应，控制一定的温度、压力和流速，以完成糖化过程。而后糖化液进入分离器闪急冷却。二次蒸汽急速排出，糖化液迅速至常压，冷却到 100℃ 以下，再进入贮槽进行中和。

b. 间接加热式：间接加热式的工艺过程为：淀粉浆在配料罐内连续自动调节 pH 值，并用高压泵打入 3 套管式的管束糖化反应器内，被内外间接加热。反应一定时间后，经闪急冷却后中和。物料在流动中可产生搅动效果，各部分受热均匀，糖化完全，糖化液颜色浅，有利于精制，热能利用效率高。蒸汽耗量和脱色用活性炭比间断糖化法节约。

（五）淀粉酶的液化和糖化工艺

1. 淀粉酶

常见淀粉酶的种类和特点见表 1 - 4 - 3。

表 1 - 4 - 3 酶的种类和特点

酶的种类	酶的来源	水解作用特点	影响酶活力因素	应用
α-淀粉酶	枯草杆菌	α-1，4 糖苷键，内酶——从内部开始，不能作用于支链的 α-1，6 糖苷键，但能越过此键继续水解 α-1，4 糖苷键；产物：麦芽糖、麦芽三糖、麦芽六糖及少量葡萄糖	温度、pH、Ca^{2+} 促进稳定性	液化酶：反应中流动性增大；糊精化：水解初期主要产生糊精
β-淀粉酶	发芽大麦 - 麦芽酶	α-1，4 糖苷键，不能水解 α-1，6 糖苷键，但遇到 α-1，6 糖苷键时水解停止，不能越过继续水解。从淀粉分子的非还原尾端开始，不能从内部进行——外酶，相隔一个 α-1，4 糖苷键，切断一个 α-1，4 糖苷键；产物：β-麦芽糖	温度—热稳定性差；pH4.5 时活力最高；Ca^{2+} 降低稳定性	生产饴糖使用
葡萄糖淀粉酶	黑曲霉、根霉、拟内孢霉	外酶；α-1，4，α-1，6，α-1，3；产物：葡萄糖	黑曲霉：55~60℃，pH3.5~5.0；根霉：50~55℃，pH4.5~5.5；拟内孢霉：50℃，pH4.5	
异淀粉酶	产气杆菌、假单杆菌	水解支链淀粉和糖原分子中支叉位置的 α-1，6，但不能水解直链结构中的 α-1，6	耐热性较差	与 α-淀粉酶，β-淀粉酶或葡萄糖淀粉酶配合使用
普鲁兰酶	豆类，马铃薯，甜玉米	既能水解支叉结构的 α-1，6，也能水解直链结构的 α-1，6	作用温度与 pH 与 β-淀粉酶基本一致，共同使用相互影响不大	与 α-淀粉酶，β-淀粉酶或葡萄糖淀粉酶配合使用

2. 液化

液化是使糊化后的淀粉发生部分水解，暴露出更多可被糖化酶作用的非还原性末端。它是利用液化酶使糊化淀粉水解到糊精和低聚糖程度，使黏度大为降低，流动性增高，所以工业上称为液化。酶液化和酶糖化的工艺称为双酶法或全酶法。液化也可用酸，酸液化和酶糖化的工艺称为酸酶法。

由于淀粉颗粒的结晶性结构，淀粉糖化酶无法直接作用于生淀粉，必须加热生淀粉乳，使淀粉颗粒吸水膨胀，并糊化，破坏其结晶结构，但糊化的淀粉乳黏度很大，流动性差，搅拌困难，难以获得均匀的糊化结果，特别是在较高浓度和大量物料的情况下操作有困难。而 α-淀粉酶对于糊化的淀粉具有很强的催化水解作用，能很快水解到糊精和低聚糖范围大小的分子，黏度急速降低，流动性增高。此外，液化还可为下一步的糖化创造有利条件，糖化使用的葡萄糖淀粉酶属于外酶，水解作用从底物分子的非还原末端进行。在液化过程中，分子被水解到糊精和低聚糖范围的大小程度，底物分子数量增多，糖化酶作用的机会增多，有利于糖化反应。

（1）液化机理

液化使用 α-淀粉酶，它能水解淀粉和其水解产物分子中的 α-1，4 糖苷键，使分子断裂，黏度降低。α-淀粉酶属于内酶，水解从分子内部进行，不能水解支链淀粉的 α-1，6 葡萄糖苷键，当 α-淀粉酶水解淀粉切断 α-1，4 键时，淀粉分子支叉地位的 α-1，6 键仍然留在水解产物中，得到异麦芽糖和含有 α-1，6 键、聚合度为 3～4 的低聚糖和糊精。但 α-淀粉酶能越过 α-1，6 键继续水解 α-1，4 键，不过 α-1，6 键的存在，对于水解速度有降低的影响，所以 α-淀粉酶水解支链淀粉的速度较直链淀粉慢。

国内常用的 α-淀粉酶有由芽孢杆菌 BF—7658 产的液化型淀粉酶和由枯草杆菌产生的细菌糖化型 α-淀粉酶以及由霉菌产生的 α-淀粉酶。因其来源不同，各种酶的性能和对淀粉的水解效能亦各有差异。

（2）液化程度

在液化过程中，淀粉糊化、水解成较小的分子，应当达到何种程度合适？葡萄糖淀粉酶属于外酶，水解只能由底物分子的非还原尾端开始，底物分子越多，水解生成葡萄糖的机会越多。但是，葡萄糖淀粉酶是先与底物分子生成络合结构，而后发生水解催化作用，这需要底物分子的大小具有一定的范围，有利于生成这种络合结构，过大或过小都不适宜。根据生产实践，淀粉在酶液化工序中水解到葡萄糖值 15～20 范围合适。水解超过此程度，不利于糖化酶生成络合结构，影响催化效率，糖化液的最终葡萄糖值较低。

利用酸液化，情况与酶液化相似，在液化工序中需要控制水解程度在葡萄糖值 15～20 之间为宜，水解程度高，则影响糖化液的葡萄糖值降低；若液化到葡萄糖值 15 以下，液化淀粉的凝沉性强，易于重新结合，对于过滤性质有不利的影响。

（3）液化方法

液化方法有 3 种：升温液化法、高温液化法和喷射液化法。

① 升温液化法：这是一种最简单的液化方法。30%～40% 的淀粉乳调节 pH 值为 6.0～6.5，加入 $CaCl_2$ 调节钙离子浓度到 0.01 mol/L，加入需要量的液化酶，在保持剧烈搅拌的情况下，喷入蒸汽加热到 85～90℃，在此温度保持 30～60 min 达到需要的液化

程度，加热至100℃以终止酶反应，冷却至糖化温度。此法需要的设备和操作都简单，但因在升温糊化过程中，黏度增加使搅拌不均匀，料液受热不均匀，致使液化不完全，液化效果差，并形成难于受酶作用的不溶性淀粉粒，引起糖化后糖化液的过滤困难，过滤性质差。为改进这种缺点，液化完后加热煮沸10 min，谷类淀粉（如玉米）液化较困难，应加热到140℃，保持几分钟。虽然如此加热处理能改进过滤性质，但仍不及其他方法好。

② 高温液化法：将淀粉乳调节好pH值和钙离子浓度，加入需要量的液化酶，用泵打经喷淋头引入液化桶中约90℃的热水中，淀粉受热糊化、液化，由桶的底部流出，进入保温桶中，于90℃保温约40 min或更长的时间达到所需的液化程度。此法的设备和操作都比较简单，效果也不差。缺点是淀粉不是同时受热，液化欠均匀，酶的利用也不完全，后加入的部分作用时间较短。对于液化较困难的谷类淀粉（如玉米），液化后需要加热处理以凝结蛋白质类物质，改进过滤性质。在130℃加热液化5～10 min或在150℃加热1～1.5 min。

③ 喷射液化法：先通蒸气入喷射器预热到80～90℃，用位移泵将淀粉乳打入，蒸汽喷入淀粉乳的薄层，引起糊化、液化。蒸汽喷射产生的湍流使淀粉受热快而均匀，黏度降低也快。液化的淀粉乳由喷射器下方卸出，引入保温桶中在85～90℃保温约40 min，达到需要的液化程度。此法的优点是液化效果好，蛋白质类杂质的凝结好，糖化液的过滤性质好，设备少，也适于连续操作。马铃薯淀粉液化容易，可用40%浓度；玉米淀粉液化较困难，以27%～33%浓度为宜，若浓度在33%以上，则需要提高用酶量两倍。

酸液化法的过滤性质好，但最终糖化程度低于酶液化法。酶液化法的糖化程度较高，但过滤性质较差。为了利用酸和酶液化法的优点，有酸酶合并液化法，先用酸液化到葡萄糖值约4，再用酶液化到需要程度，经用酶糖化，糖化程度能达到葡萄糖值约97，稍低于酶液化法，但过滤性质好，与酸液化法相似。此法只能用管道设备连续进行，因为调节pH值、降温和加液化酶的时间快，也避免回流。若不用管道设备，则由于低葡萄糖值淀粉液的黏度大，凝沉性也强，过滤性质差。

3. 糖化

在液化工序中，淀粉经 α-淀粉酶水解成糊精和低聚糖范围的较小分子产物，糖化是利用葡萄糖淀粉酶进一步将这些产物水解成葡萄糖。纯淀粉通过完全水解，会增重，每100份淀粉完全水解能生成111份葡萄糖，但现在工业生产技术还没有达到这种水平。双酶法工艺的现在水平，每100份纯淀粉只能生成105～108份葡萄糖，这是因为有水解不完全的剩余物和复合产物如低聚糖和糊精等存在。如果在糖化时采取多酶协同作用的方法，例如除葡萄糖淀粉酶以外，再加上异淀粉酶或普鲁蓝酶并用，能使淀粉水解率提高，且所得糖化液中葡萄糖的百分率可达99%以上。

双酶法生产葡萄糖工艺的现在水平，糖化2d葡萄糖值达到95～98。在糖化的初阶段，速度快，第一天葡萄糖达到90以上，以后的糖化速度变慢。葡萄糖淀粉酶对于 α-1,6糖苷键的水解速度慢。提高用酶量能加快糖化速度，但考虑到生产成本和复合反应，不能增加过多。降低浓度能提高糖化程度，但考虑到蒸发费用，浓度也不能降低过多，一般采用浓度约 30%。

（1）糖化机理

糖化是利用葡萄糖淀粉酶从淀粉的非还原性末端开始水解 α-1,4 葡萄糖苷键，使葡萄糖单位逐个分离出来，从而产生葡萄糖。它也能将淀粉的水解初产物如糊精、麦芽糖和低聚糖等水解产生 β-葡萄糖。它作用于淀粉糊时，反应液的碘色反应消失很慢，糊化液的黏度也下降较慢，但因酶解产物葡萄糖不断积累，淀粉糊的还原能力却上升很快，最后反应几乎将淀粉 100% 水解为葡萄糖。

葡萄糖淀粉酶不仅由于酶源不同造成对淀粉分解率有差异，即使是同一菌株产生的酶中也会出现不同类型的糖化淀粉酶。如将黑曲菌产生的粗淀粉酶用酸处理，使其中的 α-淀粉酶破坏，然后用玉米淀粉吸附分级，获得易吸附于玉米淀粉的糖化型淀粉酶 I 及不吸附于玉米淀粉的糖化型淀粉酶 II 2 个分级，其中 I 能 100% 地分解糊化过的糯米淀粉和较多的 α-1,6 键的糖原及 β-界限糊精，而酶 II 仅能分解 60%～70% 的糯米淀粉，对于糖原及 β-界限糊精则难以分解。除了淀粉的分解率因酶源不同而有差异外，耐热性、耐酸性等性质也会因酶源不同而有差异。

不同来源的葡萄糖淀粉酶在糖化的适宜温度和 pH 值也存在差别。例如曲霉糖化酶为 55～60℃，pH 值 3.5～5.0；根霉的糖化酶为 50～55℃，pH 值 4.5～5.5；拟内孢酶为 50℃，pH 值 4.8～5.0。

（2）糖化操作

糖化操作比较简单，将淀粉液化液引入糖化桶中，调节到适当的温度和 pH 值，混入需要量的糖化酶制剂，保持 2～3 d 达到最高的葡萄糖值，即得糖化液。糖化桶具有夹层，用来通冷水或热水调节和保持温度，并具有搅拌器，保持适当的搅拌，避免发生局部温度不均匀现象。

糖化的温度和 pH 值决定于所用糖化酶制剂的性质。曲霉一般用 60℃，pH 值 4.0～4.5，根霉用 55℃，pH 值 5.0。根据酶的性质选用较高的温度，可使糖化速度较快，感染杂菌的危险较小。选用较低的 pH 值，可使糖化液的色泽浅，易于脱色。加入糖化酶之前要注意先将温度和 pH 值调节好，避免酶与不适当的温度和 pH 值接触，活力受影响。在糖化反应过程中，pH 值稍有降低，可以调节 pH 值，也可将开始的 pH 值稍高一些。

达到最高的葡萄糖值以后，应当停止反应，否则，葡萄糖值趋向降低，这是因为葡萄糖发生复合反应，一部分葡萄糖又重新结合生成异麦芽糖等复合糖类。这种反应在较高的酶浓度和底物浓度的情况下更为显著。葡萄糖淀粉酶对于葡萄糖的复合反应具有催化作用。糖化液在 80℃，受热 20 min，酶活力全部消失。实际上不必单独加热，脱色过程中即达到这种目的。活性炭脱色一般是在 80℃ 保持 30 min，酶活力同时消失。

提高用酶量，糖化速度快，最终葡萄糖值也增高，能缩短糖化时间。但提高有一定的限度，过多反而引起复合反应严重，导致葡萄糖值降低。

（六）淀粉糖的精制和浓缩

1. 中和

采用酸糖化工序需要中和，采用酶糖化工序不需要中和。使用盐酸作为催化剂用碳酸钠中和，用硫酸作催化剂时，用碳酸钙中和。这里并不是中和到等电点（pH = 7.0），而是中和大部分催化用的酸，同时调节 pH 到胶体物质的等电点（pH = 4.8～5.2）时，这些带正电荷的蛋白质胶体电荷全部消失，胶体凝聚成絮状物，但不完全。若在糖化液中加入一些带负电荷的胶性黏土如膨润土为澄清剂，能更好地促进蛋白质类物质的凝结，降低糖化液中蛋白质的含量。

2. 过滤

除去糖化液中的不溶性杂质，目前普遍采用板框式过滤机，同时最好用硅藻土为助滤剂。过滤时保持一定温度和一定的过滤速度。

3. 脱色

采用骨炭或活性炭脱色。活性炭分为颗粒和粉末炭两种。骨炭和颗粒炭可以重复使用，但设备复杂，仅在大型厂使用。中小型厂使用粉末活性炭，重复使用 2～3 次后弃掉，成本高，设备简单，操作方便。

脱色条件：糖液温度：80℃；pH 值为中和时的 pH 值；脱色时间：25～30 min；活性炭用量：不可太多或太少。一般先用废炭后用好炭。

4. 离子交换树脂处理

离子交换树脂可除去糖化液中的无机盐和有机盐杂质，同时也可除去蛋白质、AA、羟甲基糠醛和有色物质。使用阳－阴－阳－阴四只滤床串联使用。

5. 浓缩

用真空浓缩，温度小于68℃。

思考题

1. 简述玉米淀粉提取的工艺流程。

2. 亚硫酸水溶液浸泡玉米有哪些作用？

3. 玉米浸泡有哪几种方式？

4. 变性淀粉的定义是什么？

5. 简述变性淀粉生产的方法和条件。

6. 淀粉糖的种类有哪些？

7. 对比各种淀粉糖的性质和特点。

8. 简述酸糖化的机理，影响酸糖化的因素有哪些？

9. 酶法生产淀粉糖为什么要经过液化？液化的机理是什么？液化程度控制在什么程度较好？

10. 糖化的机理？糖化的程度用什么来表示？

第五章　薯类食品加工技术

本章学习目标　了解甘薯、马铃薯淀粉的提取和红薯粉丝的制作工艺。

一、马铃薯淀粉的提取

在我国马铃薯的生产主要在北方和冷凉地区。在这些地区退化慢，产量高。人民群众首先将它当作蔬菜食用，另用一部分制成淀粉，用作坊式的方法制成粉丝（粉条）消费。所以，传统的方法制取马铃薯淀粉在民间已有很长的历史。事实上，马铃薯淀粉在衍生成变性淀粉时，比起玉米淀粉在一些特性上有着不同的差异，由于使用目的不同，它有独特的用途，所以马铃薯也是生产淀粉的一种重要原料。

马铃薯含有物质的状态对确定其用途具有决定性的意义。马铃薯淀粉的生产具有季节性，而玉米淀粉可以周年进行。马铃薯于夏、秋收获之后先需预藏，上冻时便入窖贮藏。它的贮藏形态属于果蔬贮藏类型。在寒冷地区为了防冻，冬季多贮于地下窖中。在气候较温暖的地区也可以进行堆藏。

（一）马铃薯淀粉提取工艺流程

制取马铃薯淀粉，简单地说便是将薯块洗净、擦碎（磨碎），擦碎薯块是要达到把细胞壁也擦破的程度，以便使细胞内容物释放出来，以后便把渣滓分离出去；再用分离出渣滓后的浆液使淀粉和其他内含物分离开来，把淀粉干燥。

马铃薯淀粉提取工艺由下列工序组成：原料的输送及清洗、马铃薯的磨碎、细胞液的分离、从浆料中洗涤淀粉、细胞液水的分离、淀粉乳的精制、细渣的洗涤、淀粉的洗涤、淀粉的干燥等。马铃薯淀粉提取的总体工艺流程如图 1 - 5 - 1 所示。

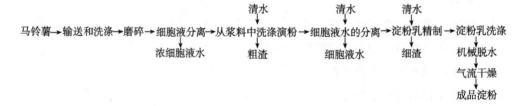

图 1 - 5 - 1　马铃薯淀粉提取的总体工艺流程

（二）马铃薯淀粉生产技术要点

1. 原料的输送和洗涤

（1）原料的输送

规模较大的生产企业，由于加工量大，原料从贮仓向生产车间输送可采用水力输送。水力输送的方式是通过沟槽。连接仓库和加工车间的沟槽应具有一定的坡度。在始端连续供水，水流携带马铃薯一起流动到生产车间的洗涤工段。在水力输送的过程中，马铃薯表面的部分污泥被洗掉，输送的沟槽越长，马铃薯洗涤得越充分。

（2）马铃薯的洗涤

在水力输送过程中可洗除部分杂质，彻底的清洗是在洗涤机中进行，以洗净附着在马铃薯表面的污染物。洗涤机是通过搅动轴上安装的搅动杆，在旋转过程中使马铃薯在水中翻动，以洗净污物。在沙质土壤中收获的马铃薯洗涤时间可短些，为 8 ~ 10 min，在黑黏土中收获的马铃薯洗涤时间要长些，为 12 ~ 15 min。

2.马铃薯的磨碎

马铃薯磨碎的目的在于尽可能地使块茎的细胞破裂，并从中释放出淀粉颗粒。磨碎时多采用擦碎机。擦碎机的工作是通过旋转的转鼓上安装带齿的钢锯对进入机内的马铃薯进行擦碎操作。擦碎后的马铃薯悬浮液由破裂的和未破裂的细胞、细胞液及淀粉颗粒所组成。除擦碎机外，也可采用粉碎机进行破碎，如锤片式粉碎机等。

3.细胞液的分离

磨碎后，从马铃薯细胞中释放出来的细胞液是溶于水的蛋白质、氨基酸、微量元素、维生素及其他物质的混合物。天然的细胞液中含干物质 4.5% ~ 7%。这些细胞液的存在，在空气中氧气的作用下，发生氧化作用导致淀粉的颜色发暗。为了合理地利用马铃薯中的营养成分。改善加工淀粉的质量，提高淀粉产量，应将这部分细胞液进行分离。

4.从浆料中洗涤淀粉

分离出细胞液后再用水稀释的马铃薯浆料是一种水悬浮液，其中包含了淀粉颗粒、破裂及未破裂的马铃薯细胞，还有残留在浆液中的部分可溶性物质。本工序的任务是从浆料中筛除粗渣滓。方法是用水把浆料在不同结构的筛分设备上，用不同的工艺流程进行洗涤。可选用振动筛、离心喷射筛、弧形筛等。粗渣留在筛面，筛下物包括淀粉及部分细渣的水悬浮液。

5.细胞液水的分离

在上面工序中被冲洗出来的筛下物悬浮液中的干物质含量只有 3% ~ 4%，其中稀释后的细胞水由于仍含有易被空气中氧气氧化的成分，所以容易变成暗褐色，而影响淀粉的颜色。应立即用离心机将其稀释后的细胞液水分离出去。所用设备为卧式沉降式离心机。

6.淀粉乳的精制

淀粉乳精制就是把大部分细渣从淀粉乳中清除。精制环节对马铃薯淀粉最终质量有很大影响。进入精制的淀粉乳含淀粉占干物质质量的 91% ~ 94%，其余大部分为细渣滓。淀粉乳的精制一般也在振动筛、离心筛或弧形筛上进行。筛网应采用双料筛绢或尼龙筛绢，每平方厘米筛孔数在 l400 个以上，孔眼尺寸在 140 ~ 160 μm，筛孔有效面积占筛面的 34% 左右。

7. 细渣的洗涤

在淀粉乳精制工序中，留在筛面的细渣滓中，还含有 30% ~60% 的游离淀粉。为了分离出这些淀粉，要对这些细渣进行洗涤。由于细渣和淀粉在大小和质量上相差不大，所以不易分离，最好采用曲筛洗涤工艺。

8. 淀粉乳的洗涤

经过精制的淀粉乳中淀粉的干物质纯度可达 97% ~98%，但还有 2% ~3% 的杂质，主要是细沙、纤维及少量的可溶性物质，有必要再进行清洗。除沙和洗涤淀粉可采用不同类型的旋液分离器进行。

9. 淀粉的干燥

马铃薯淀粉的脱水和干燥，也和玉米淀粉的干燥相似，采用机械脱水和气流干燥。

二、甘薯淀粉的生产

以甘薯干为原料生产淀粉的工艺流程如图 1 –5 –2 所示。

甘薯干→预处理→浸泡→磨碎→筛分→流槽分离→酸、碱处理→清洗→酸处理→清洗→离心脱水→干燥→成品淀粉

图 1 –5 –2　甘薯干为原料生产淀粉的工艺流程

1. 预处理

甘薯干在加工和运输过程中混入了各种杂质，所以必须进行清理。方法有干法和湿法两种，干法采用筛选、风选及磁选等设备，湿法用洗涤机或洗涤槽。

2. 浸泡

为了提高淀粉出率，要用石灰水浸泡甘薯干。在浸泡水中加入饱和石灰乳，使浸泡液 pH 在 l0 ~11。浸泡时间约 12 h，温度控制在 35 ~40℃。浸泡后甘薯片的含水量为 60% 左右。然后用水淋洗，洗去色素和尘土。

石灰水的配制为连续式生产石灰水的设施，一般是由 3 个带搅拌器的方形配制槽并列组成，槽宽 1.5 m，深 1.5 m 以上。给水从第一槽槽底加入，石灰由下面带小螺旋的提料斗加入，水流上升速度以 0.75 m/h 以下为好。上升的石灰水经槽上部侧面的出料口流到第二槽，经第二槽出料导管进入第三槽，并逐渐上升至出料导管流出。控制石灰水配制槽内石灰水的流速在 0.15 m/s 以下，可以保持其在配制槽中停留 2.5 h 以上。灰渣从排出口定时排出。

用石灰水处理甘薯片的作用是：使片中的纤维膨胀，以便在破碎后便于和淀粉分离，淀粉颗粒被破碎的也较少；使薯片中色素渗出，留存于溶液中，可提高淀粉的白度；石灰钙可降低果胶等胶体物质的黏性，使薯糊易于筛分，提高筛分效率；保持碱性，抑制微生物活性；使淀粉乳在流槽中分离时，回收率增高，并可不被蛋白质污染。

3. 磨碎

磨碎是甘薯干淀粉生产的主要工序。磨碎得好坏. 直接影响到产品的质量和淀粉的

回收率。浸泡后的甘薯片随水进入锤片式粉碎机进行破碎。一般采用二次破碎法，即甘薯片经第一次破碎后，过筛分离出淀粉，再将筛上薯渣进行第二次破碎，破碎细度比第一次细（增加淀粉得率），再行过筛。在破碎过程中，为降低瞬时温升，根据破碎粒度调整粉浆浓度，第一次破碎时粉浆浓度为 3~3.5 波美度，第二次破碎时为 2~2.5 波美度。

4. 筛分

经过磨碎得到的甘薯粉必须进行筛分，分离出粉渣。筛分一般经粗筛和细筛二次处理。粗筛使用平摇筛、六角筛、喷射分离机或曲筛，细筛使用平摇筛或喷射分离筛。使用平摇筛时，甘薯糊进入筛面（要求均匀），不断淋水，淀粉随水通过筛孔进入存浆池，而薯渣留存在筛面上从筛尾排出。筛孔大小应根据甘薯糊内的物料粒度和工艺来决定。如采用两次破碎工艺的过筛设备，第一次和第二次筛分均采用 80 目尼龙布，将两次筛分所得的淀粉乳合并，再用 120 目尼龙布进一步分离细渣，以保证获得较纯净的淀粉乳。在筛分过程中，由于浆液中所含有的果胶等胶体物质易滞留在筛面上影响筛的分离效果，因此应经常清洗筛面，保持筛面畅通。

5. 流槽分离

经筛分所得的淀粉乳，还需进一步将其中的蛋白质、可溶性糖类、色素等杂质除去。一般用沉淀流槽进行。淀粉乳流经流槽，相对密度大的淀粉沉于槽底，蛋白质等胶体物质随汁水流出至黄粉槽。沉淀的淀粉用水冲洗入漂洗池。

6. 碱、酸处理和清洗

为进一步提高淀粉乳的纯度，还需对淀粉进行清洗。在清洗过程中，要对淀粉进行碱、酸处理。淀粉的碱、酸处理和清洗都是在漂洗池内进行的。首先用碱处理，目的是除去淀粉中的碱溶性蛋白质和果胶杂质。碱处理时，将 1 波美度的稀碱溶液缓慢加入淀粉乳中，使其 pH 值为 12。同时启动搅拌器，以 60 r/min 的转速搅拌 30 min，待料液充分混合均匀后，挂起搅拌器。淀粉完全沉淀后，将上层废液排放掉，注入清水清洗两次，使淀粉液接近中性即可。

在碱处理过程中，还可添加 35 波美度的次氯酸钠，用量不超过干基淀粉重的 0.4%。次氯酸钠是强氧化剂，具有较强的漂白和杀菌作用，可起到增白和防腐的作用。

酸处理的目的主要是溶解淀粉浆中的钙、镁等金属盐类。淀粉乳在碱洗过程中往往会使这类物质的含量增加，如不用酸处理，那么总钙量会超过粗淀粉中的原含量。用无机酸溶解后再用水洗涤除去，便可得到灰分含量低的淀粉。酸处理一般采用工业盐酸。处理时，将工业盐酸缓慢倒入，充分搅拌，防止局部酸性过强，造成淀粉损失。控制淀粉乳的 pH 值为 3 左右。搅拌 30 min 后停止搅拌，待淀粉完全沉淀后，排除上层废液，加水清洗，直至淀粉呈微酸性（pH 为 6 左右），以利于淀粉的贮存和运输。

7. 离心脱水

清洗后得到的湿淀粉的水分含量达 50%~60%，用离心机脱水，使湿淀粉含水量降到38%左右。

8. 干燥

湿淀粉经烘房或气流干燥系统干燥至水分含量为12% ~ 13%，即得到成品淀粉。

三、红薯粉丝的制作

粉丝主要以绿豆、豌豆、蚕豆、红薯等淀粉为原料加工而成，其中以绿豆最佳。但红薯是主要的淀粉作物，原料来源广泛，价格低廉，淀粉含量高，粉丝经烹饪后口感好，且生产粉丝工艺简单，故历来深受人们欢迎。

1. 工艺流程

选薯→清洗→粉碎→过滤→曝晒→打浆糊→漏丝→冷却→晒丝→成品。

2. 制作方法

① 选薯：选表面光滑、无病虫危害、无青头、大小适中的红薯，去小留大。

② 清选：将选好的红薯装入箩筐，放入水中。洗去泥土、杂质。削去两头和表面根须。

③ 粉碎：清选好的红薯应及时用磨碎机切碎，再磨成浆液。打浆时应边磨边加水，磨得越细越好，使细胞内的淀粉颗粒尽量磨出，以提高出粉率。

④ 过滤：目的是实现皮渣和淀粉分离。一般采用2~5尺吊浆布作滤袋进行过滤，共滤两次。第一次浆液对稀一些，第二次对浓一些。然后将滤液送入沉淀池（皮渣可作为饲料）。入池静置两天后，放出池内上层清液。加入原来水量1/3的清水进行搅拌，再过滤一次。这次滤液进入小池，静置沉淀。

⑤ 曝晒：当池内水已无混浊现象，即全部澄清后，排干上层清液。舍去淀粉沉淀层表面油粉，把下层淀粉取出吊成粉砣（即粉团），移到晒场曝晒。当粉砣内水分蒸发一半时，再把粉砣切成若干份，进行曝晒。晒场设在背风向阳的地方，以防灰尘污染。

⑥ 打浆糊：此道工艺是决定粉丝质量的关键。按每500 g淀粉加25 g明矾，对冷水2.5~3 kg搅拌，再放入大锅内煮沸，并不断搅拌，成熟度达8~9成即成（形成糊化淀粉）。打成的浆糊，可对其他淀粉，搅拌成适度的软面团。

⑦ 漏丝和冷却：漏丝前备好两口锅，冷水缸两口和中型48孔的漏勺。由于红薯粉丝较粗，漏勺孔眼要比其他粉丝漏勺的稍大。漏丝时，浆糊要充分搅拌均匀，边搅边加温水，水温为50℃左右。手抓起一团粉糊，让其自然延伸垂落，如不折断，说明稀稠适度，可开始漏丝。预备一锅开水，不断补入漏锅中当漏锅内水近沸腾时（97~98℃），进行漏丝，让粉团经漏勺孔眼下流，逐渐延长变细，成为粉丝（有条件的最好用粉丝机）。粉丝沉入锅底糊化后，再浮出水面时，随即捞出，放入冷水缸降温，用手整理成束，穿到木架上，再经另一冷水缸再行冷却，并不断摆动，直至粉丝松散成条为止，然后放在室内，冷透后拿出室外晒丝。

⑧ 晒丝：将粉丝拿到背风向阳的场地，进行挂晒。晒干后即可整理包装成成品。

3. 成品质量要求

粉丝粗细均匀，色泽一致，干爽透明，韧力好，不易折断。

思考题

1. 简述马铃薯淀粉生产的工艺流程。
2. 在甘薯淀粉生产过程中，用石灰水处理甘薯片的作用有哪些？
3. 简述红薯粉丝生产的工艺流程。

第六章　油脂类食品加工技术

本章学习目标　了解几种油脂食品的加工。

一、油脂的氢化

1. 油脂氢化的基本原理

在加热含不饱和脂肪酸的植物油时，加入金属催化剂（镍系、铜－铬系等），通入氢气，使不饱和脂肪酸分子中的双键与氢原子结合成为不饱和程度较低的脂肪酸，其结果是油脂的熔点升高（硬度加大）。因为在上述反应中添加了氢气，而且使油脂出现了"硬化"，所以经过这样处理而获得的油脂与原来的性质不同，叫做"氢化油"或"硬化油"，其过程也因此叫做"氢化"。

2. 氢化工艺流程

原料油→预处理（精炼）→除氧、脱水→氢化→过滤→后脱色→脱臭→氢化油

二、调合油

调合油是用两种或两种以上的食用油脂，根据某种需要，以适当比例调配成的一类新型食用油产品。

1. 调合油的品种

调合油的品种很多，根据我国人民的食用习惯和市场需要，可以生产出多种调合油。

① 风味调合油：根据群众爱吃花生油、芝麻油的习惯，可以把菜籽油、米糠油和棉籽油等经全精炼，然后与香味浓郁的花生油或芝麻油按一定比例调合，以"轻味花生油"或"轻味芝麻油"供应市场。

② 营养调合油：利用玉米胚油、葵花籽油、红花籽油、米糠油和大豆油配制富含亚油酸和维生素 E，而且比例合理的营养保健油，供高血压、高血脂、冠心病以及必需脂肪酸缺乏症患者食用。

③ 煎炸调合油：用氢化油和经全精炼的棉籽油、菜籽油、猪油或其他油脂可调配成脂肪酸组成平衡、起酥性能好和烟点高的煎炸用油脂。

2. 调合油的加工

调合油的加工较简便，在一般全精炼车间均可调制，不需添置特殊设备。

调制风味调合油时，将全精炼的油脂计量，在搅拌的情况下升温到 35～40℃，按比例加入浓香味的油脂或其他油脂，继续搅拌 30 min，即可贮藏或包装。如调制高亚油酸

营养油，则在常温下进行，并加入一定量的维生素 E；如调制饱和程度较高的煎炸油，则调合时温度要高些，一般为 50～60℃，最好再按规定加入一定量的抗氧化剂，如加入 0.5/1000 的茶多酚，或 0.02% TBHQ 或 0.02% BHT 等抗氧化剂。

营养型调合油的配比原则：要求其脂肪酸成分基本均衡，其中饱和脂肪酸∶单不饱和脂肪酸∶多不饱和脂肪酸为 1∶1∶1。通常以大豆色拉油或菜籽色拉油为主，占 90% 左右，浓香花生油占 8%，小磨香油（芝麻油）占 2% 调合而成。

三、人造奶油

人造奶油又叫麦加林和人造黄油。麦加林是从希腊语"珍珠"一词转化来的，因为在制作过程中流动的油脂会闪现出珍珠般的光泽。

人造奶油是在精制食用油中加水及其辅料，经乳化、急冷、捏合而成的具有类似天然奶油特点的一类可塑性油脂制品。

人造奶油配方的确定应顾及多方面的因素，各生产厂家的配方自有特点，传统人造奶油的典型配方见表 6-1。

表 6-1　传统人造奶油配方

原料	数量/g
氢化油	80～85
水分	14～17
食盐	0～3
硬脂酸单甘脂	0.2～0.3
卵磷脂	0.1
胡萝卜素	微量
奶油香精	0.1～0.2mg/kg
脱氢醋酸	0～0.05
奶粉	0～2

人造奶油的生产工艺包括原料、辅料的调合、乳化、急冷、捏合、包装和熟成五个阶段。

四、起酥油

起酥油从英文"短"一词转化而来，其意思是用这种油脂加工饼干等，可使制品十分酥脆，因而把具有这种性质的油脂叫做"起酥油"。它是指经精炼的动植物油脂。氢化油或上述油脂的混合物，经急冷、捏合而成的固态油脂，或不经急冷、捏合而成的固态或流动态的油脂产品。起酥油具有可塑性和乳化性等加工性能，一般不宜直接食用，而是用于加工糕点、面包或煎炸食品，所以必须具有良好的加工性能。起酥油的性状不同，生产工艺也各异。

可塑性起酥油工艺包括：原辅料的调和、急冷捏合、包装、熟成四个阶段。

液体起酥油是把原料油脂及辅料掺和后用急冷机进行急冷，然后在贮罐存放 16 h 以上，搅拌使之流动，然后装入容器；或将硬脂或乳化剂磨碎成细粉末，添加到基料油脂中，用搅拌机搅拌均匀或将配好的原料加热到 65℃使之熔化，慢慢搅拌，冷却使之形成结晶，直到温度下降到装罐温度。

起酥油的原料油有两大类：植物性油脂如豆油、棉籽油、菜籽油、椰子油、棕榈油、米糠油及其氢化油；动物性油脂如猪油、牛油、鱼油及其氢化油。辅料包括乳化剂、消泡剂、着色剂和香料。乳化剂包括脂肪酸甘油酯，添加量为 0.2% ~ 1.0% 使用它可以提高起酥油乳化性、酪化性和吸水性；脂肪酸蔗糖酯与脂肪酸甘油酯相似作用；大豆磷脂，一般不单独使用，多与单脂肪酸甘油酯等乳化剂配合使用，一般来说大豆磷脂和脂肪酸甘油酯的添加量为 0.1% ~ 0.3%；脂肪酸丙二醇酯，与单脂肪酸甘油酯混合使用具有增效作用，添加量为 5% ~ 10%；脂肪酸山梨酸糖酯。是山梨糖的羟基与脂肪酸结合成的酯，具有较强的乳化能力，添加量为 5% ~ 10%；抗氧化剂一般使用生育酚。叔丁基羟基茴香醚（BHA）、二叔丁基羟基甲苯（BHT）、没食子酸丙酯（PG）。消泡剂一般添加聚甲基硅酮，添加量为 2 ~ 5 mg/kg，加工面包和糕点用起酥油不使用消泡剂。每 100 g 速冷捏合的起酥油应含有 20 mL 以下氮气。

五、蛋黄酱

蛋黄酱是一类 O/W（水包油）型的乳化食品，由于水是外相（连续相），所以口感特别滑润，好吃。蛋黄酱含油 65% 以上，乳化剂为蛋黄。调味油含油 35% 以上。乳化是蛋黄酱生产的技术关键。在乳化剂作用下，经过高速搅拌机的搅拌和胶体磨的均值，使蛋黄酱成为一种稳定的乳状液。由于油与水是互不相溶的液体，为使产品稳定，必须进行乳化。乳化不仅要靠强烈搅拌使分散相微粒化，均匀地分散于连续相中，而且需有乳化剂存在。蛋黄就是乳化剂，其乳化能力可能是由蛋黄中的卵磷脂和蛋白质结合成的卵磷蛋白形成的。它不仅可以降低油水两相间的表面张力，有利于分散相微粒化，同时也因乳化剂分布在微粒表面，防止微粒的合并。因此乳化剂不仅使乳化易于进行，而且能使形成的乳化液稳定。

蛋黄酱的制作工艺流程如下：

　　　　　　　　蛋壳、蛋清　　　　　　调味料、香辛料
　　　　　　　　　　↓　　　　　　　　　　↓
鲜蛋→清洗、杀菌→破壳、分离→蛋黄→过滤→预混合→预乳化→乳化→灌装→封盖→贴标→装箱→成品

思考题

1. 简述油脂氢化的原理及在食品工业中的应用。

2. 简述调和油的品种及加工工艺。

3. 人造奶油，起酥油和蛋黄酱的加工要点及应用有哪些?

第二篇　畜产食品工艺学

第一章　肉品加工技术

本章学习目标　了解肉的组成与特性，掌握常见中、西制品的加工原理和加工工艺；运用所学知识，分析和解决生产中出现的技术问题。

一、肉品加工的基础知识

关于肉的概念，根据研究的对象和目的不同可作不同解释。从生物学观点出发，研究其组织学构造和功能，把肉理解为"肌"，即肌肉组织，它包括骨骼肌、平滑肌和心肌。而在肉品工业生产中，从商品学观点出发，研究其加工利用价值，把肉理解为胴体（Carcass），即家畜屠宰后除去血液、头、蹄、尾、毛（或皮）、内脏后剩下的肉尸，俗称"白条肉"。它包括有肌肉组织、脂肪组织、结缔组织、骨组织及神经、血管、腺体、淋巴结等。肌肉组织是指骨骼肌而言，即俗称"瘦肉"或"精肉"，不包括平滑肌和心肌。根据骨骼肌颜色的深浅，肉又可分为赤肉（Red meat）（如牛肉、猪肉、羊肉等）和禽肉（Poultry meat）（如鸡肉、鸭肉、鹅肉等）两大类。脂肪组织中的皮下脂肪称作肥肉，俗称"肥膘"。在肉品工业生产中，把刚屠宰后不久体温还没有完全散失的肉称为热鲜肉。经这一段时间的冷处理，使肉保持低温（0~4℃）而不冻结的状态称为冷却肉（Chilled meat）；而经低温冻结后（-15~-23℃）称为冷冻肉（Frozen meat）。肉按不同部位分割包装称为分割肉（Cut），如经剔骨处理则称剔骨肉（Boneless meat）。

通常我们所说的肉一般是指畜禽经放血屠宰后，除去皮、毛、头、蹄、骨及内脏后剩下的可食部分叫做肉。由肉经过进一步的加工处理生产出来的产品称为肉制品。肉品科学（Meat science）主要研究屠宰后的肉转变为可食肉的质量变化规律。

（一）肉的形态结构

肉是各种组织的综合物，在组织结构上，肉是由肌肉组织、脂肪组织、结缔组织及骨组织等部分组成，各组织的比例大致为：

肌肉组织	50%~60%	脂肪组织	20%~30%
结缔组织	9%~11%	骨组织	15%~20%

另外，肉还包括神经组织、淋巴及血管等，它在胴体中所占比例极小，营养学上的价值也不大。所以，在肉的形态结构中，没有讨论的必要。

1．肌肉组织（Muscle tissue）

肌肉组织是肉的主要组织部分，在组织学上可分为骨骼肌、平滑肌及心肌三类，骨骼肌是肉在质和量上最重要的组成部分，也是肉制品加工的对象。骨骼肌其肌肉纤维在显微镜下观察有排列规则的明暗条纹，所以称横纹肌，又因它附着于骨骼上，并受躯体神经的控制，故又称作横纹肌或随意肌。人们所说的肌肉及肌肉组织主要是指横纹肌。

（1）肌肉组织的宏观结构

肌肉的构造如图 2 - 1 - 1 所示。构成肌肉组织结构的基本单位是肌纤维（Muscle fiber），肌纤维与肌纤维之间被一层很薄的结缔组织膜围绕隔开，此膜叫肌内膜。每 50 ～ 150 根肌纤维聚集成肌束（Muscle bundle），这时的肌束称为初级肌束。初级肌束被一层结缔组织膜所包裹，此膜叫肌束膜。由数十条初始肌束集结在一起并由较厚的结缔组织膜包围就形成次级肌束（又叫二级肌束）。由许多二级肌束集结在一起即形成肌肉块。肌肉块外面包围着一层强韧很厚的结缔组织膜叫肌外膜。肌内、外膜和肌束膜在肌肉两端汇集成束，称为腱，牢固地附着在骨骼上。这些分布在肌肉中的结缔组织膜既起着支架的作用，又起着保护作用，血管、淋巴管及神经通过三层膜穿行其中，伸入到肌纤维表面，以提供营养和传导神经冲动。此外，还有脂肪沉积其中，使肌肉断面呈现大理石样纹理。

（2）肌肉组织的微观结构

肌肉的基本构造单位是肌纤维，肌纤维也叫肌细胞，呈长线状。长度一般为 1 ～ 40 mm，直径 10 ～ 100 μm。在肌纤维内部主要是由大量平行排列成束的肌原纤维（Myofibrils）组成，它在电镜下呈长的圆筒状结构，直径 1 ～ 2 μm。在肌原纤维之间，充满着胶体溶液，这种胶体溶液称为肉浆或肌浆（Sarcoplasma），呈红色，含有肌红蛋白、肌糖元及其代谢产物、无机盐类等，在肌浆中，还分布许多核、线粒体（或称肌粒）、肌浆网（或称肌质网）。

肌纤维作为一种细胞，外面也有一层细胞膜［又称肌膜（Sarcolemma）或肌鞘］包围，肌膜具有很好的弹韧性，能被拉伸原长度的 2.2 倍，可承受肌纤维的伸长和收缩。并对酸、碱具有很强的稳定性。肌膜向内凹陷形成一网状的管，叫横小管（Transverse tubules），通常称为 T - 系统（T - system）或 T - 小管（T - tubules）。

肌原纤维是肌纤维的主要成分，占肌纤维固形成分的 60% ～ 70%，是肌肉的伸缩装置。如图 2 - 1 - 2 所示，在显微镜下观察呈现有规律的明暗相间的条纹，我们将光线较暗的区域（宽约 1.5 μm）称之为 A 带或暗带（Dark band），而将光线较亮的区域（宽约 0.8 μm）称之为 I 带或明带（Light band）。A 带中间有一宽约 0.4 μm 的亮纹区（稍明区），称为 H 区，H 区的中央有一发暗的深线，叫 M 线，I 带中央有一细丝状暗线，叫 Z 线。

我们把二个相邻 Z 线间的肌原纤维单位称为肌节（Sarcomere）。它包括一个完整的 A 带和二个位于 A 带两边的半 I 带。肌节是肌原纤维的重复构造单位，也是肌肉收缩、松弛交替发生的基本单位。肌节的长度是不恒定的，收缩时变短，松弛时变长，静止状态时肌节长度为 2.3 μm。在伸缩活动中，A 带任何状态保持稳定的宽度，而 I 带伸张时变宽，收缩时变窄。

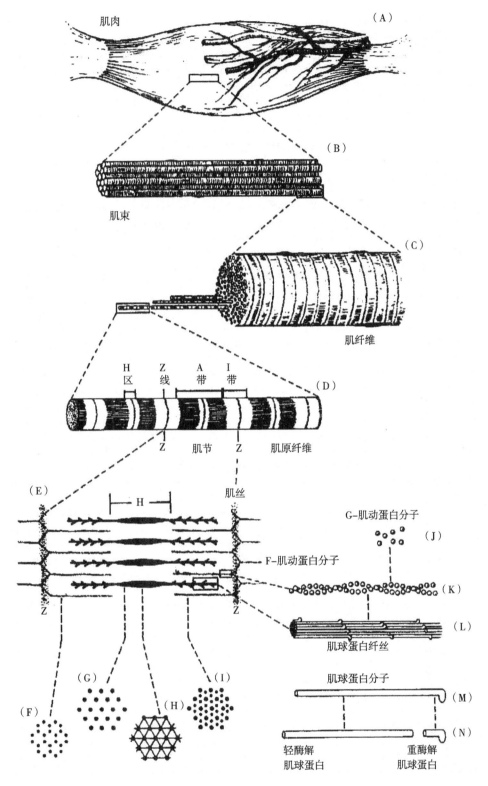

图 2 - 1 - 1　肌肉的构造

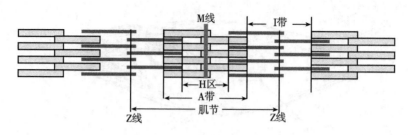

图 2 - 1 - 2　肌原纤维结构模式图

在电子显微镜下观察，肌原纤维又是由许多更细微的肌微丝（肌原丝（Myofilament））即超原纤维所组成。超原纤维主要有两种：一种是全部由肌球蛋白分子组成的较粗的肌球蛋白微丝，简称粗丝（Thick myofilament）；另一种主要是由肌动蛋白分子组成的较细的肌动蛋白微丝，简称细丝（Thin myofilament）。细丝除含有肌动蛋白外，还含有原肌球蛋白和肌钙蛋白，这三种蛋白质都参与骨骼肌的收缩活动，所以统称为收缩蛋白。每种肌微丝各有固定的位置，非常整齐和有规律，显现出肌原纤维的明暗相间的横纹图象。在每个肌节中，粗丝贯穿于 A 带，细丝贯穿于 I 带和 A 带，它一端附着在 Z 线上，从 Z 线伸向两侧而止于 H 区边缘。观察不同区域的横断面，在 I 带只有细丝，在 H 区只有粗丝，除 H 区以外的 A 带区域，两种肌微丝都同时存在。排列的方式是以一条粗丝为中心，周围有六条线丝，成正六方体形状，一条细丝的周围有三条粗丝，成正三角形。其结构模式见图 2 - 1 - 1。

2. 脂肪组织 (Adipose tissue)

脂肪组织是决定肉质量的第二个重要因素，具有较高的食用价值。对于改善肉质、提高风味均有影响。它是由退化的疏松结缔组织和大量脂肪细胞积聚而成。胴体中脂肪数量变化范围很大，一般占活重的 2% ~40%。畜禽的品种不同，脂肪分布也不同，一般多储积在皮下，肾脏周围和腹腔内，有些特殊的家畜如大尾绵羊其脂肪除多存在皮下、内脏外，还蓄积在尾内，骆驼在驼峰等，肌肉中间贮存很少。但猪等肉用型家畜，在肌肉中有较多脂肪交错其中，呈红白相间的大理石样外观，这种肉肥瘦适度，可防水分蒸发，使肉质柔软较嫩而多汁，肉的营养成分丰富，风味也好，因而有着较高的食用价值。

脂肪的构造单位是脂肪细胞，它是动物体内最大的细胞，细胞中心充满脂肪滴，细胞核被挤到周边，外面也有一层细胞膜。直径为 30 ~120 μm，最大可达 250 μm，脂肪细胞越大，里面的脂肪滴越多，因而出油率也高。

3. 结缔组织 (Connective tissue)

结缔组织是构成肌腱、筋膜、韧带及肌肉的内外膜、血管、淋巴、神经、毛皮等组织的主要成分，在体内分布极广。结缔组织是由细胞、纤维和无定形基质组成。细胞为成纤维细胞，存在于纤维中间；纤维由蛋白质分子聚合而成，可分胶原纤维、弹性纤维和网状纤维三种。

结缔组织在体内起到支持和连接各器官组织的作用，并赋予肉以伸缩性和韧性。一般老龄、瘦弱动物内含量较多。

4. 骨组织

骨由骨膜、骨质和骨髓构成。是动物机体的支柱组织，食用价值较低。

(二) 肉的化学组成及性质

肉的化学成分主要有水分、蛋白质、脂肪、无机物、维生素及微量成分（含氮浸出物、糖元、乳酸）等。各种成分含量受动物种类、性别、年龄、肥度等因素影响。据分析，典型哺乳动物肌肉的化学成分如表 2 - 1 - 1 所示。

表 2 - 1 - 1　典型哺乳动物肌肉的化学成分

成分	含量/ %	成分	含量 /%
水分	75.0	脂类	2.5
蛋白质	19.0	碳水化合物	1.2
(a) 肌纤维	11.5	可溶性无机物和非蛋白含氮物	2.3
(b) 肌浆	5.5	(a) 含氮物	1.65
(c) 结缔组织和小胞体	2.0	(b) 无机物	0.65
		维生素	微量

1. 蛋白质

新鲜肌肉在压榨时，可挤出 60% 的汁液和 40% 的固形物，这种汁液部分叫肉浆（或称肌浆），固形物部分叫肉基质。新鲜肌肉中约含有 20% 左右的蛋白质。肌肉中的蛋白质依其性质和结构不同存在于肌原纤维、肌浆和肉基质中。

（1）肌原纤维中的蛋白质

肌原纤维蛋白质占肌肉中蛋白质总量的 40% ~ 60%，主要包括肌球蛋白、肌动蛋白、肌动球蛋白三种，此外尚有少量原肌球蛋白、肌钙蛋白（又称肌原蛋白）等。该类蛋白质是肌肉的主要结构性蛋白质。

① 肌球蛋白（Myosin）：又称肌凝蛋白，是肉中最多的一种蛋白质，占肌原纤维中蛋白质的 54%，是肌原纤维微观结构中粗丝的主要成分，构成肌节的 A 带。肌球蛋白受胰蛋白酶的作用时，分解生成两个部分，即重酶解肌球蛋白（简写 HMM）和轻酶解肌球蛋白（简写 LMM），在粗丝结构中，LMM 为骨架，HMM 为突起（参见图 2 - 1 - 1）。其性质是球蛋白性质，有黏性，易形成凝胶，凝固温度为 50 ~ 55℃，难溶或微溶于水，可溶于中性盐类溶液中，等电点为 5.4，分子量为 50 ~ 60 万。

肌球蛋白的特性之一是具有 ATP 酶的活性，其酶活性受 Mg^{2+} 所抑制，可被 Ca^{2+} 激活，可分解 ATP，并放出能量，供给肌肉收缩时消耗。另一特性是能与肌动蛋白结合，生成肌动球蛋白。在肌球蛋白的活性中心，ATP 和肌动蛋白相继竞争地同肌球蛋白的活性中心相结合。当有大量 ATP 存在时，活性中心被 ATP 所占有，故破坏了肌球蛋白与肌动蛋白的结合，肌肉呈松软状态。

② 肌动蛋白（Actin）：又称肌纤蛋白，约占肌原纤维蛋白的 20%，是构成细丝的主

要成分。它以球状 G - 肌动蛋白（G - Actin）和纤维状的 F - 肌动蛋白（F - Actin）两种形式存在，二者可以相互转化。肌动蛋白单独存在时，为 G - Actin，当 G - Actin 在有磷酸盐和少量 ATP 存在时，300 ~ 400 个 G - Actin 相互连接形成一个纤维结构，两条纤维状结构的肌动蛋白相互扭合成 F - Actin；F - Actin 在有 KI 和 ATP 存在时又会解离成 G - Actin，即：

$$G - Actin \xrightleftharpoons[\text{KI} \cdot \text{ATP}]{\text{ATP} + \text{磷酸盐}} F - Actin + ADP + Pi$$

细丝的结构是以 F - Actin 每 13 ~ 14 个 G - Actin 单位扭转一周的螺旋结构，在中间的沟槽里"躺着"原肌球蛋白，原肌球蛋白呈细长条形，其长度相当于 7 个 G - Actin，在每条原肌球蛋白上还结合着一个肌钙蛋白，因此，细丝是由肌动蛋白与原肌球蛋白及肌钙蛋白结合而成的。

肌动蛋白的性质属于白蛋白类，能溶于水及稀的盐溶液，在半饱和的硫酸铵溶液中可盐析沉淀，等电点 4.7，分子量为 40 ~ 61 万。

肌动球蛋白（Actomyosin）　又称肌纤凝蛋白，是由肌动蛋白与肌球蛋白结合而成的。其黏度非常高，由于其聚合程度不同，没有一定的相对分子质量，在 $4 \times 10^6 ~ 6 \times 10^6$ 之间。肌动蛋白与肌球蛋白的结合比例在 1: 2.5 至 1: 4 之间，肌动球蛋白也具有 ATP 酶活性，但与肌球蛋白不同，Ca^{2+} 和 Mg^{2+} 都能激活。

肌动球蛋白的热变性分为两个阶段，第一阶段变性速度快的是由于肌动球蛋白中肌球蛋白的变性；第二阶段变性速度慢的是肌动球蛋白本身的变性。一般肌动蛋白与肌球蛋白结合在一起，比单独的肌球蛋白对热更稳定。

③原肌球蛋白（Tropomyosin）：原肌球蛋白约占肌原纤维蛋白的 4% ~ 5%，形为长丝状，位于 F - Actin 双股螺旋结构的槽内，构成细丝的支架。每 1 个分子的原肌球蛋白结合 7 个分子的肌动蛋白和 1 个分子的肌钙蛋白。

④肌钙蛋白（Troponin）：又称肌原蛋白，约占肌原纤维蛋白的 5% ~ 6%，肌钙蛋白对 Ca^{2+} 有很高的敏感性，并能结合 Ca^{2+}。肌原蛋白有三个亚基，各有自己的功能特性：第一是钙结合亚基：它是 Ca^{2+} 的结合部位；第二是抑制亚基：能高度抑制肌球蛋白中 ATP 酶的活性，从而阻止肌动蛋白与肌球蛋白结合；第三是原肌球蛋白结合亚基：能结合原肌球蛋白，起联接作用。

（2）肌浆中的蛋白质

肌浆是指在肌纤维细胞中，分布在肌原纤维之间的细胞质和悬浮于细胞质中的各种有机物、无机物以及亚细胞结构的细胞器（例肌粒体、微粒体）等。通常将肌肉磨碎压榨可以挤出肌浆。肌浆中的蛋白质约占肌肉中蛋白质总量的 20% ~ 30%。其种类主要包括肌溶蛋白、肌红蛋白、肌球蛋白 X、肌粒蛋白和肌浆酶等。这些蛋白质都基本上溶于水或低离子强度的中性盐溶液，是肌肉中最容易提取的蛋白质，常称为肌肉中的可溶性蛋白质。

① 肌溶蛋白（Myogen）：又称肌浆蛋白，属清蛋白类的蛋白质，易溶于水，把肉用水浸透可以溶出。肌溶蛋白有 A 型和 B 型两种肌溶蛋白，加饱和的硫酸铵或醋酸能被析出沉淀的部分叫肌溶蛋白 B（Myogen fibrin），等电点 pH 为 6.3，加热到 52℃时凝固，是全价蛋白质。把可溶性的不沉淀的部分叫肌溶蛋白 A，也叫肌白蛋白（Myoaibumin），等电点 pH 为 3.3，具有酶的性质。

② 肌红蛋白（Myoglobin Mb）：肌红蛋白是一种复合性的色素蛋白，由一分子的珠蛋白和一个亚铁血红素结合而成，为肌肉呈现红色的主要成分，等电点为 6.78。有关肌红蛋白的结构和性能将在"肉的颜色"中详加讨论。

③ 肌球蛋白 X（Myosin X）：肌球蛋白 X 发现于提取肌球蛋白后的肉浆溶液中，是一种不溶于水而溶于中性盐溶液的球蛋白态蛋白质，等电点为 5.2。

④ 肌粒中的蛋白质　肌粒包括细胞核（肌核）、线粒体（肌粒体）及微粒体等，存在于肌浆中。肌粒中的蛋白质包括三羧基循环的酶系统、脂肪氧化酶体系及氧化磷酸化酶体系等，微粒体中还含有对肌肉收缩起抑制作用的松弛素。

此外，肌浆中还存在大量可溶性肌浆酶，其中解糖酶占三分之二以上。

（3）肉基质中的蛋白质

肉基质蛋白质为结缔组织蛋白质，是构成肌纤维膜、内外肌周膜、毛细血管壁的主要成分。包括胶原蛋白、弹性蛋白、网状蛋白及黏蛋白等，必需氨基酸含量少或缺乏，属不完全蛋白质。

① 胶原蛋白（Collagen）：胶原蛋白在结缔组织中含量特别多，约占胶原纤维组织中固形物的 85%。胶原蛋白性质稳定，不溶于水和稀盐溶液，在酸碱溶液中吸水膨胀，在水中加热到 70~100℃时形成明胶质。胶原蛋白中含有大量的甘氨酸、脯氨酸和羟脯氨酸。后二者为胶原蛋白所特有，因此，通常用测定羟脯氨酸含量来确定肌肉结缔组织的含量，并作为衡量肌肉质量的一个指标。但色氨酸、酪氨酸以及蛋氨酸含量极少。等电点 pH 值为 4.7，处于等电点时明胶溶液黏度最小，而且容易硬化。

② 弹性蛋白（Elastin）：弹性蛋白在黄色结缔组织中含量多，约占弹性纤维固形物成分的 25%。其化学性质稳定，不溶于水，对酸、碱都稳定，煮沸不能使其分解，只有加热到 130℃以上时才能水解，它不被胃蛋白酶、胰蛋白酶水解，可被弹性蛋白酶（存在胰腺中）水解。凡含弹性蛋白多的肉，吃起来坚硬，不易嚼碎。

③ 网状蛋白（Reticulin）：其氨基酸组成与胶原蛋白相似，它常与脂类和糖类相结合而存在，对酸、碱、蛋白酶等均较稳定。

2. 脂肪

脂肪广泛存在于动物体中，动物体的脂肪可分为两类：一类是皮下、肾周围、肠网膜及肌肉块间的脂肪，称为蓄积脂肪（Depots fats）；另一类是肌肉组织内及脏器组织内的脂肪，称为组织脂肪（Tissue fats）。蓄积脂肪的主要成分为中性脂肪（即甘油三酯，是由一分子甘油与三分子脂肪酸化合而成的），它的含量和性质随动物种类、年龄、营养状况等变化。组织脂肪主要为磷脂，中性脂肪少。

构成肉脂肪常见的脂肪酸有 20 多种，脂肪的性质主要由脂肪酸的性质所决定的。动物肉中脂肪的脂肪酸，可以分为两类：饱和脂肪酸和不饱和脂肪酸。肉脂肪中的饱和脂肪酸以棕榈酸、硬脂酸居多，不饱和脂肪酸以油酸居多，其次是亚油酸等。一般含饱和脂肪酸多则熔点、凝固点高，含不饱和脂肪酸多则熔点和凝固点低。

磷脂及胆固醇在组织脂肪中的含量显著地高于蓄积脂肪中的含量，磷脂中的不饱和脂肪酸比饱和脂肪酸多出约 50%。它对肉类制品质量、颜色、气味具有重要作用。例如当将猪肉或牛肉的脑磷脂加热时可产生强烈的鱼腥气，而同一来源的卵磷脂则鱼腥气很小，且有肝脏的芳香气味。磷脂变黑时伴有酸败发生。肉类的氧化作用在含磷脂的部分比仅含中性脂肪的部分更大。

3. 浸出物

浸出物是指除蛋白质、盐类、维生素外能溶于水的浸出性物质，包括有含氮浸出物和无氮浸出物。

（1）含氮浸出物

含氮浸出物为非蛋白态含氮物质，如游离氨基酸、磷酸肌酸、核苷酸类物质（ATP、ADP、AMP、IMP 等）及肌苷、尿素、胆碱等。这些物质与肉的风味有很大关系。如 ATP 除供给肌肉收缩的能量外，逐级降解为肌苷酸是肉香味的主要成分，磷酸肌酸分解成肌酸，肌酸在酸性条件下加热则为肌肝，可增强熟肉的风味。

（2）无氮浸出物

为不含氮的可浸出的有机化合物，包括糖类化合物和有机酸。糖类又称碳水化合物，主要有糖原、葡萄糖和核糖。糖原又称动物淀粉，肌肉中含量一般不足 1%，肝中含量较多约 2%～8%，糖原含量多少与动物种类（马肉、兔肉 2% 以上）、疲劳程度及宰前状态有关，对肉的 pH 值、保水性、颜色等均有影响，并影响肉的贮藏性。有机酸主要有乳酸及少量甲酸、乙酸、丙酸、丁酸等。这些酸对增进肉的风味具有密切的关系。

4. 无机物

即肉中的矿物质主要有钾、钠、钙、镁、硫、磷、氯、铁等无机物。铜、锰、锌、钴也微量存在。钙、镁参与肌肉收缩，钾、钠与细胞膜通透性有关，可提高肉的保水性，钙、锌又可降低肉的保水性，铁离子为肌红蛋白、血红蛋白的结合成分，参与氧化还原，影响肉色的变化。几种畜禽肉中无机成分的含量见教材。

5. 维生素

肉中的维生素主要有 B 族维生素以及维生素 A、C、D、PP、叶酸等。肉中水溶性维生素较多，脂溶性较少。动物内脏中含有大量的脂溶性维生素，如肝脏中维生素 A 含量特别高。

6. 水分

水是肉中含量最多的组分（占 70%～75%），其在肉中存在形式大致可分为结合水、准结合水或不易流动水、自由水三种。

① 结合水（约占水分总量的5%）是指与蛋白质分子表面借助极性基团与水分子的静电引力，形成薄水层。结合非常牢固，不易蒸发，不易结冰，无溶剂特性。

② 准结合水或不易流动水（约占水分总量的80%）这是存在于纤丝、肌原纤维及膜之间的一部分水，肉中的水大部分为此状态。这些水仍能溶解盐及其他物质，并在0℃以下结冰，通常我们度量肌肉的系水力及其变化主要指这部分水。

③ 自由水（约占水分总量的15%）指存在于细胞外间隙中能自由流动的水

（三）肉的食用品质及物理性质

肉的食用品质及物理性质主要体现在肉的颜色、肉的风味、肉的嫩度、肉的保水性等几个方面。

1. 肉的颜色

肉的颜色是由肉中的肌红蛋白和血红蛋白的含量与变化状态所决定的。肉中肌红蛋白含量相对稳定，而血红蛋白受宰前状态和宰后放血情况变化较大，故决定肉的固有颜色主要是肌红蛋白。

（1）肌红蛋白的结构与性质

肌红蛋白为复合蛋白质，它由一条多肽链构成的珠蛋白和一个辅基血红素组成的一种含铁的结合蛋白质。血红素是由一个铁原子和卟啉环所组成。肌红蛋白与血红蛋白的主要差别是前者只结合一分子的血红素，而血红蛋白结合四个血红素。因此，Mb 的相对分子质量为 16，000 ~ 17，000，而 Hb 为 64，000。

由于铁卟啉环中铁价的不同（Fe^{2+} 的还原态或 Fe^{3+} 的氧化态），肌红蛋白有三种诱导体，分别为肌红蛋白（Mb）、氧合肌红蛋白（MbO_2）、高铁肌红蛋白或变性肌红蛋白（metMb）。三种诱导体的颜色不同，肌红蛋白呈暗红色，氧合肌红蛋白呈鲜红色，变性肌红蛋白为褐色。肉中由于这三种成分的含量和比例不同而呈不同的颜色。在活体组织中，Mb 依靠电子传递链使铁离子于还原状态，屠宰后的鲜肉，肌肉中 O_2 缺乏，Mb 与 O_2 结合的位置被 H_2O 所取代，使肌肉呈现暗红色或紫红色。当肉切开后在空气中暴露一段时间，O_2 取代 H_2O，肉又会变成鲜红色。当肉贮存较久或是在低氧分压的条件下，肌肉会变为褐色，这是因为形成了氧化态的 metMb（图 2 - 1 - 3）。

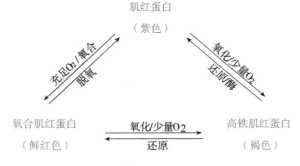

图 2 - 1 - 3　肌红蛋白、氧合肌红蛋白和高铁肌红蛋白之间的转化

（2）影响肉颜色变化的因素

① 环境中的含氧量：O_2 分压的高低决定了 Mb 是形成 MbO_2 还是 metMb，从而直接影响到肉的颜色，如图 2 - 1 - 3。

② 湿度：环境湿度大，在肉表面有水汽层，影响氧的扩散，则氧化慢；如湿度低并空气流速快，则加速高铁肌红蛋白的形成，使肉色变褐快。如牛肉在 8℃冷藏时，相对湿度为 70%，2 天变褐；相对湿度为 100%，4 天变褐。

③ 温度：环境温度高促进氧化，温度低则氧化得慢。如牛肉 3～5℃贮藏 9 天变褐，0℃时贮藏 18 天变褐，故肉应尽可能在低温下贮存。

加热也使肉变为褐色，如牛肉加热到 60℃时，呈鲜红色（内部），60～70℃时呈粉红色，70～80℃以上时，肉呈淡灰棕色。猪肉加热后内外呈白褐色。

④ 微生物：肉贮藏时污染微生物后会发生肉表面颜色的改变，污染细菌，分解蛋白质使肉色污浊；污染霉菌则在表面形成绿色、黄色、黑色等色斑或发出荧光等现象。

保持肉色的方法主要有真空包装、气调包装和添加抗氧化剂等。

（3）异质肉色

① 黑切牛肉（Dark cutting beef，DCB 肉）及 DFD 肉（Dark firm dry）：肉的颜色变黑，质地坚硬、干爽的肉。应激是产生 DCB 和 DFD 肉的主要原因。BCD 肉容易发生于公牛，防范措施是减少应激。

② PSE 肉（Pale soft exudative）：即灰白、柔软和多渗出水的意思。PSE 肉发生原因也是应激，但其机理与 DFD 肉相反，是因为肌肉 pH 值下降过快造成。其中背最长肌和股二头肌最典型。PSE 肉常发生在一种对应激敏感并产生综合症的猪上，即 PSS 猪（Porcine stress syndrome）。

2. 肉的风味

肉的风味大都通过烹调后产生，生肉一般只有咸味、金属味和血腥味。当肉加热后，前体物质反应生成各种呈味物质，赋予肉以滋味和芳香味。这些物质主要是通过美拉德（Maillard）反应、脂质氧化和一些物质的热降解三种途径形成的。如牛肉和鸡肉风味来自于低分子溶于水的挥发性物质，而芳香和特殊气味，取决于构成脂肪的脂肪酸。脂肪以外特殊风味的产生，是由氨基酸和还原糖的混合体发生美拉德反应。不同来源的肉有其独特的风味，风味的差异主要来自于脂肪氧化，因为不同动物脂肪酸组织明显不同，由此造成氧化产物及风味的差异，如羊肉有膻味，狗肉、鱼有腥味，未去世的家畜的肉有特殊的腥气味等。

肉的风味是由肉的滋味和香味组合而成的。其特点是成分复杂多样，含量甚微，用一般方法很难测定，目前其含量用气液色谱和质谱仪来测定。除少数成分外，多数无营养价值，它是通过人高度灵敏的嗅觉和味觉器官而反映出来的。

（1）滋味物质

滋味的呈味物质是溶于水非挥发性的。肉的滋味来源于核苷酸、氨基酸、有机酸、肽、糖类等，其中的甜味来自于葡萄糖、核糖和果糖等；咸味来自于一系列无机盐和谷氨酸盐及天门冬氨酸盐；酸味来自于乳酸和谷氨酸等；苦味来自于一些游离氨基酸和肽类；鲜味来自于谷氨酸钠（MSG）和核苷酸（IMP）等。

（2）芳香物质

芳香物质是肉中具有挥发性的物质，主要来自于脂质反应，其次是美拉德反应及硫胺素降解产生的，其成分十分复杂，主要有醇、醛、酮、酸、酯、醚、呋喃、吡咯、内酯及含氮化合物等。

肉在不良环境贮藏如和带有挥发性物质如葱、蒜、药物等混合贮藏，会吸收外来异味。

3. 肉的热学性质

肉的比热和冻结潜热随含水量、脂肪比率的不同而变化。一般含水率越高，比热和冻结潜热越大；含脂肪越高，则比热和冻结潜热越小。

肉的冰点是指肉中水分开始结冰的温度，也叫冻结点。它随动物种类、死后所处环境条件的不同而不完全相同。另外还取决于肉中盐类的浓度，盐浓度越高，冰点越低。通常猪肉和牛肉的冰点在 $-0.6 \sim -1.2$℃之间。

肉的导热性弱，大块肉煮沸半小时，其中心温度只能达到55℃，煮沸几小时亦只能达到77~80℃。肉的导热系数大小取决于冷却、冻结和解冻时温度升降的快慢，也取决于肉的组织结构、部位、肌肉纤维的方向和冻结状态等。它随温度的下降而增大，这是因为冰的导热系数比水大两倍多，故冻结之后的肉类更易导热。

4. 肉的嫩度

所谓肉的嫩度，是指肉入口咀嚼（或切割）时对破碎的抵抗力。常指煮熟的肉类制品柔软、多汁和易于被嚼烂的程度。同嫩度对立的是肉的韧度，肉的韧度是指肉在被咀嚼时所具有的持续性的抵抗力。大量研究证明，肉的嫩度同结缔组织中胶原纤维和弹性纤维的含量有关，具体地说，同结缔组织中纤维成分的羟脯氨酸的含量有关。越硬的肉，其结缔组织比例越高，羟脯氨酸的含量也越高。

影响肌肉嫩度的实质主要是结缔组织的含量与性质及肌原纤维蛋白的化学结构状态。它们受一系列的因素影响而变化，从而导致肉嫩度的变化。

影响肌肉嫩度的因素，可从以下两个方面来考虑：

（1）宰前因素对肌肉嫩度的影响

影响肌肉嫩度的宰前因素也很多，主要有：

① 年龄：一般来说，幼龄家畜的肉比老龄家畜嫩。这主要是由于幼龄家畜肌肉中胶原蛋白的交联程度低，易受加热作用而裂解，而成年动物的胶原蛋白的交联程度高，不易受热和酸、碱等因素的影响。

② 肌肉的解剖学位置：一般宰前活动少的肉较活动频繁的肉嫩，弹性蛋白含量少。如牛的腰大肌最嫩，胸头肌最老。

③ 营养状况：凡营养良好的家畜，肌肉脂肪含量高，大理石纹丰富，肉的嫩度好。肌肉脂肪有冲淡结缔组织的作用，消瘦动物的肌肉脂肪含量低，肉质老。

（2）宰后因素对肌肉嫩度的影响

影响肌肉嫩度的宰后因素主要有如下几项：

① 尸僵和成熟：宰后尸僵发生时，肉的硬度会大大增加，因此肉的硬度又有固有硬度和尸僵硬度之分。前者为刚宰后和成熟时的硬度，而后者为尸僵发生时的硬度。肌肉发生异常尸僵如冷收缩和解冻僵直时，肌肉会发生强烈收缩，从而使硬度达到最大。肌肉收缩时缩短度达 40% 时，硬度最大；超过 40% 反而变为柔软，这是引起 Z 线断裂所致。僵直解除后，随着成熟的进行，其硬度降低，嫩度随之提高，也是 Z 线断裂所致。

② 加热处理：加热对肌肉嫩度有双重效应，它既可以使肉变嫩，又可使其变硬。热处理可使结缔组织中的胶原蛋白转变成明胶，有使肉变软的一面；又有使肌纤维蛋白凝集变硬的一面。两方面的效果取决于加热的温度和时间。加热在 57～60℃ 温度范围内，随着时间的延长，肌原纤维蛋白凝集失去硬化作用，结缔组织软化是主要方面，所以长时间的低温度热加工，有利提高肉的嫩度。又因结缔组织中的弹性蛋白对热不敏感，所以有些肉虽然经过很长时间的煮制但仍很老。

高温加高压，有利于加快胶原蛋白转变成明胶，有利于增加肉的嫩度。

③ pH 值和水化程度：无论是鲜肉，还是冷却肉、成熟肉，肉的水化性同 pH 都有紧密的关系，随着 pH 值的下降，水化作用降低。当 pH 值达 5.0 时，接近于肉蛋白质的等电点，肉的水化性降到最低程度，肉的嫩度也最低。所谓水化性，是肌肉组织与水相互作用的程度。加碱使肉的 pH 值升高，水化作用增强，保水性就好，肉的嫩度也就好。

④ 电刺激：近十几年来对宰后胴体用电直接刺激，可以改善肉的嫩度。并且电刺激可以避免羊胴体和牛胴体产生冷收缩。

⑤ 酶：利用蛋白酶类可以使肉达到嫩化的目的。常用的酶有植物蛋白酶（木瓜蛋白酶、无花果蛋白酶等）和动物蛋白酶（胃蛋白酶、胰蛋白酶等）。

⑥ 钙盐：在肉中添加外源 Ca^{2+} 可以激活钙激活酶，从而加速肉的成熟，使肉嫩化。通常以 $CaCl_2$ 为嫩化剂，使用时配制成 150～250 mg/kg，用量为肉质量的 5%～10%，可以采取肌肉注射、浸渍腌制等方法进行处理，都可以取得良好的嫩化效果。但浓度过高或用量过大对肉的风味和颜色会产生一些不良影响。

5. 肉的保水性

肉的保水性又称系水性或系水力，是指肌肉在一系列加工处理过程中（例如压榨、加热、切碎、斩拌、腌制等），能保持自身或所加入水分的能力。它对肉的品质有很大影响，是肉质评定时的重要指标之一。肉的保水性直接影响到肉的风味、肉质、嫩度、组织状态等。

Jairegui. C. A 等（1981）建议，以系水潜能（Water – binding potential）、可榨出水分（Expressible moisture）和自由滴水（Free drip）三个术语来区分系水力的不同性质。

系水潜能表示肌肉蛋白质系统在外力影响下超量保水的能力，用它来表示在测定条件下蛋白质系统存留水分的最大能力。可榨出水分是指在外力作用下，从蛋白质系统榨出的液体量，即在测定条件下所释放的松弛水（Loose water）量。自由滴水则指不施加任何外力只受重力作用下蛋白质系统的液体损失量（即滴水损失，Drip lose）。

我们所说的肌肉的保水性主要指的是肉中不易流动的水，它取决于肌原纤维蛋白质的网格结构及蛋白质所带净电荷的数量。蛋白质处于膨胀胶体状态时，网格空间大，系水力就高；反之处于紧缩状态时，网格空间小，系水力就低。

肉的保水性决定于动物种类、年龄、宰前状况、宰后肉的变化及肌肉的不同部位，家兔肉保水性最好，依次为牛肉、猪肉、鸡肉、马肉。影响肉保水性的因素很多，下面择其主要因素加以讨论。

（1）pH

pH 对肌肉保水性的影响实质上是蛋白质分子的静电荷效应。静电荷增加蛋白质分子间的静电排斥力，使其网格结构松弛，系水力提高。当静电荷数减少，蛋白质分子间发生凝聚紧缩，使系水力降低。如图 2 – 1 – 4。

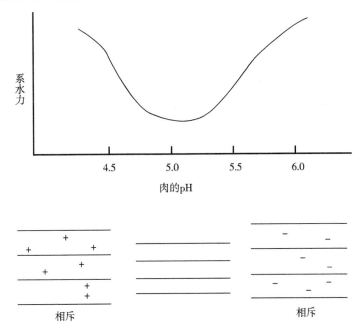

图 2 – 1 – 4　肉的保水性与 pH 的关系

（2）无机盐

对肉的保水性影响较大的有食盐和磷酸盐等。食盐对肉保水性的影响取决于肌肉的 pH 值，当 pH＞PI（等电点）时，食盐可以提高肉的保水性，当 pH＜PI 时，则食盐又会降低肉的保水性。这种效应主要是由于 NaCl 中的 Cl^- 与肌肉蛋白质中阳离子的结合能力大于 Na^+ 与阴离子的结合力所致。磷酸盐也可以提高肉的保水性，其原因是多方面的。

（四）肉制品加工辅料及特性

在肉制品加工中除以肉为主要原料外，还使用各种辅料。辅料的添加使得肉制品的品种形形色色、多种多样。不同的辅料在肉制品加工过程中发挥不同的作用，如赋予产品独特的色、香、味，改善质构，提高营养价值等。常见的辅料有调味料、香辛料、发色剂、品质改良剂及其他食品添加剂。

1. 调味料

在肉制品加工中，凡能突出肉制品口味，赋予肉制品独特香味和口感的物质统称为调味料。主要有咸味料、甜味料、鲜味料、酸味料等。

（1）咸味调料

肉制品加工中应用的咸味料主要有食盐和酱油。

① 食盐：肉制品中适宜的含盐量可呈现舒适的咸度，突出产品的风味，保证满意的质构。食盐在肉制品加工中的作用：第一，调味作用。添加食盐可增加和改善食品风味。即能去腥、提鲜、解腻、减少或掩饰异味、平衡风味，又可突出原料的鲜香之味。因此，食盐是人们日常生活中不可缺少的食品之一。第二，提高肉制品的持水能力、改善质地。增加水合作用和结合水的能力，从而改善肉制品的质地，增加其嫩度、弹性、凝固性和适口性，使其成品形态完整，质量提高。增加肉糜的黏液性，促进脂肪混合以形成稳定的乳状物。第三，抑制微生物的生长。食盐可降低水分活度，提高渗透压，抑制微生物的生长，延长肉制品的保质期。第四，生理作用。食盐是人体维持正常生理机能所必需的成分，如维持一定的渗透压平衡。

我国肉制品的食盐用量一般规定是：腌腊制品 6% ～10%，酱卤制品 3% ～5%，灌肠制品 2.5% ～3.5%，油炸及干制品 2% ～3.5%，粉肚制品 3% ～4%。同时根据季节不同，夏季用盐量比春、秋、冬季要适量增加 0.5% ～1.0%，以防肉制品变质，延长保存期。

② 酱油：酱油是肉制品加工中重要的咸味调味料，一般含盐量 18% 左右，并含有丰富的氨基酸等风味成分。酱油在肉制品加工中的作用主要是：第一，为肉制品提供咸味和鲜味。第二，添加酱油的肉制品多具有诱人的酱红色，是由酱色的着色作用和糖类与氨基酸的美拉德反应产生。第三，酿制的酱油具有特殊的酱香气味，可使肉制品增加香气。第四，酱油生产过程中产生少量的乙醇和乙酸等，具有解除腥腻的作用。

在肉制品加工中以添加酿制酱油为最佳，为使产品呈美观的酱红色应合理地配合糖类的使用，在香肠制品中还有促进成熟发酵的良好作用。

（2）甜味调料

肉制品加工中应用的甜味料主要是食糖、蜂蜜、治糖、红糖、冰糖、葡萄糖以及淀粉水解糖浆等。

① 食糖：糖在肉制品加工中赋予甜味并具有矫味，去异味，保色，缓和咸味，增

鲜，增色作用，在腌制中使肉质松软、适口。由于糖在肉加工过程中能发生羰氨反应以及焦糖化反应从而能增添制品的色泽，尤其是中式肉制品的加工中更离不开食糖，目的都是使产品各自具有独特的色泽和风味。添加量在原料肉的 0.5% ~ 1.0% 较合适，中式肉制品中一般用量为肉重的 0.7% ~ 3%，甚至可达 5%。高档肉制品中经常使用绵白糖。

② 蜂蜜：蜂蜜在肉制品加工中的应用主要起提高风味、增香、增色、增加光亮度及增加营养的作用。将蜂蜜涂在产品表面，淋油或油炸，是重要的赋色工序。

③ 葡萄糖：葡萄糖在肉制品加工中的应用除了作为调味品，增加营养的目的以外，还有调节 pH 值和氧化还原的目的。对于普通的肉制品加工，其使用量为 0.3% ~ 0.5% 比较合适。葡萄糖应用于发酵的香肠制品，因为它提供了发酵细菌转化为乳酸所需要的碳源。为此目的而加入的葡萄糖量为 0.5% ~ 1.0%，葡萄糖在肉制品中还作为助发色和保色剂用于腌制肉中。

（3）鲜味调料

鲜味调料是指能提高肉制品鲜美味的各种调料。鲜味是不能在肉制品中独立存在的，需在咸味基础上才能使用和发挥。肉制品加工中主要使用的是味精。

① 强力味精：强力味精的主要作用除了强化味精鲜味外，还有增强肉制品滋味，强化肉类鲜味，协调甜、酸、苦、辣味等作用，使制品的滋味更浓郁，鲜味更丰厚圆润，并能降低制品中的不良气味，这些效果是任何单一鲜味料所无法达到的。强力味精最好是在加工制品的加热后期添加，或者添加在已加热 80℃ 以后冷却下来的熟制品中，尽可能避免与生鲜原料接触。

② 复合味精：复合味精可直接作为清汤和浓汤的调味料，由于有香料的增香作用，因此用复合味精进行调味的肉汤其肉香味很醇厚。可作为肉类嫩化剂的调味料，使老韧的肉类组织变为柔嫩，但有时味道显得不佳，此时添加与这种肉类风味相同的复合味精，可弥补风味的不足，可作为某些制品的涂抹调味料。

（4）酸味调料

酸味在肉制品加工中是不能独立存在的味道，必须与其他味道合用才起作用。在肉制品加工中经常使用的有醋、番茄酱、番茄汁、山楂酱、草莓酱、柠檬酸等。

① 食醋：在肉制品加工中的作用如下：A 食醋的调味作用：食醋与糖可以调配出一种很适口的甜酸味——糖醋味的特殊风味，如"糖醋排骨"、"糖醋咕老肉"等。B 食醋的去腥作用：在肉制品加工中有时往往需要添加一些食醋，用以去除腥气味，尤其鱼类肉原料更具有代表性。在加工过程中，适量添加食醋可明显减少腥味。如用醋洗猪肚，既可保持维生素和铁少受损失，又可去除猪肚的腥臭味。C 食醋的调香作用：这是因为食醋中的主要成分为醋酸。同时还有一些含量低的其他低分子酸，而制作某些肉制品往往又要加入一定量的黄酒和白酒，酒中的主要成分是乙醇，同时还有一些含量低的其他醇类。当酸类与醇类同在一起时，就会发生酯化反应，在风味化学中称为"生香反应"。炖牛肉、羊肉时加点醋，可使肉加速熟烂及增加芳香气味；骨头汤中加少量食醋可以增

加汤的适口感及香味，并利于增加骨中钙的溶出。

② 柠檬酸：柠檬酸用于处理腊肉、香肠和火腿，具有较强的抗氧化能力。柠檬酸也可作为多价螯合剂用于提炼动物油和人造黄油的过程。柠檬酸可用于密封包装的肉类食品的保鲜。柠檬酸在肉制品中还可以降低肉糜的 pH 值。在 pH 值较低的情况下，亚硝酸盐的分解又快又彻底。当然，对香肠的变红也有良好的辅助作用。但 pH 值的下降，对于肉糜的持水性是不利的。因此，国外已开始在某些混合添加剂中使用糖衣柠檬酸。加热时糖衣溶解，释放出有效的柠檬酸，而不影响肉制品的质构。

2. 香辛料

香辛料具有刺激性的香味，在赋予肉制品以风味的同时，可增进食欲，帮助消化和吸收。香辛料在肉制品加工中的应用有以下几种形式：

① 整体形式：即保持完整的香辛料，不经任何预加工。在使用时一般在水中与肉制品一起加工，使味道和香气溶于水中，让肉制品吸收，达到调味目的。

② 破碎形式：香辛料经过晒干、烘干等干燥过程，再经粉碎机粉碎成不同粒度的颗粒状或粉末。使用时一般直接加到食品中混合，或者包在布袋中与食品一起在水中煮制。

③ 抽提物形式：将香辛料通过蒸馏、萃取等工艺，使香辛料的有效成分——精油提取出来，通过稀释后形成液态油。使用时直接加到食品中去。

④ 胶囊形式：天然香辛料的提取物常常呈精油形式，不溶于水中，经胶囊化后应用于肉制品中，分散性较好，抑臭或矫臭效果好，香味不易逸散，产品不易氧化，质量稳定。

常用香辛料主要有：八角茴香、胡椒、花椒、肉豆蔻、小茴香、辣椒、丁香、砂仁、肉桂、孜然、草果、白芷、百里香、迷迭香、辛夷、姜黄、洋葱等。

3. 添加剂

食品中使用的主要添加剂主要有发色剂、品质改良剂及其他食品添加剂等。

（1）发色剂和着色剂

肉制品的色泽是评判其质量好坏的一个重要因素。在肉制品加工中，常用的增强肉制品色泽的添加剂有发色剂和着色剂。

① 发色剂：肉制品加工中最常用的是硝酸盐及亚硝酸盐。

硝酸盐在肉中亚硝酸盐菌或还原物质作用下，还原成亚硝酸盐，然后与肉中的乳酸反应而生成亚硝酸，亚硝酸再分解生成一氧化氮，一氧化氮与肌肉组织中的肌红蛋白结合生成亚硝基肌红蛋白，使肉呈现鲜艳的肉红色。我国规定硝酸钠可用于肉制品，最大使用量为 0.5 g/kg，单独或与硝酸钾并用。

亚硝酸盐具有良好的呈色和发色作用，发色迅速；抑制腌制肉制品中造成食物中毒及腐败菌的生长；具有增强肉制品风味的作用。亚硝酸盐对于肉制品的风味还有两个方面的影响：产生特殊腌制风味，这是其他辅料所无法取代的；防止脂肪氧化酸败，以保持腌制肉制品独有的风味。国际上对食品中添加硝酸盐和亚硝酸盐的问题很重视，FAO/

WHO、联合国食品添加剂法规委员会（CCFA）建议在目前还没有理想的替代品之前，把用量限制在最低水平。我国规定亚硝酸盐的加入量为 0.15 g/kg，此量在国际规定的限量以下。

② 发色助剂：为了提高发色效果，降低硝酸盐类的使用量，往往加入发色助剂，如异抗坏血酸钠、烟酰胺、葡萄糖酸内酯等。

③ 着色剂：以食品着色为目的的食品添加剂为着色剂（食用色素）。着色剂的功能是提高商品价值和促进食欲。主要有红曲米、红曲色素和焦糖。

（2）嫩化剂和品质改良剂

嫩化剂和品质改良剂是目前肉制品加工中经常使用的**食品添加剂**。它们在改善肉制品品质方面发挥着重要的作用。

① 嫩化剂：嫩化剂是用于使肉质鲜嫩的食品添加剂。常用的嫩化剂主要是蛋白酶类。用蛋白酶来嫩化一些粗糙、老硬的肉类是最为有效的嫩化方法。用蛋白酶作为肉类嫩化剂，不但安全、卫生、无毒，而且能有助于提高肉类的色、香、味，增加肉的营养价值，并且不会产生任何不良风味。国外已经在肉制品中普遍使用，我国也开始使用。目前，作为嫩化剂的蛋白酶主要是植物性蛋白酶。最常用为木瓜蛋白酶、菠萝蛋白酶、生姜蛋白酶和猕猴桃蛋白酶等。

② 品质改良剂：在肉制品加工中，为了使制得的成品形态完整，色泽美观，肉质细嫩，切断面有光泽，常常需要添加品质改良剂，以增强肉制品的弹性和结着力，增加持水性，改善制成品的鲜嫩度，并提高出品率，这一类物质统称为品质改良剂。目前肉制品生产上使用的主要是磷酸盐类、葡萄糖酸 $-\delta-$ 内酯等。磷酸盐类主要有焦磷酸钠、三聚磷酸钠、六偏磷酸钠等，统称为多聚磷酸盐。这方面新的发展是采用一些酶制剂如谷氨酰胺转氨酶来改良肉的品质。

多聚磷酸盐它们广泛应用于肉制品加工中，具有明显提高品质的作用。在肉制品中起乳化、控制金属离子、控制颜色、控制微生物、调节 pH 值和缓和作用。还能调整产品质地、改善风味、保持嫩度和提高成品率。在少盐的肉制品中，多聚磷酸盐是不可缺少的，加多聚磷酸盐后，即使加 1% 的盐，也能使肉馅溶解。多聚磷酸盐在肉制品加工中，应当在加盐之前或与盐同时加入瘦肉中。各种多聚磷酸盐的用量在 0.4% ~ 0.5% 之间为最佳，美国的限量是最终产品磷酸盐的残留量为 0.5%。因为磷酸盐有腐蚀性，加工的用具应使用不锈钢或塑料制品。储存磷酸盐也应使用塑料袋而不用金属器皿。磷酸盐的另一个问题就是造成产品上的白色结晶物，原因是由于肉内的磷酸酶分解了这些多聚磷酸盐所致。防止的方式是可降低磷酸盐的用量或是增加车间内及产品储存时的相对湿度。磷酸盐类常复合使用，一般常用三聚磷酸钠 29%、偏磷酸钠 55%、焦磷酸钠 3%、磷酸二氢钠（无水）13% 的比例，效果较理想。

谷氨酰胺转氨酶是近年来新兴的品质改良剂，在肉制品中得到广泛应用，它可使酪蛋白、肌球蛋白、谷蛋白、乳球蛋白等蛋白质分子之间发生交联，改变蛋白质的功能性质。该酶可添加到汉堡包、肉包、罐装肉、冻肉、模型肉、鱼肉泥、碎鱼产品等产品中以提高产品的弹性、质地，对肉进行改型再塑造，增加胶凝强度等。在肉制品中添加谷氨酰胺转氨酶，由于该酶的交联作用可以提高肉质的弹性，可减少磷酸盐的用量。

综合性混合粉是肉制品加工中使用的一种多用途的混合添加剂，它由多聚磷酸盐、亚硝酸钠、食盐等组成，不仅能用于生产方火腿、熏火腿、熏肉和午餐肉等品种，而且能用于生产各种灌肠制品。综合性混合粉适用品种多，使用方便，能起到脂制、发色、疏松、膨胀、增加肉制品持水性及抗氧化等作用。

（3）增稠剂

增稠剂又称赋形剂、黏稠剂，具有改善和稳定肉制品物理性质或组织形态、丰富食用的触感和味感的作用。增稠剂按其来源大致可分为两类：一类是来自于含有多糖类的植物原料；另一类则是从富含蛋白质的动物及海藻类原料中制取的。增稠剂的种类很多，在肉制品加工中应用较多的有：植物性的增稠剂，如淀粉、琼脂、大豆蛋白等；动物性增稠剂，如明胶、禽蛋等。这些增稠剂的组成成分、性质、胶凝能力均有所差别，使用时应注意选择。

① 淀粉：淀粉在肉制品中的作用主要是：提高肉制品的黏结性，保证切片不松散；淀粉可作为赋形剂，使产品具有弹性；淀粉可束缚脂肪，缓解脂肪带来的不良影响，改善口感、外观；淀粉的糊化，吸收大量的水分，使产品柔嫩、多汁；改性淀粉中的 β 环状糊精，具有包埋香气的作用，使香气持久。

在中式肉制品中，淀粉能增强制品的感官性能，保持制品的鲜嫩，提高制品的滋味，对制品的色、香、味、形各方面均有很大的影响。常见的油炸制品，原料肉如果不经挂糊、上浆，在旺火热油中水分会很快蒸发，鲜味也随水分外溢，因而质地变老。原料肉经挂糊、上浆后，糊浆受热后就像替原料穿上一层衣服一样，立即凝成一层薄膜，不仅能保持原料原有鲜嫩状态，而且表面糊浆色泽光润，形态饱满，并能增加制品的美观。通常情况下，制作肉丸等肉糜制品时使用马铃薯淀粉，加工肉糜罐头时用玉米淀粉，制作肉丸等肉糜制品时用小麦淀粉。肉糜制品的淀粉用量视品种而不同，可在 5% ~50% 的范围内，如午餐肉罐头中约加入 6% 淀粉，炸肉丸中约加入 15% 淀粉，粉肠约加入 50% 淀粉。高档肉制品中淀粉用量很少，并且使用玉米淀粉。

② 明胶：明胶在肉制品加工中的作用概括起来有以下四方面：营养作用；乳化作用；黏合保水作用；起到稳定、增稠、胶凝等作用。

③ 琼脂：琼脂凝胶坚固，可使产品有一定形状，但其组织粗糙、发脆、表面易收缩起皱。尽管琼脂耐热性较强，但是加热时间过长或在强酸性条件下也会导致胶凝能力消失。

④ 卡拉胶：在肉制品加工中，加入卡拉胶，可使产品产生脂肪样的口感，可用于生产高档、低脂的肉制品。肉制品中常用 κ-卡拉胶。

⑤ 大豆分离蛋白：大豆分离蛋白是大豆蛋白经分离精制而得到的蛋白质，一般蛋白质含量在 90% 以上，由于其良好的持水性、乳化性、凝胶形成性以及低廉的价格，在肉

制品加工中得到广泛的应用,其作用如下:

a. 提高营养价值,取代肉蛋白。大豆分离蛋白为全价蛋白质,可直接被人体吸收,添加到肉制品中后,在氨基酸组成方面与肉蛋白形成互补,大大提高食用价值。

b. 改善肉制品的组织结构,提高肉制品质量。大豆分离蛋白添加后可以使肉制品内部组织细腻,结合性好,富有弹力,切片性好。在增加肉制品的鲜香味道的同时,保持产品原有的风味。

c. 使脂肪乳化。大豆分离蛋白是优质的乳化剂,可以提高脂肪的用量。

d. 提高持水性。大豆分离蛋白具有良好的持水性,使产品更加柔嫩。

e. 提高出品率。添加大豆分离蛋白的肉制品,可以增加淀粉、脂肪的用量,减少瘦肉的用量,降低生产成本,提高经济效益。

⑥ 黄原胶:黄原胶是一种微生物多糖,可作为增稠剂、乳化剂、调和剂、稳定剂、悬浮剂和凝胶剂使用。在肉制品中最大使用量为 2.0 g/kg。在肉制品中起到稳定作用,结合水分、抑制脱水收缩。使用黄原胶时应注意:制备黄原胶溶液时,如分散不充分,将出现结块。除充分搅拌外,可将其预先与其他材料混合,再边搅拌边加入水中。如仍分散困难,可加入与水混溶性溶剂如少量乙醇。添加氯化钠和氯化钾等电解质,可提高其黏度和稳定性。

(4) 抗氧化剂

抗氧化剂是指能阻止或延缓食品氧化,提高食品的稳定性,延长食品贮存期的食品添加剂。肉制品中含有脂肪等成分,由于微生物、水分、热、光等的作用,往往受到氧化和加水分解,氧化能使肉制品中的油脂类发生腐败、退色、褐变,维生素破坏,降低肉制品的质量和营养价值,使之变质,甚至产生有害物质,引起食物中毒。为了防止这种氧化现象,在肉制品中可添加抗氧化剂。

抗氧化剂的品种很多,国外使用的有 30 种左右。在肉制品中通常使用的有:油溶性抗氧化剂如:丁基羟基茴香醚、二丁基羟基甲苯、没食子酸丙酯、维生素 E。油溶性抗氧化剂能均匀地溶解分布在油脂中,对含油脂或脂肪的肉制品可以很好地发挥其抗氧化作用。水溶性抗氧化剂如:L-抗坏血酸、异抗坏血酸、抗坏血酸钠、异抗坏血酸钠、茶多酚等。这几种水溶性抗氧化剂,常用于防止肉中血色素的氧化变褐,以及因氧化而降低肉制品的风味和质量等方面。

(5) 防腐剂

防腐剂是对微生物具有杀灭、抑制或阻止生长作用的食品添加剂。防腐剂具有杀菌或抑制其繁殖的作用,它不同于一般消毒剂,必须具备下列条件:不损害肉制品的色、香、味;不破坏肉制品本身的营养成分;对人体健康无害。与速冻、冷藏、罐藏、干制、腌制等食品保藏方法相比,正确使用食品防腐剂具有简洁、无需特殊设备、经济等特点。防腐剂使用中要注意肉制品 pH 值的影响,一般说来肉制品 pH 值越低,防腐效果越好。原料本身的新鲜程度与其染菌程度和微生物增殖多少有关,故使用防腐剂的同时,要配合良好的卫生条件。对不新鲜的原料要配合热处理杀菌及包装手段。工业化生产中要注意防腐剂在原料中分散均匀。同类防腐剂并用时常常有协同作用。目前《食品添加剂卫生标准》中，允许在肉制品中使用的防腐剂有：山梨酸及其钾盐、脱氢乙酸钠和乳酸链球菌素等。

（6）香精香料

一般来说，肉制品中香精的使用并不像其他食品那样广泛，但近年来，随着香精香料业的发展，以及人们对特殊风味的追求，肉类香精也得到了较快的发展。肉类香精通常按形态可分为固态、液态和膏状三种形态。烟熏香精是目前市场上流行的一种液体香精，多数熏肠中都有添加。常见的固体和膏状香精如牛肉精粉、猪肉精粉以及猪肉精膏、鸡肉精膏等目前在市场上也比较流行。这些香精多为动、植物水解蛋白（HAP、HVP）或酵母抽提物（YE）经加工复配而成。在一些肉制品如午餐肉加工中，常添加一定量的香精以增加制品的肉香味。肉类香精按应用情况也可分为热反应型、调配型和拌和型三种类型。

二、中式肉制品的加工

中式肉制品加工具有3000多年的悠久历史。中式肉制品种类因产地和风土人情不同而存在很大差异，因其颜色、香气、滋味和造型独特而著称于世，历来深受国内外消费者喜爱。但是，中式肉制品尚存在加工规模小、工艺落后、设备简单、包装陈旧、产品单一和卫生条件较差等缺点，难以走向大市场，极大地限制了它的发展。因此，传统肉制品的工业化与现代化势在必行。简化工艺，定量配方，确实科学的工艺参数，提高包装档次及与现代加工包装设备配套，实现规模化工业生产，是一项十分重要的研究课题。

肉制品种类繁多，其分类方法也有许多种。例如，我国习惯上把国内生产的肉制品特别是传统肉制品称为中式肉制品，把国外生产的或者从国外引进的肉制品品种称为西式肉制品。一般肉制品主要分为腌腊制品、酱卤制品、烧烤制品、灌肠制品、烟熏制品、发酵制品、干制品、油炸制品和罐头制品等9大类。其中腌腊制品、酱卤制品、烧烤制品和肉干制品是中式肉制品的典型代表。

（一）腌腊制品

腌腊制品是畜禽肉类经过加盐（或盐卤）和香料进行腌制，又通过了一个寒冬腊月，使其在较低的气温下，自然风干成熟，形成独特腌腊风味而得名。我国的腌腊制品主要有咸肉、腊肉、板鸭、腊肠、中式火腿等。

肉的腌制一般是用食盐或以食盐为主，并添加硝酸盐、糖和香料等配料进行加工处理。腌制的目的已从单纯的防腐保藏，发展到主要为了改善风味，提高产品质量，从而使腌制成为许多肉类制品加工过程中一个重要的工艺环节。

1. 中式火腿

中式火腿是用猪的前、后腿肉经腌制、洗晒、整形、发酵等加工而成的腌腊制品。

其生产历史悠久，产品质量上乘，驰名世界。中式火腿分为三种：南腿，以金华火腿为代表；北腿，以如皋火腿为代表；云腿，以云南宣威火腿为代表。三种火腿加工方法基本相同，金华火腿加工精细，产品质量最佳。金华火腿产于浙江省金华地区，其特点：皮薄、色黄亮、爪细，以色、香、味、形"四绝"为消费者所称誉。下面以金华火腿加工方法为例进行介绍。

金华火腿的工艺流程如下：

原料选择 → 修割腿坯 → 腌制（六次）→ 浸腿 → 浸洗（二次）→ 晒腿 → 整形（三次）→ 发酵 → 修整 → 落架 → 堆叠 → 成品

（1）原料选择

选择金华"两头乌"猪的鲜后腿。以皮薄爪细，腿心饱满，瘦肉多肥膘少，腿坯重5.5~7.0 kg为好。

（2）修割腿坯

整理前刮净腿皮上的细毛，黑皮等，使皮面光滑清洁。然后用削骨刀削平耻骨（俗称分水骨或眉毛骨），修整坐骨，除去尾椎，斩去脊骨，使肌肉外露，再把过多的脂肪和附在肌肉上的浮油割去，将腿边修成弧形，腿面平整。再用手挤出大动脉内的淤血，最后使猪腿成为整齐的柳叶形。

（3）腌制

修腿以后即可用食盐和硝石进行腌制，腌制时需上盐6次，其程序是：

第一次上盐：俗称上小盐。目的是使肉中的水分，淤血排出。其方法是在肉面撒上一层薄薄的食盐，用盐量为每5 kg的鲜腿约用盐0.1 kg，上完盐后，将腿整齐堆叠，在正常气温下12~14层为宜。堆叠方法有直腿和交叉（图2-1-5）两种。天气越冷应堆叠越高。

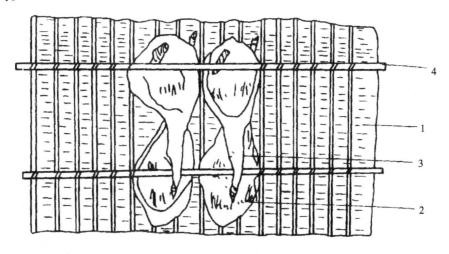

图2-1-5　腌火腿交叉堆叠方法

1—篾笆　2—腌腿　3—压住血筋　4—竹片

第二次上盐：又称上大盐。即在上小盐的第二日作第二次翻腿上盐。在上盐以前用手压出血管中的淤血，然后 5 kg 的腿约用盐 0.25 kg，一般在"三签头"（图 2-1-6）上稍放些硝，用盐后仍将腿整齐堆叠。

"三签头"是火腿上肌肉最厚的三个部位。腌制时常常因为没有腌透而发生腐败变质。

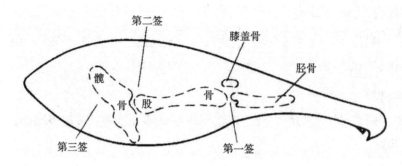

图 2-1-6 火腿的"三签头"

第三次上盐（又称复三盐）：经二次上盐后，过 6 天左右再行第三次上盐。按腿的大小，并检查三签头上的余盐多少和腿质的硬软程度，来决定盐量的增减，这次用盐 0.1~0.15 kg。

第四次上盐（复四盐）：第三次上盐后，再过 7 天左右，进行第四次上盐，这次上盐的目的是通过上下翻堆而得到调节腿温，并检查"三签头"上盐的溶化程度，如大部分已溶化需再补盐，并抹去腿皮上的粘盐，以防止腿的皮色发白无光亮。这次用盐 0.075 kg 左右。

第五、六次上盐（复五盐，复六盐）：这两次上盐的间隔时间也都是 7 天左右。五次六次复盐的目的，主要是将火腿上下翻堆，并检查盐的溶解程度。大型腿（6 kg 以上）如"三签头"上无盐时，应适当补加，小型腿则不必再补。

鲜腿腌制时应按大中小分别堆放，腌制火腿的气温通常是 3~10℃，遇气温不正常时，应将门窗紧闭，天气过冷时可在腌制室内适当加温，每次翻堆时，应轻拿轻放，堆叠整齐。擦盐要用力均匀。腿皮上切忌用盐和避免粘盐，以防腿皮发白。如遇暴冷暴热和雷雨等天气应及时翻堆和掌握盐度，气候乍热时，可肥腿摊开，并将腿上陈盐全部刷去，重新上盐。

（4）浸洗

将腌好后的火腿放入清水中浸泡，肉面向下皮面朝上全部浸没，不得露出水面。浸泡时间应根据腿的大小和咸淡来决定，一般需浸 10 h 左右。浸泡后即用刷子刷洗油腻污物，然后刮净残余的毛，洗刷到腿身清洁、肌肉表面露出红色为止。

洗刷干净后，再同前述方法放入清水中进行第二次浸漂，时间约 4 h。如果火腿浸泡后肌肉颜色发暗，说明火腿含盐量小，浸泡时间需相应缩短；如肌肉面颜色发白而且坚实，说明火腿含盐量较高，浸泡时间需酌情延长。

（5）晒腿和整形

将腿挂在晒架上凉晒，待皮面已基本干燥，可在腿的皮面上加印厂名及商标。继续挂晒，即可整形。

整形可分三个部分：一在大腿部（即腿身），用两手从腿的两侧往腿心部用力挤压，使腿心饱满，成橄榄形；二在小腿部，用校骨凳轻轻攀折，使小腿正直；三在脚爪部，将脚爪加工成镰刀形。

连续整形 2～3 次（每天一次），曝晒 4～5 天后，表面已经干燥，形状固定。此时腿重约为鲜腿重的 85%～90%。腿皮呈黄色或淡黄色，腿面各处平整，内外坚实，表面油润，此时曝晒工序即可结束。

（6）发酵和修整

经过以上各工序加工后的火腿，虽然感观外形已经达到要求，但还不具备火腿特有的芳香气味，此时食用只和咸肉差不多，还需进行发酵鲜化。方法是将经过阳光晒过的料坯，按大

图 2-1-7　金华火腿

小逐只挂于木架上，腿与腿之间相隔 5～7 cm，发酵时间一般为 2～3 个月，此时已入初夏，气温转热，当肉面上渐渐长出绿、白、黑和黄色霉菌时发酵完成。如毛霉生长较少，则表示时间不够。发酵过程中，这些霉菌分泌的酶，使腿中蛋白质、脂肪发生发酵分解作用，从而使火腿逐渐产生香味和鲜味。

火腿发酵后，水分蒸发，腿身逐渐干燥，腿骨外露，需再次修整。修整前先刷去霉菌，再进行劈骨修肉，修平耻骨，修整股关节，修平坐骨，并修整腿皮，修正时应达到腿正直，两旁对称，使腿身呈竹叶形（或称橄榄形）。随后撒上白色砻糠灰，再将腿依次上挂，继续发酵。

（7）落架、堆叠

经修整和发酵后的火腿，根据干燥程度，分批落架。落架时先刷去砻糠灰，再按照腿的大小分别堆叠在腿床上，每堆高度不超过 15 只，腿肉向上，腿皮向下，每隔 5～7 天上下调换一次，检查有无虫害。并用火腿滴下的原油涂抹腿面，使腿质滋润而光亮。

一般金华火腿的成品率为 65%。用盐量严格控制在每 100 kg 鲜腿 7～8 kg，过多过少都会影响质量。

2. 腊肉制品加工

广式腊肉具有香味浓郁，色泽美观，肉质细嫩等特点。是广东地方有名的肉食品，颇受消费者欢迎。其加工工艺如下。

（1）选料和切坯

采用皮薄肉嫩，肥膘在 1.5 cm 以上的新鲜猪腰部肉为原料，剔除全部肋条骨、椎骨和软骨，切成宽长 38～42 cm，2～5 cm，的肉条坯。并在肉上端用尖刀穿一孔，系上麻绳以便吊挂。

（2）水洗

把切成的肉条浸泡在约30℃的清洁水中，漂洗 1～2 min，以除去肉条表面的浮油，然后取出沥干水分。

（3）腌渍

按下述配料标准先把白糖、硝石、精盐倒入容器中，然后再加入大曲酒、酱油、香油使固体腌料和液体调料充分混匀，并完全溶化。把切好的肉条放进腌肉缸或盆中，随即翻动，使每根肉条都与腌液接触，这样腌渍约8h，配料完全被肉条吸收，取出挂在竹竿上，等待烘烤。

（4）烘烤或熏烤

烘房温度在50℃左右，经72h，表皮干燥，并有出油现象，即可出烘房（腊肉成品）。烘烤也可采用烟熏方式进行。烘烤时每隔数小时，需上下调换，以免烤坏。

腊肉的最好生产季节为农历11月至第二年2月间，气温在5℃以下最为适宜。

（5）配料标准

以每100 kg 去骨猪肋条肉计，白糖 3.7 kg、精盐 1.9 kg、硝石 0.125 kg、大曲酒 1.56 kg、白酱油 6.25 kg、香油 1.5 kg

3. 南京板鸭

南京板鸭分为腊板鸭和春板鸭两种。腊板鸭是指从大雪至冬至这段时间腌制的板鸭，品质最好，保存期长。春板鸭则是指从立春至清明腌制的板鸭，保存期短。

南京板的特点是体肥、皮白、肉红、骨绿，食用时具有香、酥、板（是指鸭肉细嫩紧密，南京俗称发板）、嫩，余味回甜。

其加工工艺如下：

（1）选鸭与催肥

要选体重在 1.75 kg 以上，健康肉用仔鸭作原料。宰杀前要用稻谷饲养 15～20 天催肥，使膘肥、肉嫩、皮肤洁白。这种鸭脂肪熔点高，在温度高的情况下也不容易滴油、发哈。经过稻谷催肥腌制的鸭，叫"白油"板鸭，是板鸭的上品。

（2）宰杀、烫毛、褪毛

待宰 12～24 h 的鸭，采用切断三管宰杀法或口腔宰杀法。鸭放血后，必须在 5 min 内用 65～68℃的热水进行烫毛，然后拨净鸭毛。

（3）摘取内脏

先在翅和腿的中间关节处把两翅和两腿切除。然后在右翅下开一长约 4 cm 直形口子，取出全部内脏。

（4）清膛水浸

去内脏后，先用冷水洗净体内残留的破碎内脏和血液，然后放入冷水中浸泡 4～5 h，其目的为浸出体内血液，使肌肉洁白，口味鲜美。浸泡后沥干水分再进行腌制。

（5）腌制　其步骤如下：

① 擦盐：用盐量为净鸭重的 1/16，食盐内加少量茴香炒干磨细（每 100 kg 食盐加入八角茴香 1.25 kg）。先取 3/4 盐放入腹腔，转动鸭体，使盐均匀涂于内壁上，再把 1/4 的盐，在鸭双腿下部用力向上抹一抹，使大腿肌肉充分腌制，在颈部刀口也应撒些盐。最后把剩余的盐轻轻搓揉在胸部两侧肌肉上。

② 抠卤：擦盐后的鸭子，逐只叠入缸中，经 12 h 后，肌肉中的一部分水分，血液被盐液渗出存在腹腔内。用右手提起鸭的右翅，再把左手的食指和中指插入肛门，即可放出盐卤，这一过程叫"抠卤"。第一次抠卤后，鸭子再叠入缸中，8 h 后再行第二次抠卤，拨出肌肉中剩余血水。

③ 复卤：抠卤后，从右翅刀口处灌入预先配制好的老卤，再逐只浸入缸中，缸上用竹箃盖上，并用石块压住，使鸭体全部浸入卤中。

卤的配制：卤有新卤和老卤之分。新卤是用去掉内脏后，浸泡鸭尸的血水，加盐配成。煮沸后成饱和溶液，撇出表面泡沫，澄清后倒入缸中，冷却后加压扁的鲜姜，完整的八角和整棵的葱。一般每 100 kg 放入生姜 50 g，大料 15 g，葱 75 g，以增添卤的香味，冷却后即为新卤。盐卤腌 4～5 次后需要重新煮沸。煮沸时可加适量的盐，以保持咸度，通常为 22～25 波美度。同时要清除污物，澄清冷却待用。腌鸭后的新卤煮沸 2～3 次以上即称为老卤。

在卤缸中腌渍时间，一般 24 h 即可全部腌透出缸，出缸时也要进行抠卤，以便除尽体腔内盐水。

（6）叠坯、排坯和晾挂

鸭尸出缸后，沥尽卤水，放在案板上用手掌压成扁形，再叠入缸内，头向缸中心，鸭身沿缸边，把鸭子逐只盘叠好，这一工序称为"叠坯"，叠坯时间 2～4 天，即可排坯。排坯即是将鸭体用清水洗净，挂在架上，用手拉平颈部，顶起腹部，拍平胸部，达到外形美观。在通风处吹干，等鸭体上水吹干后，再排一次，加盖印章，转入仓库晾挂保管。这一工序叫"排坯"。排坯目的是使鸭体肥大美观，同时也使鸭体内通气。将板鸭挂在通风地方干燥，2～3 周即为板鸭成品，不能日晒。

4. 腊肠

习惯上把我国各地生产的肠类食品叫做香肠或"腊肠"。

（1）加工准备阶段

本阶段包括肉的分割、清洗、肥瘦肉切粒、肥膘肉丁表面脱脂和拌料五个工序。

① 肉的分割：用臂部或前夹肉，或用整片胴体分割的肉，尽可能将肌肉中的肥膘、肌腱、肌膜等分割下来。分割好的肉尽可能做到肥肉中不见瘦肉，瘦肉中不见肥肉。一般来说，前后腿肉含肌肉较多，肉质好。肥膘用背脊脂肪最好，这类脂肪熔点高，经得起烘烤，不易走油，产品外观好，质量高。

② 清洗：用清水将分割肉上的血迹、血斑、污物等洗掉。

③ 肥瘦肉的切粒：清洗后沥干水分，分别由肥膘切粒机和绞肉机将肥瘦肉切成合乎

要求的肉粒。一般瘦肉粒为 8 mm³ 大小，肥肉粒为 6 mm³ 的大小。切粒要均匀，不能残留太大的肥肉块和瘦肉块。

④ 肥膘粒表面脱脂：将称量好的肥膘放入带孔的容器中，用 60～80℃的热水冲洗浸烫约 10 s，并不时搅动，再用清凉水淘洗，沥干待用。

⑤ 拌料：将定量的瘦肉粒与沥干的肥膘丁混合，然后加入定量的各种配料。对固体性的配料如硝酸钠、亚硝酸钠、异维生素 C 钠和味精等，应先用水溶化后再加入，以免拌合不均影响成品质量。为使各种配料混合均匀，加快渗透作用，有的在拌馅时要加入适量的温水，一般以 100 kg 肉馅加温水 6～10 kg 为宜。

肉馅加入后必须充分搅拌，使肥、瘦肉粒各自分开，不应有粘连现象，并且使各种辅料均匀地分散在肉馅内。拌好的肉馅不要久置，否则瘦肉丁会很快变成褐色，影响成品色泽。

（2）香肠成型阶段

这一阶段包括灌肠、刺孔、扎结、漂洗等操作工序。

① 灌肠：加工香肠一般采用猪小肠或羊小肠衣。肠衣质地要求洁白，厚薄均匀，不带花纹，无沙眼等。灌肠前先将干肠衣放在温水中浸泡数分钟，待其柔软后开始灌肠。灌肠采用机械传动灌肠机或人工手动灌肠机灌馅。要求灌馅松紧适宜，防止灌得太紧而挤破肠衣，太松残留气体多，不易贮存。

② 刺孔：用排针刺孔排气，排掉肠内空气。用板针排打时，切忌划破肠衣，以免肉馅漏出。

③ 扎结：用铝丝或线绳将香肠每 14～16 cm 长扎成一节。使大小均匀一致，外形平整美观。

④ 漂洗：漂洗池可设置两个，一池盛干净的热水，水温 60～70℃，另一池盛清洁冷水。先将香肠在热水中漂洗，然后再在凉水池中摆几次。保持清洁。

（3）香肠的烘烤阶段

烘烤过程是香肠发色、干制过程，是香肠生产中的关键，也是很不容易掌握的操作。

将漂洗过的香肠摊在竹竿上，肠与肠的距离 3～5 cm，以肠身互不相靠为宜。进入烘房，可进行升温，最初将烘房温度迅速升至 60℃。在干制第一阶段（前 15 h），要特别注意烘烤温度，不可过高也不能过低。香肠连续烘烤 12 h 后必须调换悬挂位置和烘烤部位，翻倒后再烘 12 h，又进行翻倒，直至层与层间的香肠干制均匀。最后温度缓慢降到 45℃左右，香肠即可运出烘房。香肠在烘房中总共烘烤时间为 48～72 h。烘干的香肠在空气中冷却一段时间后即可进行包装。

5. 南京香肚

南京香肚是由膀胱灌馅加工而成。其特点有：外形如苹果，较为美观，肚皮弹性大，不易破裂；肉质坚实可以长期贮存而不变质；食用方便，肉质红白分明，滋味鲜美；便于携带，适于凉食。

（1）香肚皮的加工

香肚皮是制造香肚必不可少的材料之一，是由膀胱加工而成。

① 排尿去污：将猪膀胱内尿液脐空，将外面泥污洗去。过长的膀胱颈也应剪去，同时适当保留一段，免得充气时漏气。

② 浸泡清洗：采油后，将膀胱放入盛有烧碱溶液的大缸内浸泡，夏季配成3.5%氢氧化钠溶液，其他季节配成5%氢氧化钠溶液。约经24 h后捞出，沥水后放入清水缸中浸泡，一般浸泡7~12天（天热短，天冷长），每天至少换水一次，搅拌多次，直至膀胱变为洁白色，如果颜色发灰，还须继续浸泡。

③ 打气晾晒：泡好后的膀胱将其中的水分挤出，用气泵打气使其膨胀，呈气球状。然后用夹子夹紧膀胱颈，以防漏气，挂起日晒至全干，即为肚衣皮。

④ 裁剪缝制：将晒干的膀胱剪去膀胱颈，叠平晒干，分别按大小香肚的模型板裁剪。

（2）配料

以100 kg猪原料肉计算，各种材料配比：瘦肉70 kg、肥肉30 kg、糖5 kg、盐5 kg、硝酸钠50 g、五香粉50 g、香油2 kg

（3）制馅

将猪肉切成细的长条，肥膘切成肉丁，然后将糖、盐、硝酸钠、五香粉加入肉中搅拌调合均匀，停放20 min左右，待各种配料充分渗入随即装馅。

（4）灌装

将备好的肉馅灌入膀胱揉数次，再用竹签尖端向香肚底端及四周扎眼。揉的目的是让肉馅内蛋白质液流出，使肉粒之间及肉馅与肚皮间紧密相连，排除空隙，防止"空心""花心"的产生。

（5）扎肚

细绳两端打上双结，套在两个香肚口上扎紧，挂在竹竿上。

（6）晾晒

将香肚挂在通风阴凉的仓库里让其风干，晾挂40天左右即为成品。一般正常情况下晾干后的香肚保藏时，首先在香肚的表面长出一层红色霉菌，逐渐由红变白，最后呈绿色，这是保藏时正常发酵鲜化的标志，如只长红霉而且表面发黏，是由于香肚没有晾干，库内湿度过大所致。

（7）叠缸贮藏

将晾挂好的香肚，去掉表面霉菌，再四只扣在一起，然后以100只香肚用2 kg香油加以搅拌，使每只香肚表面都涂满一层香油，再叠入缸中，这样可以保藏半年以上。

香肚在煮制时，先将肚皮表面用水刷洗，放在冷水锅中加热煮沸，沸腾后立即停止加热，使水温保持85~90℃之间，经一小时左右即可煮熟，煮熟的香肚待冷却后方能切开，否则因脂肪溶化而流出，肉馅也容易松散。

（二）酱卤制品

酱卤制品是我国传统的一大类肉制品，其主要特点是成品都是熟的，可以直接食用，有的带有卤汁，不易包装和贮藏，适于就地生产，就地供应。

1. 烧鸡

（1）道口烧鸡

道口烧鸡为河南省有名的特产肉食制品，历史悠久，至今已有三百多年历史。不仅造型美观、色泽鲜艳，黄里带红，并且味香独特，肉嫩易嚼，食有余香，深受广大消费者的喜爱。其加工工艺为：

① 鸡的宰杀：采用三管齐断法宰杀，刀口要小，部位正确。

② 烫毛和褪毛：水温 60 ~ 65℃，浸烫时间 2 ~ 3 min。褪毛时，动作要快，用刀适宜，大毛褪后再清水洗净细毛和搓掉皮肤上的表皮，使鸡胴体洁白。

③ 开膛和造型：在脖根部切一小口，用手指取出嗉囊，食管和气管，将鸡身倒置，从两腿后侧龙骨下用刀将肋骨切断呈曲线口，将腹腔内脏全部掏尽，清水多次冲洗，直至鸡体内外干净洁白为止。

造型是道口烧鸡的一大特点，用一节竹竿撑开鸡腹，将两侧大腿（爪已切去）插入腹下三角处，两翅交叉插入鸡口腔内，使鸡成为两头尖的圆形。然后放入水中浸泡 1 ~ 2 h，待鸡体发白后取出沥干。

④ 上色和油炸：沥干的鸡体，用饴糖水或蜂蜜水均匀的涂抹于鸡体全身，饴糖和水之比通常为 1 : 2，稍许沥干，然后将鸡放入加热到 150 ~ 180℃ 的植物油中，翻炸 1 min 左右。待鸡体呈柿黄色时取出。油炸时间和温度极为重要，油炸时必须严禁弄破鸡皮，否则会因裂口较大造成次品。

⑤ 煮制：将各种辅料用纱布包好平铺锅底，然后将鸡整齐码好，倒入老汤并加适量清水，使水面高出鸡体，上面用竹箅压着，以防加热时鸡体浮出水面。先用旺火将汤烧开，每百只鸡加 15 ~ 18 g 亚硝酸钠，以使鸡色鲜艳，表里一致。然后用文火徐徐焖煮至熟。老鸡需 4 ~ 5 h，仔鸡约 2 h。

出锅捞鸡时要小心，确保鸡型，不散不破。

⑥ 配料：其配料秘诀为"若要烧鸡香，八料加老汤"。以 100 只鸡为原料计，砂仁 15 g、丁香 3 g、肉桂 90 g、陈皮 30 g、豆蔻 15 g、草果 30 g、良姜 90 g、白芷 90 g、另加食盐 2 - 3 kg。

（2）符离集烧鸡

符离集烧鸡是安徽有名特产，已有上百年历史，在我国烧鸡品种中最负盛名，有着独特的外型和特有的风味。其加工工艺为：

① 开膛和造型：将清水浸泡后的白条鸡取出，使鸡体倒置，鸡腹肚皮绷紧，用刀贴龙骨向下切开小口（切口不能大），以能插进二指为宜，用手指将全部内脏扒出，清水洗净内膛。

用刀背将大腿骨打断（不能破皮），然后把两腿交叉，使附关节套叠插入腹内，把右翅从颈部刀口穿入，从嘴里拔出向右扭，鸡头压在右翅内侧，右小翅压在大翅上。左翅也向里扭，同右翅一样并呈一直线。造型后用清水反复清洗，沥干水分。

② 煮制：将鸡体上色油炸成柿黄色后进行煮制。方法同道口烧鸡。

③ 配料：以 50 kg 原料鸡计，食盐 2 ~ 2.5 kg、白糖 0.5 kg、芫茴 150 g、三萘 35 g、小茴 25 g、良姜 35 g、砂仁 10 g、肉蔻 25 g、白芷 40 g、花川 5 g、桂皮 10 g、陈皮 10 g、丁香 10 g、辛夷 10 g、草果 25 g、硝酸钠 10 g

上述调料需随季节变化和老汤多少而调整。所有香辛料用布袋合装同煮。

（3）德州扒鸡

德州扒鸡产自山东德州，又名德州五香脱骨扒鸡，是著名的地方特产，由于操作时扒火慢焖而至烂熟故名"扒鸡"，热时一抖即可脱骨。扒鸡驰名全国，享有盛誉。其加工工艺为：

① 宰杀和整形：在颈部宰杀放血，浸烫褪毛，腹下开膛，除净内脏，清水洗净后，将两腿交叉盘至肛门内，将双翅向前由颈部刀口处伸进，在喙内交叉盘出，形成卧体含双翅的状态，造型优美。

② 煮制：将鸡体上色油炸成金黄透红后进行煮制。煮制时将配料装入纱布袋内与鸡一起放入锅内，然后放汤（上次煮鸡老汤和新汤对半），汤的用量以高出上层鸡身为标准，上面压铁箅子和石块，以防汤沸时鸡身翻滚。先用旺火煮沸 1 ~ 2 h 后（新鸡 1 h 左右，老鸡 2 h 左右），改用微火焖煮，新鸡 6 ~ 8 h，老鸡 8 ~ 10 h，出锅后即为成品。

③ 配料　以每 200 只鸡，重 150 kg 计，大料 100 g、桂皮 125 g、桂条 125 g、肉蔻 50 g、草蔻 50 g、丁香 25 g、白芷 125 g、三萘 75 g、草果 50 g、陈皮 50 g、花椒 100 g、砂仁 10 g、小茴香 100 g、盐 3 500 g、酱油 4 000 g、生姜 250 g。

④ 食用方法　食用时，不能配汤或加水烧煮，直接切块食用即可。

2. 酱鹅

选用 2 kg 以上的鹅，经宰杀放血后，去毛，腹下开膛，取尽全部内脏，洗净血污等杂物，晾干水分。

用盐把鹅身全部擦遍，腹腔内也要撒盐少许，放入木桶中腌渍，根据不同的季节掌握腌渍时间，夏季为 1 ~ 2 h，冬季需 2 ~ 3 天。

配料：按 50 只鹅计，酱油 2.5 kg、盐 3.75 kg、白糖 2.5 kg、桂皮 150 g 八角 150 g、陈皮 50 g、丁香 15g、砂仁 10 g、红曲米 375 g、葱 1.5 kg、姜 150 g、硝酸钠 30 g（用水溶化成 1 kg）、黄酒 2.5 kg。

下锅前，先将老汤烧沸，将上述辅料放入锅内，并在每只鹅腹内放入丁香 1 ~ 2 只，砂仁少许，葱结 20 g，姜片 2 片，黄酒 1 ~ 3 汤匙。随即将鹅放入沸汤中，用旺火烧煮，同时加入黄酒 1.75 kg，汤沸后，用微火煮 40 ~ 60 min，当鹅的两翅"开小花"时即可起锅，盛放在盘中冷却 20 min 后，在整只鹅体上，均匀涂抹特制的红色卤汁，即为成品。

卤汁的制作：用 25 kg 老汁（酱猪头肉卤），以微火加热熔化，再加火烧沸，放入红曲米 1.5 kg，白糖 20 kg，黄酒 0.75 kg，姜 200 g，用铁铲在锅内不断搅动，防止锅底结巴，熬汁的时间随老汁的浓度而定，一般烧到卤汁发稠时即可。

3. 南京盐水鸭

南京盐水鸭是南京特产之一，其加工季节不受限制，一年四季均可生产，腌制期短，可现做现售。成品特点：表皮洁白，肉质细嫩，口味清淡、鲜美。

① 选料：选用当年生长的，健康瘦肉型仔鸭为原料。

② 宰杀：采用切断三管法宰杀放血，烫毛褪毛，切去翅膀和脚爪，然后在右翅下开 6～7 cm 月牙形口子，取出全部内脏，清水冲净鸭体内外，再放入冷水中浸泡拔血 1 h 左右，使肌肉洁白，挂起晾干。

③ 腌制：采用食盐和八角炒制的炒盐，用盐量为光鸭重的 1/16 左右，取 3/4 的盐量从开口处放入腹腔，并左右前后翻动鸭体，使盐都布满腹腔，其余 1/4 盐量擦抹体表，然后堆叠腌 2～4 h。

干腌后的鸭坯经抠卤后，用老卤进行复腌，腌制时间 2～4 h，老卤是加入姜、葱、八角的过饱和盐水腌制卤。

④ 煮制：水中加三料（葱、姜、八角）煮沸，停止加热，将鸭坯入锅，沸水很快进入腔内，提鸭头放出腔内热水，再将鸭依次入锅，85℃ 焖煮 20 min，升温 90℃，提鸭倒汤再焖煮 20 min 左右，即可起锅。焖煮时水温始终控制在 85～90℃ 之间，温度过高，肉中脂肪熔化，肉质变老，失去盐水鸭鲜嫩特色。

⑤ 冷却包装：将盐水鸭冷却至 30℃ 左右，真空包装。

（三）烧烤制品

烤制又称烧烤，是利用高热空气对制品进行高温加热火烤的热加工过程。烧烤的肉制品很多，主要有北京烤鸭、烤乳猪、烤鸡、烤鸭等。其特点：外表色泽红润鲜艳，表皮酥脆，肉质细嫩，富有浓郁香味。

1. 北京烤鸭

北京烤鸭是我国著名特产，在国内外享有盛誉。最著名的烤鸭店有"便宜坊"和"全聚德"。作为烤鸭的原料必须是经过填肥的北京填鸭，以 55～65 天，活重在 2.8 kg 以上的填鸭最为适宜。烧鸭用的木炭一般要求枣木、梨木等果木炭，并严格掌握火候，使鸭烤到恰到好处。

北京烤鸭具有外焦里嫩，肉质鲜美，肥而不腻，皮层松脆，入口即酥的特点，深受广大消费者的喜爱。其工序如下：

① 宰杀造型：填鸭经宰杀、放血、褪毛后，先剥离颈脖处食道周围的结缔组织，打开气门向鸭体皮下脂肪与结缔组织之间充气，使它保持膨大壮实的外形，然后腋下开膛，取出全部内脏。用 8～10 cm 长的秫秸由切口塞入腔内充实体腔，使鸭体造形美观。

② 冲洗烫皮：通过腋下切口用清水（水温 4～8℃）反复冲洗胸腹腔，直到洗净污水

为止。拿钩钩住鸭胸脯上端 4 ~ 5 cm 处的颈椎骨（钩从右侧下钩，左侧穿出），左手握住钩子上端，提起鸭坯，用 100℃ 的沸水烫皮，使表皮蛋白质凝固，减少脂肪从毛孔中流失，达到烤制后皮肤脆酥的目的。烫皮时，第一勺水要先烫刀口处，使鸭皮紧缩，防止跑气，然后再烫其他部位。一般情况下用 3 ~ 4 勺沸水即能把鸭坯烫好。

③ 浇挂糖色：可使烤制后的鸭体呈枣红色，增加表皮的酥脆性和适口不腻性。浇淋糖色的方法同烫皮一样，先淋两肩，后淋两侧。通常三勺糖水可淋遍全身。糖色的配制用麦芽糖一份，水六份，在锅内熬成棕红色即可使用。

④ 灌汤打色：鸭坯经烫皮上糖色后，先挂阴凉通风处干燥。然后向体腔灌入 100℃ 汤水 70 ~ 100mL，鸭坯进炉后便激烈汽化。这样外烧内蒸，达到外焦里嫩的特色。为弥补挂糖色有不均匀的部位，鸭坯灌汤后，要再淋 2 ~ 3 勺棕红色糖水，叫打色。

⑤ 挂炉烤制：在烤制时火力是关键，一般鸭坯刚入炉时，火要烧得旺一些，炉温一般控制在 230 ~ 260℃ 之间为好。鸭坯进炉后，使鸭体右侧后背向火约烧 12 ~ 13 min，当右侧后背烤至桔黄色时，转动鸭体，使左侧后背向火，约烤 7 ~ 8 min，烤至同样颜色时，转动鸭体，烤左侧鸭脯，当同样是桔黄色时，可将鸭用杆挑起，近火撩其左侧底裆，使腿间着色，然后重新挂入炉内，烤右侧鸭脯，约 2 ~ 3 min，烤成同样桔黄色，再将鸭挑起，撩右侧底裆，当右侧底裆烤成同样桔黄色时，把鸭挂回炉内，鸭身上色已基本均匀，当鸭刀口处溢出白色而带有油液的汤汁时，挑起鸭子，再次撩裆找色后即可出炉。一般鸭坯在炉内需烤制 30 ~ 50 min 即可全熟。

鸭子烤好出炉后，要趁热刷上一层香油，以增加皮面的光亮程度，并可去除烟灰，增添香味。

⑥ 制备配料：食用时北京烤鸭的配料主要是：甜面酱、大葱白段。

把甜面酱放入盆内，500 g 甜面酱加入 125 g 白糖和 25 g 香油，搅拌均匀，蒸 25 min，取出后晾凉即成。

大葱白段：先将其剥洗干净，切去青绿部分，再切成 6 cm 长的段从中间破开即成。

烤鸭最好随制随食，风味最佳。

2. 烤鸡

（1）原料的选择

一般选用 2 月令左右的肉用仔鸡，体重 1.5 ~ 2 kg。

（2）配方与调制

① 腌制料：按 50 kg 腌制液计，生姜 0.1 kg，葱 0.15 kg，八角 0.15 kg，花椒 0.1 kg，香菇 0.05 kg，食盐 8.5 kg。

② 配制：将八角、花椒包入纱布包内，香菇、葱、姜放入水中煮熟，沸腾后将料水倒入腌制缸内，加盐溶解，冷却后备用。

③ 腹腔涂料：香油 100 g，鲜辣粉 50 g，味精 15 g，拌匀后待用。涂 25 ~ 30 只鸡。

④ 腹腔填料：每只鸡用量生姜 2 ~ 3 片（10 g），葱 2 ~ 3 根（15 g），香菇 2 块（10

g 湿）。

⑤ 皮料

a. 烫浸涂料：水 2.5 kg，饴糖 0.25 kg 溶解加热至 100℃待浸烫用；

b. 香油：刚出炉后的成品烧鸡表皮涂上香油。

（3）加工工艺

① 屠宰：将选好的原料鸡，经放血、浸烫、褪毛，腹下开膛取出全部内脏，冲洗干净。

② 整形：将全净膛鸡，先去腿爪，再从放血处的颈部表皮横切断，向下推脱颈皮，切断颈骨，去掉头颈，再将两翅反转成"8"字形。

③ 腌制：将整形后的光鸡，逐只放入腌缸中，用压盖将鸡压入液面以下，腌制时间一般在 40 min 至 1 h，腌好后捞出，挂鸡晾干。

④ 涂放腔内涂料：把腌好的光鸡放在台上，用带圆头的棒具，挑约 5 g 的涂料插入腹腔向四壁涂抹均匀。

⑤ 填放腹腔填料：向每只鸡腹腔内填入腹腔填料，然后用钢针绞缝腹下开口，不让腹内汁液外流。

⑥ 浸烫涂皮料：将填好料缝好口的光鸡，逐只放入加热到 100℃ 的皮料液中浸烫，约半分钟，然后取出挂起，晾干待烤。

⑦ 烤制：先将炉温升至 100℃ 后，将鸡挂入炉内，当炉温升至 180℃ 时，恒温烤 15 ~ 20 min，这时主要是烤熟鸡，然后再将炉温升到 240℃ 的情况下再烤 5 ~ 10 min，此时主要是使鸡皮上色，发香。当鸡体全身上色均匀达到成品橘红或枣红色立即出炉，出炉后趁热在鸡皮表面擦上一层香油，使皮更加红艳发亮。

3. 广东烤乳猪

广东烤乳猪也称脆皮乳猪，是广东省著名的烧烤制品。它的特点是色泽鲜艳，皮脆肉香，入口即化。

① 原料选择：选用皮薄，体型丰满，活重 5 ~ 6 kg 的乳猪。

② 配料：按一只重约 2.5 kg 的光猪计，五香盐 50 g（五香粉 25 g，精盐 25 g 混匀），白糖 200 g，调味酱 100 g，南味豆腐乳 25 g，芝麻酱 50 g，蒜蓉 25 g，五香粉 0.5 g，汾酒 40 g，大茴香粉 0.5 g，味精 0.5 g，麦芽糖 50 g。

③ 腌制晾挂：取乳猪胴体（不劈半），将五香盐均匀地擦在猪胸腹腔内，腌 20 ~ 30 min，用钩把猪身挂起，使水分流出，取下放在案板上，再将白糖、调味酱等所有配料拌匀，涂在猪腔内，腌 20 ~ 30 min。用长铁叉从猪后腿穿至嘴角，再用沸水浇淋猪全身，稍干后再浇上麦芽糖溶液，挂在通风处晾干表皮。

④ 烘烤：烘烤有明炉烤法和挂炉烤法两种。明炉烤法是把腌好的猪坯用长铁叉叉住，放在炉上烧烤。先烤猪的胸腹部，约 20 min，再用木条支撑腹腔，顺次烤头、尾、胸、腹的边缘部分和猪皮。烤时须进行针刺和扫油，以便受热均匀。

挂炉烤法是将乳猪挂入烤鸭炉内，烤 30 min 左右。在猪皮开始变色时，取出针刺、扫油。当乳猪烤至皮脆肉熟，香味浓郁时，即成成品。

(四) 肉干制品

肉干制品主要包括肉松、肉干及肉脯三大类。

1. 肉松加工

由于原料的不同，有猪肉松、牛肉松、鸡肉松及鱼肉松等，猪肉松一般以太仓肉松和福建肉松最为著名。现将太仓肉松加工方法简介如下。

① 原料肉的选择与整理：肉松是以纯瘦肉经脱水制成的。原料肉一定要用健康家畜腿部的新鲜肌肉。整理时先剔除骨、皮、脂肪、筋腱、淋巴、血管等部分，然后顺着肌肉的纤维纹路方向切成 1.0 ~ 1.5 kg 的肉块。

② 配料：猪瘦肉 100 kg、精盐 1.67 kg、酱油 7 kg、白糖 11 kg、50°白酒 1 kg、大茴 0.38 kg、生姜 0.28 kg、味精 0.17 kg。

③ 煮制：将香辛料用纱布包好后和肉一起入锅，加入与肉等量的水加热煮制。煮沸后撇去油沫，煮肉期间要不断加水，以防煮干，用大火煮到肉烂为止，需 4 h 左右。用筷子稍用力夹肉块时，肌肉纤维能分散，说明肉已煮好。

④ 炒压：肉块煮烂后，改用中火，加入酱油、酒，一边炒一边压碎肉块。然后加入白糖、味精，减小火力，收干肉汤，并用小火炒压肉丝至肌纤维松散时即可进行炒松。

⑤ 炒松：取出生姜和香料，由于糖较多，容易粘底起焦，要注意掌握炒松的火力，且勤炒勤翻。当汤汁全部收干后，用小火炒至颜色由棕色变为金黄色，具有特殊香味时即可结束炒松。

⑥ 擦松：利用滚筒式擦松机擦松，使肌纤维成绒丝状态即可。

⑦ 跳松：利用机器跳动，使肉松中肉粒从下面落出，把肉松与肉粒分开。

⑧ 拣松：跳松后的肉松送入包装车间凉松，凉透后便可拣松，即将肉松中焦块、肉块、粉粒等拣出，提高成品质量。

⑨ 包装贮藏：因肉松吸湿性很强，包装时应注意密封。一般用复合膜包装贮藏期 6 个月；用玻璃瓶或马口铁罐装，可贮藏 12 个月。

2. 肉干加工

肉干是用新鲜的猪、牛、羊等瘦肉切成小块，经煮熟后，加入辅料复煮，烘烤而成的熟食制品。其特点是柔韧甘美，耐人咀嚼，入口鲜香，肉香浓郁，瘦不塞牙，绵软悠长，慢品为快。

① 原料肉的整理：选用新鲜猪、牛前后腿肉较好。先将原料肉的皮、骨、脂肪和筋腱等剔去，切成 0.5 kg 大小的条块，放入清水浸泡，萃取血水、污物，约 1 h，再用清水漂洗干净，沥干水分。

② 水煮：将肉块放入锅中，用清水煮开，约 30min，同时撇去汤上浮沫，待肉块切开呈粉红色后即捞出冷凉成形，原汤待用。再按照要求切成肉片或肉丁。

③ 配料：按味道分，主要有以下四种：

a. 五香肉干：以江苏靖江牛肉干为例，每 100 kg 牛肉所用辅料：食盐 2.00 kg、白糖 8.25 kg、酱油 2.0 kg、味精 0.18 kg、生姜 0.3 kg、白酒 0.625 kg、五香粉 0.2 kg。

b. 咖喱肉干：以上海产咖喱牛肉干为例，100 kg 鲜牛肉所用辅料：精盐 3.0 kg、酱油 3.1 kg、白糖 12.0 kg、白酒 2.0 kg、咖喱粉 0.5 kg、味精 0.5 kg、葱 kg、姜 1 kg。

注：咖喱粉的配料为姜黄粉 60 kg、白辣椒 13 kg、芫荽子 8 kg、小茴香 3 kg、碎桂皮 12 kg、姜片 2 kg、八角 4 kg、花椒 2 kg、胡椒适量。

c. 麻辣肉干：以四川生产的麻辣猪肉干为例，每 100 kg 鲜肉所用辅料：精盐 3.5 kg、酱油 4.0 kg、老姜 0.5 kg、混合香料 0.2 kg、白糖 2.0 kg、酒 0.5 kg、胡椒粉 0.2 kg、味精 0.1 kg、海辣粉 1.5 kg、花椒粉 0.8 kg、菜油 5.0 kg

d. 果汁肉干：以江苏靖江生产的果汁牛肉干为例，每 100 kg 鲜肉所用辅料：精盐 2.5 kg、酱油 0.4 kg、白糖 10.0 kg、姜 0.25 kg、大茴香 0.2 kg、果汁露 0.2 kg、味精 0.3 kg、鸡蛋 10 枚、辣酱 0.4 kg、葡萄糖 1.0 kg。

④ 复煮：取预煮汤一部分（约等于肉坯重的 1/2），加入配料，用大火煮开，将肉坯倒入，用大火煮制 30 min 后，随着剩余汤料的减少减少，应用文火焖煮 1~2 h，并不时轻轻翻动，待汤汁收干时，即可起锅。

⑤ 烘烤：将收汁后的肉坯平摊于铁丝网上，用火烘烤即为成品。如用烤炉或烤箱，烘烤前期温度应控制在 60~70℃，后期可控制在 50℃左右，一般需要 5~6 h。为了均匀干燥，防止烤焦，在烘烤时应经常翻动。

3. 肉脯加工

肉脯就是经过拌料，烘干的瘦肉干肉片。它与肉干的不同之处是不经过煮制。其特点是：干爽薄脆，红润透明，瘦不塞牙，入口化渣。

① 选料和整理：选用新鲜猪后腿肉为原料，剔去骨、脂肪、筋膜等，顺着肌肉纤维切成 1 kg 大小肉块。洗去油污，装入方型肉模内，压紧后送冷库内速冻，使肉块深层温度达到 -2~-4℃，再用切片机切 1~2 mm 厚的薄片，然后解冻、拌料。

② 配料：每 100 g 原料肉片，酱油（特级）8.5 g 白糖 13.5 g 鲜鸡蛋 3.0 g 味精 0.5 g 胡椒 0.1 g。

将上述配料混合均匀，盛放在搪瓷盆内，将肉片放入，搅拌均匀，浸渍 0.5~1 h，让调味料充分渗入肉坯中，然后将肉片按肌纤维方向顺贴在铁筛筐或竹篾筛网（要先涂油底）上。

③ 烘干：将摊放肉片的竹篾筛上架晾干水气后，放进 65℃左右的烘房中烘烤约 5 h，要不断上下调换，使肉片烘干成坯。然后取出，自然冷却，即成半成品。

④ 烘烤成熟：一般在烘房再烘烤 20 h 左右，直到肉脯烤出油时才出烘房，冷却后即成。颜色呈棕红色，烘熟后用压平机压平，再按长 12 cm，宽 8 cm 的规格切成块型。

三、西式肉制品的加工

西式肉制品是在 1840 年鸦片战争后传入中国的。从 20 世纪 80 年代初开始，全国肉类企业从德国、荷兰、丹麦、法国、意大利、瑞士、日本等国引进香肠和火腿的加工设备，使我国肉制品品种的构成发生了根本变化，西式肉制品的产量迅速增加，并涌现出了一些大型熟肉制品加工企业，促进了我国肉制品加工业的进步和发展。

西式肉制品主要有香肠、火腿和培根 3 大类。

（一）香肠制品

西式香肠制品是原料肉经绞切、斩拌或乳化成肉馅（肉丁、肉糜或其混合物）并添加调味料、香辛料或填充料，充入肠衣内，再经烘烤，蒸煮、烟熏、发酵、干燥等工艺制成的肉制品。现代肠类制品的生产和消费，都有了很大发展，主要是人们对方便食品和即食食品的需求增加，许多工厂的肠制品生产已实现了高度机械化和自动化，生产出具有良好组织状态，且持水性、风味、颜色、保存期均优的产品。

1. 香肠制品的分类

香肠制品种类繁多，据报道法国有 1500 多个品种，瑞士的 Bell 色拉米工厂常年生产 750 种色拉米产品，我国各地生产的香肠品种至少也有数百种。香肠分类方法也很多，美国香肠的分类方法是将香肠制品分为生鲜香肠、生熏肠、熟熏肠和干制、半干制香肠 4 大类。

① 生鲜香肠（Fresh sauaage）：原料肉不经腌制，绞碎后加入香辛料和调味料充入肠衣内而成。这类肠制品需冷藏条件下贮存，食用前需经加热处理，如意大利鲜香肠（Italian sausage）、德国生产的 Bratwurst 香肠等。目前国内这类香肠制品生产量很少。

② 生熏肠（Uncooked smoked sausage）：这类制品可以采用腌制或未经腌制的原料，加工工艺中要经过烟熏处理但不进行熟制加工，消费者在食用前要进行熟制处理。

③ 熟熏肠（Cooked and smoked sausage）：经过腌制的原料肉，绞碎、斩拌后充入肠衣，再经熟制、烟熏处理而成。目前我国熟熏香肠生产量最大。

④ 干制和半干制香肠（Dry and semi - dry sausage）：半干香肠最早起源于北欧，属德国发酵香肠，它含有猪肉和牛肉，采用传统的熏制和蒸煮技术制成。其定义为绞碎的肉，在微生物的作用下，pH 值达到 5.3 以下，在热处理和烟熏过程中（一般均经烟熏处理）除去 15% 的水分，使产品中水分与蛋白质的比例不超过 3.7∶1 的肠制品。

干香肠起源于欧洲的南部，属意大利发酵香肠，主要是由猪肉制成，不经熏制或煮制。其定义为：经过细菌的发酵作用，使肠馅的 pH 值达到 5.3 以下，然后干燥除去 20% ~ 50% 的水分，使产品中水分与蛋白质的比例不超过 2.3∶1 的肠制品。

2. 香肠的一般加工工艺

工艺流程为：

原料肉的选择与初加工 → 腌制 → 绞碎 → 斩拌 → 灌制 → 烘烤 → 熟制 → 烟熏、冷却

① 原料肉的选择与初加工：生产香肠的原料范围很广，主要有猪肉和牛肉，另外羊肉、兔肉、禽肉、鱼肉及其内脏均可作为香肠的原料。生产香肠所用的原料肉必须是健康的，并经兽医检验确认是新鲜卫生的肉。原料肉经修整，剔去碎骨、污物、筋、腱及结缔组织膜，使其成为纯精肉，然后按肌肉组织的自然块形分开，并切成长条或肉块备用。

② 腌制：腌制的目的是使原料肉呈现均匀的粉红色，使肉含有一定量的食盐以保证产品具有适宜的咸味，同时提高制品的保水性和风味。根据不同产品的配方将瘦肉加食盐、亚硝酸钠、多聚磷酸盐等添加剂混合均匀，送入（2±2℃）的冷库内腌制24~72 h。肥膘只加食盐进行腌制。原料肉腌制结束的标志是瘦猪肉呈现均匀粉红色、结实而富有弹性。

③ 绞碎：将腌制的原料精肉和肥膘分别通过不同筛孔直经的绞肉机绞碎。绞肉时投料量不宜过大，否则会造成肉温上升，对肉的黏着性产生不良影响。

④ 斩拌：斩拌操作是乳化肠加工过程中一个非常重要的工序，斩拌操作控制得好与坏，直接影响产品品质。斩拌时，首先将瘦肉放入斩拌机内，并均匀铺开，然后开动斩拌机，继而加入（冰）水，以利于斩拌。加（冰）水后，最初肉会失去黏性，变成分散的细粒子状，但不久黏着性就会不断增强，最终形成一个整体，然后再添加调料和香辛料，最后添加脂肪。在添加脂肪时，要一点一点地添加，使脂肪均匀分布。斩拌时，斩刀的高速旋转，肉料的升温是不可避免的，但过度升温会使肌肉蛋白质变性，降低其工艺特性，因此斩拌过程中应添加冰屑以降温。以猪肉、牛肉为原料肉时，斩拌的最终温度不应高于16℃，以鸡肉为原料时斩拌的最终温度不得高于12℃，整个斩拌操作控制在6~8 min 之内。

⑤ 灌制：灌制又称充填，是将斩好的肉馅用灌肠机充入肠衣内的操作。灌制时应做到肉馅紧密而无间隙，防止装得过紧或过松。过松会造成肠馅脱节或不饱满，在成品中有空隙或空洞。过紧则会在蒸煮时使肠衣胀破。灌制所用的肠衣多为 PVDC 肠衣、尼龙肠衣、纤维素肠衣等。灌好后的香肠每隔一定的距离打结（卡）。选用真空定量灌肠系统可提高制品质量和工作效率。

⑥ 烘烤：烘烤是用动物肠衣灌制的香肠必要的加工工序，传统的方法是用未完全燃烧的木材的烟火来烤，目前用烟熏炉烘烤是由空气加热器循环的热空气烘烤的。烘烤的目的主要是使肠衣蛋白质变性凝固，增加肠衣的坚实性；烘烤时肠馅温度提高，促进发色反应。一般烘烤的温度为70℃左右，烘烤时间依香肠的直径而异，为 10~60 min。

⑦ 熟制：目前国内应用的煮制方法有两种，一种是蒸气煮制，适于大型企业。另一种为水浴煮制，适于中、小型企业。无论哪种煮制方法，均要求煮制温度在80~85℃之间，煮制结束时肠制品的中心温度大于72℃。

⑧ 烟熏、冷却：烟熏主要是赋予制品以特有的烟熏风味，改善制品的色泽，并通过脱水作用和熏烟成分的杀菌作用增强制品的保藏性。

烟熏的温度和时间依产品的种类、产品的直径和消费者的嗜好而定。一般的烟熏温度为 50~80℃，时间为 10 min~24 h。

熏制完成后，用 10~15℃ 的冷水喷淋肠体 10~20 min，使肠坯温度快速降至室温，然后送入 0~7℃ 的冷库内，冷却至库温，贴标签再进行包装即为成品。

3. 几种香肠的加工

（1）火腿肠

以鲜或冻畜、禽、鱼肉为主要原料，经腌制、斩拌、灌入肠衣，高温杀菌加工而成的乳化型香肠叫做火腿肠。其工艺流程为：

原料肉的处理 → 绞肉 → 斩拌 → 填充 → 灭菌 → 冷却 → 贴标签 → 装箱入库

① 原料肉的处理：选择经兽医卫检合格的热鲜肉或冷冻肉，经修整处理去除筋、腱、碎骨与污物，用切肉机切成 5~7 cm 宽的长条后，按配方要求将辅料与肉拌匀，送入（2±2）℃ 的冷库内腌制至终点。

② 绞肉：将腌制好的原料肉，送入绞肉机，用筛孔直径为 3 mm 的筛板绞碎。

③ 斩拌：将绞碎的原料肉倒入斩拌机的料盘内，开动斩拌机用搅拌速度转动几圈后，加入冰屑的 2/3，高速斩拌至肉馅温度 4~6℃，然后添加剩余数量的冰屑斩拌，直到肉馅温度低于 14℃，最后再用搅拌速度转几圈，以排除肉馅内的气体。斩拌时间视肉馅黏度而定。斩拌过度和不足都将影响制品质量。

④ 填充：将斩拌好的肉馅倒入充填机料斗，按照预定充填的重量，充入 PVDC 肠衣内，并自动打卡结扎。

⑤ 灭菌：填充完毕经过检查的肠坯（无破袋、夹肉、弯曲等）排放在灭菌车内，顺序推灭菌锅进行灭菌处理。规格为 58 g 的火腿肠，其灭菌参数为：

$$15' - 23' - 20'/121℃ \quad （反压 2.0~2.2 \ kg \cdot cm^{-2}）$$

灭菌处理后的火腿肠，经充分冷却，贴标签后，按出产日期和品种规格装箱，并入库或发货。

（2）法兰克福香肠（Frankfurters）

① 配方：牛肉修整肉 18.1 kg、猪颊肉 11.3 kg、牛头肉 9.0 kg、标准修整猪碎肉 6.8 kg、冰 13.6 kg、脱脂奶粉 1.8 kg、食盐 1.4 kg、白胡椒 112.7 g、肉蔻 4.5 g、姜粉 7 g。

② 工艺流程：充分冷却的原料肉（0~2℃）通过 3 mm 筛孔直径的绞肉机绞碎，加入斩拌机中斩拌，首先用低速斩拌，当肉显示黏性时，加入总量 2/3 的冰屑和辅料快速斩拌至肉馅温度 4~6℃，再加入剩余的冰屑快速斩拌至肉馅终温低于 14℃，充入肠衣（20~22 mm 羊肠衣），打结后于 45℃ 烘烤 10~15 min（相对湿度 95%）、55℃ 烘烤 5~10 min、58℃ 熏制 10 min（相对湿度 30%）、68℃ 熏煮 10 min（相对湿度 40%），78℃

（100%相对湿度）熟制到制品中心温度大于67℃即为成品。

（3）小红肠（Wiener）

小红肠又名维也纳香肠。将小红肠夹在面包中就是著名的快餐食品——热狗。

① 配方：牛肉55 kg、猪精肉20 kg、奶脯或白膘25 kg、淀粉5 kg、胡椒粉190 g、玉果粉130 g、食盐3.5 kg、18~20 mm羊肠衣，每根长12~14 cm。

② 主要工艺：原料经腌制、绞碎、斩拌、灌肠后烘烤、煮制而成。

（4）大红肠

大红肠又称茶肠，是欧洲人喝茶时食用的肉食品。

① 配方：牛肉45 kg、猪精肉40 kg、白膘5 kg、淀粉5 kg、白胡椒粉200 g、玉果粉125g、大蒜200 g、食盐3.5 kg、口径为6~7 cm的牛肠衣。

② 主要工艺：原料腌制、绞碎、斩拌、灌肠（每节45 cm长）、烘烤（70~80℃、45 min）、熟制（90℃水浴1.5 h）、冷却后即为成品。

（5）哈尔滨大众红肠（原名里道斯肠，系从俄罗斯传入）

① 配方：猪精肉40 kg、肥膘肉10 kg、淀粉3.5 kg、食盐1.75~2 kg、味精50 g、胡椒粉50 g、大蒜250 g。

② 主要工艺：原料经腌制、绞碎、斩拌后灌入直径30 mm的猪肠衣中，烘烤1 h，85℃水煮25 min，35~40℃熏制12 h。

（6）北京蒜肠

① 配方　猪精肉30 kg、肥肉20 kg、淀粉15 kg、胡椒粉100 g、大茴香粉100 g、味精50 g、蒜1000 g、食盐2.75 kg。

② 主要工艺　腌制、绞碎、斩拌、灌肠后烘烤、熟制、烟熏、冷却即为成品。

4. 发酵香肠

发酵香肠（Fermented sausage）亦称生香肠，是指将绞碎的肉（常指猪肉或牛肉）和动物脂肪同糖、盐、发酵剂和香辛料等混合后灌进肠衣，经过微生物发酵而制成的具有稳定的微生物特性和典型的发酵香味的肉制品。发酵香肠的最终产品通常在常温条件下贮存、运输，并且不经过熟制处理直接食用。在发酵过程中，乳酸菌发酵碳水化合物形成乳酸，使香肠的最终pH值降低到4.5~5.5，这一较低的pH值使得肉中的盐溶性蛋白质变性，形成具有切片性的凝胶结构。较低的pH值与由添加的食盐和干燥过程降低的水分活度共同作用，保证了产品的稳定性和安全性。

发酵香肠的工艺流程为：

$\boxed{\text{原辅料的选择}} \rightarrow \boxed{\text{绞肉}} \rightarrow \boxed{\text{斩拌、加发酵剂}} \rightarrow \boxed{\text{灌肠}} \rightarrow \boxed{\text{接种霉菌或酵母菌}} \rightarrow \boxed{\text{发酵}} \rightarrow \boxed{\text{干燥和成熟}} \rightarrow \boxed{\text{包装}}$

① 发酵肠生产中使用的原辅料：

原料肉　用于生产发酵香肠的肉糜中瘦肉含量为50%~70%。一般常用的是猪肉、牛肉和羊肉。就经验来说，老龄动物的肉较适合加工干发酵香肠，并用来生产高品质的产品。

脂肪 脂肪是发酵香肠的一个重要组分，要求使用不饱和脂肪酸含量低、熔点高的脂肪。牛脂和羊脂不适于作为发酵香肠的原料，色白而结实的猪背脂是生产发酵肠的最好原料。

碳水化合物 在发酵香肠的生产中添加碳水化合物，其主要目的是提供足够的微生物发酵底物，有利于乳酸菌的生长和乳酸的产生。其添加量一般为 0.3% ~ 0.8%，常添加的碳水化合物是葡萄糖和寡聚糖的混合物。

食盐 在发酵香肠中食盐的添加量一般在 2.5% ~ 4.0%。

亚硝酸钠和硝酸钠 亚硝酸钠可直接加入，添加量一般少于 150 mg/kg。在生产发酵香肠的传统工艺中或生产干发酵香肠中一般加入硝酸钠，其添加量为 200 ~ 500 mg/kg。在美国通常将硝酸钠和亚硝酸钠混合使用，而在德国使用硝酸钠和亚硝酸钠的混合物是不允许的，且只有发酵时间超过 4 周的发酵香肠才允许添加硝酸钠。

酸味剂 在发酵香肠生产中，添加酸味剂的主要目的是确保在发酵开始的早期阶段，使肉馅的 pH 值快速降低，这对于不添加发酵剂的发酵香肠的安全性尤其重要。最常用的酸味剂是葡萄糖酸 – δ – 内酯，其添加量一般为 0.5% 左右。葡萄糖酸 – δ – 内酯能够在 24 h 内水解为葡萄糖酸，迅速降低肉的初始 pH 值。

发酵剂 发酵剂是生产发酵肉制品的关键。传统的发酵肉制品是依靠原料肉中天然存在的乳酸菌与杂菌的竞争作用，使乳酸菌成为优势菌群来生产发酵肉制品。

1940 年，美国人 L. B. Jensen 和 L. S. Paddock 在专利中（US Patent 2，225，783）第一次描述了乳酸菌在发酵香肠中的应用，从而开创了使用纯培养物生产发酵香肠的先河。在欧洲，芬兰科学家 Niinivaara（1955）从芬兰传统食品中分离出微球菌（Micrococcus M53）作为发酵剂，并提出了选择发酵剂微生物的标准（在 15% 的食盐溶液中能生长；最适发酵温度为 25 ~ 30℃；非致病菌；最适 pH 值 6.6 ~ 7.0 且具有降解硝酸钠的能力）。1974 年 Demeyer 又发现，微球菌是降解脂肪形成羰基，对发酵香肠的风味有重要作用的微生物。1961 年 Deibel 等发现，片球菌（Pediococcus cerevisiae）可用做半干香肠发酵剂的菌种。1974 年 Everson 等申请了植物乳杆菌的专利。Nurmi（1966）在实验研究中发现，单独接种乳酸杆菌能快速降低产品的 pH 值，但是产品的褪色现象严重；单独接种微球菌能改善产品的颜色，而 pH 值的降低速度相对较慢，应用乳酸杆菌和微球菌的混合发酵剂获得了较好的效果。从此混合菌种发酵剂的研究与应用获得了快速发展。目前应用于发酵肉制品的微生物主要有细菌、霉菌和酵母菌（表 2 – 1 – 2）。

酵母菌 适合加工干发酵香肠。汉逊式德巴利酵母是常用菌种。该菌耐高盐、好气并具有较弱的发酵性，一般生长在香肠的表面。通过添加该菌，可提高香肠的风味。但该菌没有还原硝酸盐的能力。

霉菌 通常用于干发酵香肠，使产品具有干香肠特殊的芳香气味和外观。由于霉菌酶具有蛋白分解和脂肪分解能力，故对产品的风味有利。另外由于霉菌大量的存在于肠的外表，能起到隔氧的作用，因此可以防止发酵香肠的酸败。

细菌　用作发酵香肠发酵剂的细菌主要是乳酸菌和球菌（其应满足表2-1-3所列的条件）。乳酸菌能将发酵香肠中的碳水化合物分解成乳酸，降低原料的pH值，抑制腐败菌的生长（另外某些片球菌产生的细菌素能抑制单核增生性李斯特杆菌的生长）。同时由于pH值的降低，降低了蛋白质的保水能力，有利于正确的干燥过程，因此是发酵剂的必需成分，对产品的稳定性起决定性作用。而微球菌和葡萄球菌具有将硝酸盐还原成亚硝酸盐的能力、分解脂肪和蛋白质的能力，以及产生过氧化氢酶的能力，对产品的色泽和风味起决定性作用。因此发酵剂常采用乳酸菌和微球菌或葡萄球菌混合使用。此外灰色链球菌可以改善发酵香肠的风味，产气单胞菌无任何致病性和产毒能力，对香肠的风味也是有利的。

表2-1-2　发酵剂中常用的微生物

微生物种类		菌种
酵母（Yeast）		汉逊式德巴利酵母（*Dabaryomyces hansenii*） 法马塔假丝酵母（*Candida famata*）
霉菌（Fungi）		产黄青霉（*Penicillium chrysogenum*） 纳地青霉（*Penicillium nalgiovense*） *Penicillium expansum*
细菌 （Bacteria）	乳酸菌（Lactic acid bacteria）	植物乳杆菌（*L. plantarum*） 清酒乳杆菌（*L. sake*） 乳酸乳杆菌（*L. lactis*） 干酪乳杆菌（*L. casei*） 弯曲乳杆菌（*L. curvatus*） *P. acidilactici* 戊糖片球菌（*P. pentosaceus*） 乳酸片球菌（*P. lactis*）
	微球菌（Micrococci）	易变微球菌（*M. varians*）
	葡萄球菌（Staphylococci）	肉糖葡萄球菌（*S. carnosus*） 木糖葡萄球菌（*S. xylosus*）
	放线菌（Actinomycetes）	灰色链球菌（Stre. griseus）
	肠细菌（Enterobacteria）	气单胞菌（*Aeromonas sp.*）

乳酸菌是以乳酸为主要代谢产物的细菌统称，包括乳酸杆菌属、链球菌属、明串菌属和足球菌属。乳酸菌为革兰氏阳性的兼性厌氧嗜温菌。由于它们缺少细胞色素酶类，不能进行有氧氧化。乳酸菌包括两个亚群：同型发酵乳酸菌和异型发酵乳酸菌。前者按EMP途径发酵葡萄糖产生乳酸；后者因缺少果糖二磷酸醛缩酶，其最终产物是乳酸、乙醇和二氧化碳。乳酸菌发酵碳水化合物形成乳酸，降低香肠的pH值，对发酵香肠的风味、质构、干燥过程和产品的保藏有作用。在发酵香肠中应用的乳酸菌总是同型发酵乳酸菌，在发酵过程中仅产生乳酸。肉类工业中作为发酵剂常用的乳酸菌包括：植物乳杆菌、清酒乳杆菌、干酪乳杆菌和弯曲乳杆菌等。

片球菌（Pediococci）　片球菌属于兼性厌氧乳酸菌，能通过EMP途径发酵葡萄糖产生 L - 或 DL - 型乳酸，发酵产物主要是乳酸，在乳酸菌培养基中能较好的生长，片球菌无过氧化氢酶活性。生产中常用的片球菌有戊糖片球菌和乳酸片球菌。

微球菌和葡萄球菌（*Micrococci and Staphylococci*）微球菌是需氧的 G^+ 菌，能通过氧化途径分解葡萄糖产生酸和气体。微球菌具有过氧化氢酶活性和脂酶活性，对食盐有较高的耐受性（最高 15%）。微球菌的许多菌株能使产品着色，特别是由 α - 和 β - 胡萝卜素衍生而来的黄色。微球菌能有效地将硝酸钠还原为亚硝酸钠，并改善产品的风味。生产上常用的微球菌是 *M. varians* 和 *M. kristinate*。

葡萄球菌既可以进行有氧氧化，也可以进行无氧酵解。在无氧条件下，葡萄球菌发酵碳水化合物产生 D - 和 L - 乳酸，而且，能代谢大量的碳水化合物。葡萄球菌具有分解硝酸钠的能力，也具有脂酶活性，在 15% 的食盐溶液中也能生长。生产上常用的葡萄球菌有木糖葡萄球菌（*S. xylosus*），肉糖葡萄球菌（*S. carnosus*）和 *S. simulans*。

表 2 - 1 - 3　用作发酵香肠发酵剂的乳酸菌应满足的条件

1. 必须具有与原料肉中的乳酸菌有效竞争的能力
2. 必须具有产生适宜数量乳酸的能力
3. 必须耐盐，且能在至少 6.0% 的食盐中生长
4. 必须耐亚硝酸钠，并在 100 mg/kg 的亚硝酸钠中生长
5. 必须能在 15 ~ 40℃ 的温度范围内生长，且最适温度范围为 30 ~ 37℃
6. 必须是同型发酵乳酸菌
7. 必须无蛋白分解能力
8. 必须不能产生大量的过氧化氢
9. 应当是过氧化氢酶阳性
10. 应当具有还原硝酸钠的能力
11. 应当具有提高产品风味的能力
12. 不代谢产生生物胺
13. 不代谢产生黏液
14. 对致病菌或其他的非必须菌具有拮抗作用
15. 与其他的发酵剂菌种有协同作用

其他辅料　发酵香肠中使用的香辛料种类繁多，其中包括胡椒、大蒜、辣椒、肉蔻等，香辛料的种类和数量视产品的类型和消费者的嗜好而定，一般约为原料肉重的 0.2% ~ 0.3%。发酵香肠的生产中可添加大豆分离蛋白，但其添加量应控制在 2% 以内。

② 绞肉：尽管发酵香肠的质构不尽相同，但粗绞时原料精肉的温度应当在 0 ~ -4℃ 的范围内，而脂肪要处于 -8℃ 的冷冻状态，以避免水的结合和脂肪的融化。

③ 斩拌、加发酵剂：首先将精肉和脂肪倒入斩拌机中，稍加混匀，然后将食盐、腌制剂、发酵剂和其他的辅料均匀地倒入斩拌机中斩拌混匀。斩拌的时间取决于产品的类

型，一般的肉馅中脂肪的颗粒直径为 1~2mm 或 2~4mm。生产上应用的乳酸菌发酵剂多为冻干菌，使用时通常将发酵剂放在室温下复活 18~24h，接种量一般为 $10^6 \sim 10^7 \mathrm{cfu} \cdot \mathrm{g}^{-1}$。

④ 灌肠：将斩拌好的肉馅用灌肠机灌入肠衣。灌制时要求充填均匀，肠坯松紧适度。整个灌制过程中肠馅的温度维持在 0~1℃。为了避免气泡的混入，最好利用真空灌肠机灌制。

生产发酵香肠的肠衣可以是天然肠衣，也可以是人造肠衣（纤维素肠衣、胶原肠衣）。肠衣的类型对霉菌发酵香肠的品质有重要的影响。利用天然肠衣灌制的发酵香肠具有较大的菌落并有助于酵母菌的生长，成熟的更为均匀且风味较好。无论选用何种肠衣，其必须具有允许水分通透的能力，并在干燥过程中随肠馅的收缩而收缩。

⑤ 接种霉菌或酵母菌：肠衣外表面霉菌或酵母菌的生长不仅对于干香肠的食用品质具有非常重要的作用，而且能抑制其他杂菌的生长，预防光和氧对产品的不利影响，并代谢产生过氧化氢酶。

生产中常用的霉菌是纳地青霉和产黄青霉，常用的酵母是汉逊氏德巴利酵母和法马塔假丝酵母。商业上应用的霉菌和酵母发酵剂多为冻干菌种，使用时，将酵母和霉菌的冻干菌用水制成发酵剂菌液，然后将香肠浸入菌液中即可。但必须注意配制接种菌液的容器应当是无菌的，以避免二次污染。

⑥ 发酵：发酵温度依产品类型而有所不同。通常对于要求 pH 值迅速降低的产品，所采用的发酵温度较高。据认为，发酵温度每升高 5℃，乳酸生成的速率将提高一倍。但提高发酵温度也会带来致病菌、特别是金黄色葡萄球菌生长的危险。发酵温度对于发酵终产物的组成（乳酸和醋酸的相对比例）也有影响，较高的发酵温度有利于乳酸的形成。当然，发酵温度越高，发酵时间越短。一般地涂抹型香肠的发酵温度为 22~30℃，发酵时间为最长 48 h；半干香肠的发酵温度为 30~37℃，发酵时间为 14~72 h；干发酵香肠的发酵温度为 15~27℃，发酵时间为 24~72 h。

在美国 Summer sausage 的生产工艺中，发酵程序为：首先在 7℃条件下发酵 3 天，然后升高发酵温度到 27~41℃、发酵 2~3 天，最后在 10℃下进一步发酵 2~3 天。然而除非保证所用的原料肉中不含有旋毛虫，否则在发酵过程的最后 4~8 h 内，应将产品的中心温度加热到 58℃，以确保产品的安全性。在日本发酵香肠是被加热到产品的中心温度达到 68℃，其目的是除了杀死旋毛虫外，彻底杀死产品中的大肠杆菌。匈牙利发酵香肠（Winter sausage）则在发酵开始时先烟熏 2 周。

在发酵过程中，相对湿度的控制对于干燥过程中避免香肠外层硬壳的形成和预防表面霉菌和酵母菌的过度生长也是非常重要的。高温短时发酵时，相对湿度应控制在 98%，较低温度发酵时，相对湿度应低于香肠内部湿度 5%~10%。

发酵结束时，香肠的酸度因产品而异。对于半干香肠，其 pH 值应低于 5.0，美国生产的半干香肠的 pH 值更低，德国生产的干香肠的 pH 值在 5.0~5.5 的范围内。香肠中的辅料对产酸过程有影响。在真空包装的香肠和大直径的香肠中，由于氧的缺乏，产酸量较大。

⑦ 干燥和成熟：干燥的程度是影响产品的物理化学性质、食用品质和贮藏稳定性的主要因素。

在香肠的干燥过程中，控制香肠表面水分的蒸发速度，使其平衡于香肠内部的水分向香肠表面扩散的速度是非常重要的。在半干香肠中，干燥损失少于其湿重的20%，干燥温度在37~66℃之间。温度高，干燥时间短，温度低时，可能需要几天的干燥时间。高温干燥可以一次完成，也可以逐渐降低湿度分段完成。干香肠的干燥温度较低，一般为12~15℃，干燥时间主要取决于香肠的直径。商业上应用的干燥程序按照下列的模式。

16℃，88%~90% Rh（24 h）→24~26℃，75%~80% Rh（48 h）→12~15℃，70%~75% RH（17 d）→成品。

或25℃，85% Rh（36~48 h）→16~18℃，77% Rh（48~72 h）→9~12℃，75% Rh（25~40 d）→成品。

许多类型的半干香肠和干香肠在干燥的同时进行烟熏，烟熏的目的主要是通过干燥和熏烟中酚类、低级酸等物质的沉积和渗透抑制霉菌的生长，同时提高香肠的适口性。对于干香肠，特别是接种霉菌和酵母菌的干香肠，在干燥过程中会发生许多复杂的化学变化，也就是成熟。在某些情况下，干燥过程是在一个较短的时间内完成的，而成熟则一直持续到消费为止，通过成熟形成发酵香肠的特有风味。

⑧ 包装：为了便于运输和贮藏，保持产品的颜色和避免脂肪氧化，成熟以后的香肠通常要进行包装。真空包装是最常用的包装方法。不足之处是真空包装后由于产品中的水分会向表面扩散，打开包装后，导致表面霉菌和酵母菌快速生长。

（二）西式火腿制品（盐水火腿）

盐水火腿与中国的传统火腿截然不同。火腿是用大块肉经整形修割（剔去骨、皮、脂肪和结缔组织）盐水注射腌制、嫩化、滚揉、充填，再经熟制、烟熏（或不烟熏）、冷却等工艺制成的熟肉制品。盐水火腿是欧美各国人民喜爱的肉制品，也是西式肉制品中的主要产品之一。由于其选料精良，加工工艺科学合理，采用低温巴氏杀菌，故可以保持原料肉的鲜香味，产品组织细嫩，色泽均匀鲜艳，口感良好。我国自80年代中期引进国外先进设备及加工技术以来，西式火腿深受消费者的欢迎，生产量逐年大幅提高。

工艺流程为：

原料肉的选择及修整 → 盐水配制及注射 → 滚揉按摩 → 充填 → 蒸煮与冷却

1. 原料肉的选择及修整

用于生产火腿的原料肉原则上仅选猪的臀腿肉和背腰肉，猪的前腿部位肉品质稍差。若选用热鲜肉作为原料，需将热鲜肉充分冷却，使肉的中心温度降至0~4℃。如选用冷冻肉，宜在0~4℃冷库内进行解冻。

选好的原料肉经修整，去除皮、骨、结缔组织膜、脂肪和筋腱，使其成为纯精肉，然后按肌纤维方向将原料肉切成不小于300 g的大块。修整时应注意,尽可能少地破坏肌肉的纤维组织,刀痕不能划得太大太深,并尽量保持肌肉的自然生长块型。

PSE肉保水性差,加工过程中的水分流失大,不能作为火腿的原料,DFD肉虽然保水性好,但pH值高,微生物稳定性差,且有异味,也不能作为火腿的原料。

2. 盐水配制及注射

注射腌制所用的盐水,主要组成成分包括食盐、亚硝酸钠、糖、磷酸盐、抗坏血酸钠及防腐剂、香辛料、调味料等。按照配方要求将上述添加剂用0~4℃的软化水充分溶解,并过滤,配制成注射盐水。

盐水的组成和注射量是相互关联的两个因素。在一定量的肉块中注入不同浓度和不同注射量的盐水,所得的制品的产率和制品中各种添加剂的浓度是不同的。盐水的注射量越大,盐水中各种添加剂的浓度应越低;反之,盐水的注射量越小,盐水中各种添加剂的浓度应越大。

产品的成品率是肉品生产管理中一个重要的指标,也是衡量一个产品的生产过程成功与否的重要指标。如果一个产品的成品率高于或低于所设计的预期正常值,将对最终产品的化学组成和食用品质造成一定程度的伤害。

在产品生产以前,应当核查几个关键的因素,包括设定的盐水注射量、配方中非肉组分的比例和数量、工序转送过程中可能的损耗等。产品生产过程中的配方计算是一个关键的技术过程,有关的计算方法如下。

例如:要生产一种含有各种非肉必需组分的、经过盐水注射的火腿。已知相似产品的蒸煮损失为12%,冷却损失为3%。按照有关的规定和消费者的接受嗜好,最终产品中的食盐含量为2.0%、糖的含量为1.5%、添加水的量为7%;同时原料肉中磷酸盐的添加量为0.5%、亚硝酸钠的添加量为150 mg/kg、异抗坏血酸钠的添加量为550 ppm。

在最终产品中食盐、糖和添加水的所占百分比为:

$$2.0\% + 1.5\% + 7.0\% = 10.5\%$$

按照原料肉的重量加入的添加剂的百分比为:

$$0.5\% + 0.015\% + 0.055\% = 0.57\%$$

产品的出品率为112.37%

按照该出品率,每100 kg原料肉中应添加的辅料为:

食盐	$2.0\% \times 112.37\% = 2.2474$ kg
糖	$1.5\% \times 112.37\% = 1.6856$ kg
磷酸盐	0.5 kg
亚硝酸钠	0.015 kg
异抗坏血酸钠	0.055 kg
合计为	4.5036 kg

盐水(含添加剂)注射量为:

　［（出品率／（1 － 蒸煮损失）／（1 － 冷却损失）］　－ 100 = 131.64 － 100 = 31.64

其中水的量为：31.64 － 4.5036 = 27.136，4.5036 是添加剂加食盐的干重。

由此可以计算出盐水中各种成分的量：

水	27.136 ÷ 0.3164 = 85.765
食盐	2.2474 ÷ 0.3164 = 7.103
糖	1.6856 ÷ 0.3164 = 5.327
磷酸盐	0.5 ÷ 0.3164 = 1.580
亚硝酸钠	0.015 ÷ 0.3164 = 0.049
异抗坏血酸钠	0.055 ÷ 0.3164 = 0.174　　合计为 100。

按照产品的要求，火腿中盐水的注射量在 10% ~ 40% 之间。

利用盐水注射机将上述盐水均匀地注射到经修整的肌肉组织中。所需的盐水量采取一次或两次注射，以多大的压力、多快的速度和怎样的顺序进行注射，取决于使用的盐水注射机的类型。盐水注射的关键是要确保按照配方要求，将所有的添加剂均匀准确的注射到肌肉中。

3. 滚揉按摩

将经过盐水注射的肌肉放置在一个旋转的鼓状容器中，或者是放置在带有垂直搅拌浆的容器内进行处理的过程称之为滚揉或按摩。

最早将滚揉用于肉食品加工的是美国人 Russell Maas（1963.2.5，Patent No. 3076713）。三十几年来，几乎所有种类的肉均有被滚揉和按摩处理的研究报告问世。

滚揉按摩是火腿加工中的一个非常重要的操作单元。肉在滚筒内翻滚，部分肉由叶片带至高处，然后自由下落，与底部的肉相互撞击。由于旋转是连续的，所以每块肉都有自身翻滚、互相摩擦和撞击的机会，结果使原来僵硬的肉块软化，肌肉组织松软，利于溶质的渗透和扩散，并起到拌合作用。同时在滚打和按摩处理过程中，肌肉中的盐溶性蛋白质被充分的萃取，这些蛋白质作为黏结剂将肉块黏合在一起。滚揉或按摩的目的是：

① 通过提高溶质的扩散速度和渗透的均匀性，加速腌制过程，并提高最终产品的均一性。

② 改善制品的色泽，并增加色泽的均匀性。

③ 通过肌球蛋白和 α － 辅肌动蛋白的萃取，改善制品的黏结性和切片性。

④ 降低蒸煮损失和蒸煮时间，提高产品的出品率。

⑤ 通过小块肉或低品质的修整肉生产高附加值产品，并提高产品的品质。

滚揉或按摩处理的缺点是：

① 设备投资比较高。

② 结缔组织不能被充分的分散，而且为了获得较好的切片性和黏结性，需去除原料肉中的脂肪组织。

③ 过度的滚揉将降低组织的完整性，并导致温度升高，因此滚揉必须在 0 ~ 5℃的环境温度下进行。

滚揉的方式一般分为间歇滚揉和连续滚揉两种。连续滚揉多为集中滚揉两次，首先滚揉 1.5 h 左右，停机腌制 16 ~ 24 h，然后再滚揉 0.5 h 左右。间歇滚揉一般采用每小时滚揉 5 ~ 20 min，停机 40 ~ 55 min，连续进行 16 ~ 24 h 的操作。

4. 充填

滚揉以后的肉料，通过真空火腿压模机将肉料压入模具中成型。一般充填压模成型要抽真空，其目的在于避免肉料内有气泡，造成蒸煮时损失或产品切片时出现气孔现象。火腿压模成型，一般包括塑料膜压膜成型和人造肠衣成型两类。人造肠衣成型是将肉料用充填机灌入人造肠衣内，用手工或机器封口，再经熟制成型。塑料膜压模成型是将肉料充入塑料膜内再装入模具内，压上盖，蒸煮成型，冷却后脱膜，再包装而成。

塑料膜成型包装机使用塑料薄膜卷材在真空成型机中进行，如德国 K&G 公司生产的 Tiroma T3000 型真空包装机，上下分别采用两种不同厚度的卷材，下卷材较厚可以在包装机中的定型模具中伸拉成型制成浅盘状或盒状，通过连续输送将定量的肉块倒入已成型的容器内，然后用上卷材覆盖，抽真空后热封，密封后的肉块再放入不同形式的模具中，加盖卡压后蒸煮定型。

5. 蒸煮与冷却

火腿的加热方式一般有水煮和蒸汽加热两种方式。金属模具火腿多用水煮办法加热，充入肠衣内的火腿多在全自动烟熏室内完成熟制。为了保持火腿的颜色、风味、组织形态和切片性能，火腿的熟制和热杀菌过程，一般采用低温巴氏杀菌法，即火腿中心温度达到 68 ~ 72℃即可。若肉的卫生品质偏低，温度可稍高以不超过 80℃为宜。

蒸煮后的火腿应立即进行冷却，采用水浴蒸煮法加热的产品，是将蒸煮篮重新吊起放置于冷却槽中用流动水冷却，冷却到中心温度 40℃以下。用全自动烟熏室进行煮制后，可用喷淋冷却水冷却，水温要求 10 ~ 12℃，冷却至产品中心温度 27℃左右，送入 0 ~ 7℃冷却间内冷却到产品中心温度至 1 ~ 7℃，再脱模进行包装即为成品。

（三）培根

培根（Bacon）其原意是烟熏肋条肉（即方肉）或烟熏咸背脊肉。其风味除带有适口的咸味外，还有浓郁的烟熏香味。培根外皮油润呈金黄色，皮质坚硬，瘦肉呈深棕色，切开后肉色鲜艳。培根有大培根（也称丹麦式培根）、排培根和奶培根三种，制作工艺相近。

工艺流程：

选料 → 预整形 → 腌制 → 浸泡 → 清洗 → 剔骨、修刮、再整形 → 烟熏

1. 选料

选择经兽医卫生部门检验合格的中等肥度猪，经屠宰后吊挂预冷。

① 选料部位：大培根胚料取自整片带皮猪胴体的中段，即前端从第三肋骨处斩断，后端从腰荐椎之间斩断，再割除奶脯。

排培根和奶培根各有带皮和去皮两种。前端从白条肉第五根肋骨处斩断，后端从最后两节荐椎处斩断，去掉奶脯，再沿距背脊 12 ~ 14 cm 处分斩为两段，上为排培根，下为奶培根之胚料。

② 膘厚标准：大培根最厚处以 3.5 ~ 4.0 cm 为宜；排培根最厚处以 2.5 ~ 3.5 cm 为宜；奶培根最厚处约 2.5 cm。

2. 预整形

休整胚料，使四边基本各成直线，整齐划一，并修去腰肌和横隔膜。

3. 腌制

腌制室温度保持 0 ~ 4℃.

① 干腌：将食盐（加 1% NaNO₃）撒在肉坯表面，用手揉搓，务使均匀。大培根肉坯用盐约 200 g，排培根和奶培根约 100 g，然后堆叠，腌制 20 ~ 24 h。

② 湿腌：用 16 ~ 17 波美度（其中每 100 g 腌制液中含 NaNO 370 g）食盐液浸泡干腌后的肉坯，盐液用量约为肉重量的 1/3。湿腌时间与肉块厚薄和温度有关，一般为 2 周左右。在湿腌期需翻缸 3 ~ 4 次。其目的是改变肉块受压部位，并松动肉组织，以加快盐硝的渗透和发色，使咸度均匀。

4. 浸泡、清洗

将腌制好的肉胚25℃左右清水浸泡 30 ~ 60 min，目的是使肉胚温度升高，肉质软化，表面油污溶解，便于清洗和修刮；避免熏干后表面产生"盐花"，提高产品的美观性；使肉质软化便于剔骨和整形。

5. 剔骨、修刮、再整形

培根的剔骨要求很高，只允许用刀尖滑破骨表面的骨膜，然后用手将骨轻轻扳出。刀尖不得刺破肌肉，否则生水侵入不耐保藏。修刮是刮尽残毛和皮上油腻。

因腌制、堆压使肉胚形状改变，故再次整形，使肉的四边成直线。至此，便可穿绳、吊挂、沥水，6 ~ 8 h 后即可进行烟熏。

6. 烟熏

用硬质木先预热烟熏室。使室内平均温度升至所需烟熏温度后，加入木屑，挂进肉胚。烟熏室温度一般保持在 60 ~ 70℃，烟熏时间约 8 h。烟熏结束后自然冷却即为成品。出品率约为83%。

如果储存，宜用白蜡纸或薄尼龙袋包装。若不包装，吊挂或平摊，一般可保存 1 ~ 2 个月，夏天一周。

培根是西式早餐的重要食品。一般切片蒸食或烤熟食用。培根切片托上蛋浆后油炸，即谓"培根蛋"清香爽口，食之留芳。

思考题

1. 什么是胴体？
2. 肉在组织结构上由哪几部分组成？
3. 简述肌肉的构造。
4. 什么是肌节？
5. 肉各部分的化学成分的有哪些？
6. 根据肉色的变化机理，谈谈如何在实践中保持肉色。
7. 简述影响肉嫩度的因素。
8. 肉制品风味的产生途径有哪些？
9. 简述影响肌肉系水力的因素。
10. 中式火腿加工中存在的主要缺点是什么？怎样改进？
11. 酱卤制品有何特点？
12. 酱卤制品能否实现工业化连续生产？
13. 肉品干制的目的是什么？干制品有那些优缺点？
14. 传统制作生产方式加工的肉干口感粗糙，如何加以改进？
15. 肉类烧烤制品加工应注意什么？
16. 你对传统烧烤制品的工业化生产有何建议？
17. 发酵香肠加工的关键技术是什么？
18. 西式火腿加工中滚揉的主要作用是什么？
19. 培根加工中对原料有什么要求？

第二章　乳品加工技术

本章学习目标　了解乳的化学组成与性质，重点掌握液态乳、发酵乳的加工原理和加工工艺；熟练掌握原料乳的质量控制及乳粉等其他乳制品的加工方法；运用所学知识，分析和解决生产中出现的技术问题。

一、乳品加工的基础知识

1. 乳的概念

乳是哺乳动物分娩后从乳腺中分泌的一种白色或略带微黄色的不透明的胶体性液体。乳中含有丰富的蛋白质和脂肪，含有幼小机体所需要的全部营养素。乳是人们很熟悉的一种营养食品。此外，乳还含有老年人所需要的多种物质，也是从事脑力劳动或体力劳动等成年人的营养食品。

乳牛产犊后，开始分泌乳汁。一般规定产犊后七天内的乳，称为初乳。七天后开始正式挤奶，能维持挤奶 300 ~ 305 天，这个时期称为泌乳期，然后进入 60 ~ 65 天的涸乳期，这个时间内要停止挤奶，等到下一胎产犊七天后再恢复挤奶。乳牛在涸乳期前两周内所产的乳，称为末乳。常乳是指产犊七天后，在涸乳期前两周内所产的乳。常乳的成分及其性质基本趋于稳定，作为加工用的原料乳。此外，在泌乳期内，由于生理、病理或其他因素的影响，也会引起乳的组成成分发生变化。这类在组成成分和理化性质上与常乳不同的乳，称之为异常乳。

（1）初乳

与常乳有着明显的差异，其特征是：

① 色泽黄而浓厚，甚至混有血红色，具有特殊的气味；

② 乳固体含量较常乳高，其中球蛋白质、白蛋白和无机盐类含量特别高。乳固体比常乳多 4 ~ 5 倍，球蛋白与白蛋白含量比常乳多 20 ~ 25 倍，无机盐多 11.5 倍，其初乳的酸度也较常乳高，最高可达 50° T；

③ 维生素 A 效价特别高，而乳糖含量较常乳低；

④ 热稳定性差，初乳加热至 60℃ 即开始出现凝固，因此不利于加工乳制品。

（2）常乳

其成分和性质基本趋向稳定，是加工乳制品的原料乳。根据国家标准的规定，原料乳必须符合下列要求。

① 采用由健康牛挤出的新鲜乳；

② 涸乳期前 15 天的老乳及产犊后的初乳不得使用；

③ 不得含有肉眼可以看到的机械杂质；

④ 具有新鲜牛乳的滋味和气味，不得有异味；

⑤ 鲜乳的形状为均匀无沉淀的流体，呈浓厚黏性者不得使用；

⑥ 色泽应呈白色或稍带微黄。不得呈红色，绿色或显著的黄色；

⑦ 成分要求：脂肪不低于 3.2%，无脂干物质不低于 8.5%；

⑧ 不得加入防腐剂。

（3）末乳

其特征是非脂乳固体含量高，而脂肪含量随产期临近逐渐升高，但波动较大。末乳比较黏稠，其脂肪球很小，不仅难于上浮，同时不易分离，又因含有大量的解脂酶，油脂氧化，使其乳制品带有油脂氧化味，并有苦而微咸的味道，不宜饮用。

（4）异常乳

异常乳可分为下列各种：

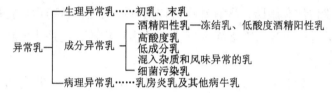

各种异常乳中，最主要的为低成分乳、细菌污染乳、酒精阳性乳和混入杂质的乳。其余各种异常乳已有明文规定不得用于加工。

① 低成分乳：是由于乳牛品种、饲养管理、营养素配比、高温多湿及病理等因素的影响而产生乳固体含量过低的牛乳。这主要要从加强育种改良及饲养管理等方面来给予以改善。

② 细菌污染乳：是由于乳在加工前后的污染（不及时冷却、加工器具的洗涤不完全等），致使鲜乳被大量的微生物所繁殖，不能用作生产原料的乳。原料乳被大量细菌污染后就产生种种异常情况，鲜乳在 20～30℃长时间保存时，首先由乳酸菌产酸凝固，接着由大肠杆菌产生气体；由芽孢杆菌产生胨化和碱化；并发生异味（腐败味）。

③ 酒精阳性乳：原料乳在检验时，一般用68%或72%的酒精与等量乳混合。混合后凡出现凝块的乳，称为酒精阳性乳，也就是不合格的乳。高酸度乳（24°T 以上，用70%酒精即成阳性）、冻结乳、乳房炎乳，酒精试验均呈阳性。

还有一种所谓低酸度酒精阳性乳，这种乳的酸度并不高（16°T 以下）但酒精试验也呈阳性。产生这种乳的原因主要是由于环境、饲养管理及生理机能等方面的影响，使奶牛在代谢过程中，乳中的盐类含量不正常，盐类平衡不稳定，使酪蛋白胶粒呈特殊状态，遇酒精呈不稳定的胶体性而凝固，这种乳在加工生产时，易在杀菌器的金属片上形成乳石，生产出乳粉溶解度差，产品的味道也不正常，带有咸味和异味，故不宜用来加工乳制品。

④ 乳房炎乳：所谓乳房炎乳，是由于外伤或细菌感染，使乳房发生炎症，这时所产出的乳即为乳房炎乳。一般由微生物感染的乳房炎比较多。乳房炎乳其成分和性质都要

发生变化。一般乳清蛋白中的免疫球蛋白、血清白蛋白、Na^+ 及 Cl^- 的含量增高，而非脂乳固体，脂肪、酪蛋白、乳清蛋白中的 α – 乳白蛋白、β – 乳球蛋白、Ca^{2+} 及 K^+、乳糖的含量减少，pH 值上升，滴定酸度降低。

因乳房炎乳的氯糖值都会增高，故测定乳中氯糖值是检验乳房炎乳的方法之一，其表示方法为：

$$氯糖值 = \frac{氯根\%}{乳糖\%} \times 100\%$$

正常乳的氯糖值为 2.0 ~ 3.0，而乳房炎乳则在 3.5 以上。

乳房炎乳的酪蛋白数显著减少，这也可以是检验的方法之一，其表示方法为：

$$酪蛋白数 = \frac{酪蛋白中的氮\%}{总氮\%} \times 100\%$$

正常乳的酪蛋白数为 79，而乳房炎乳则在 78 以下。

用乳房炎乳作原料时，制造出的产品风味、色泽不良，稳定性差，品种质量也差，还会引起食物中毒，故其不能作为生产的原料乳。

2. 乳中化学成分的种类及分散状态

牛乳的化学成分十分复杂，主要有水分、蛋白质、脂肪、乳糖、无机盐类，磷脂、维生素、酶、免疫体、色素、气体以及其他微量成分。从化学观点来看，乳是多种物质的混合物，实际上乳是一种复杂而具有胶体特性的生物化学液体，是一种复杂的分散系。其分散剂是水，分散质有乳糖、盐类、蛋白质、脂肪等。由于分散质种类繁多，分散度差异甚大，不是简单的分散体系，而是包含着真溶液、高分子溶液、胶体悬浮液、乳浊液及其种种过渡状态的复杂的分散体系。其中乳糖、水溶性盐类及水溶性维生素呈分子或离子态，其微粒直径小于或接近于 1 纳米，形成真溶液；乳白蛋白及乳球蛋白呈大分子态，其微粒直径为 15 ~ 50 nm，形成典型的高分子溶液；酪蛋白在乳中形成酪蛋白酸钙 – 磷酸钙复合体胶粒，胶粒直径为 30 ~ 800 nm，平均为 100 nm，从其结构、性质及分散度来看，它处于一种过渡状态，一般把它列入胶体悬浮液的范畴；乳脂肪呈脂肪球状，脂肪球直径为 100 ~ 10000 nm，形成乳浊液；此外，乳中含有的少量气体，部分气体以分子态溶于乳中，部分气体经搅动后在乳中形成泡沫状态。所以乳是作为胶体特性的多级分散体系，被列为胶体化学的研究对象。

牛乳经加工处理，可分离成不同的部分。乳脂肪比重小，分散度较低，可用离心或静置等方法加以分离，分离得到的富含脂肪的部分称为稀奶油（Cream），其余部分称为脱脂乳（Skim milk, Nonfat milk）。未经脱脂的牛乳亦可称为全乳（Whole milk）。稀奶油经搅拌使脂肪球聚结可制得奶油（Butter），剩余的乳液称为酪乳（Butter milk）。牛乳分离后，乳蛋白质基本上存留于脱脂乳中，具有显著的胶体特性，不能用简单的过滤、静置或离心等方法使之分离，可用超滤、透析或超速离心等方法加以分离。其中的酪蛋白可在酸的作用下或凝乳酶的作用下形成凝块（curd），凝块加工后可制得干酪或干酪素。

将凝块从脱脂乳中除去后，剩余的半透明黄绿色液体称为乳清（Whey，Milk serum）。乳清中含有的乳白蛋白及乳球蛋白，可经加热而分离。牛乳分离后各部分的名称概括如下：

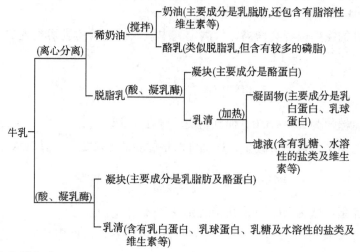

3. 常乳的化学组成

据分析，牛乳中至少含有 100 种以上化学物质。其主要成分含量如下：

水分 86% ~ 89%、干物质 11% ~ 14%（其中，脂肪 3% ~ 5%、蛋白质 2.7% ~ 3.7%、乳糖 4.5% ~ 5.0%、无机盐 0.6% ~ 0.75%）。

正常牛乳的化学成分基本稳定。但各种成分也有一定的变化范围，其中变化最大的乳脂肪，其次是蛋白质，乳糖的含量变化很少。因此，我们可以根据乳成分的变化情况判别乳的质量好坏。

乳中干物质是将牛乳干燥到恒重时所得到的残余物，干物质中含有乳的全部营养成分。由于干物质与脂肪含量和乳的比重之间有一定的关系，所以只要知道乳的比重和脂肪含量就可以计算出干物质含量的近似值。其计算公式为：

$$T = 0.25L + 1.2F + k$$

式中：T——干物质%；

L——乳比重计读数；

F——乳脂率%；

k——系数（0.14）。

4. 乳的物理性质

乳的物理性质是鉴定乳质和重要依据，仅就主要的物理性质概述如下。

（1）色泽

正常的新鲜牛乳呈不透明的乳白色或淡黄色。乳白色是由于乳中的酪蛋白酸钙 – 磷酸钙胶粒及脂肪球等微粒对光的不规则反射所产生。牛乳中的脂溶性胡萝卜素和叶黄素使乳略带淡黄色。而水溶性的核黄素使乳清呈萤光性黄绿色。

（2）滋味与气味

第二篇　畜产食品工艺学

乳中含有挥发性脂肪酸及其他挥发性物质，这些物质是牛乳滋、气味的主要构成成分。这种香味随温度的高低而异，乳经加热后香味强烈，冷却后减弱。乳中羰基化合物，如乙醛、丙酮、甲醛等均与牛乳风味有关。牛乳除了原有的香味之外很容易吸收外界的各种气味。所以挤出的牛乳如在牛舍中放置时间太久，会带有牛粪味或饲料味，贮存器不良时则产生金属味，消毒温度过高则产生焦糖味。所以每一个处理过程都必须注意周围环境的清洁，以避免各种因素的影响。

新鲜纯净的乳稍带甜味，这是由于乳中含有乳糖。乳中除甜味外，因其中含有氯离子，所以稍带咸味。常乳中的咸味因受乳糖、脂肪、蛋白质等所调和而不易觉察，但异常乳如乳房炎乳中氯的含量较高，故有浓厚的咸味。乳中的苦味来自 Mg^{2+}、Ca^{2+}，而酸味是由柠檬酸及磷酸所产生。

（3）酸度

① PH 值：正常牛乳的 pH 值一般为 6.5 ~ 6.7，酸败乳和初乳的 pH 值在 6.5 以下，乳房炎乳和低酸度乳在 6.7 以上。

② 乳中酸度的来源：刚挤出的新鲜乳的酸度，可称为固有酸度或自然酸度。固有酸度是由乳中蛋白质、柠檬酸盐、磷酸盐及二氧化碳等酸性物质所构成。挤出后的乳，在微生物作用下进行发酵，导致乳的酸度逐渐升高，这种由于发酵产酸而升的酸度称为发酵酸度。固有酸度和发酵酸度之和称为总酸度。一般情况下，乳品工业中所测定的酸度就是总酸度。乳的酸度越高，其热稳定性就越低。

③ 滴定酸度：所谓滴定酸度即取一定量的牛乳以酚酞作指示剂的条件下，滴定消耗一定浓度的碱液来表示。牛乳的滴定酸度有下列几种表示方法。

a. 吉尔涅尔度（°T）　即中和 100 mL 牛乳所消耗的 0.1 mol/L 氢氧化钠毫升数。测定时取 10 mL 牛乳，用 20 mL 蒸馏水稀释，加入 0.5% 的酚酞指示剂 0.5 mL，以 0.1 mol/L 氢氧化钠溶液滴定，将所消耗的氢氧化钠毫升数乘以 10，即中和 100 mL 牛乳所需 0.1 mol/L 氢氧化钠毫升数，消耗 1mL 为 1°T。正常乳酸度在 16 ~ 18 °T。

b. 乳酸度　用上述方法滴定的用下列公式计算即可。

$$乳酸 \% = \frac{0.1 \text{ mol /L NaOH 毫升数} \times 0.009}{\text{测定乳样质量（g）}} \times 100\%$$

正常乳酸度在 0.15% ~ 0.17% 之间。

pH 值反映了乳中处于离子状态的活性氢离子的浓度。而滴定酸度测定时，OH^- 不仅和活性 H^+ 相作用，同时也和潜在的，就是在滴定过程中电离出来的 H^+ 相作用。乳酸是一种弱酸，而乳是一个缓冲体系，蛋白质、磷酸盐、柠檬酸盐等物质具有缓冲作用，可使乳保持相对稳定的活性 H^+ 浓度。所以在一定范围内，虽然产生了乳酸，但乳的 pH 值并不相应地发生明显的变动。而滴定酸度可真实反映出乳酸产生的程度。故生产上广泛采用滴定酸度。

（4）比重和密度

167

比重是指在15℃时一定容积牛奶的质量与同容积同温度水的质量之比。（正常牛奶比重为 1.030～1.032 ）

密度是指牛乳在20℃时的质量与同体积水在4℃时的质量之比。（正常牛奶比重为1.028～1.030 ）

在同温度下比重和密度的绝对值相差甚微，乳的密度较比重小0.0019，乳品生产中常以0.002的差数进行换算。若常乳的密度为1.030，则比重为1.032。

比重/密度受温度影响较大，温度每升高或降低1℃，实测值就减少或增加0.0002。在测定比重/密度时，必须同时测定乳的温度，并进行校正。

乳的相对密度在挤乳后1 h内最低，其后逐渐上升，最后可大约升高0.001，这是由于气体的逸散、蛋白质的水合作用及脂肪的凝固使容积发生变化的结果。故不宜在挤乳后立即测试比重。

二、原料乳的质量控制与验收

（一）原料乳的质量控制

原料乳的质量好坏是影响乳制品质量的关键，只有优质原料乳才能保证优质的产品。为了保证原料乳的质量，挤出的牛乳在牧场必须立即进行过滤，冷却等初步处理，其目的是除去机械杂质并减少微生物的污染。

1. 过滤与净化

①过滤：牧场在没有严格遵守卫生条件下挤乳时，乳容易被大量粪屑、饲料、垫草、牛毛和蚊蝇等所污染。因此挤下的乳必须及时进行过滤。所谓过滤就是将液体微粒的混合物，通过多孔质的材料（过滤材料）将其分开的操作。

凡是将乳从一个地方送到另一个地方，从一个工序到另一个工序，或者由一个容器送到另一个容器时，都应该进行过滤。过滤的方法，除用纱布过滤外，也可以用过滤器进行过滤。过滤器具、介质必须清洁卫生，如及时用温水清洗，并用0.5%的碱水洗涤，然后再用清洁的水冲洗，最后煮沸10～20 min杀菌。

②净化：原料乳经过数次过滤后，虽然除去了大部分的杂质，但是，由于乳中污染了很多极为微小的机械杂质和细菌细胞，难以用一般的过滤方法除去。为了达到最高的纯净度，一般采用离心净乳机净化。

离心净乳就是利用乳在分离钵内受强大离心力的作用，将大量的机械杂质留在分离钵内壁上，而乳被净化。离心净乳机的构造与奶油分离机基本相似。只是净乳机的分离钵具有较大聚尘空间，杯盘上没有孔，上部没有分配杯盘。没有专用离心净乳机时，也可以用奶油分离机代替，但效果较差。现代乳品厂，多采用离心净乳机。但普通的净乳机，在运转2～3 h后需停车排渣，故目前大型工厂采用自动排渣净乳机或三用分离机（奶油分离、净乳、标准化），对提高乳的质量和产量起了重要的作用。

2.冷却

净化后的乳最好直接加工，如果短期贮藏时，必须及时进行冷却，以保持乳的新鲜度。

（1）冷却的作用

刚挤下的乳温度约36℃左右，是微生物繁殖最适宜的温度，如不及时冷却，混入乳中的微生物就会迅速繁殖，使乳的酸度增高，凝固变质，风味变差。故新挤出的乳，经净化后须冷却到4℃左右以抑制乳中微生物的繁殖。冷却对乳中微生物的抑制作用见表2-2-1。

表2-2-1 乳的冷却与乳中细菌数的关系（细菌数：个/mL）

贮存时间	刚挤出的乳	3 h	6 h	12 h	24 h
冷却乳	11, 500	11, 500	8, 000	7, 800	62, 000
未冷却乳	11, 500	18, 500	102, 000	114, 000	1, 300, 000

由上表看出，未冷却的乳其微生物增加迅速，而冷却乳则增加缓慢。6~12 h微生物还有减少的趋势，这是因为低温和乳中自身抗菌物质——乳烃素（拉克特宁，Lactenin）使细菌的繁育受到抑制。

新挤出的乳迅速冷却到低温可以使抗菌特性保持较长的时间。另外，原料乳污染越严重，抗菌作用时间越短。例如，乳温10℃时，挤乳时严格执行卫生制度的乳样，其抗菌期是未严格执行卫生制度乳样的2倍。因此，刚挤出的乳迅速冷却，是保证鲜乳较长时间保持新鲜度的必要条件。通常可以根据贮存时间的长短选择适宜的温度(表2-2-2、图2-2-1)。

表2-2-2 牛乳的贮存时间与冷却温度的关系

乳的贮存时间/h	6~12	12~18	18~24	24~36
应冷却的温度/℃	10~8	8~6	6~5	5~4

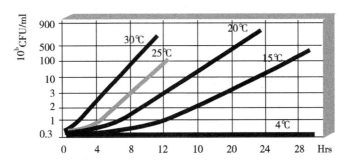

图2-2-1 贮藏温度对原料奶中细菌生长的影响

（2）冷却的方法

①水池冷却（图2-2-2）：将装乳桶放在水池中，用冷水或冰水进行冷却，可使乳

温度冷却到比冷却水温度高3~4℃。为了加速冷却，需经常进行搅拌，并按照水温进行排水和换水。池中水量应为冷却乳量的4倍，水面应没到奶桶颈部，有条件的可用自然长流水冷却（进水口在池下部，冷却水由上部溢流）。每隔3d清洗水池一次，并用石灰溶液进行消毒。水池冷却的缺点是冷却缓慢、消耗水量较多，劳动强度大、不易管理。

图2-2-2　水池冷却　　　　　图2-2-3　冷却罐　　　　　图2-2-4　板式热交换器

②冷却罐（图2-2-3）及浸没式冷却器：这种冷却器可以插入贮乳槽或奶桶中以冷却牛乳。浸没式冷却器中带有离心式搅拌器，可以调节搅拌速度，并带有自动控制开关，可以定时自动进行搅拌，故可使牛乳均匀冷却，并防止稀奶油上浮。适合于奶站和较大规模的牧场。

③板式热交换器（图2-2-4）：乳流过冷排冷却器与冷剂（冷水或冷盐水）进行热交换后流入贮乳槽中。这种冷却器，构造简单，价格低廉，冷却效率也比较高，目前许多乳品厂及奶站都用板式热交换器对乳进行冷却。板式热交换器克服了表面冷却器因乳液暴露于空气而容易污染的缺点，用冷盐水作冷媒时，可使乳温迅速降到4℃左右。

3. 贮存

为了保证工厂连续生产的需要，必须有一定的原料乳贮存量。一般工厂总的贮乳量应根据各厂每天牛乳总收纳量、收乳时间、运输时间及能力等因素决定。一般贮乳罐的总容量应为日收纳总量的2/3~1。而且每只贮乳罐的容量应与每班生产能力相适应。每班的处理量一般相当于两个贮乳罐的乳容量，否则用多个贮乳罐会增加调罐、清洗的工作量和增加牛乳的损耗。贮乳罐使用前应彻底清洗、杀菌、待冷却后贮入牛乳。

每罐须放满，并加盖密封。如果装半罐，会加快乳温上升，不利于原料乳的贮存。贮存期间要定时搅拌乳液防止乳脂肪上浮而造成分布不均匀。24h内搅拌20min，乳脂率的变化在0.1%以下（图2-2-5）。冷却后的乳应尽可能保持低温，以防止温度升高保存性降低。

贮乳设备一般采用不锈钢材料制成，并配有适当的搅拌机构。10吨以下的贮藏罐多装于室内，分为立式或卧式；大罐多装于室外，带保温层和防雨层，均为立式。贮乳罐外边有绝缘层（保温层）或冷却夹层，以防止罐内温度上升。贮罐要求保温性能良好，一般乳经过24h贮存后，乳温上升不得超过2~3℃。

图2-2-5　贮奶仓

4. 运输

乳的运输是乳品生产上重要的一环，运输不妥，往往造成很大的损失。目前我国乳源分散的地方，多采用乳桶运输；乳源集中的地方，采用乳槽车运输。

无论采用哪种运输方式，都应注意以下几点：

① 防止乳在途中升温，特别是在夏季，运输最好在夜间或早晨，或用隔热材料盖好桶。

② 所采用的容器须保持清洁卫生，并加以严格杀菌。乳桶盖内应有橡皮衬垫，绝不能用碎布、油纸或碎纸等代替。

③ 夏季必须装满盖严，以防震荡；冬季不得装得太满，避免因冻结而使容器破裂。

④ 长距离运送乳时，最好采用乳槽车。利用乳槽车运乳的优点是单位体积表面小，乳的升温慢，特别是在乳槽车外加绝缘层后可以基本保持在运输中不升温。

（二）原料乳的质量标准及验收

1. 原料乳的质量标准

我国生鲜牛乳收购的质量标准以及中华人民共和国农业部颁布的《生鲜牛乳质量管理规范》（NY/T 1172—2006）包括感官指标、理化指标及微生物指标。

（1）感官指标

正常牛乳白色或微带黄色，不得含有肉眼可见的异物，不得有红色、绿色或其他异色。不能有苦味、咸味、涩味和饲料味、青贮味、霉味异常味。

（2）理化指标

理化指标只有合格指标，不再分级。我国部颁标准规定原料乳验收时的理化指标见表 2 - 2 - 3。

表 2 - 2 - 3　鲜奶理化指标

项目	指标
密度/（20℃/4℃）	≥ 1.0280（1.028～1.032）
脂肪/%	≥3.10（2.8～5.0）
蛋白质/%	≥2.95
酸度（以乳酸表示）/%	≤0.162
杂质度/（mg/kg）	≤4
汞/（mg/kg）	≤0.01
六六六、滴滴涕/（mg/kg）	≤0.1
抗生素/（IU/L）	<0.03

（3）细菌指标

细菌指标有下列两种，均可采用。采用平皿培养法计算细菌总数，或采用美蓝还原褪色法，按美蓝褪色时间分级指标进行评级，两者只允许用一个不能重复。细菌指标分为四个级别，按表 2 - 2 - 4 中细菌总数分级指标进行评级。

表 2 – 2 – 4　原料乳的细菌指标

分级	平皿细菌总数分级指标法/（万个/ml）	美蓝褪色时间分级指标法
Ⅰ	≤50	≥4 h
Ⅱ	≤100	≥2.5 h
Ⅲ	≤200	≥1.5 h
Ⅳ	≤400	≥40 min

此外，许多乳品收购单位还规定下述情况之一者不得收购：

① 产犊前 15 d 内的末乳和产犊后 7 d 内的初乳；

② 牛乳颜色有变化、呈红色、绿色或显著黄色者；

③ 牛乳中有肉眼可见杂质者；

④ 牛乳中有凝块或絮状沉淀者；

⑤ 牛乳中有畜舍味、苦味、霉味、臭味、涩味、煮沸味及其他异味者；

⑥ 用抗菌素或其他对牛乳有影响的药物治疗期间，母牛所产的乳和停药后 3 d 内的乳；

⑦ 添加有防腐剂、抗菌素和其他任何有碍食品卫生的乳；

⑧ 酸度超过 20° T。

2. 验收

（1）感官检验

鲜乳的感官检验主要是进行嗅觉、味觉、外观、尘埃等的鉴定。

首先打开冷却贮乳器或罐式运乳车容器的盖后，应立即嗅容器内鲜乳的气味。否则，开盖时间过长，外界空气会将容器内气味冲淡，对气味的检验不利。其次将试样含入口中，并使之遍及整个口腔的各个部位，因为舌面各种味觉分布并不均，以此鉴定是否存在各种异味。在对风味检验的同时，对鲜乳的色泽，混入的异物，是否出现过乳脂分离现象进行观察。

正常鲜乳为乳白色或微带黄色，不得含有肉眼可见的异物，不得有红、绿等异色，不能有苦、涩、咸的滋味和饲料、青贮、霉等异味。

（2）酒精检验

酒精检验是为观察鲜乳的抗热性而广泛使用的一种方法。通过酒精的脱水作用，确定酪蛋白的稳定性。新鲜牛乳对酒精的作用表现相对稳定；而不新鲜的牛乳，其中蛋白质胶粒已呈不稳定状态，当受到酒精的脱水作用时，则加速其聚沉。此法可验出鲜乳的酸度，以及盐类平衡不良乳、初乳、末乳及细菌作用产生凝乳酶的乳和乳房炎乳等。

酒精试验与酒精浓度有关，一般以 72% 容量浓度的中性酒精与原料乳等量相混合摇匀，无凝块出现为标准，正常牛乳的滴定酸度不高于 18°T，不会出现凝块。但是影响乳中蛋白质稳定性的因素较多，如乳中钙盐增高时，在酒精试验中会由于酪蛋白胶粒脱水失去溶剂化层，使钙盐容易和酪蛋白结合，形成酪蛋白酸钙沉淀。

通过酒精检验可鉴别原料乳的新鲜度，了解乳中微生物的污染状况。新鲜牛乳存放过久或贮存不当，乳中微生物繁殖使营养成分被分解，则乳中的酸度升高，酒精试验易出现凝块。

新鲜牛乳的滴定酸度为 $16\sim18^\circ T$。为了合理利用原料乳和保证乳制品质量，用于制造淡炼乳和超高温灭菌奶的原料乳，用 75% 酒精试验；用于制造乳粉的原料乳，用 68% 酒精试验（酸度不得超过 $20^\circ T$）。酸度不超过 $22^\circ T$ 的原料乳尚可用于制造奶油，但其风味较差。酸度超过 $22^\circ T$ 的原料乳只能供制造工业用的干酪素、乳糖等。

酒精试验过程中，两种液体必须等量混合，两种液体的温度应保持在 10℃ 以下，混合时化合热会使温度升高 $5\sim8$℃，否则会使检验的误差明显增大。

（3）滴定酸度

滴定酸度就是用相应的碱中和鲜乳中的酸性物质，根据碱的用量确定鲜乳的酸度和热稳定性。一般用 0.1 mol/L NaOH 滴定，计算乳的酸度。该法测定酸度虽然准确，但在现场收购时受到实验室条件限制。为此，使用简易法：用 17.6 mL 的贝布科克氏鲜乳移液管，取 18 g 鲜乳样品，加入等量的不含二氧化碳的蒸馏水进行稀释，以酚酞作指示剂，再加入 18 mL 0.02 mol/L 氢氧化钠溶液，并使之充分混合，如呈微红色，说明其鲜乳酸度在 0.18% 以下。

（4）比重

比重是常作为评定鲜乳成分是否正常的一个指标，但不能只凭这一项来判断，必须再通过脂肪，风味的检验，可判断鲜乳是否经过脱脂或是加水。

比重测定时要注意正确操作，读数是以鲜乳液面的最上端所示刻度为准，在读取数值时应迅速，在比重计放入后静止即刻进行读数。如果放置时间过长，由于脂肪球上浮，使鲜乳上层中脂肪增多，而下层脂肪减少，使比重计球部的比重增大，所测数值也偏高。测定最好在 $10\sim20$℃ 范围内进行，倒入鲜乳时不要泡沫过多，否则密度变小，比重降低。

（5）细菌数、体细胞数、抗生物质检验

一般现场收购鲜奶不做细菌检验，但在加工以前，必须检查细菌总数，体细胞数，以确定原料乳的质量和等级。如果是加工发酵制品的原料乳，必须做抗生物质检查。

细菌检查方法很多，有美蓝还原试验，细菌总数测定，直接镜检等方法。

① 美蓝还原试验：美蓝还原试验是用来判断原料乳的新鲜程度的一种色素还原试验。新鲜乳加入亚甲基蓝后染为蓝色，如污染大量微生物产生还原酶使颜色逐渐变淡，直至无色，通过测定颜色变化速度，间接地推断出鲜奶中的细菌数。该法除可间接迅速地查明细菌数外，对白血球及其他细胞的还原作用也敏感。因此，还可检验异常乳（乳房炎乳及初乳或末乳）。

② 稀释倾注平板法：平板培养计数是取样稀释后，接种于琼脂培养基上，培养 24 h 后计数，测定样品的细菌总数。该法测定样品中的活菌数，测定需要时间较长。

③ 直接镜检法（费里德氏法）：利用显微镜直接观察确定鲜乳中微生物数量的一种方法。取一定量的乳样，在载玻片涂沫一定的面积，经过干燥、染色、镜检观察细菌数，根据显微镜视野面积，推断出鲜乳中的细菌总数，而非活菌数。直接镜检比平板培养法更能迅速判断结果，通过观察细菌的形态，推断细菌数增多的原因。

抗生物质残留量检验是验收发酵乳制品原料乳的必检指标。常用的方法有以下几种：

① TTC 试验：如果鲜乳中有抗生物质的残留，在被检乳样中，接种细菌进行培养，细菌不能增殖，此时加入的指示剂 TTC 保持原有的无色状态（未经过还原）。反之，如果无抗生物质残留，试验菌就会增殖，使 TTC 还原，被检样变成红色，可见，被检样保持鲜乳的颜色，即为阳性。如果变成红色，为阴性。

② 纸片法：将指示菌接种到琼脂培养基上，然后将浸过被检乳样的纸片放入培养基上，进行培养。如果被检乳样中有抗生物质残留，会向纸片的四周扩散，阻止指示菌的生长，在纸片的周围形成透明的阻止带，根据阻止带的直径，判断抗生物质的残留量。

（6）乳成分的测定

近年来随着分析仪器的发展，乳品检测方法出现了很多高效率的检验仪器。能够直接测定乳脂肪、乳蛋白、乳糖及总干物质等。

三、液态乳的加工

液态乳的加工主要是指巴氏杀菌乳和灭菌乳的加工。

（一）巴氏杀菌乳

巴氏杀菌奶又称消毒牛奶或保鲜乳，是指用优质的原料牛乳，经净化、均质、杀菌（或灭菌）、冷却、装瓶或其他形式的小包装后，直接供应消费者饮用的商品乳。消毒乳的种类很多，按组成可以分为以下几类：

① 普通消毒牛奶：以合格鲜乳为原料，不加任何添加剂加工而成。普通消毒奶又可分为全脂、半脱脂和脱脂消毒牛奶。

② 强化消毒牛奶：鲜乳中添加各种维生素或钙、磷、铁等矿物质，以增加营养成分的乳，但其风味及外观同普通消毒牛奶没有区别。

③ 花色消毒牛奶：乳中添加咖啡、可可或各种果汁。其风味及外观与普通消毒牛奶有差异。

④ 再制消毒牛奶：也称复原乳，是以全脂奶粉、浓缩乳、脱脂奶粉和无水奶油等为原料，经混合溶解后，制成与牛奶成分相同的饮用乳。

1. 乳的热处理

所有液体乳和乳制品的生产都需要热处理。这种处理主要目的在于杀死微生物和使酶失活，或获得一些变化，主要为化学变化。但热处理也会带来不好的变化，例如褐变、风味变化、营养物质损失、菌抑制剂失活和对凝乳力的损害，因此必须谨慎使用热处理。

按加热的持续时间和温度分为以下四种。

（1）预热杀菌（Thermalization）

这是一种比巴氏温度更低的热处理，通常为 60 ~ 69℃、15 ~ 20 s。其目的在于杀死细菌，尤其是嗜冷菌。因为它们中的一些产生耐热的脂酶和蛋白酶，这些酶可以使乳产品变质。加热处理除了能杀死许多活菌外，在乳中几乎不引起不可逆变化。

（2）低温巴氏杀菌（Low pasteurization）

这种杀菌是采用 63℃，30 min 或 72℃，15 ~ 20 s 加热而完成。可钝化乳中的碱性磷酸酶，可杀死乳中所有的病原菌、酵母和霉菌以及大部分的细菌，而在乳中生长缓慢的某些种微生物不被杀死。此外，一些酶被钝化，乳的风味改变很大，几乎没有乳清蛋白变性、冷凝聚和抑菌特性不受损害。

（3）高温巴氏杀菌（High pasteurization）

采用 70 ~ 75℃，20 min 或 85℃，5 ~ 20 s 加热，可以破坏乳过氧化物酶的活性。然而，生产中有时采用更高温度，一直到 100℃，使除芽胞外所有细菌生长体都被杀死；大部分的酶都被钝化，但乳蛋白酶（胞质素）和某些细菌蛋白酶与脂酶不被钝化或不完全被钝化；大部分抑菌特性被破坏；部分乳清蛋白发生变性，乳中产生明显的蒸煮味，如是奶油则产生瓦斯味。除了损失 VC 之外，营养价值没有重大变化。产品脂肪自动氧化的稳定性增加；发生很少的不可逆化学反应。

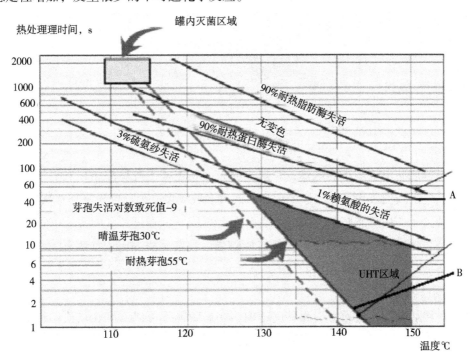

图 2 - 2 - 6　热处理强度对乳的影响

（4）灭菌（Sterilization）

这种热处理能杀死所有微生物包括芽胞，通常采用 110℃，30 min（在瓶中灭菌），

130℃，2~4 s 或 145℃，1 s。后两种热处理条件被称为 UHT（超高温瞬时灭菌）。热处理条件不同产生的效果是不一样的，110℃，30 min 加热可钝化所有乳固有酶，但是不能钝化所有细菌脂酶和蛋白酶；产生严重的美拉德反应，导致棕色化；形成灭菌乳气味；损失一些赖氨酸；维生素含量降低；引起包括酪蛋白在内的蛋白质相当大的变化；使乳 pH 值大约降低了 0.2 个单位；而 UHT 处理则对乳没有破坏。

2. 乳的均质

均质的目的是防止脂肪上浮分层、减少酪蛋白微粒沉淀、改善原料或产品的流变学特性和使添加成分均匀分布。

（1）均质原理

均质机由高压泵和均质阀组成。操作原理是在一个适合的均质压力下，料液通过窄小的均质阀而获得很高的速度，这导致了剧烈的湍流，形成的小涡流中产生了较高的料液流速梯度引起压力波动，这会打散许多颗粒，尤其是液滴（见图 2-2-7）。

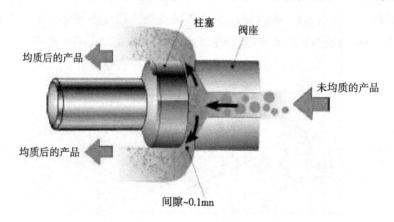

图 2-2-7 乳的均质

均质后的脂肪形成细小的球体，新形成的表面膜主要由胶体酪蛋白和乳清蛋白质组成，其中一些酪蛋白胶束存在于膜的内层，而大多数或多或少延伸出来形成次级胶束层。因酪蛋白覆盖了均质后脂肪球的大部分表面（大约 90%，在还原乳中占 100%），这使脂肪球具有酪蛋白胶束的大部分性质。任何使酪蛋白胶束凝聚的因素如凝乳、酸化、或高温加热都将使均质后脂肪球凝集。

（2）均质团现象

概念　稀奶油的均质通常引起黏度增加，在显微镜下可以看到在均质的稀奶油中存在大量含有大约 10^5 个脂肪球的脂肪球聚集物，即所谓均质团，见图 2-2-8。因为均质团间隙含有液体使稀奶油中颗粒的有效体积增加，因此增加了它的黏度。

目前生产中采用二段均质机，其中第一段均质压力大（占总均质压力的 2/3），使脂肪球破碎；第二段的压力小（占总均质压力的 1/3），使第一段均质形成的均质团分散为散在的脂肪球。

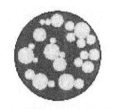

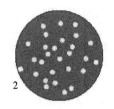

均质前脂肪分布（均质团）　　　一段均质后脂肪分布　　　　二段均质后脂肪分布

图 2 - 2 - 8　均质前后乳中脂肪球的变化

3. 乳的标准化

根据产品规格或产品标准要求，乳制品的成分需要标准化。标准化主要包括脂肪含量、蛋白质含量及其他一些成分。标准化是通过添加稀奶油、脱脂乳、水等来进行调整，见图 2 - 2 - 9。

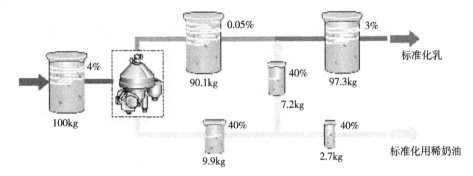

图 2 - 2 - 9　脂肪标准化过程

4. 巴氏杀菌奶的加工工艺

无论是低温杀菌同高温杀菌或超高温杀菌生产的消毒奶的工艺都是相同的，只不过是采用的设备及温度不同而已。其工艺流程如下：

原料乳的验收 → 过滤、净化 → 标准化 → 均质 → 巴氏杀菌 → 冷却 → 灌装 → 检验 → 冷藏

① 原料乳的验收：消毒乳的质量决定于原料乳。因此，对原料乳的质量必须严格管理，认真检验。只有符合标准的原料乳才能生产消毒乳。

过滤或净化 目的是除去乳中的尘埃、杂质。

② 标准化：标准化的目的是保证牛奶中含有规定的最低限度的脂肪。各国牛奶标准化的要求有所不同。一般说来低脂奶含脂率为 0.5%，普通奶为 3%。我国规定消毒乳的含脂率为 3.0%，凡不合乎标准的乳都必须进行标准化。

③ 均质：均质可以是全部的，也可以是部分均质。许多乳品厂仅使用部分均质，主要原因是因为部分均质只需一台小型均质机，这从经济和操作方面来看都有利，在部分均质时稀奶油的含脂率不应超过 12%。通常进行均质的温度为 65℃，均质压力为 10 ~ 20 MPa。

④ 巴氏杀菌：巴氏杀菌的温度和持续时间关系到牛奶的质量和保存期等的重要因素，必须准确。加热杀菌形式很多，一般牛奶高温短时巴氏杀菌的温度通常为75℃，持续15~20 s；或80~85℃，10~15 s。如果巴氏杀菌太强烈，那么该牛奶就有蒸煮味和焦糊味，稀奶油也会产生结块或聚合。

⑤ 冷却：乳经杀菌后，就巴氏消毒奶、非无菌灌装产品而言虽然绝大部分微生物都已消灭，但是在以后各项操作中还是有被污染的可能，为了抑制牛乳中细菌的发育，延长保存性，仍需及时进行冷却，通常将乳冷却至4℃左右。而超高温奶、灭菌奶则冷却至20℃以下即可。

⑥ 灌装

a. 灌装目的：灌装的目的主要为便于零售，防止外界杂质混入成品中、防止微生物再污染、保存风味和防止吸收外界气味而产生异味以及防止维生素等成分受损失等。

b. 灌装容器：灌装容器主要为玻璃瓶、乙烯塑料瓶、塑料袋和涂塑复合纸袋包装。

玻璃瓶包装　可以循环多次使用，与牛乳接触不起化学反应，无毒，光洁度高，又易于清洗。缺点为重量大，运输成本高，易受日光照射，产生不良气味，造成营养成分损失。回收的空瓶微生物污染严重，一般玻璃奶瓶的容积与内壁表面之比为奶桶的4倍，奶槽车的40倍。这就意味着清洗消毒工作量加大。

塑料瓶包装　塑料奶瓶多用聚乙烯或聚丙烯塑料制成，其优点为：重量轻，可降低运输成本；破损率低，循环使用可达400~500次；聚丙烯具有刚性，能耐酸碱外，还能耐150℃的高温。其缺点是：旧瓶表面容易磨损，污染程度大，不易清洗和消毒。在较高的室温下，数小时后即产生异味，影响质量和合格率。

涂塑复合纸袋包装　这种容器的优点为：容器轻，容积小；减少洗瓶费用；不透光线，不易造成营养成分损失，不回收容器，减少污染。缺点是一次性消耗，成本较高。

5. 全脂巴氏杀菌奶的生产线

生产普通全脂消毒奶最典型的工艺流程见图2-2-10。一般加工线包括一台净乳机、巴氏杀菌器、缓冲罐和包装机。

　　该过程中，牛奶通过平衡槽1进入巴氏杀菌器4，如果牛奶中含有大量的空气或异常气味物质就要进行真空脱气。牛奶经脱气后进入分离机5，在这里受离心机作用分成稀奶油和脱脂乳。

不管进入的原料奶含脂率和奶量发生任何变化，从分离机流出来的稀奶油的含脂率都能调整到要求的标准，并保持这一标准。稀奶油部分的含脂率通常调到40%，也可调到其他标准，例如，如该稀奶油打算用来生产黄油，则可调到37%。

在这一生产线中，均质是部分均质，即只对稀奶油部分均质。离开分离机的稀奶油

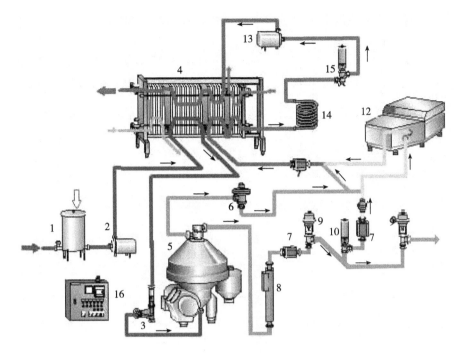

图 2 - 2 - 10　普通全脂消毒部分奶部分生产线

1—平衡槽　2—物料泵　3—流量控制器　4—巴氏杀菌器　5—分离机　6—恒压阀

7—流量传感器　8—浓度传感器　9—调节阀　10—逆止阀　11—检测阀　12—均质机

13—升压泵　14—保温管　15—回流阀

和脱脂奶并不立即混合，而是在进入流量传感器之前在管道中进行。

从分离机出来的稀奶油进入巴氏杀菌器 4 进行热处理。开始时在回流段预热，即用已经过热处理的一种产品来预热进入的产品，该产品同时也被冷却。然后经预热的稀奶油被送走，经过升压泵 13 把它送到巴氏杀菌器的加热段。升压泵增加了稀奶油的压力，即经巴氏杀菌产品（稀奶油）的压力要比加热介质和在热交换段使用的非巴氏杀菌产品的压力大。这样，如果发生渗漏，经巴氏杀菌的稀奶油受到保护不致与未经巴氏杀菌的稀奶油或者加热介质混合。

在加热后，为了保证稀奶油已经进行过合适的巴氏杀菌，必须进行一次检查。如果没有达到预定的温度值，则回流阀 15 就要启动，该产品被送回至浮子室，即重复进行巴氏杀菌；如果温度值达到正常，稀奶油进入热交换器冷却到均质温度。

冷却后的稀奶油通过流量传感器 7 和 8 来的信号，调节阀门 9 多余的稀奶油送回到巴氏杀菌器的冷却段进行冷却，然后进入一收集罐中。准备重新混合的稀奶油在热处理后进入均质机 12。为了达到部分均质所能得到的良好效果，稀奶油的含脂率必须减少到 10% ~ 12%，这可通过添加从分离机脱脂奶出口处流出的脱脂奶而达到。

流入均质机的脱脂奶数量通过调节进口的压力而保持恒定。该均质机使用一台定量泵，该泵在一定的进口压力下，能把相同数量的稀奶油泵过均质头。于是，吸入正确数量的脱脂奶，并在均质前与稀奶油在管道中混合。从而保持含脂率的正确性。

均质后，稀奶油在脱脂奶管道中与脱脂奶重新混合。含脂率已标准化的牛奶被送入巴氏杀菌器的加热段进行巴氏杀菌。通过连结在板式热交换器中的保持段达到必要的保持时间，如果温度过低，转流阀15改变流向，该奶送回浮子室。

正确地进行巴氏杀菌后，牛奶通过热交换段，与流入的未经处理的奶进行热交换，而本身被降温，然后继续到达冷却段，用冷水和冰水冷却，冷却后先通过缓冲罐，再进行灌装。

（二）灭菌乳及无菌包装技术

1. 灭菌乳

超高温灭菌乳是指物料在连续流动的状态下通过热交换器加热至135～150℃，在这一温度下保持一定的时间以达到商业无菌水平，然后在无菌状态下灌装于无菌的容器中的产品。商业无菌的含义是在一般贮存条件下，产品中不存在能够生长的微生物。

欧共体关于 UHT（超高温瞬时灭菌）产品的定义：物料在连续流动的状态下，经135 ℃以上不少于1 s 的超高温瞬时灭菌（以完全破坏其中可以生长的微生物和芽孢），然后在无菌状态下包装于容器中，最大限度地减小产品在物理、化学及感官上的变化，这样生产出来的产品称为 UHT 产品。

超高温灭菌方法主要有两种——直接加热法和间接加热法。在直接加热法中，牛奶通过直接与蒸汽接触被加热；或者是将蒸汽喷进牛奶中，或者是将牛奶喷入到充满蒸汽的容器中。间接加热是在一热交换器中进行，加热介质的热能通过间隔物传递给牛奶。

下面以管式间接 UHT 乳生产为例说明灭菌工艺：

① 预热和均质：牛奶从料罐泵送到超高温灭菌设备的平衡槽（图2-2-11），由此进入到管式热交换器的预热段与高温奶热交换，使其加热到约66℃，同时无菌奶冷却，经预热的奶在15～25 MPa 的压力下均质。在杀菌前均质意味着可以使用普通的均质机，它要比无菌均质便宜得多。

② 杀菌：经预热和均质的牛奶进入管式热交换器的加热段，在此被加热到137℃。加热用热水温度由蒸汽喷射予以调节。加热后，牛奶在保持管中流动4 s。

③ 回流：如果牛奶在进入保温管之前未达到正确的杀菌温度，在生产线上的传感器便把这个信号传给控制盘。然后回流阀开动，把产品回流到冷却器，在这里牛奶冷却到75℃再返回平衡槽或流入一单独的收集罐。一旦回流阀移动到回流位置，杀菌操作便停下来。

④ 设备的操作：设备应用热水在137℃的温度下预灭菌。继电器保证在正确的温度下至少预杀菌30 min。在预杀菌期间，通向无菌罐或包装线的生产线也应灭菌。然后产品可以开始流动。

⑤ 无菌冷却：离开保温管后，牛奶进入无菌预冷却段，用水从137℃冷却到76℃。进一步冷却是在冷却段靠与奶热交换完成，最后冷却温度要达到约20℃。

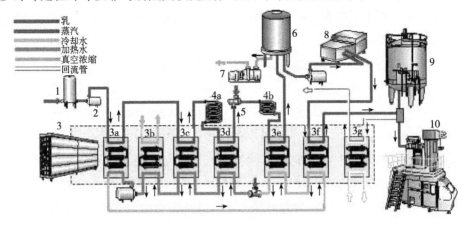

图2-2-11　管式间接UHT乳生产线

1—平衡管　2—料泵　3—管式热交换器　4—保持管　5—间接蒸汽加热

6—缓冲罐　7—真空泵　8—均质机　9—无菌罐　10—无菌灌装机

牛乳温度变化如下：

原料乳（5℃）→预热至66℃→加热至137℃→保温（4 s）→水冷却至76℃→进乳冷却至20℃→无菌贮罐→无菌包装

2. 无菌包装技术

所谓无菌包装（Aseptic package）：是指将灭菌后的牛乳，在无菌条件下装入事先杀过菌的容器内的一种包装技术。其特点是牛乳可进行超高温短时杀菌，在无菌条件下包装，可在常温下贮存而不会变质，色、香、味和营养素的损失少，而且无论包装尺寸大小、产品质量都能保持一致。

牛奶从无菌冷却器流入包装线，包装线是在无菌条件下操作。为了平衡灭菌机及包装机生产能力的差异，并保证在灭菌机或包装机中间停车时不致产生相互影响，可在灭菌机和包装机之间装一个无菌贮罐，起缓冲作用。这样，如果包装线停了下来，产品便可贮存在无菌贮罐中。无菌乳进入贮罐，不允许被细菌污染，因此，进出贮罐的管道及阀、罐内同乳接触的任何部位，必须一直处于无菌状态。罐内空气必须是经过滤后的无菌空气。当然处理的奶也可以直接从杀菌器输送到无菌包装机，由于包装处理不了而出现的多余奶也可通过安全阀回流到杀菌设备，这一设计可减少无菌贮罐的潜在污染。

包装材料一般为平展纸卷，先经过过氧化氢溶液（浓度为30%左右）槽，达到化学灭菌的目的。当包装纸形成纸筒后，再经一种由电器元件产生的辐射热辐射，可达到加热灭菌的目的。同时这一过程可将过氧化氢转换成向上排出的水蒸汽和氧气，使包装材料完全干燥。消毒空气系统采用压缩空气，从注料管周围进入纸卷，然后由纸卷内周向上排出，同时受电器元件加热，带走水蒸汽和氧气。

可供牛乳制品无菌包装的设备主要有：无菌菱形袋包装机，无菌砖形盒包装机，无菌纯包装机，多尔无菌灌装系统，安德逊成型密封机等。

无菌包装必须符合的要求：封合必须在无菌区域内进行；包装容器和封合方法必须适合无菌灌装；容器和产品接触的表面在灌装前必须经过灭菌；灌装过程中，产品不能受到来自任何设备表面或周围环境等的污染；若采用盖子封合，封合前必须灭菌。

四、发酵乳制品

发酵乳是指乳在发酵剂（特定菌）的作用下发酵而成的酸性乳制品。在保质期内，该类产品中的特定菌必须大量存在，并能继续存活和具有活性。发酵乳产品有：酸乳、双歧杆菌发酵乳、保加利亚乳杆菌发酵乳、嗜酸乳杆菌发酵乳、酸牛乳酒、活性乳饮料以及干酪、酸性奶油等。

发酵乳制品营养全面，风味独特，比牛乳更容易被人体吸收利用，具体有如下功效：抑制肠道内腐败菌的生长繁殖，对便秘和细菌性腹泻具有预防治疗作用；乳酸中产生的有机酸可促进胃肠蠕动和胃液的分泌；饮用酸乳可克服乳糖不耐症；乳酸可降低胆固醇，预防心血管疾病；发酵过程中乳酸菌产生抗诱变化合物活性物质，具有抑制肿瘤发生的可能，提高人体的免疫力；对预防和治疗糖尿病、肝病也有一定效果。

（一）发酵剂

1. 发酵剂的概念与种类

发酵剂（Starter culture）是指生产酸乳制品及乳酸菌制剂时所用特定微生物培养物。

按发酵剂制备过程可分以下几类：

① 商品发酵剂：指从微生物研究单位购入的纯菌种或纯培养物。

② 母发酵剂：指在生产厂中用纯菌种制备的发酵剂。它是乳品厂各种发酵剂的起源。

③ 中间发酵剂：指母发酵剂不断的扩大培养产生的大量发酵剂。

④ 生产发酵剂：指直接用于实际生产的发酵剂。

按使用发酵剂的目的可分以下几类：

① 混合发酵剂：这一类型的发酵剂含有两种或两种以上的菌，如保加利亚乳杆菌和嗜热链球菌按 1∶1 或 1∶2 比例混合的酸乳发酵剂。

② 单一发酵剂：这一类型发酵剂是将每一种菌株单独活化，生产时再将各菌株混合在一起。

③ 补充发酵剂：这一类型发酵剂是为了增加酸奶的黏稠度、风味和提高产品的功能效果。

④ 直投式发酵剂（DVI 或 DVS）：指高度浓缩和标准化的冷冻或冷冻干燥发酵剂，可供生产企业直接加入到热处理的原料乳中进行发酵，无须进行活化、扩培等其他预处理工作的发酵。

2. 发酵剂的主要作用

① 分解乳糖产生乳酸；

② 产生挥发性的物质，如丁二酮、乙醛等，从而使酸乳具有典型的风味；

③ 产生胞外多糖类黏性物质，改善酸奶的组织状态和黏稠度；

④ 具有一定的降解脂肪、蛋白质的作用，从而使酸乳更利于消化吸收；

⑤ 产生抗生素及酸化过程抑制了致病菌的生长。

3. 菌种的选择

选择发酵剂应从以下几方面考虑：产酸能力和后酸化作用；滋气味和芳香味的产生；黏性物质的产生；蛋白质的水解性。

菌种的选择对发酵剂的质量起着重要作用，应根据生产目的不同选择适当的菌种。选择时以产品的主要技术特性，如产香性、产酸力、产黏性及蛋白水解力作为发酵剂菌种的选择依据（表2-2-5）。

酸乳发酵剂菌种的共生作用：酸乳生产中常用的发酵剂是保加利亚乳杆菌与嗜热链球菌的混合物。这种混合物在 40～50℃乳中发酵 2～3 h 即可达到所需的凝乳状态与酸度。而任何单一菌株的发酵时间都在 10 h 以上，其原因就是因为保加利亚乳杆菌与嗜热链球菌之间存在共生现象。

保加利亚乳杆菌在发酵的初期分解酪蛋白而形成氨基酸和多肽，促进了嗜热链球菌的生长，发酵的初期嗜热链球菌生长的快；发酵 1 h 后与保加利亚乳杆菌的比例为（3～4）:1。随着嗜热链球菌的增加，酸度增加，抑制了嗜热链球菌的生长。嗜热链球菌生长过程中，产生 CO_2、甲酸刺激保加利亚乳杆菌生长。当酸度到达一定程度，球菌不再生长，相对而言，杆菌较为耐酸。

影响球菌与杆菌的比例主要因素有：

① 培养时间：短时间培养球菌比例高。

② 接种量：接种量增大会加快产酸速度，球菌很快停止生长，导致杆菌比例增高；接种量少，则相反。

③ 培养温度：杆菌较球菌具有较高的最适温度。温度略高于45 ℃，有利于杆菌生长，若低于这一温度，则有利于球菌生长。

表 2-2-5　常用乳酸菌的形态、特性及培养条件

细菌名称	细菌形状	菌落形状	发育最适温度/℃	在最适温度中乳凝固时间	极限酸度（°T）	凝块性质	滋味	组织形态	适用的乳制品
乳酸链球菌（Str. Lactis）	双球菌	光滑微白菌落有光泽	30～35	12 h	120	均匀稠密	微酸	针刺状	酸乳、酸稀奶油、牛乳酒、酸性奶油、干酪
乳油链球菌（Str. Cremoris）	链状	光滑微白菌落有光泽	30	12～24 h	110～115	均匀稠密	微酸	酸稀奶油状	酸乳、酸稀奶油、牛乳酒、酸性奶油、干酪

续表

细菌名称	细菌形状	菌落形状	发育最适温度/℃	在最适温度中乳凝固时间	极限酸度（°T）	凝块性质	滋味	组织形态	适用的乳制品
产生芳香物质的细菌： 柠檬明串珠菌 戊糖明串珠菌 丁二酮乳酸链球菌	单球单状双球状长短不同的细长链状	光滑微白菌落有光泽	30	不凝结 2~3天 18~48 h	70~80 100~105				酸乳、酸稀奶油、牛乳酒、酸性奶油、干酪
嗜热链球菌 （*Str. thermophilus*）	链状	光滑微白菌落有光泽	37~42	12~24 h	110~115	均匀	微酸	酸稀奶油状	酸乳、干酪
噬热性乳酸杆菌： 保加利亚乳杆菌 干酪杆菌 噬酸杆菌	长杆状有时呈颗粒状	无色的小菌落如絮状	42~45	12 h	300~400	均匀稠密	酸	针刺状	酸牛乳、马乳酒、干酪、乳酸菌制剂

4. 发酵剂的制备

菌种的复活及保存：菌种通常保存在试管或安培瓶中，需恢复其活力，即在无菌操作条件下接种到灭菌的脱脂乳试管中多次传代、培养。而后保存在 0~4℃ 冰箱中，每隔 1~2 周移植一次。但在长期移植过程中，可能会有杂菌污染，造成菌种退化或菌种老化、裂解。因此，菌种须不定期的纯化、复壮。

母发酵剂的调制：母发酵剂、中间发酵剂的培养基一般用高质量无抗菌素残留的脱脂乳粉（最好不用全脂乳粉，因游离脂肪酸的存在可抑制发酵剂菌种的增殖）。培养基干物质含量为 10%~12%。推荐杀菌温度和时间是 90℃ 保持 30 min 或高压蒸汽灭菌（110~115℃，7 min）。

取脱脂乳量 1%~2% 的充分活化的菌种，在无菌条件下接种于盛有 100~300 mL 灭菌脱脂乳的三角瓶中，混匀，放入恒温箱中进行培养。凝固后再移入灭菌脱脂乳中，如此反复 2~3 次，使乳酸菌保持一定活力，然后再制备生产发酵剂。

在实际生产中，由于需要发酵的奶量较大，母发酵剂的量也要逐步扩大，即形成中间发酵剂。

生产发酵剂的制备：将脱脂乳、新鲜全脂乳或复原脱脂乳（总固形物含量 10%~12%）加热到 90℃，保持 30~60 min 后，冷却到 42℃（或菌种要求的温度，见表 2-2-8）接种母发酵剂，发酵到酸度 >0.8% 后冷却到 4℃。此时生产发酵剂的活菌数应达到 $1×10^8~1×10^9$ cfu/mL^{-1}。

制取生产发酵剂的培养基最好与成品的原料相同，以使菌种的生活环境不致急剧改变而影响菌种的活力。生产发酵剂的添加量为发酵乳的 1%~2%，最高不超过 5%。

5. 发酵剂的质量要求

乳酸菌发酵剂的质量，应符合下列各项指标要求：

① 凝块应有适当的硬度，均匀而细滑，富有弹性，组织状态均匀一致，表面光滑，

无龟裂，无皱纹，未产生气泡及乳清分离等现象。

② 具有优良的风味，不得有腐败味、苦味、饲料味和酵母味等异味。

③ 若将凝块完全粉碎后，质地均匀，细腻滑润，略带黏性，不含块状物。

④ 按规定方法接种后，在规定时间内产生凝固，无延长凝固的现象。测定活力（酸度）时符合规定指标要求。

为了不影响生产发酵剂要提前制备，可在低温条件下短时间贮藏。

发酵剂的活力测定：

方法一：酸度检查法：在灭菌冷却后的脱脂乳中加入 3% 的发酵剂，并在 37.8℃ 的恒温箱下培养 3.5 h，然后测定其酸度，若滴定乳酸度达 0.7% ~ 0.8% 以上，认为活力良好。

方法二：刃天青还原试验法：在 9 mL 脱脂乳中加入 1 mL 发酵剂和 0.005% 刃天青溶液 1 mL，在 36.7℃ 的恒温箱中培养 35 min 以上，如完全褪色则表示活力良好。

（二）酸奶加工

1. 概念和种类

酸乳概念：是指在添加（或不添加）乳粉（或脱脂乳粉）的乳中，由于保加利亚杆菌和嗜热链球菌的作用进行乳酸发酵制成的凝乳状产品，成品中必须含有大量相应的活菌。

酸乳的种类：通常根据成品的组织状态、口味、原料中乳脂肪含量、生产工艺和菌种的组成可以将酸乳分成不同类别。

按成品的组织状态分类：

① 凝固型酸奶（Set yoghurt）：其发酵过程在包装容器中进行，从而使成品因发酵而保留其凝乳状态。

② 搅拌型酸奶（Stirred yoghurt）：发酵后的凝乳在灌装前搅拌成黏稠状组织状态。

③ 饮料型酸乳（Drinking yoghurt）：基本组成与搅拌型酸乳一样，但状态更稀，可直接饮用的饮品称之为饮料型酸乳。

④ 冰淇淋型酸乳（Frozen yoghurt）：发酵罐中发酵，然后像冰淇淋那样被冷冻。

按成品的口味分类

① 天然纯酸奶（Natural yoghurt）：产品只由原料乳和菌种发酵而成，不含任何辅料和添加剂。

② 加糖酸乳（Sweeten yoghurt）：产品由原料乳和糖加入菌种发酵而成。在我国市场上常见，糖的添加量较低，一般为 6% ~ 7%。

③ 调味酸乳（Flavored yoghurt）：在天然酸乳或加糖酸乳中加入香料（香草香精、蜂蜜、咖啡精等）而成，色素和糖经常和上述增味剂一起加入，必要时也可加入稳定剂以改善稠度。

④ 果料酸乳（Yoghurt with fruit）：成品是由天然酸乳与糖、果料混合而成。果料的添加比例通常为 15% 左右，其中约有一半是糖。包装前或包装的同时将酸奶与果料混合

起来。酸乳容器的底部加有果酱的酸乳为圣代酸乳（Sandae yoghurt）。

⑤ 复合型或营养健康型酸乳：通常在酸乳中强化不同的营养素（维生素、食用纤维素等）或在酸乳中混入不同的辅料（如谷物、干果、菇类、蔬菜汁等）而成。这种酸奶在西方国家非常流行，人们常在早餐中食用。

⑥ 疗效酸奶（Curative effect yoghurt）：包括低乳糖酸奶、低热量酸奶、维生素酸奶或蛋白质强化酸奶。

按原料中脂肪含量分类

① 全脂酸乳：生产原料乳中脂肪含量为 3.0%。

② 部分脱脂酸乳：经脱脂生产原料乳中脂肪含量为 0.5% ~ 3.0%。

③ 脱脂酸乳：经脱脂生产原料乳中脂肪含量为 0.5%。

按发酵的加工工艺分类

① 浓缩酸乳（Concentrated or condensed yoghurt）：将正常酸乳中的部分乳清除去而得到的浓缩产品。因其除去乳清的方式与加工干酪方式类似，有人也叫它酸乳干酪。

② 冷冻酸奶（Frozen yoghurt）：在酸乳中加入果料、增稠剂或乳化剂，然后将其进行冷冻处理而得到的产品。

③ 充气酸乳（Carbonated yoghurt）：发酵后在酸乳中加入稳定剂和起泡剂（通常是碳酸盐），经过均质处理即得这类产品。这类产品通常是以充 CO_2 气的酸乳饮料形式存在。

④ 酸乳粉（Dried yoghurt）：通常使用冷冻干燥法或喷雾干燥法将酸乳中约 95% 的水分除去而制成酸乳粉。制造酸乳粉时，在酸乳中加入淀粉或其他水解胶体后再进行干燥处理而成。

2. 酸乳生产工艺流程及生产线

（1）工艺流程

凝固型、搅拌型、饮用型酸奶生产流程见图 2 - 2 - 12。

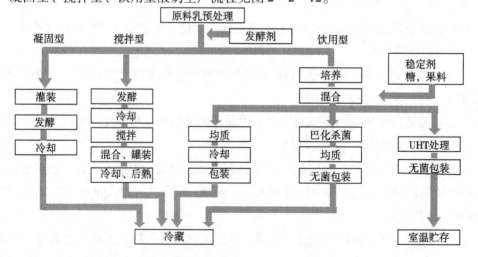

图 2 - 2 - 12　凝固型、搅拌型、饮用型酸奶生产流程方框图

（2）酸乳加工生产线

凝固型酸奶生产线见图 2 - 2 - 13，搅拌型酸奶生产线见图 2 - 2 - 14。

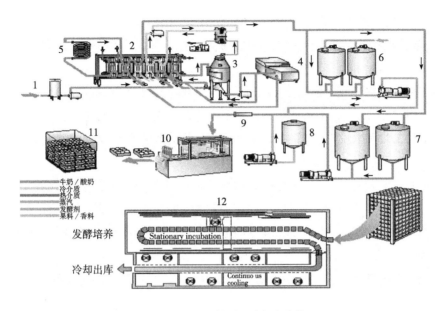

图 2 - 2 - 13 凝固型酸奶生产线

1—平衡罐 2—片式换热器 3—真空浓缩罐 4—均质机 5—保温管 6—生产发酵剂罐

7—缓冲罐 8—果料/香料罐 9—混合器 10—包装机 11—堆叠奶框 12—培养室与冷却隧道

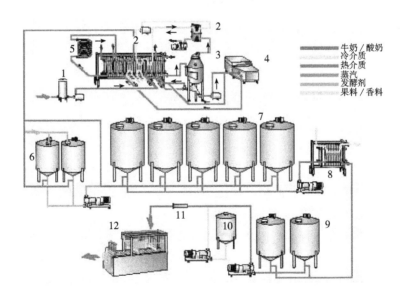

图 2 - 2 - 14 搅拌型酸奶生产线

1—平衡罐 2—片式换热器 3—真空浓缩罐 4—均质机 5—保温管 6—生产发酵剂罐

7—发酵罐 8—片式冷却器 9—缓冲罐 10—果料/香料罐 11—混合器 12—包装机

3. 酸乳的加工及质量控制

（1）原辅料要求及预处理方法

原料乳的质量要求：

a. 健康的乳，即没有病原菌，不得使用病畜乳如乳房炎乳；

b. 没有异味的乳，即不存在嗜冷微生物生长后产生的不良风味，因为这些微生物具有强烈的蛋白质水解和脂肪水解能力；

c. 具有高含量蛋白质的乳；

d. 不含抗生素的乳，不得使用残留抗菌素、杀菌剂、防腐剂的牛乳。

生产酸乳的原料乳必须是高质量的，要求酸度在18°T以下，杂菌数不高于50万cfu/mL，总干物质含量不得低于11.5%。

辅料：

脱脂乳粉（全脂奶粉）：用作发酵乳的脱脂乳粉质量必须高，无抗生素、防腐剂。脱脂奶粉可提高干物质含量，改善产品组织状态，促进乳酸菌产酸，一般添加量为1.0%~1.5%。

稳定剂：在搅拌型酸乳生产中，通常添加稳定剂，稳定剂一般有明胶、果胶、琼脂、变性淀粉、CMC及复合型稳定剂，其添加量应控制在0.1%~0.5%。凝固型也有添加稳定剂的。

糖及果料：一般用蔗糖或葡萄糖作为甜味剂，其添加量可根据各地口味不同有所差异，一般以6.5%~8%为宜。果料及调香物质在搅拌型酸乳中使用较多，果料的种类很多，如果酱，其含糖量一般在50%左右。果肉主要是粒度（2~8 mm）的选择上要注意。在凝固型酸乳中使用较少。

配合料的预处理

① 标准化：脂肪含量、总固体物含量标准化。

② 脱气：改善稳定性和黏度；改善均质机运行的条件；降低板式热交换器结垢淤塞几率；脱除异味。

③ 均质：原料配合后进行均质处理。均质处理可使原料充分混匀，有利于提高酸乳的稳定性和稠度，并使酸乳质地细腻，口感良好。均质所采用的压力以20~25 MPa为好，且在65~70℃下可获得具有最佳物理特性的产品。

④ 杀菌：目的是杀灭原料乳中的杂菌，确保乳酸菌的正常生长和繁殖；钝化原料乳中对发酵菌有抑制作用的天然抑制物；热处理使牛乳中的乳清蛋白变性，以达到改善组织状态，提高黏稠度和防止成品乳清析出的目的。原料奶经过90~95℃（可杀死噬菌体）并保持5 min的热处理效果最好。

（2）凝固型酸乳的加工及质量控制

工艺要求

① 灌装：可根据市场需要选择玻璃瓶或瓷杯。在装瓶前需对玻璃瓶进行蒸汽灭菌。

一般用自动灌装机进行灌装。

② 发酵：用保加利亚乳杆菌与嗜热链球菌的混合发酵剂时，最佳温度 43℃，最佳菌种比 1:1，接种量 2.5% ~ 3%，发酵时间 2.5 ~ 4.0 h，达到凝固状态时即可终止发酵。获得酸奶最佳芳香和最佳风味的 pH 范围是 4.4 ~ 4.0。

③ 冷却：发酵好的凝固酸乳，应立即移入 0 ~ 4℃ 的冷库中，迅速抑制乳酸菌的生长，以免继续发酵而造成酸度升高。在冷藏期间，酸度仍会有所上升，同时风味成分会增加。试验表明冷却 24 h，风味成分含量达到最高，超过 24 h 又会减少。因此，发酵凝固后须在 0 ~ 4℃ 贮藏 24 h 再出售，通常把该贮藏过程称为后成熟，一般最大冷藏期为 7 ~ 14 d。

质量控制

① 凝固性差：酸乳有时会出现凝固性差或不凝固现象，黏性很差，出现乳清分离。

a. 原料乳质量：当乳中含有抗生素、防腐剂时，会抑制乳酸菌的生长，从而导致发酵不力、凝固性差。试验证明原料乳中含微量青霉素时，对乳酸菌便有明显抑制作用。使用乳房炎乳时由于其白细胞含量较高，对乳酸菌也有不同的噬菌作用。此外，原料乳掺假，特别是掺碱，使发酵所产的酸消耗中和，而不能积累达到凝乳要求的 pH 值，从而使乳不凝或凝固不好。牛乳中掺水，会使乳的总干物质降低，也会影响酸乳的凝固性。因此，必须把好原料验收关，杜绝使用含有抗生素、农药以及防腐剂、掺碱或掺水的牛乳生产酸乳，对于掺水的牛乳，可适当添加脱脂乳粉，使干物质达 11% 以上，以保证质量。

b. 发酵温度和时间：发酵温度依所采用乳酸菌种类的不同而异。若发酵温度低于最适温度，则乳酸菌活力下降，凝乳能力降低，使酸乳凝固性降低。发酵时间短，也会造成酸乳凝固性能降低。此外，发酵室温度不均匀也是造成酸乳凝固性降低的原因之一。因此，在实际生产中，应尽可能保持发酵室的温度恒定，并控制发酵温度和时间。

c. 噬菌体污染：噬菌体污染是造成发酵缓慢、凝固不完全的原因之一。由于噬菌体对菌的选择作用，可采用经常更换发酵剂的方法加以控制，此外，两种以上菌种混合使用也可减少噬菌体危害。

d. 发酵剂活力：发酵剂活力弱或接种量太少会造成酸乳的凝固性下降。对一些灌装容器上残留的洗涤剂（如氢氧化钠）和消毒剂（如氯化物）须清洗干净，以免影响菌种活力，确保酸乳的正常发酵和凝固。

e. 加糖量：生产酸乳时，加入适当的蔗糖可使产品产生良好的风味，凝块细腻光滑，提高黏度，并有利于乳酸菌产酸量的提高。若加量过大，会产生高渗透压，抑制了乳酸菌的生长繁殖，造成乳酸菌脱水死亡，相应活力下降，使牛乳不能很好凝固。试验证明，6.5% 的加糖量对产品的口味最佳，也不影响乳酸菌的生长。

② 乳清析出：乳清析出是生产酸乳时常见的质量问题，其主要原因有以下几种：

a. 原料乳热处理不当：热处理温度偏低或时间不够，就不能使大量乳清蛋白变性，变性乳清蛋白可与酪蛋白形成复合物，能容纳更多的水分，并且具有最小的脱水收缩作用。据研究，要保证酸乳吸收大量水分和不发生脱水收缩作用，至少要使75%的乳清蛋白变性，这就要求85℃ 20～30 min或90℃ 5～10 min的热处理；UHT加热（135～150℃，2～4 s）处理虽能达到灭菌效果，但不能达到75%的乳清蛋白变性，所以酸乳生产不宜用UHT加热处理。

b. 发酵时间：若发酵时间过长，乳酸菌继续生长繁殖，产酸量不断增加。酸性的过度增强破坏了原来已形成的胶体结构，使其容纳的水分游离出来形成乳清上浮。发酵时间过短，乳蛋白质的胶体结构还未充分形成，不能包裹乳中原有的水分，也会形成乳清析出。因此，应在发酵时抽样检查，发现牛乳已完全凝固，就应立即停止发酵。

c. 其他因素：原料乳中总干物质含量低、酸乳凝胶机械振动、乳中钙盐不足、发酵剂添加量过大等也会造成乳清析出，在生产时应加以注意，乳中添加适量的$CaCl_2$，既可减少乳清析出，又可赋予酸乳一定的硬度。

③ 风味不良：正常酸乳应有发酵乳纯正的风味，但在生产过程中常出现以下不良风味：

a. 无芳香味：主要在于菌种选择及操作工艺不当所引起。正常的酸乳生产应保证两种以上的菌混合使用并选择适宜的比例。任何一方占优势均会导致产香不足，风味变劣。高温短时发酵和固体含量不足也是造成芳香味不足的因素。芳香味主要来自发酵剂分解柠檬酸产生的丁二酮等物质，所以原料乳中应保证足够的柠檬酸含量。

b. 酸乳的不洁味：主要由发酵剂或发酵过程中污染杂菌引起。被丁酸菌污染可使产品带刺鼻怪味，被酵母菌污染不仅产生不良风味．还会影响酸乳的组织状态，使酸乳产生气泡。因此，要严格保证卫生条件。

c. 酸乳的酸甜度：酸乳过酸、过甜均会影响风味。发酵过度、冷藏时温度偏高和加糖量较低等会使酸乳偏酸．而发酵不足或加糖过高又会导致酸乳偏甜。因此，应尽量避免发酵过度现象，并应在0～4℃条件下冷藏，防止温度过高，严格控制加糖量。

d. 原料乳的异味：牛体臭味、氧化臭味及过度热处理或添加了风味不良的炼乳或乳粉等原料也是造成风味不良的原因之一。

④ 表面霉菌生长：酸乳储藏时间过长或温度过高时，往往在表面出现有霉菌。黑斑点易被察觉，而白色霉菌则不易被注意。这种酸乳被人误食后，轻者有腹胀感觉，重者引起腹痛下泻。因此要严格保证卫生条件并根据市场情况控制好储藏时间和储藏温度。

⑤ 口感差：优质酸乳柔嫩、细滑，清香可口。采用高酸度的乳或劣质的乳粉生产的酸乳口感粗糙，有沙状感。因此，生产酸乳时，应采用新鲜牛乳或优质乳粉，并采取均质处理，使乳中蛋白质颗粒细微化，达到改善口感的目的。

（3）搅拌型酸乳的加工及质量控制

工艺要求

搅拌型酸乳的加工工艺及技术要求基本与凝固型酸乳相同，其不同点主要是搅拌型酸乳多了一道搅拌混合工艺，这也是搅拌型酸乳的特点，根据加工过程中是否添加果蔬料或果酱，搅拌型酸乳可分为天然搅拌型酸乳和加料搅拌型酸乳。下面只对与凝固型酸乳的不同点加以说明。

① 发酵：搅拌型酸乳的发酵是在发酵罐中进行，应控制好发酵罐的温度，避免忽高忽低。发酵罐上部和下部温度差不要超过 1.5℃。

② 冷却：搅拌型酸乳冷却的目的是快速抑制细菌的生长和酶的活性，以防止发酵过程产酸过度及搅拌时脱水。冷却在酸乳完全凝固（pH 4.6 ~ 4.7）后开始，冷却过程应稳定进行，冷却过快将造成凝块收缩迅速，导致乳清分离；冷却过慢则会造成产品过酸和添加果料的脱色。搅拌型酸乳的冷却可采用片式冷却器、管式冷却器、表面刮板式热交换器、冷却罐等。

③ 搅拌：通过机械力破碎凝胶体，使凝胶体的粒子直径达到 0.01 ~ 0.4 mm，并使酸乳的硬度和黏度及组织状态发生变化。搅拌的方法是使用宽叶片搅拌器，搅拌过程中应注意既不可过于激烈，又不可过长时间，通常搅拌开始用低速，以后用较快的速度。搅拌时的质量控制应注意以下几个方面：

a. 温度：搅拌的最适温度 0 ~ 7℃，但在实际生产中使 40℃ 的发酵乳降到 0 ~ 7℃ 不太容易，所以搅拌时的温度以 20 ~ 25℃ 为宜。

b. pH：酸乳的搅拌应在凝胶体的 pH 值达 4.7 以下时进行，若在 pH4.7 以上时搅拌，则因酸乳凝固不完全、黏性不足而影响其质量。

c. 干物质：较高的乳干物质含量对搅拌型酸乳防止乳清分离能起到较好的作用。

d. 管道流速和直径：凝胶体在通过泵和管道移送，流经片式冷却板片和灌装过程中，会受到不同程度的破坏，最终影响到产品的黏度。凝胶体在经管道输送过程中应以低于 0.5 m/s 的层流形式出现，管道直径不应随着包装线的延长而改变，尤其应避免管道直径突然变小。

④ 混合、罐装：果蔬、果酱和各种类型的调香物质等可在酸乳自缓冲罐到包装机的输送过程中加入，这种方法可通过一台变速的计量泵连续加入到酸乳中。在果料处理中，杀菌是十分重要的，对带固体颗粒的水果或浆果进行巴氏杀菌，其杀菌温度应控制在能抑制一切有生长能力的细菌，而又不影响果料的风味和质地的范围内。

酸乳可根据需要，确定包装量和包装形式及灌装机。

⑤ 冷却、后熟：将灌装好的酸乳于 0 ~ 7℃冷库中冷藏 24 h 进行后熟，进一步促使芳香物质的产生和黏稠度的改善。

质量控制

① 砂状组织：酸乳在组织外观上有许多砂状颗粒存在，不细腻。砂状结构的产生有多种原因，在制作搅拌型酸乳时，应选择适宜的发酵温度，避免原料乳受热过度，减少乳粉用量，避免干物质过多和较高温度下的搅拌。

② 乳清分离：酸乳搅拌速度过快，过度搅拌或泵送造成空气混入产品，将造成乳清分离。此外，酸乳发酵过度、冷却温度不适及干物质含量不足也可造成乳清分离现象。因此，应选择合适的搅拌器搅拌并注意降低搅拌温度。同时可选用适当的稳定剂，以提高酸乳的黏度，防止乳清分离，其用量为 0.1% ~ 0.5%。

③ 风味不正：除了与凝固型酸乳的相同因素外，在搅拌过程中因操作不当而混入大量空气，造成酵母和霉菌的污染。酸乳较低的 pH 值虽然抑制几乎所有细菌生长，但却适于酵母和霉菌的生长，造成酸乳的变质、变坏和不良风味。

④ 色泽异常：在生产中因加入的果蔬处理不当而引起变色、褪色等现象时有发生。应根据果蔬的性质及加工特性与酸乳进行合理的搭配和制作，必要时还可添加抗氧化剂。

（三）干酪加工

干酪是指在乳（也可用脱脂乳或稀奶油等）中加入适量的乳酸菌发酵剂和凝乳酶，使乳蛋白质凝固后，排除乳清，将凝块压成所需形状而制成的产品。根据国际乳品联盟（IDF）统计数据表明，世界上大约有 500 个以上被 IDF 认可的干酪品种。但是，由于分类原则不同，目前尚未有统一且被普遍接受的干酪分类办法。IDF1972 年提出以水分含量为标准，将天然干酪分为特硬、硬质、半硬质（半软质）、软质干酪，尽管这种分类方法应用较为广泛，但其仍然存在一些缺陷。通常我们把制成后未经发酵成熟的产品称为新鲜干酪；经长时间发酵成熟而制成的产品称为成熟干酪，国际上将这两种干酪统称为天然干酪。干酪的种类很多，国际上常把干酪划分为天然干酪、再制干酪和干酪食品3 大类。这 3 类干酪品种的主要规格要求如表 2 – 2 – 6 所述。

表 2 – 2 – 6　天然干酪、融化干酪和干酪食品的定义和要求

名称	规格
天然干酪	以乳、稀奶油、部分脱脂乳、酪乳或混合乳为原料，经凝乳后，排出乳清而获得的新鲜或经微生物作用而成熟的产品，允许添加天然香辛料以增加香味和滋味
融化干酪	用一种或一种以上的天然干酪，添加食品卫生标准所允许的添加剂（或不加添加剂），经粉碎、混合、加热融化、乳化后而制成的产品，含乳固体40% 以上。此外，还有下列两条规定： ①允许添加稀奶油、奶油或乳脂以调整脂肪含量 ②添加的香料、调味料及其他食品，必须控制在乳固体的 1/6 以内。不得添加脱脂奶粉、全脂奶粉、乳糖、干酪素以及不是来自乳中的脂肪、蛋白质及碳水化合物
干酪食品	用一种或一种以上的天然干酪或融化干酪，添加食品卫生标准所规定的添加剂（或不加添加剂），经粉碎、混合、加热融化而制成的产品。产品中干酪数量须占 50% 以上。此外，还规定： ①添加香料、调味料或其他食品时，须控制在产品干物质的 1/6 以内 ②添加不是来自乳中的脂肪、蛋白质、碳水化合物时，不得超过产品的 10%

现在习惯上以干酪的软硬度及与成熟有关的微生物来进行分类和区别。主要干酪的分类如表 2 – 2 – 7 所示。

表 2 - 2 - 7 干酪的品种分类

种类		与成熟有关的微生物	水分含量	主 要 产 品
软质干酪	新鲜	不成熟	40%～60%	农家干酪（Cottage cheese） 稀奶油干酪（Cream cheese） 里科塔干酪（Ricotta cheese）
	成熟	细菌		比利时干酪（Limburg cheese） 手工干酪（Hand cheese）
		霉菌		法国浓味干酪（Camembert cheese） 布里干酪（Brie cheese）
半硬质干酪		细菌	36%～40%	砖状干酪（Brick cheese） 修道院干酪（Trappist cheese）
		霉菌		法国羊奶干酪（Roqucfort cheese） 青纹干酪（Blue cheese）
硬质干酪	实心	细菌	25%～36%	荷兰干酪（Goude cheese） 荷兰圆形干酪（Edam cheese）
	有气孔	细菌（丙酸菌）		埃门塔尔干酪（Emmentaler cheese） 瑞士干酪（Swiss cheese）
特硬干酪		细菌	＜25%	帕尔尔逊干酪（Parmesan cheese） 罗马诺干酪（Romano cheese）
融化干酪			40%以下	融化干酪（Processed cheese）

干酪中含有丰富的蛋白质和脂肪，糖类，有机酸，常量矿物元素钙、磷、钠、钾、镁，微量矿物元素铁、锌，以及脂溶性维生素 A、胡萝卜素和水溶性维生素 B_1、B_2、B_6、B_{12}、烟酸、泛酸、叶酸、生物素等多种营养成分。干酪的组成见表 2 - 2 - 8。

表 2 - 2 - 8 干酪的组成（100 g 中的含量）

干酪名称	类型	水分/%	热量/cal	蛋白质/g	脂肪/g	钙/mg	磷/mg	维生素			
								A/IU	B_1/mg	B_2/mg	尼克酸/mg
契达干酪（Cheddar）	硬质（细菌发酵）	37.0	398	25.0	32.0	750	478	1310	0.03	0.46	0.1
法国羊奶干酪（Roquefort）	半硬（霉菌发酵）	40.0	368	21.5	30.5	315	184	1240	0.03	0.61	0.2
法国浓味干酪（Camembert）	软质（霉菌发酵）	52.2	299	17.5	24.7	105	339	1010	0.04	0.75	0.8
农家干酪（Cottage）	软质（新鲜不成熟）	79.0	86	17.0	0.3	90	175	10.0	0.03	0.28	0.1

1. 天然干酪的一般加工工艺

各种天然干酪的生产工艺基本相同，只是在个别工艺环节上有所差异。下面介绍半硬质或硬质干酪生产的基本工艺。

工艺流程

原料乳 → 净化 → 标准化 → 杀菌 → 冷却 → 添加发酵剂 → 预酸化 → 调整酸度 → 加氯化钙 →

加色素 → 加凝乳酶 → 凝块切割 → 搅拌 → 加温 → 乳清排出 → 堆积 → 成型压榨 → 加盐 → 成熟 →

上色挂蜡 → 成品

工艺要点

（1）原料乳的预处理

生产干酪的原料乳，必须经过严格的检验，要求抗生素检验阴性等。除牛奶外也可使用羊奶。检查合格后，进行原料乳的预处理。

① 净乳：采用离心除菌机进行净乳处理，不仅可以除去乳中大量杂质，而且可以将乳中90%的细菌除去，尤其对密度较大的菌体芽孢特别有效。

② 标准化：为了保证每批干酪的成分均一，在加工之前要对原料乳进行标准化处理，包括对脂肪标准化和对酪蛋白以及酪蛋白与脂肪的比例（C/F）的标准化，一般要求 C/F = 0.7。

[例] 原料乳 1000 kg，含脂率为 4%，用含酪蛋白 2.6%、脂肪 0.01% 的脱脂乳进行标准化，使 C/F = 0.7，试计算所需脱脂乳量。

解：① 全乳中的脂肪量 $1000 \times 0.04 = 40$（kg）

② 根据公式 酪蛋白% $= 0.4F + 0.9 = (0.4 \times 4\%) + 0.9 = 2.5\%$

③ 全乳中酪蛋白量 $1000 \times 0.025 = 25$（kg）

④ 原料乳中 C/F $= 25/40 = 0.625$

⑤ ∵ 希望标准化后 C/F $= 0.7$

∴ 标准化后乳中的酪蛋白应该为 $40 \times 0.7 = 28$（kg）

⑥ 应补充的酪蛋白量 $28 - 25 = 3$（kg）

⑦ 所需脱脂乳量为 $3/0.026 = 115.4$（kg）

③ 杀菌：在实际生产中多采用 63～65℃，30 min 的保持式杀菌（LTLT）或 75℃，15 s 的高温短时杀菌（HTST）。常采用的杀菌设备为保温杀菌缸或片式热交换杀菌机。为了确保杀菌效果，防止或抑制丁酸菌等产气芽孢菌，在生产中常添加适量的硝酸盐（硝酸钠或硝酸钾）或过氧化氢。硝酸盐的添加量一般为 0.02～0.05 g/kg 牛乳，过多的硝酸盐能抑制发酵剂的正常发酵，影响干酪的成熟和成品风味及其安全性。

（2）添加发酵剂和预酸化

原料乳经杀菌后，直接打入干酪槽中，待牛乳冷却到 30～32℃后加入发酵剂。

① 干酪发酵剂的种类　在制造干酪的过程中，用来使干酪发酵与成熟的特定微生物培养物称为干酪发酵剂。干酪发酵剂可分为细菌发酵剂和霉菌发酵剂，详见表 2-2-9。

表 2-2-9　干酪发酵剂种类及使用范围、作用

发酵剂种类	菌种名	使用范围、作用
乳酸球菌	嗜热链球菌（*Str. therpomhilus*）	各种干酪，产酸及风味
	乳酸链球菌（*Str. lactis*）	各种干酪，产酸
	乳脂链球菌（*Str. cremoris*）	各种干酪，产酸
	粪链球菌（*Str. faecalis*）	契达干酪

发酵剂种类	菌种名	使用范围、作用
乳酸杆菌	乳酸杆菌（*L. lactis*）	瑞士干酪
	干酪乳杆菌（*L. casei*）	各种干酪，产酸、风味
	嗜热乳杆菌（*L. thremophilus*）	干酪，产酸、风味
	胚芽乳杆菌（*L. plantarum*）	契达干酪
丙酸菌	薛氏丙酸菌（*Prop. shermanii*）	瑞士干酪
短密青霉菌	短密青霉菌（*Brevi. lines*）	砖状干酪
		林堡干酪
酵母菌	解脂假丝酵母（*Cand. lypolytica*）	青纹干酪、瑞士干酪
曲霉菌	米曲霉（*Asp. Oryzae*）	
	娄地青霉（*Pen. roqueforti*）	法国绵羊乳干酪
	卡门培尔干酪青霉（*Pen. camenberti*）	法国卡门塔尔干酪

② 干酪发酵剂的作用：通过添加发酵剂，使乳糖发酵产生乳酸；在酸性条件下凝乳酶的活性提高，促进凝乳酶的凝乳作用，缩短凝乳时间，有利于乳清排除；发酵剂在成熟过程中，利用本身的各种酶类促进干酪的成熟；改进产品组织状态；防止杂菌的繁殖。

③ 发酵剂的加入方法：首先应根据制品的质量和特征，选择合适的发酵剂种类和组成。取原料乳量1%～2%干酪发酵剂，边搅拌边加入，并在30～32℃条件下充分搅拌3～5 min。然后在此条件下发酵1 h，以保证充足的乳酸菌数量和达到一定的酸度，此过程称为预酸化。

（3）酸度调整与添加剂的加入

① 调整酸度：预酸化后取样测定酸度，按要求用1 mol/L的盐酸调整酸度至0.20%～0.22%。

② 添加剂的加入：为了改善凝乳性能，提高干酪质量，可添加氯化钙来调节盐类平衡，促进凝块形成。氯化钙先预配成10%溶液，100 kg原料乳中添加5～20 g（氯化钙量）。黄色色素可以改善和调和颜色，常用胭脂树橙（Annato），通常每1000 kg原料乳中加30～60 g，以水稀释约6倍，充分混匀后加入。

（4）添加凝乳酶和凝乳的形成

① 凝乳酶的添加：通常按凝乳酶效价和原料乳的量计算凝乳酶的用量。用1%的食盐水将酶配成2%溶液，加入到乳中后充分搅拌均匀。

② 凝乳的形成：添加凝乳酶后，在32℃条件下静置40 min左右，即可使乳凝固。

（5）凝块切割

当乳凝块达到适当硬度时，要进行切割以有利于乳清脱出。正确判断恰当的切割时机非常重要，如果在尚未充分凝固时进行切割，酪蛋白或脂肪损失大，且生成柔软的干酪；反之，切割时间迟，凝乳变硬不易脱水。切割时机由下列方法判定：用消毒过的温度计以45°角插入凝块中，挑开凝块，如裂口恰如锐刀切痕，并呈现透明乳清，即可开始切割

（6）凝块的搅拌及加温

凝块切割后若乳清酸度达到0.17%～0.18%时，开始用干酪耙或干酪搅拌器轻轻搅拌，搅拌速度先慢后快。与此同时，在干酪槽的夹层中通入热水，使温度逐渐升高。升温的速度应严格控制，初始时每3～5 min升高1℃，当温度升至35℃时，则每隔3 min升高1℃。当温度达到38～42℃（应根据干酪的品种具体确定终止温度）时，停止加热并维持此时的温度。在整个升温过程中应不停地搅拌，以促进凝块的收缩和乳清的渗出，防止凝块沉淀和相互黏连。在升温过程中应不断地测定乳清的酸度以便控制升温和搅拌的速度。总之，升温和搅拌是干酪制作工艺中的重要过程，它关系到生产的成败和成品质量的好坏，因此，必须按工艺要求严格控制和操作。

（7）乳清排除

乳清排除时期对制品品质大有影响，而排除乳清时的适当酸度依干酪种类而异。乳清由干酪槽底部通过金属网排出。排除的乳清脂肪含量一般约为0.3%，蛋白质0.9%。若脂肪含量在0.4%以上，证明操作不理想，应将乳清回收，作为副产物进行综合加工利用。

（8）堆积

乳清排除后，将干酪粒堆积在干酪槽的一端或专用的堆积槽中，上面用带孔木板或不锈钢板压5～10 min，压出乳清使其成块，这一过程即为堆积。

（9）成型压榨

将堆积后的干酪块切成方砖形或小立方体，装入成型器（Cheese hoop）中。在内衬网（Cheese cloth）成型器内装满干酪块后，放入压榨机（Cheese press）上进行压榨定型。压榨的压力与时间依干酪的品种各异。先进行预压榨，一般压力为0.2～0.3 MPa，时间为20～30 min；或直接正式压榨，压力为0.4～0.5 MPa，时间为12～24 h，压榨结束后，从成型器中取出的干酪称为生干酪（Green cheese或Unripened cheese）。如果制作软质干酪，则凝乳不须压榨。

（10）加盐

加盐的目的在于改进干酪的风味、组织和外观，排出内部乳清或水分，增加干酪硬度，限制乳酸菌的活力，调节乳酸生成和干酪的成熟，防止和抑制杂菌的繁殖。加盐的量应按成品的含盐量确定，一般在1.5%～2.5%范围内。加盐的方法有三种：干腌法，在定型压榨前，将所需的食盐撒布在干酪粒中或者将食盐涂布于生干酪表面（如Camembert）；湿盐法，将压榨后的生干酪浸于盐水池中腌制，盐水浓度第1～2 d为17%～18%，以后保持20%～23%的浓度。为了防止干酪内部产生气体，盐水温度应控制在8℃左右，浸盐时间4～6 d（如Edam, Gouda）；混合法，是指在定型压榨后先涂布食盐，过一段时间后再浸入食盐水中的方法（如Swiss, Brick），因干酪品种不同加盐方法也不同。

（11）干酪的成熟

将生鲜干酪置于一定温度（10～12℃）和湿度（相对湿度85%～90%）条件下，在乳酸菌等有益微生物和凝乳酶的作用下，经一定时期（3～6个月），使干酪发生一系列物理和生物化学变化的过程，称为干酪的成熟。成熟主要目的是改善干酪的组织状态和营养价值，增加干酪的特有风味。

① 成熟的条件：干酪的成熟通常在成熟库（室）内进行。成熟时低温比高温效果好，一般为5～15℃。相对湿度一般为85%～95%，因干酪品种而异。当相对湿度一定时，硬质干酪在7℃条件下需8个月以上的成熟，在10℃时需6个月以上，而在15℃时则需4个月左右。软质干酪或霉菌成熟干酪需20～30 d。

② 成熟过程的管理：

a. 前期成熟：将待成熟的新鲜干酪放入温度、湿度适宜的成熟库中，每天用洁净的棉布擦拭其表面，防止霉菌的繁殖。为了使表面的水分蒸发均匀，擦拭后要反转放置。此过程一般要持续15～20 d。

b. 上色挂蜡：为了防止霉菌生长和增加美观，将前期成熟后的干酪清洗干净后，用食用色素染成红色（也有不染色的）。待色素完全干燥后，在160℃的石蜡中进行挂蜡。所选石蜡的融点以54～56℃为宜。

c. 后期成熟和贮藏：为了使干酪完全成熟，以形成良好的口感、风味，还要将挂蜡后的干酪放在成熟库中继续成熟2～6个月。成品干酪应放在5℃及相对湿度80%～90%条件下贮藏。

③ 加速干酪成熟的方法：加速干酪成熟的传统方法是加入蛋白酶、肽酶和脂肪酶；现在的方法是加入脂质体包裹的酶类、基因工程修饰的乳酸菌等，以加速干酪的成熟；提高成熟温度加速干酪成熟。

2. 干酪的质量控制

（1）物理性缺陷及其防止方法

质地干燥　凝乳块在较高温度下"热烫"引起干酪中水分排出过多导致制品干燥，凝乳切割过小、加温搅拌时温度过高、酸度过高、处理时间较长及原料含脂率低等都能引起制品干燥。对此除改进加工工艺外，也可利用表面挂石蜡、塑料袋真空包装及在高温条件下进行成熟来防止。

组织疏松　即凝乳中存在裂隙。酸度不足，乳清残留于凝乳块中，压榨时间短或成熟前期温度过高等均能引起此种缺陷。防止方法：进行充分压榨并在低温下成熟。

多脂性　指脂肪过量存在于凝乳块表面或其中。其原因大多是由于操作温度过高，凝块处理不当（如堆积过高）而使脂肪压出。可通过调整生产工艺来防止。

斑纹　操作不当引起。特别在切割和热烫工艺中由于操作过于剧烈或过于缓慢引起。

发汗　指成熟过程中干酪渗出液体。其可能的原因是干酪内部的游离液体多及内部压力过大所致，多见于酸度过高的干酪。所以除改进工艺外，控制酸度也十分必要。

（2）化学性缺陷及其防止方法

金属性黑变　由铁、铅等金属与干酪成分生成黑色硫化物，根据干酪质地的状态不同而呈绿、灰和褐色等色调。操作时除考虑设备、模具本身外，还要注意外部污染。

桃红或赤变　当使用色素（如安那妥）时，色素与干酪中的硝酸盐结合而成更浓的有色化合物。对此应认真选用色素及其添加量。

（3）微生物性缺陷及其防止方法

酸度过高　主要原因是微生物发育速度过快。防止方法：降低预发酵温度，并加食盐以抑制乳酸菌繁殖；加大凝乳酶添加量；切割时切成微细凝乳粒；高温处理；迅速排除乳清以缩短制造时间。

干酪液化　由于干酪中存在有液化酪蛋白的微生物而使干酪液化。此种现象多发生于干酪表面。引起液化的微生物一般在中性或微酸性条件下发育。

发酵产气　通常在干酪成熟过程中能缓缓生成微量气体，但能自行在干酪中扩散，故不形成大量的气孔，而由微生物引起干酪产生大量气体则是干酪的缺陷之一。在成熟前期产气是由于大肠杆菌污染，后期产气则是由梭状芽胞杆菌、丙酸菌及酵母菌繁殖产生的。防止的对策可将原料乳离心除菌或使用产生乳酸链球菌肽的乳酸菌作为发酵剂，也可添加硝酸盐，调整干酪水分和盐分。

苦味生成　干酪的苦味是极为常见的质量缺陷。酵母或非发酵剂菌都可引起干酪苦味。极微弱的苦味可构成契达（Cheddar cheese）的风味成分之一，这是特定的蛋白胨、肽所引起。另外，乳高温杀菌、原料乳的酸度高、凝乳酶添加量大以及成熟温度高均可能产生苦味。食盐添加量多时，可降低苦味的强度。

恶臭　干酪中如存在厌气性芽胞杆菌，会分解蛋白质生成硫化氢、硫醇、亚胺等。此类物质产生恶臭味。生产过程中要防止这类菌的污染。

酸败　由污染微生物分解乳糖或脂肪等生成丁酸及其衍生物所引起。污染菌主要来自于原料乳、牛粪及土壤等。

3. 融化干酪

将同一种类或不同种类的两种以上的天然干酪，经粉碎、加乳化剂、加热搅拌、充分乳化、浇灌包装而制成的产品，叫做融化干酪（Processed Cheese），也称加工干酪。

（1）融化干酪的特点

融化干酪具有以下特点：可以将不同组织和不同成熟度的干酪适当配合，制成质量一致的产品；由于在加工过程中进行加热杀菌，食用安全、卫生，并且具有良好的保存特性；集各种干酪为一体，组织和风味独特；可以添加各种风味物质和营养强化成分，较好地满足消费者的需求和嗜好。

（2）融化干酪的生产工艺

原料选择 → 原料预处理 → 切割 → 粉碎 → 加水 → 加乳化剂 → 加色素 → 加热融化 → 浇灌包装 → 静置冷却 → 冷却 → 成熟 → 成品

① 原料选择：一般选择细菌成熟的硬质干酪如荷兰干酪、契达干酪和荷兰圆形干酪

等。为满足制品的风味及组织，成熟 7~8 个月风味浓的干酪占 20%~30%。为了保持组织滑润，则成熟 2~3 个月的干酪占 20%~30%，搭配中间成熟度的干酪 50%，使平均成熟度在 4~5 个月之间，含水分 35%~38%，可溶性氮 0.6% 左右。过熟的干酪，由于有的氨基酸或乳酸钙结晶析出，不宜作原料。有霉菌污染、气体膨胀、异味等缺陷者不能使用。

② 原料预处理：原料干酪的预处理室要与正式生产车间分开。预处理是去掉干酪的包装材料，削去表皮，清拭表面等。

③ 切碎与粉碎：用切碎机将原料干酪切成块状，用混合机混合。然后用粉碎机粉碎成 4~5 cm 的面条状，最后用磨碎机处理。近来，此项操作多在溶融釜中进行。

④ 熔融、乳化：在熔融釜中加入适量的水，通常为原料干酪重的 5%~10%，成品的含水量为 40%~55%，按配料要求加入适量的调味料、色素等，然后加入预处理粉碎后的原料干酪。当温度达到 50℃ 左右，加入 1%~3% 的乳化剂，如磷酸钠、柠檬酸钠、偏磷酸钠和酒石酸钠等。这些乳化剂可以单用，也可以混用。最后将温度升至 60~70℃，保温 20~30 min，使原料干酪完全融化。如果需要可调整酸度，使成品的 pH 值为 5.6~5.8，不得低于 5.3。在进行乳化操作时，应加快釜内的搅拌器的转数，使乳化更完全。乳化终了时，应检测水分、pH 值、风味等，然后抽真空进行脱气。

⑤ 充填、包装：经过乳化的干酪应趁热进行充填包装。包装材料多使用玻璃纸或涂塑性蜡玻璃纸、铝箔、偏氯乙烯薄膜等。包装的量、形状和包装材料的选择，应考虑到食用、携带、运输方便。

⑥ 贮藏：包装后的成品融化干酪，应静置 10℃ 以下的冷藏库中定型和贮藏。

五、乳粉

乳粉又名奶粉，它是以新鲜牛乳为原料，或以新鲜牛乳为主要原料，添加一定数量的植物或动物蛋白质、脂肪、维生素、矿物质等配料，除去其中几乎全部水分而制成的粉末状乳制品。乳粉中水分含量很低，重量减轻，为贮藏和运输带来了方便。

根据乳粉加工所用原料和加工工艺可以将乳粉分为：

① 全脂乳粉：是新鲜牛乳标准化后，经杀菌、浓缩、干燥等工艺加工而成。由于脂肪含量高易被氧化，在室温可保藏三个月。

② 脱脂乳粉：用离心的方法将新鲜牛乳中的绝大部分脂肪分离去除后，再经杀菌、浓缩、干燥等工艺加工而成。由于脱去了脂肪，该产品保藏性好（通常达 1 年以上），用于制点心、面包、冰淇淋、再制乳等。

③ 速溶乳粉：将全脂牛乳、脱脂牛乳经过特殊的工艺操作而制成的乳粉，对温水或冷水具有良好的润湿性、分散性及溶解性。

④ 配制乳粉：在牛乳中添加某些必要的营养物质后再经杀菌、浓缩、干燥而制成。配制乳粉最初主要是针对婴儿营养需要而研制的，供给母乳不足的婴儿食用。目前，配制乳粉已呈现出系列化的发展趋势，如中小学生乳粉、中老年乳粉、孕妇乳粉、降糖乳

粉、营养强化乳粉等。

⑤ 加糖乳粉：新鲜牛乳经标准化后，加入一定量的蔗糖，再经杀菌、浓缩、干燥等工艺加工而成。

⑥ 冰淇淋粉：在牛乳中配以乳脂肪、香料、稳定剂、抗氧化剂、蔗糖或一部分植物油等物质经干燥而制成。

⑦ 奶油粉：将稀奶油经干燥而制成的粉状物，与稀奶油相比保藏期长，贮藏和运输方便。

⑧ 麦精乳粉：在牛乳中添加可溶性麦芽糖、糊精、香料等经真空干燥而制成乳粉。

⑨ 乳清粉：将制造干酪的副产品乳清进行干燥而制成的粉状物。乳清中含有易消化、有生理价值的乳蛋白、球蛋白及非蛋白氮化合物、其他物质。根据用途分为普通乳清粉、脱盐乳清粉、浓缩乳清粉等。

⑩ 酪乳粉：将酪乳干燥制成的粉状物。含有较多的卵磷脂，用于制造点心及再制乳之用。

乳粉生产已进入了新的时代，特殊乳粉已成了新的主流。目前已有嗜酸菌乳粉、低钠乳粉、乳糖分解乳粉、高蛋白低脂肪乳粉和蛋白分解乳粉等。尤其是特殊调制的婴儿乳粉在某些国家已成为主要乳制品种。乳粉的化学组成依原料乳的种类和添加物不同而有所差别，表 2 - 2 - 10 中列举了几种主要乳粉的化学组成。

表 2 - 2 - 10　主要种类乳粉的化学组成（%）

种类	水分	脂肪	蛋白质	乳糖	灰分	乳酸
全脂乳粉	2	27	26.5	38	6.05	0.16
脱脂乳粉	3.23	0.88	36.89	47.84	7.8	1.55
麦精乳粉	3.29	7.55	13.19	72.4*	3.66	
婴儿乳粉	2.6	20	19	54	4.4	0.17
母乳化乳粉	2.5	26	13	56	3.2	0.17
乳油粉	0.66	65.15	13.42	17.86	2.91	
甜性酪乳粉	3.9	4.68	35.88	47.84	7.8	1.55

＊包括蔗糖、麦精及糊精

1. 全脂乳粉

全脂乳粉的一般生产工艺流程如下：

原料验收 → 乳的预处理与标准化 → 真空浓缩 → 喷雾干燥 → 冷却筛粉 → 包装 → 成品

（1）原料验收

只有优质的原料乳才能生产出优质的乳粉，原料乳必须符合国家标准规定的各项要求，严格地进行感官检验、理化检验和微生物检验。

（2）乳的预处理与标准化

生产全脂乳粉、全脂甜乳粉以及脱脂乳粉时，一般不必经过均质操作，但若乳粉的配料中加入了植物油或其他不易混匀的物料时，就需要进行均质操作。均质时的压力一般控制在 14 ~ 21 MPa，温度控制在 60℃为宜。均质后脂肪球变小，从而可以有效地防止脂肪上浮，并易于消化吸收。牛乳的杀菌不同的产品可根据本身的特性选择合适的杀菌方法。生产全脂乳粉时，杀菌温度和保持时间对乳粉的品质，特别是溶解度和保藏性有很大影响。目前最常见的是采用超高温短时灭菌法，因为该方法可使牛乳的营养成分损失较小，乳粉的理化特性较好。

（3）真空浓缩

真空浓缩是在 21~8 kPa 减压条件下，采用蒸汽直接或间接法对牛乳进行加热，使其在低温条件下沸腾，乳中一部分水分汽化并不断地排除的过程。牛乳经杀菌后立即泵入真空蒸发器进行减压（真空）浓缩，除去乳中大部分水分（45%~55%），然后进入干燥塔中进行喷雾干燥，以利于产品质量和降低成本。因为真空蒸发除水要比干燥除水节约能源和节省冷却用水，如乳喷雾干燥每蒸发 1 kg 水需消耗蒸汽 3~4 kg，而在单效真空蒸发器中消耗蒸汽 1.1 kg，在双效真空蒸发器中消耗蒸汽仅 0.4 kg。

真空浓缩的设备　设备种类按加热部分的结构可分为盘管式、直管式和板式三种；按其二次蒸汽利用与否，可分为单效和多效浓缩设备。

盘管式真空浓缩罐：盘管式真空浓缩罐为立式圆筒形锅体，上下两端为半圆形封盖，用不锈钢制造。主要由加热器、蒸发室、牛乳进料、出料装置等组成（图 2-2-15）。属于落后设备，耗汽（蒸发 1 kg 水耗汽 1.1 kg 以上）、耗水量大，洗刷不便。

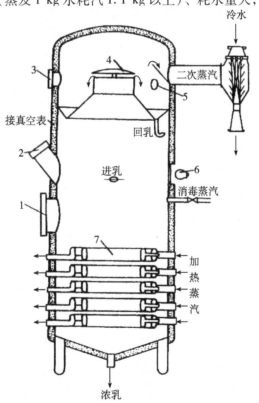

图 2-2-15　盘管式真空浓缩罐

1—快开式入孔　2、3—窥视孔　4—捕沫器　5、6—灯孔　7—盘管直管外加热式单效蒸发器：直管外加热式蒸发器由加热室、蒸发室、循环管组成，属于循环型蒸发器（图2-2-16）。加热室由许多垂直长管组成，料液经预热后由蒸发器底部引入，进到加热管内后迅速沸腾后汽化，生成的蒸汽高速上升。料液为上升蒸汽所带动，从而也沿着管壁呈膜状迅速上升，并在此过程中继续蒸发。所以有人把它称作"升膜式"连续浓缩锅。

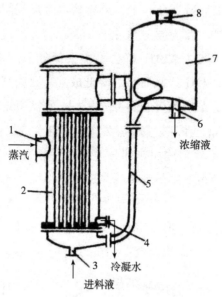

图2-2-16　直管外加热式单效蒸发器
1—蒸汽进口　2—加热室　3—料液进口　4—冷凝水出口
5—循环管　6—浓缩液出口　7—分离器　8—二次蒸汽出口

单效降膜式蒸发器（图2-2-17）：结构和升膜式相似但是其料液由加热器顶部加入，液体在重力作用下，沿着管内壁成液膜状向下流动，当到达分离器与二次蒸发分离后，即可由分离器底部排出得到完成液。

真空浓缩的特点：

① 受热时间短　如在降膜式蒸发器中乳的停留时间仅为1 min。

② 在减压条件下，乳的沸点降低　如当真空度为20 kPa时，其沸点为56.7℃，这样就提高了加热蒸汽与牛乳的温差。从而增加了热交换的速度，提高了浓缩效率。

③ 由于沸点降低，在热交换器上的结焦现象大为减少，便于清洗，有利于提高传热效率。

④ 真空是在密闭的容器内进行的，避免了外界污染。

⑤ 利用二次蒸汽，更加节约能源。

（4）喷雾干燥

浓缩乳中仍然含有较多的水分，必须经喷雾干燥后才能得到乳粉。

喷雾干燥的雾化方式通常采用压力喷雾干燥和离心喷雾干燥。图2-2-18为常用的雾化器。

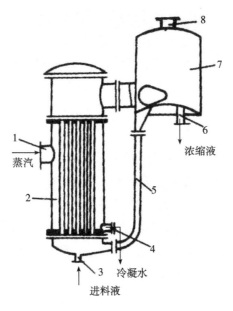

图 2 - 2 - 17　单效降膜式蒸发器

压力式喷雾干燥：浓乳的雾化是通过一台高压泵的压力（达 20 MPa）和一个安装在干燥塔内部的喷嘴来完成的。雾化原理是：浓乳在高压泵的作用下通过一狭小的喷嘴后，瞬间得以雾化成无数微细的小液滴。雾化状态的优劣取决于雾化器的结构、喷雾压力（浓乳的流量）、浓乳的物理性质（浓度、黏度、表面张力等）。一般情况下，雾滴的平均直径与浓乳的表面张力、黏度及喷嘴孔径成正比，与流量成反比。浓乳流量则与喷雾压力成正比。

离心式喷雾干燥：离心式喷雾干燥中，浓乳的雾化是通过一个在水平方向作高速旋转的圆盘来完成的。其雾化原理是：当浓乳在泵的作用下进入高速旋转的转盘（转速在 10000 rpm）中央时，由于离心力的作用而以高速被甩向四周，从而达雾化的目的。

操作中的压力喷嘴雾化器

操作中的旋转雾化器雾化轮

图 2 - 2 - 18　雾化器

离心式雾化的优点：生产过程灵活，调整离心盘的转速，就可以增减浓缩乳的处理量，生产能力可在很大范围内变化；不需要高压泵，容易自动控制；浓度和黏度高的乳都可以喷雾，所以乳的浓度可以提高到 50% 以上；所得到的乳粉颗粒比较均匀，形成相对小的液滴。

缺点是在雾中形成许多液胞，此外液滴被甩出悬浮在转盘轴的周围，所以，干燥室必需足够大，以防液滴碰到室壁。

雾化状态的优劣取决于转盘的结构及其圆周速度（直径与转速）、浓乳的流量与流速、浓乳的物理性质（浓度、黏度、表面张力等）。

喷雾干燥的特点：

优点：干燥速度快，物料受热时间短。整个干燥过程仅需要 10 ~ 30 s；整个干燥过程中，乳粉颗粒表面的温度较低，不会超过干燥介质的湿球温度（50 ~ 60℃）；工艺参数可以方便地调节，产品质量容易控制，同时也可以生产有特殊要求的产品；整个干燥过程在密闭状态下进行的，产品不易受到外界污染，从而最大程度保证了产品的质量；操作简单，机械化、自动化程度高，劳动强度低，生产能力大。

缺点：占地面积和空间大，一般需要多层建筑，一次性投资大；热效率低，只有 35% ~ 50%，所以热量消耗大；喷雾干燥塔内壁或多或少都会粘有乳粉，时间一长严重影响其溶解性能，而且消除困难；另外粉尘回收装置比较复杂，设备清扫时劳动强度大。

干燥设备组成及乳粉干燥过程：喷雾干燥设备类型虽然很多，但都是由干燥室（Drying chamber）、雾化器（Atomizer）、高压泵（High pressure pump）、空气过滤器、空气加热器、进、排风机、捕粉装置及气流调节装置组成。

乳粉干燥过程分为两个阶段。第一阶段将预处理过和牛奶浓缩至乳固体含量 40% 左右。第二阶段将浓缩乳泵入干燥塔中进行干燥，该阶段又可分为 3 个连续过程：一是将浓缩乳分散成非常微细的雾状液滴；二是微细雾滴与热空气流接触，此时牛奶的水分大量迅速蒸发；三是将乳粉颗粒与热空气分开。

在干燥室内，整个干燥过程大约用时 25 s。由于微小液滴中水分不断蒸发，使乳粉的温度不超过 75℃。干燥的乳粉含水分 2.5% 左右，从塔底排出，而热空气经旋风分离器或袋滤器分离所携带的乳粉颗粒而净化，或排入大气或进入空气加热室再利用。

二次干燥或两段干燥：二次干燥或两段干燥法是指第一段喷出水分含量较高（6% ~ 7%）的乳粉颗粒，第二阶段在流化床或干燥塔中二次干燥至含水量 2.5% ~ 5%；也有在塔底设置固定的沸腾床，使奶粉颗粒在塔底低温条件下干燥。用流化床干燥机进行二次干燥或两段干燥，可生产优质的乳粉。因为可以提高喷雾干燥塔中空气进风温度，使粉末的停顿的时间短（仅几秒钟）；而在流床干燥中空气进风温度相对低（130℃），粉末停留时间较长（几分钟）热空气消耗也很少。见图 2 – 2 – 19。

传统干燥和两段式干燥将干物质含量48%的脱脂浓缩奶干燥到含水量3.5%所需条件见表2-2-11。

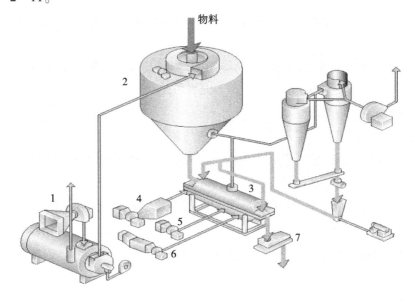

图2-2-19　配有流化床喷雾干燥

1、4—空气加热器　2—喷雾干燥塔　3—流化床　5—冷空气室　6—冷却干空气室　7—振动筛

表2-2-11　传统干燥和两段式干燥比较

方式	传统干燥	二段式干燥
进风温度/℃	200	250
出风温度/℃	94	87
总消耗热/KJ/kg 水	4330	3610
能力/kg 粉末/h	1300	2040

由此可见，两段式干燥能耗低（20%）、生产能力更大（57%）、乳粉质量通常更好，但需要增加流化床。

流化床除干燥还可有其他功能，如简单地加入一个冷却部分流床也能用于粉粒附聚，附聚的主要原因是解决在冷水中分散性差的细粉，通常生产大颗粒乳粉。在流床中粉末之间相互碰撞强烈，如果粉末足够黏即在它们边缘有足够的含水量，则会发生附聚。向粉末中吹入蒸汽（这是所谓再湿润多应用于生产脱脂乳粉中）可提高附聚。此制造方式因为对乳成分几乎没有热破坏，粉末容易分散，可生产出高质量的奶粉。速溶奶粉主要是通过该方法生产的（在附聚段喷涂卵磷脂）。

（5）冷却筛粉

在不设置二次干燥的设备中，乳粉从塔底出来放入温度为65℃以上，需要冷却以防脂肪分离。冷却是在粉箱中室温下过夜，然后过筛（20~30目）后即可包装。在设有二次干燥设备中，乳粉经二次干燥后进入冷却床被冷却到40℃以下，再经过粉筛送入奶粉仓，待包装。

（6）计量包装

工业用粉采用25 kg的大袋包装，家庭采用1 kg以下小包装。小包装一般为马口铁罐或朔料袋包装，包质期为3~18个月，若充氮可延长包质期。

2. 速溶乳粉

速溶乳粉是上世纪八十年代以后我国生产的较新的产品，首先投入大量生产的是脱脂速溶乳粉，其次全脂速溶乳粉投入生产。此外，半脱脂速溶乳粉、速溶稀乳油粉和速溶可可乳粉等种类日趋繁多。其质量特征如下：

① 用水冲调复原时，溶解的很快，而且不会在水面上结成小团；

② 颗粒较大，一般为100~800 μm；

③ 乳糖呈结晶态的α含水乳糖，而不是非结晶无定形的玻璃状态，所以这种乳粉在保藏中不易吸湿结块；

④ 水分含量较高，一般3.5%~5.0%。

速溶乳粉的乳糖晶型和颗粒结构状态与一般普通乳粉不同。乳糖溶液具有两种旋光性的异构体，即α-乳糖和β-乳糖。其中β-乳糖常常多于α-乳糖，在室温下二者之比是1.58:1，在100℃下二者之比是1.33:1。当喷雾时由于牛乳瞬间干燥成乳粉，妨碍了乳糖进行结晶而形成一种无定形的玻璃状态的非结晶的α-乳糖与β-乳糖的混合物。这种玻璃状态的乳糖具有很强的吸湿性。含有这种乳糖的普通脱脂乳粉在35℃、70%的相对湿度下放置4~10 h后，吸收水分可达10%~12%。其后就不再吸收水分，乳糖开始变成结晶状态。

如果这时将多余的残留水分再经过一次干燥，使其蒸发后，就形成一种含有结晶状态乳糖的乳粉。这种乳粉吸湿性很小，耐保藏。速溶脂脱乳粉就是根据这种特性而制造出来的，这种工艺方法称为吸潮再干燥方法。

速溶乳粉的生产最先提出的是二段法，也是最先投入工业生产的方法。首先要用喷雾法来制造普通的喷雾乳粉做为基粉。在制造基粉时，要求预热、杀菌和浓缩等，都要限制在低温条件下进行（最好采用不高于80℃、15 s的加热条件）。控制其乳清蛋白质变性程度不超过5%。然后将这种基粉再经过下列几道工序：

① 与潮湿空气及蒸汽接触以吸潮，目的在于使乳粉颗粒互相附聚（或称簇集），并使α-乳糖开始结晶。有的在附聚段喷涂卵磷脂，以改善乳粉的冲调性。

② 再与热风干燥并冷却之。

③ 轻轻粉碎过筛，以使颗粒大小均匀。

速溶奶粉的颗粒再造过程，是在流化床干燥器中进行的，见图2-2-20。

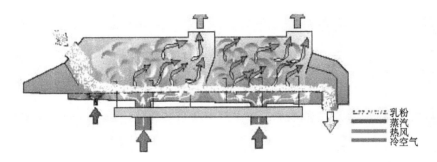

乳粉
蒸汽
热风
冷空气

图2-2-20　速溶奶粉的颗粒再造过程

思考题

1. 牛乳的主要化学成分包括哪些？

2. 试述牛乳的分散体系？

3. 异常乳的种类及特性。

4. 试述原料乳的验收方法。

5. 消毒乳的种类及特点。

6. 杀菌方法的种类、设备及效果。

7. 酸乳有哪些生理保健功能？

8. 试述发酵剂的种类及发酵剂的制备。

9. 详述酸乳的种类、加工工艺及要点。

10. 试述凝固型酸乳和搅拌型酸乳加工和贮藏过程中常出现的质量问题和解决方法。

11. 什么叫干酪？

12. 简述天然干酪的一般生产工艺和操作过程。

13. 简述融化干酪的生产工艺过程及操作要点。

14. 试述乳粉的种类

15. 离心式和压力式喷雾干燥的优缺点比较。

第三章　蛋品加工技术

本章学习目标　了解禽蛋的构成，重点掌握禽蛋各部分的化学成分及其特性；掌握禽蛋的质量标准、品质鉴别，熟练掌握常见蛋制品的加工原理和加工工艺；运用所学知识，分析和解决生产中出现的技术问题。

一、禽蛋的基础知识

（一）蛋的构造

1. 蛋的外形

禽蛋具有一定的形状，一般来说多为椭球形，其形状可用蛋形指数来反映，蛋形指数是指蛋的横径与纵径之比，正常的蛋形指数应为 1.30~1.35 之间，其值大于 1.35 者为细长形蛋，小于 1.30 者其形状近似球形。通常小型蛋多呈球形（鹌鹑蛋），大型蛋多呈椭球形，双黄蛋多呈纺锤形或圆筒形（鹅蛋）。蛋形指数也可用百分率表示：

$$蛋形指数\% = \frac{横径（mm）}{纵径（mm）} \times 100 \quad 其正常值为 72\% \sim 78\%。$$

2. 蛋的结构

禽蛋是由蛋壳、蛋白、蛋黄三个部分组成的。各个组成部分在蛋中所占的比重与家禽的种类、品种、年龄、产蛋季节、蛋的大小及饲养有关。蛋的结构图如图 2-3-1，各个组成部分的重量比例如表 2-3-1。

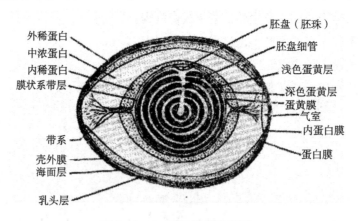

图 2-3-1　蛋的结构示意图

表 2-3-1　禽蛋各部分的比例

种类	蛋重/g	蛋壳/%	蛋白/%	蛋黄/%
鸡蛋	40~60	10~12	45~60	26~33

种类	蛋重/g	蛋壳/%	蛋白/%	蛋黄/%
鸭蛋	60 ~ 90	11 ~ 13	45 ~ 58	28 ~ 35
鹅蛋	160 ~ 180	11 ~ 13	45 ~ 58	32 ~ 35

蛋壳部的结构　蛋壳部由蛋壳外膜、硬蛋壳、蛋壳膜及气室所构成。

① 蛋壳外膜：又称壳外膜、壳上膜，这是一层覆盖在蛋壳表面的一种无定形结构、透明、可溶性的胶质黏液干燥而成的薄膜。其作用是保护蛋的内容物免遭微生物的侵入感染，减少蛋内水分的蒸发，它易受潮、受热而被破坏，因此鲜蛋不能水洗、雨淋。

② 硬蛋壳：又称石灰质硬蛋壳，是包裹在鲜蛋内容物外面的一层硬壳。硬蛋壳可使蛋具有固定形状并起保护蛋白、蛋黄的作用。蛋壳性脆易破损，其厚度一般为 270 ~ 370 μm，蛋小头的壳较大头的厚，其表面有色素沉积，色素越多壳越厚。蛋壳表面常带有深浅不同的色泽，从白色、深褐色至蓝绿色都有，蛋壳的色泽与禽的种类、品种、饲料等有关。

蛋壳是由层状和锥状两层钙质组成的网眼状的多孔性结构，有许多大小不一的气孔，小者 4 μm，大者 40 μm，据测算，整个蛋壳气孔有 9000 ~ 12000 个，气孔的分布并不均匀，蛋的大头最多，每平方厘米可达 300 ~ 370 个，小头最少，每平方厘米只有 150 ~ 180 个。气孔是适应蛋本身新陈代谢需要的内外通道，也是微生物侵入蛋内和水分向外蒸发的通道，对蛋品加工有一定的作用。

③ 蛋壳内膜：又称壳内膜、壳下膜，蛋壳膜在硬蛋壳的内面，蛋白的外围，它分内、外两层，外层（靠蛋壳的）叫内壳膜，内层（靠蛋白的）叫蛋白膜，两层膜在结构上大致相同，都是由角质蛋白纤维交织成的网状结构，所不同的是内壳膜厚 41.6 ~ 60.0 μm，其纤维较粗，网状结构粗糙，空隙较大，细菌可直接通过；蛋白膜厚 12.9 ~ 17.3 μm，其纤维纹理较紧密细致，有些细菌不能直接通过进入蛋内，只有其所分泌的蛋白酶将其蛋白膜破坏之后，微生物才能进入蛋内，所有霉菌的孢子均不能透过这两层膜而进入蛋内，但其菌丝体可以自由通过，并能引起蛋内发霉。总之，这两层膜的通透性比蛋壳小，具有保护蛋内容物的作用。

④ 气室：位于蛋的钝端，当蛋排出禽体外，一般 6 ~ 10 min 便形成气室。因蛋从体内排出接触冷空气时，蛋内容物冷却收缩使蛋内部暂时形成一部分真空，此时蛋外的空气由蛋壳和内壳膜上的气孔进入蛋内，在蛋的大头部分，蛋白膜与内壳膜之间形成一个空囊，即气室。随着蛋内水分的蒸发，内容物的消耗气室也不断增大，故视气室的大小，可鉴别蛋的新鲜度。

蛋白部结构　蛋白亦称蛋清，是一种半透明的胶体黏稠液状物。其结构是由外稀蛋白层、浓厚蛋白层、内稀蛋白层、系带所构成，按其形态可分为两种，即稀薄蛋白与浓厚蛋白。

浓厚蛋白主要是由黏蛋白和类黏蛋白组成，并含有特有的溶菌酶，它能溶解细菌，具有杀菌作用，此酶的含量、活性与浓厚蛋白的含量成正比。随着蛋的陈旧，浓厚蛋白逐渐变稀，溶菌酶也逐渐消失。

在蛋白中，位于蛋黄两端各有一条白色带状物，叫系带又称卵带，其作用是固定蛋黄位于蛋的中心。新鲜蛋系带上附着溶菌酶，且其含量是蛋白中溶菌酶含量的 2~3 倍，甚至多达 4~5 倍。同浓厚蛋白一样，随着放置时间过长，蛋的陈旧，系带会变细或断裂，随后出现散黄现象。

蛋黄的结构　蛋黄是由蛋黄膜、蛋黄液和胚胎所组成。

① 蛋黄膜：是包在蛋黄外面一层很薄而有韧性的透明膜，其厚度为 16 μm，其结构与蛋白膜极为类似，只是结构更为微细而紧密，可分为三层，内外两层为黏蛋白，中间为角蛋白。其功能是保护蛋黄液不与蛋白相混。随着鲜蛋保存时间延长，它的韧性减弱，并且蛋黄内逐渐渗水胀大，最后完全丧失张力而破裂散黄。

② 蛋黄液：是一种浓稠不透明半流动状的黄色乳状液，是蛋中最富有营养物质的部分。由深、浅两种蛋黄蛋相间组成，其中央为白色蛋黄层。

③ 胚胎：是从蛋黄中心有一个白色蛋黄体延伸到蛋黄表面的白色小圆点，未受精蛋的胚胎称为胚珠，直径约 2.5 mm，受精蛋的胚胎称为胎盘，直径 3~5 mm，它在适宜的外界温度下，便会很快发育，这样就降低了蛋的耐贮性和质量。

（二）蛋的化学组成与特性

1. 蛋的化学成分

蛋壳部的化学成分　蛋壳主要由无机物所构成，占整个蛋壳的 94%~97%。有机物占蛋壳的 3%~6%。无机物中主要是碳酸钙（约占 93%），其次有少量的碳酸镁（约占 1.0%），及磷酸钙、磷酸镁。有机物中主要为蛋白质，大部分属于胶原蛋白。禽蛋的种类不同，蛋壳的化学组成亦有差异，见表 2-3-2。

表 2-3-2　蛋壳的化学组成（%）

种类	有机成分	碳酸钙	碳酸镁	磷酸钙及磷酸镁
鸡蛋	3.2	93	1	2.8
鸭蛋	4.3	94.4	0.5	0.8
鹅蛋	3.5	95.3	0.7	0.5

蛋白的化学成分　蛋白中的水分含量为 85%~89%，蛋白质含量为 10%~13%，脂肪、碳水化合物和矿物质的含量则很少。另外，蛋白中还含有适量的维生素及酶类如溶菌酶等。禽蛋蛋白的化学组成见表 2-3-3。

表 2-3-3　禽蛋蛋白的化学组成（%）

种类	水分	蛋白质	脂肪	葡萄糖	矿物质
鸡蛋	87.3~88.6	10.8~11.6	极少	0.1~0.5	0.6~0.8
鸭蛋	87	11.5	0.03	-	0.8

蛋白中的蛋白质主要有卵白蛋白、卵伴白蛋白（卵铁传递蛋白）、卵类黏蛋白、卵黏蛋白、溶菌酶和卵球蛋白等等。其中以卵白蛋白的含量最多，占蛋白总量的69%～75%。

蛋白中的碳水化合物分两种状态存在。一种是与蛋白质呈结合状态存在，在蛋白中含0.5%；另一种是呈游离状态存在的，蛋白内含0.4%。游离的糖中98%是葡萄糖，其余是微量的果糖、甘露糖、木糖、阿拉伯糖等。蛋白中的糖类含量虽然很少，但与蛋白片、蛋白粉等蛋制品的色泽有密切关系。

蛋白中的酶除主要有溶菌酶外，还发现有三丁酸甘油酯酶、肽酶、磷酸酶、过氧化氢等。

蛋白中的无机物含量较少，种类却很多，主要有 K、Na、Ca、Mg 等。

蛋黄的化学成分　蛋黄中约含有50%的干物质，其主要成分是蛋白质和脂肪，二者比例为1:2，此外，还含有糖类、矿物质、维生素、酶类、色素等。蛋黄的化学成分的含量见表2-3-4。

表2-3-4　蛋黄的化学组成（%）

种类	水分	蛋白质	脂肪	碳水化合物	灰分
鸡蛋黄	51.5	15.2	28.2	3.4	1.7
鸭蛋黄	44.9	14.5	33.8	4	2.8
鹅蛋黄	50.1	15.5	26.4	6.2	1.8

蛋黄有白色蛋黄与黄色蛋黄之分，白色蛋黄约占整个蛋黄的5%，其余为黄色蛋黄。白色蛋黄与黄色蛋黄的组成见表2-3-5。

表2-3-5　白色蛋黄与黄色蛋黄的组成（%）

类别	水分	蛋白质	脂肪	磷脂	浸出物	灰分
白色蛋黄	89.7	4.6	2.39	1.13	0.4	0.62
黄色蛋黄	45.5	15.04	25.2	11.15	0.36	0.44

蛋黄中的蛋白质大部分是脂蛋白质，其中包括低密度脂蛋白、卵黄球蛋白、卵黄高磷蛋白和高密度脂蛋白。

蛋黄中的脂质含量最多，占30%～33%，其中约有20%的真脂和10%磷脂类（包括卵磷脂、脑磷脂和神经磷脂），以及少量的固醇（包括甾醇、胆固醇和胆脂醇）和脑苷脂等。蛋黄中的磷脂质具有很强的乳化作用，在食品工业中是一种很好的乳化剂。

蛋黄中的糖类与蛋白相似，亦以葡萄糖为主。矿物质的含量为1.0%～1.5%，其中以磷为最丰富（可占无机成分总量的60%以上），钙次之（占13%左右），此外还有 Fe、S、K、Na、Mg 等。蛋黄中的 Fe 易被吸收。

蛋黄的维生素不仅种类多，而且含量丰富。尤以维生素 A、E、B_2、B_6、泛酸最多，此外，尚有维生素 D、B1、B12、叶酸、烟酸等。蛋黄中也还含有许多酶，已确知存在于蛋黄中的酶有淀粉酶、解脂酶、蛋白酶、肽酶、磷酸酶、过氧化氢酶等。

2．蛋的特性

① 蛋的质量：蛋的重量随着家禽种类不同有显著的差别。一般鸡蛋平均重为 52g（32~65g）、鸭蛋 85g（70~100 g）、鹅蛋为 180 g（160~200 g）。蛋的重量不仅受种类的影响，而且还受品种、年龄、体重、饲养条件等因素的影响。

② 蛋的比重：蛋的比重与蛋的新鲜程度有关，新鲜鸡蛋的比重在 1.08~1.09 之间，新鲜火鸡蛋、鸭蛋和鹅蛋的比重为 1.025~1.060 之间，因此，通过测定蛋的比重，可以鉴定蛋的新鲜程度。

蛋各个构成部分比重也不同，蛋白的比重为 1.039~1.052 之间，而蛋黄的比重较轻，为 1.028~1.029，因此，当蛋内的系带消失后，蛋黄便会向上浮贴在蛋壳上，形成贴皮蛋。此外，各层蛋白的比重也有差异，蛋壳的比重为 1.741~2.134。

③ 蛋的 pH：新鲜蛋黄的 pH 为 6.0~7.7，贮藏中间，由于逸出二氧化碳，逐渐升高，至 10d 左右可达 9.0~9.7，新鲜蛋黄的 pH 为 6.32，贮藏中间变化缓慢，蛋黄、蛋白混合后变为 7.5 左右。

④ 蛋的黏度：蛋白中的稀薄蛋白是均一的溶液，而浓厚蛋白具有不均匀的特殊结构，所以蛋白是一个完全不均匀的悬浊液，因此，鲜蛋蛋黄、蛋白的黏度不同。新鲜鸡蛋蛋白黏度为 35~105 Pa·s，蛋黄为 1 100~2 500 Pa·s，陈蛋的黏度降低，主要由于蛋白质的分解及表面张力的降低所致。

⑤ 蛋的加热凝固点和冻结点：鲜鸡蛋蛋白的加热凝固温度为 62~64℃，平均为 63℃；蛋黄为 68~71.5℃，平均为 69，5℃；混合蛋为 72~77.0℃，平均为 74.2℃。蛋白的冻结点为 -0.41~0.48℃，平均为 -0.45℃，蛋黄的冻结点为 -0.545~-0.617℃，平均为 -0.6℃。据此，在冷藏鲜蛋时，应控制适宜的低温，以防冻裂蛋壳。

⑥ 蛋的渗透性：在蛋黄与蛋白之间，隔着一层具有渗透性的蛋黄膜，而蛋白和蛋黄的化学成分不同，其低分子化合物能通过蛋黄膜。根据顿南平衡原理，在贮存期间的蛋，蛋黄中含量比蛋白高的盐类就扩散到蛋白申，蛋白中的水分不断地渗透到蛋黄中去。商品蛋中所出现的散黄蛋大部分就由于蛋白和蛋黄间渗透作用而引起的。这种渗透作用与蛋的存放时间、温度亦有关。

⑦ 蛋的耐压度：蛋的耐压度，因蛋的形状、蛋壳厚度和禽的种类不同而异。球形蛋耐压度最大，椭圆形者适中，圆筒形者最小；蛋壳越厚耐压度越大，反之耐压度变小。蛋壳的厚薄与壳色有关，一般是色浅的蛋壳薄，耐压度小；色深的蛋壳厚，耐压度大。

二、鲜蛋的质量标准及品质鉴别

（一）鲜蛋质量要求

蛋壳表面光洁、完整、坚实、无裂纹，壳外膜色白呈霜状，气室小，高度在 4~5

mm 之间；蛋白浓厚，透明、无杂质异味，系带粗而明显；蛋黄完整，呈半球形，位居蛋的中心，胚胎边缘整齐、不发育，未受精的胚胎直径为 2 ~ 3 mm。整个蛋微生物污染少，无细菌、霉菌生长发育。

（二）鲜蛋质量指标

① 蛋壳状况：主要是鉴定蛋壳的清洁程度、完整状况和色泽三个方面。

② 蛋的形状：蛋形指数在正常值范围。

③ 蛋的重量：蛋的重量是评定蛋的新鲜程度的重要指标，外形大小相同的蛋，若重量不同，则轻蛋是陈蛋。重量也是蛋划分等级的标准。

④ 蛋的比重：商业经营和加工用的鲜蛋一般比重在 1.06 ~ 1.07 之间，若低于 1.025，则说明蛋已陈腐。

⑤ 蛋白状况：随着贮存时间延长，浓厚蛋白逐渐变稀。质量正常的蛋，其浓厚蛋白含量多。用灯光透视时见不到蛋黄的暗影，表明浓厚蛋白多，蛋的质量优良。

⑥ 蛋黄状况：质量优良的蛋，蛋黄呈半球形，存放较久的蛋，蛋黄呈扁平。准确的判断可用蛋黄指数来衡量。所谓蛋黄指数是指蛋黄的高度与直径之比。鲜鸡蛋的蛋黄指数在 0.40 ~ 0.44 之间，当蛋黄指数小于 0.25 时，蛋黄膜破裂，出现散黄现象，是质量较差的蛋。

⑦ 蛋内容物的气味：蛋质优良打开后不应有异味或呈轻微蛋腥味，若有臭味则是腐败蛋。严重腐败蛋，在蛋壳外面便能闻到。

⑧ 系带状况：系带粗白并有弹性，紧贴在蛋黄两端的蛋，属正常蛋。系带变细并同蛋黄脱离，甚至消失时，属质量低劣的蛋。

⑨ 胚胎状况：鲜蛋的胚胎应无受热膨胀或发育现象。

⑩ 气室状况：鲜蛋气室小，高度一般在 5 mm 以内，超过者为陈蛋。

⑪ 哈夫单位（Haugh unit）：是根据蛋重和蛋内浓厚蛋白高度，按一定公式计算出其指标的一种方法。可以衡量蛋的品质和蛋的新鲜程度。它是国际上现代对蛋品质评定的重要指标和常用方法。其测定方法是先将蛋称重，再将蛋打开放在玻璃平面上，用蛋白高度测定仪测量蛋黄边缘与浓厚蛋白边缘的中点，避开系带，测定三个等距离中点的浓厚蛋白高度取平均值。按下式进行计算：

$$哈夫单位（H.U）=100\log(H-1.7W^{0.37}+7.57)$$

式中：H——浓厚蛋白高度，mm；

W——蛋重，g。

哈夫单位也可查表得出。据测定，新鲜蛋的哈夫单位在 72 以上，100 最优，中等鲜度在 60 ~ 72 之间，60 以下质量低劣，30 时最劣。

（三）蛋的品质鉴别

目前采用不破壳鉴别鲜蛋质量的方法，一般有四种：感官鉴定、灯光透视鉴定、比重鉴别法和荧光鉴别法等。有的地方还采用理化鉴定和微生物学检查法。通常只要采用前两种鉴定方法就足够反映蛋的质量了。

1. 感官鉴定

是收购鲜蛋采用的一种较为普遍的简易方法。凭借感觉器官来鉴别蛋的质量。

① 视觉：观察蛋壳的色泽、壳上膜是否存在、蛋壳的清洁度和完整情况。鲜蛋蛋壳表面完整、清洁，有胶质薄膜，附有白色或粉红色霜状物。如果胶质薄膜脱落，壳色油亮，不清洁、乌灰色或有霉斑为陈蛋。

② 听觉和触觉：一手将 2~3 枚蛋握在手中相互轻碰，或用右手食指指甲敲击蛋壳，从发出的声响鉴别破损蛋和变质量。鲜蛋的声音坚实，有如石子相碰的清脆咔咔声；发出撕哑声为裂纹蛋，有"叮叮"瓷碗相碰的尖脆声是钢壳蛋；用手摇晃时听有水响声为水响蛋。鲜蛋颠到手里沉甸甸的，陈蛋颠起来手感发轻漂。

③ 嗅觉：区别气味是否正常，如闻到嗅味或霉味等异味表明为变质蛋。

2. 灯光透视鉴定

小型蛋品加工厂用木板或铁皮制成圆形、方形单孔或双孔照蛋器进行照蛋，大型蛋品加工企业一般都采用自动照蛋器进行。鲜蛋在光照透视下其形态特征如下：

蛋壳：无裂纹，略见较透明呈点状的气孔，分布均匀；无任何斑点或斑块。

蛋白：无色，包于蛋黄周围。

系带：固定在蛋黄两端，呈现淡色较粗的条状带。

蛋黄：呈现朦胧的球形暗影，位居中心或稍偏，如转动蛋，阴影随之徐徐转动。

气室：较小，不移动。

胚胎：不见发育。

3. 比重鉴定法

是在一定比重的盐水溶液中观察蛋的沉浮情况来鉴别蛋的新鲜程度。蛋有一定的比重，蛋的比重是随贮藏时间的延长而降低。为了测定蛋的比重，须先配制四种浓度的食盐水，比重为 1.080（约食盐 11%）、1.070（约食盐 10%）、1.060（约食盐 8%）、1.050（约食盐 7%）。然后将蛋放入盐水中测定，在比重为 1.080 和 1.070 的盐水下沉者为新鲜蛋，在比重为 1.060 盐水中下沉的是次鲜蛋，在比重为 1.050 下沉的为次蛋，上浮者为变质腐败蛋。

4. 荧光鉴定法

是用紫外光照射，观察蛋壳光谱的变化来鉴别蛋的新鲜程度。质量新鲜的蛋，荧光强度弱，而越陈旧的蛋，荧光强度越强。据测定，最新鲜的蛋，荧光反应是深红色，渐次由深红色变为红色，再变为淡红色，甚而变成紫色、淡紫色等。

5. 微生物学检查法

主要是鉴别蛋内有无霉菌和细菌污染现象，特别是鉴别沙门氏菌污染状况。新鲜的蛋内菌数不应超标，并应没有霉菌和细菌生长现象。

（四）常见质量差的蛋

1. 破损蛋

破损蛋是指鲜蛋在收购、包装、贮运过程中受到机械伤而造成的。常见的有下列几种：

① 裂纹蛋：又称哑子蛋、丝壳蛋，这种蛋蛋壳上有很细的裂纹，将蛋放在手中相碰时有破碎声或发出哑声。

② 硌窝蛋：鲜蛋受到挤压使蛋壳表面有明显的裂纹，局部破裂凹下，蛋壳已破裂，但内蛋壳膜及蛋白膜完好，所以此种蛋不流清。

③ 流清蛋：蛋壳破裂严重，蛋液流出。

2. 陈次蛋

陈次蛋包括以下几种：

① 陈蛋：又称陈旧蛋，由于鲜蛋存放时间过久，蛋内水分蒸发，透视时，气室较大，蛋黄阴影较明显，不在蛋的中央，蛋黄膜松弛，蛋白稀薄，打开后蛋黄平坦。

② 靠黄蛋：蛋黄已离开中心，靠近蛋壳但尚未贴在蛋壳上。它是由陈蛋演变而成的。透视时，气室增大，能明显看到蛋黄的暗红色影子，系带变稀变细，蛋黄始终向蛋白上方浮动而成靠黄蛋。

③ 红贴皮蛋：又称搭壳蛋，靠黄蛋进一步发展就造成红贴皮蛋。透视时，蛋黄有少部分贴在蛋壳的内表面上，且在贴皮处呈红色。根据其贴皮的程度不同，分为轻度红贴和重度红贴两种。轻度红贴在蛋壳内粘着有绿豆大小的红点又称为"红丁"，如果用力转动，蛋黄会因惯性作用离开蛋壳变为靠黄；重度红贴的蛋黄在壳内黏着的面积较大，又称"红搭"，且牢固地贴在蛋壳上。

④ 热伤蛋和胚胎发育蛋：蛋因受热过久，未受精蛋，胚胎膨胀者为热伤蛋，受精蛋胚胎增大而且有血管出现者为胚胎发育蛋。蛋白稀薄，蛋黄发暗增大。

3. 劣质蛋

常见的主要有以下几种：

① 黑贴皮蛋：它是由红贴皮蛋进一步发展而成。灯光透视时，可见到蛋黄大部分贴在蛋壳某处，呈现较明显的黑色影子，气室比红贴皮蛋大，蛋白极稀薄。黑贴皮蛋的蛋黄由于大部分的面积贴在蛋壳上，蛋黄膜比较紧张，因此，打开时均散黄。蛋内容物常有异味而不能食用，可供综合利用，加工成其他产品。

② 散黄蛋：蛋黄膜破裂，蛋黄内容物和蛋白相混的蛋，统称散黄蛋或泻黄蛋。按其程度不同，分为轻度散黄蛋和重度散黄蛋两种。

轻度散黄蛋：在透视时，气室高度，蛋白状况和蛋内透光度等均不定。有时可以看到蛋内云雾状。

重度散黄蛋：在透视时，气室大且流动，蛋内透光度差呈均匀的暗红色，用手摇动时，有水响声，并且蛋内常有霉菌和细菌滋长。

造成散黄蛋的原因有三：第一，在运输过程中受到剧烈的振动，使蛋黄膜破裂而造成散黄。第二，由于细菌的侵入，细菌分泌的蛋白分解酶分解蛋黄膜，使之破裂造成散黄。第三，由于渗透作用，当蛋黄增大部分的体积超过原有体积的19%时，蛋黄膜自行破裂，形成散黄。

③ 霉蛋：是蛋内滋生霉菌的蛋。鲜蛋受潮或雨淋，在蛋壳内表面会很快出现霉菌生长。透视时蛋壳内有不透明的灰黑色霉点或霉块。根据在蛋内发育的状况可分为轻度霉蛋和重度霉蛋。轻度霉蛋，只有霉点或霉块，且只寄生在蛋白膜上，未深入蛋白中，打开后蛋液内无霉点和霉气味，可以食用。重度霉蛋，霉菌已深入蛋白中，霉菌遍布全蛋，打开后蛋白膜及蛋液内均有霉斑或蛋白呈胶冻样霉变，并带有发霉的气味。不可食用。

④ 黑腐蛋：又称腐败蛋，是由上述各种劣质蛋因细菌在蛋内大量繁殖而严重变质的蛋。蛋壳呈乌灰色，透视时蛋内全部不透光，呈灰黑色，打开后蛋液呈灰绿色或暗黄色，并有恶臭味，不可食用。

三、松花蛋的加工

1. 松花蛋加工的基本原理

因鲜蛋经加工后，蛋白凝固，具有弹性，呈半透明的琥珀色皮胨状，故称"皮蛋"；又因蛋的性状和颜色的改变，故又称为"变蛋"；品质优良的皮蛋蛋白中有美丽松枝形状花纹，所以又称"松花蛋"；当纵剖松花皮蛋时，蛋白至蛋黄的色彩变化多端，故又称"彩蛋"。另又有"泥蛋、碱蛋"之称等等。由于加工方法不同，成品蛋黄的组织状态亦不同，又可将皮蛋分为溏心皮蛋和硬心皮蛋两大类。溏心皮蛋，蛋黄中心呈浆糊状的软心，如"北京松花蛋"简称"京彩蛋"；硬心皮蛋，其蛋黄凝固较好呈硬心，如"湖南松花蛋"简称"湖彩蛋"。

皮蛋加工所使用的主要配料为生石灰和纯碱，生石灰与水作用生成熟石灰$Ca(OH)_2$，熟石灰和纯碱反应生成氢氧化钠其反应式如下：

$$CaO + H_2O \text{——} Ca(OH)_2$$

$$Ca(OH)_2 + Na_2CO_3 \text{——} 2NaOH + CaCO_3 \downarrow$$

$NaOH$便是使蛋发生变化的主要因子，$NaOH$为强碱，它可通过蛋壳而浸入蛋内，使蛋内蛋白质变性、凝固。也可直接用$NaOH$代替生石灰和纯碱来加工皮蛋。泡制溏心皮蛋时，$NaOH$溶液的浓度与蛋白质的凝固关系颇大，料液中$NaOH$溶液最适宜的浓度在4.5%~5.5%之间。若超过6%，则蛋白凝固后，又会因碱液浓度过高而水解液化，蛋黄变硬不能形成溏心；如浓度低于4.0%，则蛋白较软，弹性不够，蛋黄尚呈液体流质状态。加工硬心皮蛋所用料泥的$NaOH$含量在5.5%~6.5%为宜（泥与蛋的重量比例平均为1:0.65~0.70）。

鲜鸭蛋是具有高蛋白质的营养物质，在变制过程中，在强碱的作用下，蛋内容物中，一部分蛋白质发生水解，水解的最终产物是氨基酸，一部分含硫氨基酸继续发生变化，生成 NH_3 和硫离子，成品中由于含有这两种少量成分，使松花蛋别具风味。

在松花蛋制作过程中，由于蛋白质所产生的硫离子与蛋内的铁化合，产生黑色的硫化亚铁，如生产的是传统的含铅皮蛋，则还会生成黑色的硫化铅，若用铜或锌来代替铅，会生成黑色硫化铜或硫化锌，这些都是促使松花蛋内容物变色的因素。至于蛋白形成棕褐色，部分原因是由于蛋白质中氨基酸的氨基与蛋白中的糖类在碱性环境下产生美拉德（Maillard）反应即发生褐色化反应的缘故。食盐有助于减弱松花蛋的辛辣味并具有一定的防腐作用。茶叶含有鞣质（单宁）和芳香油，鞣质能使蛋白凝固和促进松花蛋蛋清色泽的形成，芳香油则可增加松花蛋的风味。蛋黄中汤心的形成，与 NaOH 的渗入有关，由于 NaOH 渗入，蛋黄中的蛋白质逐渐凝固，而脂肪及脂溶性色素集聚在中部形成汤心，且呈橙黄色。成品的蛋白中有松针状的白色结晶或人们称的"松花"，据最新研究报道，主要是由于蛋中固有的镁离子与料液中渗入的镁离子在碱性条件下形成氢氧化镁结晶的缘故。

2. 松花蛋的加工方法

（1）原料蛋的选择

原料蛋的好坏是决定皮蛋品质的一个重要因素，故皮蛋加工用原料蛋必需经感官检查、灯光透照选出的新鲜的、蛋壳完整的、大小均匀、壳色一致的鸭蛋或鸡蛋。凡是裂纹蛋、沙壳蛋、钢壳蛋、陈次蛋、劣质蛋等都不能作加工松花蛋的原料蛋。灯光透视时，气室高度应小于 9 mm。

（2）辅料的选择

水：无污染的可直接饮用的水。

生石灰：即氧化钙，三日以内烧透的灰块，要求体轻、块大、无杂质，加水后能产生强烈气泡热量，并迅速使大块变小块，最后呈白色粉末为好。受潮或长期露天放置的生石灰不宜用于加工皮蛋，因为这种生石灰与空气中的 CO_2 作用后会生成不溶性的 $CaCO_3$，而 $CaCO_3$ 和 Na_2CO_3 不能生成 NaOH。其中氧化钙的含量不低于 75%，具有清洁蛋壳的作用。

纯碱：即无水碳酸钠（Na_2CO_3），俗称大苏打、食碱、面碱。要求色白、粉细，含 Na_2CO_3 在 96% 以上，应放在密封容器中保存，因纯碱易于吸湿与空气中的 CO_2 相结合，变成 $NaHCO_3$（小苏打）而降低了加工皮蛋的效力。选用时可固定来源，掌握其中有效成分的含量，便于配料。对市售的散装纯碱，应采用烘炒法去除 H_2O 和 CO_2，使 $NaHCO_3$ 重新变成 Na_2CO_3 后再用，更为妥当。一般在使用前，应测定 Na_2CO_3 的含量。

烧碱：即氢氧化钠（NaOH），又称苛性钠、火碱。在加工皮蛋时可代替生石灰和纯碱。烧碱易吸潮，在使用时要用包装完好的正品。由于它具有强烈的腐蚀性，故在配料操作时，要防止烧灼皮肤和衣物。

食盐：即氯化钠（NaCl），它可使蛋黄心收缩、有离壳、增味、防腐的作用。加工皮蛋一般用比较干燥、洁净的粗制盐较好。

茶叶：应选用没有吸潮发霉变质的红茶叶或红茶末。因红茶为发酵茶，其鲜叶的茶多酚发生氧化，氧化的产物与蛋白质分子结合，遇铁物质时则形成绿墨色，红茶中含单宁酸芳香油比绿茶多，能使蛋白质有凝固的作用，并还能改善皮蛋的滋味，缓和皮蛋的辛辣味，一般认为红茶是加工皮蛋的上等辅料。

铅：即氧化铅（PbO），又称密陀僧、黄丹粉、金生粉、金罗底等。PbO 是一种淡黄色的细粉，品质较好，可用于加工皮蛋，还有一种是红黄色粉末，含杂质较多，品质较差，不宜使用。

铜、锌：即硫酸铜 $CuSO_4$ 或 $ZnSO_4$，一般采用工业原料或化学试剂都可以。

石蜡：无铅无泥皮蛋包涂用的石蜡必须选用食品包装白蜡，其标号和熔点分别是：52 号（52～54）；54 号（54～56）；56 号（56～58）；58 号（58～60）；60 号（60～62）。

其他辅料：草木灰应选用纯净、干燥的新灰；黄土应是地深层无污染，不含腐植质的干黄土；稻壳要求金黄色，清洁、干燥、无霉烂。

（3）无铅无泥松花皮蛋的配方

传统的溏心松花蛋加工，其配料中都要加入 0.2%～0.4% 的氧化铅，使成品皮蛋内含有 2～6 ppm 的铅。铅的毒性已经引起了国内外食品行业的广泛重视，人们对皮蛋中的含铅量十分敏感。通过大量的试验证明，用铜或锌代替氧化铅可以生产出同样质量的松花蛋来，且效果较好。

加工 800～1000 枚鸭蛋用料配比（单位：kg）

熟水　　　50

生石灰　　11～14

纯碱　　　3.5～3.75

红茶末　　1.5～2.0

粗盐　　　2.0～3.0

＊硫酸铜　0.25～0.35

＊硫酸锌　0.125～0.2

＊表示硫酸铜和硫酸锌只用其中之一即可。也可两者同时用，但硫酸铜的量要减半。

（4）无铅无泥松花皮蛋生产工艺流程

原料蛋→照蛋→敲蛋→分级→装缸→
辅料→配料→熬料或冲料→验料→
→灌料泡蛋→浸泡管理
→出缸、洗蛋、晾蛋→质检分级→
→溶蜡←石蜡
→包蛋→装箱→贮存

（5）操作要点

① 料液的配制：料液的配制可分熬料和冲料两种，采用熬料时先将水、纯碱、茶叶放入锅中煮开，另外将食盐、生石灰放入瓷缸中。称取硫酸铜或硫酸锌用三倍的开水溶

解。将煮开的碱液一半慢慢倒入生石灰的缸中，待反应变慢后再倒入另一半，翻底搅匀。待石灰全部消化并冷却到 55～70℃ 时将硫酸铜或硫酸锌溶液慢慢加入，边加边搅拌。放置一夜后，用漏勺将灰渣捞出，静置。采用冲料时，先把茶叶、纯碱放在缸底，将水烧开后倒入缸中，经搅拌溶解后，再分批把石灰投入缸内（注意石灰一次不能投入太多，否则会造成沸水溅出伤人），然后加入食盐，搅拌均匀，使之充分作用，待冷却到 55～70℃ 时将硫酸铜或硫酸锌溶液慢慢加入，边加边搅拌。放置一夜后，用漏勺将灰渣捞出，静置。无论熬料或冲料均须注意，各种材料要按配料标准预先准确称重，配制好的料液要必须保持清洁，并且不准再掺生水。

② 料液的检验：经去渣的料液静置 24～48 h 后，取上清液测定 NaOH 含量。一般采用酸碱滴定法，取 1 mL 上层料液于 250 mL 三角瓶中，加约 30 mL 蒸馏水，加 2～3 滴 1% 酚酞指示剂，用 0.1000 mol/L 标准 HCl 滴到粉红色褪去，再加 4～5 滴 0.1% 甲基橙指示剂继续用盐酸滴定到由橙黄色变为橙红色为止。

NaOH 含量的计算：

$$NaOH（\%）= \left[V_1 - (V_2 - V_1) \right] \times 4 \times N_{HCl}$$

式中：V_1——第一次滴定时消耗 HCl 的 mL 数；

V_2——第二次滴定时消耗 HCl 的 mL 数；

N_{HCl}——HCl 的浓度，mol/L。

$$NaOH + HCl \rightarrow NaCl + H_2O$$

$$Na_2CO_3 + HCl \rightarrow NaHCO_3 + NaCl$$

$$NaHCO_3 + HCl \rightarrow NaCl + H_2O + CO_2$$

一般 NaOH 的含量以（4.0 ± 0.5）% 为宜。若 NaOH 浓度过大，称作为"伤碱"，NaOH 浓度过低，称作为"冒冷"。

③ 装缸与灌料：装缸是将经过感官鉴别、照蛋、敲蛋、分级等工序挑选出来的鲜蛋，放入清洁缸内。下缸前，在缸底要铺一层洁净的麦秸，以免最下面一层的蛋直接与硬缸底相碰，受到上面许多层蛋的压力面压破。放蛋时要轻拿轻放，一层一层地平放切忌直立，不要搭空以防震碎蛋壳。最上层的蛋应离缸口半尺左右，以便封缸，蛋下缸后，加上花眼竹箅盖，并用木棍压住，以免灌料汤后，鸭蛋飘浮起来。

鲜蛋装缸后，将经检验合格后的料液加以搅拌，使其浓度均匀，按需要量徐徐由缸的一边灌入缸内，直至使蛋全部被料汤淹没为止。料液温度不要超过 25℃ 以上。

④ 浸泡管理：灌料后，在浸泡期间技术管理工作同成品的质量关系颇为密切。首先是严格掌握室内（缸房）的温度。一般要求控制在 20～24℃ 之间较为适宜。其次是勤观察、勤检查。

一般鲜蛋下缸后，在浸泡期间要经过三次检查。

第一次检查：在鲜蛋下缸后，夏天（25～30℃）经 5～6 天，春秋天（15～20℃）

经 7～10 天即可进行，这时蛋白已初步凝固，取 3～5 枚，用灯光透视，可见类似鲜蛋的红贴壳或轻微的黑贴壳，说明料液碱度适宜。如还象鲜蛋一样说明料液碱度太低，必须及时补料；如蛋全部变成类似黑贴壳，说明料液碱度较浓，应提早出缸。

第二次检查：夏天经 10～13 天，春秋天经 18～20 天，取 2～3 枚蛋样剥壳检查，此时蛋白凝固，表现光洁，蛋白变成淡棕色，蛋黄已变成褐绿色，说明正常。

第三次检查：夏天经 18～20 天，春秋天经 25～30 天，取蛋样用灯光透视，大部分蓝黑色，小头呈黄色或微红色。剥壳检查，蛋白凝固很光洁、不粘壳，呈棕黑色，蛋黄呈墨绿色，蛋黄中心呈淡黄色溏心，表示可以出缸。如此时用灯光透视发现蛋小头呈深红色，剥壳检查，蛋白有烂头和粘壳现象，必须及时出缸；如透视时，蛋小头呈淡黄色，剥壳检查发现蛋白软化不坚实，蛋黄溏心较大可稍推迟出缸时间。

⑤ 出缸、洗蛋、晾蛋：在出缸前对各缸进行抽样检查，灯光透视呈茶红色，尖端红色，剥开检查蛋白呈墨绿色、不粘壳，凝固良好，蛋黄中心的溏心较小，即是完全成熟的标志。当全部成熟后，便可出缸。出缸时，先拿出缸上面的木棍和竹篦盖，后将成熟的皮蛋捞出，置于另一缸内，用冷开水冲洗，洗去附在皮蛋外面的碱液和其他污物，装入竹篓内晾干。

⑥ 质检分级：出缸后的松花蛋，必须及时进行质量检验，其方法以感官鉴别和灯光透视为主，即采取"一观、二掂、三摇晃、四照"的方法进行质检。把破、次、劣质蛋剔除。

一观：观看蛋壳是否完整，壳色是否正常。通过肉眼可将破损蛋、裂纹蛋、黑壳蛋及比较严重的黑色斑块蛋（在蛋壳表面上）等蛋剔出。

二掂：拿一枚松花蛋放在手上，向上轻轻抛起三、四次（抛高 12～15 cm），鉴定其内容物有无弹性。若掂到手里有震颤感并有沉甸甸的感觉者为优质蛋，若无弹性感觉时，则需要进一步用手摇法鉴别其蛋的质量如何。

三摇晃：此法是前法的补充。即用手捏住蛋的两端，在耳边上下左右摇动三、四次，听其有无水响声或撞击声，若用手摇时有水响声，破壳后蛋白、蛋黄呈液体状态的蛋，则为水响蛋，即劣蛋。

四照：用上述鉴定方法还难以判明成品质量的优劣时，则可用照蛋法进行鉴定。灯光透视时，若蛋内大部分呈黑色或深褐色，小部分呈黄色或浅红色者为优质蛋。若大部分或全部呈黄褐色透明体，则为未成熟的松花蛋。若一端呈深红色，且蛋白有部分粘贴在蛋壳上，则为粘壳蛋。若有呈深红色部分有云状黑色溶液晃动着，则为糟头蛋。

不同级别的皮蛋，应分别放在篓子中，并放上标签，以示区别。

⑦ 包蜡：先将选好的白蜡放入加热的容器内溶化，当温度达到 95℃ 左右，可将洗净晾干的光身皮蛋浸入溶化的蜡中约 2 s，立即捞出冷却即包涂完成。包蜡前皮蛋务必要洗净晾干，使成品光滑美观，若皮蛋上有水，影响包涂效果，蜡层易起泡脱落。

⑧ 装箱、贮存：包好蜡的皮蛋，可用透明塑料盒每六个进行小包装，然后装入较大

的塑料网箱内，也可将包蜡的皮蛋直接装入洁净的缸内，即可入库贮存。

松花蛋的贮存期可达四、五个月，一般春秋季贮存期较长，而夏季贮存期较短。贮存时应将盛有松花蛋的箱（缸）置于凉爽通风处，切勿受日晒，也要防止雨淋或受潮，造成松花蛋发霉变质。

四、咸蛋的加工

1. 咸蛋的腌制原理

咸蛋又叫腌蛋，盐蛋。其加工方法简而易行，而且风味特殊，食用方便。因此是很受人们欢迎的一种蛋制品，具有"细、嫩、鲜、松、沙、油"6 大特点。全国各地生产极为普遍。咸蛋主要由食盐腌制而成，食盐具有一定的防腐能力，可以抑制微生物的繁殖，使蛋内容物的分解和变化速度迟缓，所以咸蛋的保存期较长。

（1）食盐在腌制中的作用

食盐溶液的渗透压较大，对周围的溶液具有渗透作用。咸蛋的腌制过程，就是食盐通过蛋壳及蛋的膜向蛋内渗透和扩散的过程，食盐的主要作用有 3 点：

① 食盐溶液的渗透压大于菌体渗透压，能把微生物细胞中的水分渗出，使菌体细胞的原生质起分离作用，即质壁分离现象，于是细菌不能再进行生命活动。

② 腌制时由于食盐渗入蛋内，使蛋内水分脱出，降低了蛋内水分含量，从而抑制了细菌的生命活动。同时，由于食盐的渗入，而增加了咸蛋的风味。

③ 食盐可以降低蛋内蛋白酶的活动和降低细菌酶的作用，从而延缓了蛋的腐败变质速度。

（2）蛋在腌制过程中的变化

在腌制过程中，食盐通过蛋壳的气孔，透过蛋白膜、蛋黄膜和蛋壳膜向蛋白和蛋黄内进行渗透和扩散。

① 脂肪对食盐的渗透作用有相当大的阻力，所以含脂肪多的蛋比含脂肪少的蛋渗透的慢。原料蛋新鲜、蛋白浓稠的渗透速度快。

② 腌制过程中，食盐浓度越高，向蛋内渗透作用越快，反之越慢。

③ 蛋内水分的渗出，是从蛋黄通过蛋白逐渐移到盐水中，食盐则通过蛋白逐渐移到蛋黄中去，所以食盐对蛋白和蛋黄所表现的作用并不相同，对蛋白可使其黏度逐渐降低而变稀。主要是粘多糖与蛋白质分开，使蛋白质水样化，煮熟后具有松而嫩的感觉。

④ 由于蛋内水分的减少以及蛋黄、蛋白在腌制过程中有某种程度的分解，使蛋黄内脂肪成分相对增加，故咸蛋蛋黄内的脂肪含量，看起来要比鲜蛋的多，并使脂肪向蛋黄中心集聚。

2. 咸蛋的加工方法

最常见的有盐泥涂布法和盐水浸泡法两种。

（1）盐泥涂布法

配料标准：鸭蛋（或鸡蛋）1000 个，食盐 6 ~ 7.5 kg，干黄土 6.5 ~ 8.5 kg，冷开水

4 ~ 4.5 kg。

加工过程：

盐泥配制：将食盐放入水桶中，加水使其溶解后，加入黄土用木棍搅拌，使其呈浆糊状。泥浆的浓厚程度可用原料蛋试验，把蛋放入泥浆中，如一半浮在泥浆上，另一半浸入泥浆中，则表示泥浆浓厚程度最合适。

滚泥入缸：把新鲜蛋经过照验、敲验、整理，严格剔除各种破壳蛋、陈次蛋后，放入泥浆中（每次 3 ~ 5 个），使蛋壳上全部粘满盐泥，再将粘好盐泥的蛋放入缸中。基本装满后，把剩余的泥料倒在咸蛋的上面，盖上缸盖即可。加工咸鸭蛋时，涂泥以后还可进行滚灰，使包有盐泥的蛋面上附上一层薄薄的干草灰，使蛋与蛋之间相互粘连，然后点数入缸。

成熟：咸蛋的成熟快慢主要受食盐的渗透速度决定，而食盐的渗透速度又受温度影响，所以在腌制期间室内的温度，湿度必须给予适当的控制，一般情况下，春秋季节需30 ~ 40 天，夏季 20 ~ 30 天即可腌好咸蛋。

（2）盐水浸泡法：此法操作简单，成熟快，适用于少量零星加工。

腌制方法：把食盐放入容器中，倒入开水使食盐溶解，待盐水冷至 20℃ 左右时，即可将蛋放进去浸泡，盐水的浓度以 20% 为宜（即 20 kg 食盐加 80 kg 水）。夏季盐水浓度可略微提高。

盐水浸泡的咸蛋，成熟的时间比盐泥涂布法要短一些，大概 15 ~ 20 天，这是因为盐水对鲜蛋的渗透作用比盐泥快，但盐水腌蛋一个月后，往往蛋壳上出现黑斑，而盐泥法无此缺点。

3. 咸蛋品质鉴定

咸蛋品质评定，主要从蛋壳、蛋白、蛋黄和滋味等几方面评定。

蛋壳：要求蛋壳表面没裂纹，蛋壳清洁。

蛋白：煮熟后的咸蛋气室小，蛋白味道纯正，没有任何斑点，有软而嫩的组织状态。

滋味：咸淡适中，没有异味。

五、糟蛋的加工

糟蛋是用优质鲜蛋在糯米酒糟中糟渍而成的一类再制蛋，它品质柔软细嫩、气味芳香、醇香浓郁、滋味鲜美、回味悠长，是我国著名的传统特产。糟蛋主要采用鸭蛋加工，我国最著名的产品是浙江平湖糟蛋和四川的叙府糟蛋。

1. 糟蛋加工的基本原理

糯米在酿制过程中，由于糖化菌的作用，将糯米中的淀粉分解成糖类，糖再经酒精发酵而产生醇类（主要是乙醇），优质糯米含淀粉多，产生醇的量则大，一部分醇氧化成乙酸。酸、醇能使蛋白和蛋黄变性、凝固，从而使蛋白变为乳白色的胶冻状，蛋黄呈半凝固的桔红色，糟中的醇与酸作用产生酯，所以，产品有芳香味。

糟中醇和糖由壳下膜渗入蛋内,故成品有酒香味及微甜味。

蛋在糟制过程中受乙酸作用,使蛋壳中的碳酸钙溶解,蛋壳变软,故成品糟蛋似软壳蛋。

鲜蛋由于长时间的糟渍,糟中有机物渗入蛋内,因而成品变得膨大而饱满,重量增加。

食盐渗入蛋内,可使蛋内容物脱水和促使蛋白质凝固,也有调味作用。

糟中乙醇含量虽然不多,仅达15%,但蛋在糟中糟制时间长,所以蛋中微生物,特别是致病菌均被杀死。因此,糟蛋可生食用。

2. 平湖糟蛋加工方法

平湖糟蛋原产于浙江省平湖县,其生产至今已有200多年的历史。该产品蛋白呈乳白色胶冻状,蛋黄为橘红色半凝固体;其蛋质柔软,食之沙甜可口,滋味醇和鲜美,香味浓郁。

(1)酿酒制糟

① 糯米浸泡:将合乎要求的糯米洗净,用清洁食用水浸泡,使米中淀粉吸水膨胀,便于蒸制成饭。因此,浸泡时间可因米质和气温不同而有异,一般温度可浸泡20~24 h。

② 蒸米成饭:将米蒸成熟饭其目的是使米中淀粉糊化,有利于发酵。要求饭应熟透而不烂、无白心、熟而不粘的粒状饭,这样既利于糖化,发酵好,又不烂糟。蒸饭时,将泡好的米洗净,放入装好假底和蒸饭垫的木桶内,米面铺平,开始加热蒸煮。当蒸汽透过糯米面时,盖上木盖继续蒸10 min。然后打开木盖,并向米饭表面均匀地洒上热水,使上层米水分均匀,米粒充分膨胀,再盖上盖蒸10 min左右。然后打开盖用木棒搅拌米饭后再蒸5 min左右,均匀地熟透为止。

③ 加酒药:为了使饭温迅速降至菌种需要的发酵温度,蒸好的饭用凉开水冲数分钟,冲淋次数和时间决定于气温,气温高可多淋凉开水。至使米饭温达30℃左右,即可拌酒药,有绍药和甜药之分。绍药和甜药按需要量称好(每50 kg糯米所蒸成的糯米饭,加绍药0.3 kg和甜药0.16 kg),研成粉状,将米饭倒入缸内,均匀地拌入混合酒药粉。然后铺平拍紧,并使中心部形成一圆窝,再于饭表面撒上一薄层酒药粉即可。

④ 发酵成糟:将装有拌药饭的缸盖上盖(清洁、干燥的草盖),缸外有6 cm厚的保温层,以便促使淀粉糖化和酒精发酵。随着糖化和发酵的进行,饭温逐渐升高,经22~30 h,可达35℃。此时便有酒露出现,并流集于缸中央的凹形圆窝内。当酒露达到3~4cm深时,为了防止饭温过高,成糟发红而有苦味,必须将盖稍打开降温,为了防止醋酸菌浸入影响糟的质量,可定时用凹窝内的酒露泼洒糟面及四周缸内壁,使酒糟充分酿制成熟,以供糟蛋使用。

通常情况下,酿制酒糟约需一周时间。优质酒糟应色白,味略甜,香气浓,有酒香味,酒精含量在15%左右。如果糟呈红色,有酸味或辣味或苦味均为坏糟,不能使用。

(2)选蛋、击壳

① 选蛋：经感观鉴定和照蛋，除去陈、次、小及畸形蛋，然后按重量分等级。其规格如下：

表 2 - 3 - 6　按重量分等级规格表

级　别	特级	一级	二级
每千枚重/kg	75	67.5~75	63~67.5

②洗蛋：糟制前的蛋逐个清洗，除去污物，通风处阴干或擦干。

③ 击蛋破壳：击蛋破壳是平湖糟蛋的特殊工艺。目的在于使蛋在糟制过程中，糟中醇、酸、糖等物质迅速渗入蛋内，缩短成熟时间，又便于蛋壳软化和脱壳。击蛋方法是左手心内放一枚蛋，右手拿竹片，对准蛋的长轴（纵侧），轻轻一击，使蛋壳产生一条纵向裂纹。然后将蛋转半周，并以同样方法击一下，使二条纵向裂纹延伸相连成一线，击蛋用力要适当。要求破壳不破壳下膜，否则不能作原料蛋。

（3）装坛糟制

① 蒸坛消毒：坛子用清水洗净，然后进行蒸汽消毒，消毒时，如果发现坛底漏气者，不能使用。

② 装坛糟制：消毒后的坛内，铺上一层约 4 kg 糟。将蛋大头向上，一一插入糟内，其密度以蛋间有糟，蛋在糟中能旋转自如为合适。当第一层蛋放妥后，再铺糟 4 kg，如上法再放蛋一层。这样层糟，层蛋，直至满坛为止。最上一层铺上 9kg 糟，并在糟上洒一层盐，但要防止盐下沉直接与蛋接触。平湖糟蛋每坛装 120 个，用糟 14.5~17 kg，用盐 1.7~1.85 kg。

③ 封坛、成熟：坛口用 2 张牛皮纸刷上猪血，将坛口密封，扎紧。即可入仓进行成熟。成熟过程中严禁任意搬动而使食盐下沉。

糟蛋成熟时间为 4.5~5 个月。每月定期抽样检查，成熟过程中的变化：

第一个月，基本与鲜蛋相同，仅击破裂纹已较为明显。

第二个月，蛋壳裂缝加大，蛋壳与壳下膜逐渐分离，蛋白仍为液体状态，蛋黄开始凝结。

第三个月，蛋壳和壳下膜全部分离，蛋白开始凝结，蛋黄全部凝结。

第四个月，蛋壳与壳下膜脱开 1/3，蛋白成乳白状，蛋黄带微红色。

第五个月，蛋已糟制成熟，蛋壳大部分脱落，蛋白已凝成乳白色胶冻状，蛋黄柔软带橘红色。

3. 品质鉴定

① 优质糟蛋：蛋壳与壳下膜完全分离，蛋壳全部或大部分脱落。个大而丰满，色泽乳白光亮，洁净。蛋白似乳白胶冻状，蛋黄呈半凝固状的桔红色，蛋黄与蛋白界限分明。具有浓郁的酒香和脂香味，略有甜味及咸味，无异味。不带酸辣味。

② 废品蛋：常见的废品蛋有矾蛋、水浸蛋、嫩蛋。

矾蛋：矾蛋即蛋壳变厚似燃烧后的矾一样，故得此名称。这类蛋的产生是由于蛋壳变质，坛内同一层蛋膨胀挤成一团，蛋不成形，糟成糊状，形成"凝坛"，不能取出蛋。矾蛋的产生，一般是自上而下。所以，即早发现，下层还有好糟蛋，可取出另换坛换糟，减少损失。矾蛋产生的原因是上层糟面过薄，盐粒未溶而落，至使蛋壳变质。坛有漏裂处，使糟液减少，蛋与蛋相互接触，挤压，这时醋酸与蛋壳发生作用，而使蛋与糟粘结成块，形成凝坛。另外，坛消毒不彻底或糟质不良以及原料蛋不新鲜也是矾蛋产生的原因。

水浸蛋：主要是糟质量差，含醇量过少，使蛋白凝固不良或仍呈液体状，色砖红，蛋黄硬实而有异味，不能作食用。

嫩蛋：嫩蛋即蛋黄已凝固，蛋白仍为液体。这种蛋产生的原因是，加工时间过晚，蛋还未糟制成熟，气温已下降之故，补救方法，可用沸水泡蛋或煮一会，使蛋白凝固，可食用，但失去了糟蛋固有的香味

思考题

1. 禽蛋有哪些部分构成？各部分的构成有哪些特点？
2. 蛋壳、蛋白、蛋黄化学组成各有哪些特点？蛋白与蛋黄的蛋白质组成有何差异？
3. 纯碱、生石灰、黄丹粉在松花蛋加工上分别起什么作用？
4. 试述松花皮蛋形成的机理。
5. 试述无铅无泥松花蛋的加工方法。出缸后的皮蛋怎样进行品质检验？
6. 试述腌制咸蛋的机理及常用的加工方法。

第三篇　果蔬食品工艺学

第一章 果蔬原料及预处理

本章学习目标　掌握果蔬的种类、果蔬原料的特点、不同果蔬食品加工工艺对原料的要求，了解果蔬加工原料的主要预处理方法，掌握果蔬原料碱液去皮、烫漂及护色等主要原料预处理的原理、条件及方法。

一、果蔬的种类及果蔬原料的特点

（一）果品蔬菜的种类

我国果树、蔬菜栽培历史悠久，资源极为丰富。根据果蔬栽培学的分类，可将果实分类如下：

① 仁果类：果实是由果皮、果肉和五室子房构成。种子室壁为薄膜状，内生有不带木质硬壳的种仁，故称仁果。主要品种有苹果、沙果、梨、山楂等。

② 核果类：这类果实是由外果皮、中果皮、内果皮和种子构成、外果皮很薄，中果皮（即食用的果肉部分）肥厚，内果皮形成木质硬壳，内包有种子，故称为核果。主要品种有桃、李、杏、樱桃、梅等。

③ 浆果类：这类果实的果肉呈浆状，故称为浆果。主要品种有葡萄、无花果、石榴、猕猴桃、醋栗等。

④ 坚果类：这类果实含水量低，属干果，其淀粉含量高，果实坚硬，故称为坚果。主要品种有板栗、核桃、山核桃、银杏、榛等。

⑤ 柿枣类：这类果实包括柿、枣、酸枣等。

⑥ 柑橘类：这类果实由外果皮、中果皮、内果皮和种子构成。外果皮较坚韧如革质状，含有色素和很多油泡，中果皮白色呈海绵状，与外果皮粘连，分界不明显；内果皮形成囊瓣，是柑桔的主要食用部分。主要品种有柑、桔、橙、柚、柠檬等。

⑦ 其他：这类果实包括龙眼、荔枝、枇杷、杨梅、橄榄、芒果等。

根据农业生物学分类法，蔬菜的分类如下：

① 根菜类：人们主要食用其各种形态肥大、肉质的根，有萝卜、胡萝卜、芜青、芜青甘蓝、辣根等。

② 白菜类：人们主要食用其叶片、叶柄、叶球和嫩梢，有结球白菜、普通白菜、芥菜、甘蓝等。

③ 茄果类：人们主要食用其果实，有茄子、番茄、辣椒等。

④ 瓜类：人们食用其瓜果，有黄瓜、南瓜、冬瓜、丝瓜、西瓜、甜瓜等。

⑤ 豆类：人们食用的主要是豆粒，有菜豆、豇豆、毛豆、扁豆、蚕豆、豌豆等。

⑥ 葱蒜类：人们主要食用茎，有洋葱、大蒜、大葱、韭菜等。

⑦ 薯芋类：人们主要食用其块根，有马铃薯、芋、姜、山药等。

⑧ 绿叶菜类：人们主要食用其叶片、叶柄及茎，有菠菜、芹菜、茼蒿、苋菜等。

⑨水生蔬菜：这类蔬菜都是在水中生长的，有莲藕、茭白、慈姑、荸荠、水芹等。

⑩多年生蔬菜：食用部位是茎，其根部留在土内或经移栽后第二年仍继续生长，有竹笋、芦笋、金针菜、百合等。

⑪食用菌类：整个植物体都可食用，有蘑菇、香菇、木耳、平菇等。

（二）野生果蔬资源的开发利用

野生果蔬是自然生长，未经人工栽培的植物。对野生果蔬资源进行开发利用，是扩大食品加工原料的一条有效途径。

我国野生果蔬资源十分丰富。新疆天山山区大面积的野生苹果、南疆各地的野生沙枣、东北长白山区、陕西秦岭地区的野生葡萄等。

我国的野生蔬菜也不少。如全国各地山区都分布有蕨菜、薇菜等多种山野菜。

野生果蔬的营养素有的比粮食和栽培的果蔬还高，且各具特色，还可作为加工原料生产果酒、果醋、速冻野菜、腌制野菜等，有的可作为医药和工业原料。

近年来，随着人们"回归自然"意识的增强，越来越多的人追求山野风味食品，预计在未来较长时间内需求量会不断提高。

因此，有效开发利用我国野生果蔬资源，扩大食品加工原料来源，生产出更多的保健食品以满足国内外人民的需要，具有重要的社会意义和经济意义。

近年来，我国主要进行开发和利用的野生果蔬资源有：猕猴桃（V_c含量 100 ~ 420 mg/100 g 鲜果肉）、刺梨（V_c含量平均 2087.27 mg/100 g，最高达 2585 mg/100 g）、沙棘（V_c含量 800 mg/100 g）、野生菌、蕨菜和薇菜等。

（三）果蔬原料的特点

水果蔬菜生产都具有一定的季节性和区域性。但通过贮藏和加工手段可以消除这种季节性和区域性的差别，满足各地消费者对各种果蔬商品的消费需求。从而达到调节市场、实现全年供应的目的。水果蔬菜属鲜活农产品，水分含量高，营养丰富，如果不及时采取有效的贮藏加工措施，果蔬原料很容易发生腐烂变质。

正是由于果蔬原料具有季节性、地域性、易腐性等特点，因此果蔬原料采收以后需要及时进行贮运与加工。

二、果蔬食品加工对原料的要求

果品蔬菜加工的方法较多，其性质相差很大。不同的加工方法和制品对原料均有不同的要求，优质高产、低耗的加工品，除受工艺和设备的影响外，还与原料的品质好坏及其加工适性有密切的关系，在加工工艺技术和设备条件一定的情况下，原料的好坏直接决定着加工制品的质量。

（一）加工对原料种类品种的要求

果品蔬菜的种类和品种繁多，但不是所有的种类和品种都适合于加工，更不是都适合加工成同一种加工品。就果蔬原料的加工特性而言，果品品种间的差别较小，而蔬菜则相对较复杂。因此，正确选择适合于加工的种类品种是生产品质优良的加工品的首要条件。而如何选择合适的原料，这就要根据各种加工品的制作要求和原料本身的特性来决定。

制作果汁及果酒类的产品时，原料的选样一般选汁液丰富，取汁容易，可溶性固形物高，酸度适宜，风味芳香独特，色泽良好及果胶含量少的种类和品种。果蔬理想的原料是：葡萄、柑橘、苹果、梨、菠萝、番茄、黄瓜、芹菜等。然而有的果蔬汁液含量并不丰富，如胡萝卜及山楂等，但它们具有特殊的营养价值及风味色泽，可以采取特殊的工艺处理而加工成透明或混浊型的果计饮料。

葡萄是世界上制酒最多的水果原料，80%以上的葡萄是用于制酒，并且已经形成了专门的酿酒品种系列，尤其是制作高档的葡萄酒对原料品种的要求更为严格。一般酿造红葡萄酒的品种要求有较高的单宁和色素含量，除赤霞珠外还常用黑比诺、品丽珠、蛇龙珠、晚红蜜、公酿一号等；酿造白葡萄酒的品种则有雷司令、白雅、贵人香、龙眼等。

干制品的原料要求是：干物质含量较高，水分含量较低，可食部分多，粗纤维少，风味及色泽好的种类和品种。果蔬较理想的原料是：枣、柿子、山楂、苹果、龙眼、杏、胡萝卜、马铃薯、辣椒、南瓜、洋葱、姜、大蒜及大部分的食用菌等。但某一适宜的种类中并不是所有的品种都可以用来加工干制品，例如脱水胡萝卜制品，新黑田五寸就是一最佳加工品种，而有的胡萝卜品种则不宜用于加工。

用于罐藏、果脯及冷冻制品的原料，要求选肉厚、可食部分大、质地紧密、糖酸比适当、色香味好的种类和品种。一般大多数的果蔬均可适合此类制品的加工，而罐藏和果脯的原料还要求耐煮制。而对于果酱类的制品，其原料要求含有丰富的果胶物质、较高的有机酸含量、风味浓、香气足。例如水果中的山楂、杏、草莓、苹果等就是最适合加工这类制品的原料种类。而蔬菜类的番茄酱加工对番茄红素的要求更为严格。因此，目前认为最好的番茄加工新品种有红玛瑙140、新番4号等品种。

蔬菜腌制对原料的要求不太严格，一般应以水分含量低、干物质较多、肉质厚、风味独特、粗纤维少为好。优良的腌制原料有芥菜类、根菜类、白菜类、黄瓜、茄子、蒜、姜等等。

（二）加工对成熟度的要求

果蔬原料的成熟度、采收期适宜与否，将直接关系到加工成品质量高低和原料的损耗大小。不同的加工品对果蔬原料的成熟度和采收期要求不同。因此，选择其恰当的成熟度和采收期，是各种加工制品对原料的又一重要要求。

在果蔬加工学上，一般将成熟度分为三个阶段，即可采成熟度、加工成熟度（也称食用成熟度）和生理成熟度。

可采成熟度是指果实充分膨大长成，但风味还未达到顶点。这时采收的果实，适合于贮运并经后熟后方可达到加工的要求，如香蕉、苹果、桃等水果可以这时采收。一般工厂为了延长加工期常在这时采收进厂入贮，以备以后加工。

加工成熟度（也称食用成熟度）是指果实已具备该品种应有的加工特征，分为适当成熟与充分成熟。根据加工类别不同而要求成熟度也不同。如制造果汁类，要求原料充分成熟，色泽好，香味浓，糖酸适中，榨汁容易，损耗率低；制造干制品类，果实也要求充分成熟，否则缺乏应有的果香味，制成品质地坚硬，而且，有的果实如杏，若青绿色未退尽，干制后会因叶绿素分解变成暗褐色，影响外观品质；制造果脯、罐头类，则要求原料成熟适当，这样果实因含原果胶类物质较多，组织比较坚硬，可以经受高温煮制；而果糕、果冻类加工时，则要求原料具有适当的成熟度，其目的是利用原果胶含量高，使制成品具有凝胶特性。

生理成熟度是指果实质地变软，风味变淡，营养价值降低，一般称这个阶段为过熟。这种果实除了可做果汁和果酱外（因不需保持形状），一般不适宜加工其他产品。即使要做上述制品，也必须通过添加一定的添加剂或在加工工艺上进行特别处理，方可制出比较满意的加工制品，这样势必要增加生产成本，因此，任何加工品均不提倡在这个时期进行加工。但制作葡萄的加工品时，则应在这时采收，因此时果实含糖量高，色泽风味最佳。

蔬菜供食用的器官不同，它们在田间生长发育过程变化很大，因此采收期选择的恰当与否，对加工至关重要。例如：青豌豆、菜豆等罐头用原料，以乳熟期采收为宜。青豌豆开花后十七八天采收品质最好，糖分含量高，粗纤维少，表皮柔嫩，制成的罐头甜、嫩、不混汤。如采收过早，果实发育不充分，难于加工，产量也低；若选择在最佳采收期后采收，则子粒变老，糖转化成淀粉，失去加工罐头的价值。

金针菜以花蕾充分膨大还未开放做罐头和干制品为优，花蕾开放后，易折断，品质变劣。蘑菇子实体大，$1.8 \sim 4.0$ cm 时采收做清水蘑菇罐头为优，过大、开伞后的蘑菇，菌柄空心，外观欠佳，只可做蘑菇干。

青菜头、萝卜和胡萝卜等要充分膨大，尚未抽苔时采收为宜，此时的原料粗纤维少；过老者，其组织木质化或糠心，不堪食用。马铃薯、藕富含淀粉，则以地上茎开始枯萎时采收为宜，这时淀粉含量高。

叶菜类与大部分果实类不同，一般要在生长期采收，此时粗纤维少，品质好。对于某些果菜类如进行酱腌的黄瓜，则要求选择以幼嫩的乳黄瓜或小黄瓜进行采摘。

蔬菜种类繁多，而用于加工的每种原料的最适宜的采收期均不同，在此不一一列举。

（三）加工对新鲜度的要求

加工原料越新鲜，加工的品质越好，损耗率也越低。因此，从采收到加工应尽量缩短时间，这就是为什么加工厂要建在原料基地附近的原因。果品蔬菜多属易腐农产品，某些原料如葡萄、草莓及番茄等，不耐重压，易破裂，极易被微生物侵染，给以后的消毒杀菌带来困难。这些原料在采收、运输过程中，极易造成机械损伤，若及时进行加工，尚能保证成品的品质，否则这些原料严重腐烂，导致其失去加工价值或造成大量损耗，影响企业的经济效益。

如蘑菇、芦笋要在采后 2 ~ 6 h 内加工，青刀豆、蒜苔、莴苣等不得超过 1 ~ 2 天，大蒜、生姜等采后 3 ~ 5 天，表皮干枯，去皮困难；甜玉米采后 30 h，就会迅速老化，含糖量下降近一倍，淀粉含量增加近一半，水分也大大下降，势必影响到加工品的质量。因此，在自然条件下，从采收到加工不得超过 6 h。而水果如桃采后如不迅速加工，果肉会迅速变软，因此要求其在采后一天内进行加工；葡萄、杏、草莓及樱桃等必须在 12 h 内进行加工；柑橘、中晚熟梨及苹果应在 3 ~ 7 天内进行加工。

总之，果品蔬菜要求从采收到加工的时间尽量短，如果必须放置或进行远途运输，则应有一系列的保藏措施。如蘑菇等食用菌要用盐渍保藏；甜玉米、豌豆、青刀豆及叶菜类最好立即进行预冷处理；桃、李、番茄、苹果等最好入冷藏库贮存。同时在采收、运输过程中一定要注意防止机械损伤、日晒、雨淋及冻伤等等，以充分保证原料的新鲜。

（四）加工对原料安全性和洁净度的要求

随着现代经济的高速发展和人们认识水平的不断提高，人们对食品的选择已不再局限于价格、新鲜度和相关的质量上，而是越来越关注起食品的安全性和洁净度，我国的绿色食品便是在这种背景下提出的，绿色食品即指：无污染的安全、优质、营养的食品。专家们已经指出，21 世纪的主导食品将是绿色食品，绿色食品犹如保证人体健康的卫士，已成为大势所趋。因此，果蔬加工制品要想达到绿色食品的标准，满足人们对食品安全的需要，保证人体健康，其最根本的一点就是选择加工的原料也要能达到绿色食品的要求，否则，采用被农药或其他环境有毒物质污染的原料进行加工，纵然生产加工技术再高新、设备再先进，其生产出的产品也仍然是对人体健康有害的非绿色食品。长此下去，不仅影响加工企业今后更好的发展，无法参与国际市场的竞争，更重要的是纵容了原料生产基地继续污染，不利于农业生产的可持续发展。

三、果蔬原料的选别、分级与清洗

果品蔬菜加工前的处理，对其制成品的生产影响很大，如果处理不当，不但会影响产品质量和产量，而且会对以后的加工工艺造成影响。为了保证质量、降低损耗，顺利完成加工过程，必须认真对待加工前的顶处理。

果品蔬菜加工前处理包括选别、分级、清洗、去皮、切分、修整、烫原、硬化、抽空等工序。在这些工序中，去皮后还要对原料进行各种护色处理，以防原料发生变色而品质变劣。尽管果品蔬菜种类和品种各异，组织特性相差很大，加工方法不同，但加工前的预处理过程却基本相同。

（一）原料的选别与分级

原料的选别是指对原料的品质进行区别和处理，主要是剔除霉烂、病虫害、严重机械伤、畸形、成熟度低的青果等不符合要求的果实。选别方法目前主要还是通过人的感官进行挑选，然后分别处理，一般在固定的工作台或传送机上进行。

原料的分级是在品质符合要求的基础上，主要按大小分成若干级别，以便用同一工艺进行加工，制得形态整齐、规格一致的产品。无须保持果实形态的制品，如果酒、果汁、果酱等，其原料不需要分级。

分级的方法，一是手工进行，二是使用机械。手工分级靠目测手估或借助于分级板，小型工厂或少量加工时可采用。大型工厂须使用分级机，常用的分级机有震动筛分级机、转筒分级机和条带分级机等。

（二）原料的清洗

原料洗涤的目的是除去表面附着的泥沙、碎屑、微生物以及残留农药，以保证产品卫生。洗涤前先行浸泡，可使附着物更易于洗净。对残留农药较大的原料，常用 0.5% ~ 1.5% 的盐酸溶液，或 0.1% 的高锰酸钾溶液，或有效氯为 600 mL/L 的漂白粉水，在常温下浸泡数分钟，再用清水洗涤。

洗涤的方式有浸洗、浮洗、淋洗、喷洗、冲洗和刷洗等，洗涤的设备有洗涤池、洗涤水槽以及各种洗涤机如转筒洗涤机、鼓风式清洗机、浮洗机、滚动喷洗机等。

四、果蔬的去皮、切分、去心与去核

（一）果蔬的去皮

果实的外皮一般都比较粗糙，为提高产品质量和便于加工，往往需要去皮。去皮的工艺要求可简单地概括为"净而薄"，即既要去净果皮，又尽量不浪费果肉。去皮的方法如下：

1. 手工去皮

借助专用的去皮刀具去皮，适用于果形较大且圆正的苹果、梨、柿子等果实，虽然效率较低，但去皮彻底，使用灵活，在劳动力充足或加工量小的情况下，仍不失为一种可行的方法。

2. 机械去皮

目前使用的去皮机主要是旋皮机，其次有磨擦去皮机、菠萝去皮通心机等。旋皮机有手摇式和电动式，主要部件为固定果实的转动轴杆和刀口略有弧度的削刀，刀的基部由弹簧控制，使刀口紧贴果面，同时有一定的伸缩以适应不同大小的果实。果实在转杆带动下旋转，果皮即呈带状削去。

磨擦去皮机多用于根菜类。菠萝去皮通心机，一次完成去皮和通心作业，得菠萝圆筒。

菠萝去皮专用设备，由削皮系统、通心机构、传动系统和机架组成。

3. 化学去皮或碱液去皮

化学去皮是用强酸或强碱作用于果皮，使皮层的角质、半纤维素受酸碱腐蚀作用而溶解，表皮下中胶层的果胶失去凝胶性，在短时间内造成 1～2 层薄壁细胞的破坏，致使表皮呈片状或碎屑状脱落。由于生产上一般使用 NaOH，因此称碱液去皮。碱液去皮均匀而迅速，损耗少，适用性广，但存在化学污染问题需要解决。去皮时碱液的浓度、温度和浸碱时间依原料的种类、品种及成熟度而异，应先做小试来确定处理条件。下图是常用见的碱液去皮机示意图。

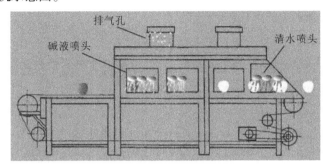

碱液去皮机示意图

表 3 - 1 - 1 为几种果实的参考条件：

表 3 - 1 - 1　几种果实的碱液去皮工艺条件参考值

果实种类	碱液浓度/%	碱液温度/℃	浸碱时间/s
黄桃	2～6	≥90	30～60
李	2～8	≥90	60～120
杏	3～6	≥90	60～120
猕猴桃	18～22	≥95	90～180
橘瓣	0.8	60～75	15～30

经碱液处理后的原料，应立即投入冷水中进行搓洗，反复换水或使用流水，将果皮屑洗净。然后可用 0.1% 盐酸溶液浸几秒钟中和碱液，再用清水漂洗去盐。大型或专业化工厂使用碱液去皮机，实现碱液去皮的机械化和自动化。

碱液的浓度、处理的时间和碱液温度为三个重要参数，应视不同的果蔬原料种类、成熟度和大小而定，碱液去皮的处理方法有浸碱法和淋浸法两种。

碱液去皮的优点：

① 适应性广，几乎所有的果蔬均可应用碱液去皮，且对原料的形状大小要求不高；

② 碱液去皮掌握合适时，损失率较少，原料利用率较高；

③ 节省人工、设备等。

注意：碱液的强腐蚀性。注意安全，设备容器等必须由不锈钢制成或用搪瓷、陶瓷，不能使用铁或铝制容器。

4. 热力去皮

果实在高温短时作用下，表皮迅速受热而膨胀破裂，中胶层果胶发生水解失去凝胶性，然后经撕扯或磨擦、喷冲等外力作用，表皮即被脱除。此法适用于皮薄而成熟度较高的原料，如桃、杏、枇杷、番茄等。加热方式采用沸水热烫或蒸汽热烫，可实现机械化操作。

5. 酶法去皮

在果胶酶（主要是果胶酯酶）的作用下，可使果胶水解，脱去皮壳的方法。适用于橙、葡萄柚等果皮难剥离的果实。

6. 冷冻去皮

将果蔬在冷冻装置中达轻度表面冻结，然后解冻，使皮松弛后去皮。

适用对象：桃、杏、番茄等。

7. 真空去皮

将成熟的果蔬先加热，使果皮与果肉易分离，接着进入有一定真空度的室内，使果皮下的液体迅速"沸腾"，皮与肉分离，然后破除真空，冲洗或搅动去皮。

适用对象：成熟的果蔬如桃、番茄等。

（二）果蔬的切分

体积较大原料供作干制、罐藏、果脯蜜栈和速冻时，需要适当的切分且具一定形态，如两瓣、三瓣、五瓣、片、段、条、丝等。切分的工艺要求是规格均匀整齐，切面平直光滑。切分方法：少量加工可用手工，大量加工则用机械，如切片机、劈桃机等。切分的形状则根据产品的标准和性质而定。

（三）果蔬的去心与修整

去心去核也是多数制品加工时所需要的，其方式有切分后的挖心（仁果）或挑核（核果），整果的通心（如苹果、菠萝等）或捅核（如山楂、枣、枇杷等）。方法则多使用小型工具手工操作，也可采用简单机械进行。一般核果类加工前需去核、仁果类则需去心。

此外，对于枣、金橘、梅等果蔬品种，加工蜜饯时需划缝，刺孔。

五、果蔬的硬化、烫漂与护色

（一）果蔬原料的硬化处理

硬化处理一般用于罐藏和果脯蜜饯原料，目的是使果实保持一定的硬度，具有较高的耐煮性，以便加工后的制品能保持块形完整，有较好的脆度口感。对质地较柔软的果实，硬化处理尤为必要。

硬化处理的原理是利用一些离子与果实中的果胶酸生成不溶性的果胶酸盐，从而起到类似原果胶的作用，使果实细胞之间的联结得以加强而保持硬度。常用的离子是钙和铝，相应的硬化剂如石灰、氯化钙、明矾等。处理时用一定浓度的硬化剂溶液浸泡至中心为止。如制橘饼的鲜橘用0.2%的石灰浸12 h，再用清水漂洗。生产中硬化处理也常和浸硫合并进行。

（二）果蔬的烫漂

果蔬的烫漂是指将已切分的或经其他预处理的新鲜果蔬原料放入沸水或热蒸汽中进行短时间的热处理。

1. 烫漂的目的

① 加热钝化酶，防止酶褐变。

烫漂可以使酶失去活性而停止生化反应。如多酚氧化酶在 71 ~ 73.5℃、过氧化酶在 90 ~ 100℃下 1 ~ 5 min 即可失活，从而有效地防止酶促褐变，保护制品色泽。

② 软化或改进组织结构，利于加工。

烫漂可以使蛋白质受热凝固，细胞膜的透性增加，有助于加工时的物质交换。如干制时加快脱水，糖制时加快渗糖。

③ 排除果肉组织中的空气特别是氧气，防止内容物的氧化，同时具有稳定或改进色泽的作用，如使绿色蔬菜变得更加翠绿、使浅色果蔬变得更加透明等。

④ 除去果蔬的部分辛辣味和其他不良风味。

⑤ 降低果蔬中的污染物和微生物数量。

缺点：烫漂造成一部分营养成分损失。如切片的胡萝卜用热水烫 1 min，则损失矿物质 15%，整条的也要损失 7%。

2. 烫漂的方法以及果蔬烫漂程度的确定

热处理常用热水热烫和蒸汽热烫。热烫的温度和时间，应根据原料特性、块形大小、工艺要求等条件而定，通常以过氧化酶充分失活为度。

原料热烫后应快速冷却。

（三）果蔬的护色

果蔬原料去皮相切分之后，放置于空气中，很快会变成褐色，从而影响外观，也破坏了产品的风味和营养价值。这种褐色主要是酶褐变。其关键作用因子有酚类底物、酶和氧气。

因为底物不能除去，一般护色措施均从排除氧气和抑制酶活性两方面着手。在加工预处理中所用的方法有如下几种。

1. 热烫

热烫后使酶失活，氧气被排除，为防止酶褐变的长久性措施。

2. 氯化液浸泡

用 1% ~ 2% 的食盐水浸没原料，能抑制酶活性 3 ~ 4 h，加上一定的隔氧作用，可暂时防止酶褐变，常用于去皮、切分、挖心等工序之间。对易变色的原料，可加 0.1% 柠檬酸增加抑制效果。果脯蜜饯原料用氯化钙溶液浸泡，既有护色作用，也有硬化作用。

3. 硫处理

通过还原和对氧化酶活性的抑制，防止多酚类物质褐变。

方法有熏硫或浸硫两种：

① 熏硫法：将原料放在密闭的室内或塑料帐内，燃烧硫磺产生二氧化硫，将二氧化硫气体通入帐内。熏硫可以在室内进行，也可由钢瓶直接将二氧化硫压入。熏硫室或帐内 SO_2 浓度宜保持在 $1.5\% \sim 2\%$，也可以根据每立方米空间燃烧硫磺 200 g，或者可按每吨原料用硫磺 $2 \sim 3$ kg 计。

② 浸硫法：用一定浓度的亚硫酸盐溶液，在密封容器中将洗净后的原料浸没。亚硫酸（盐）的浓度以有效 SO_2 计。一般要求为果实及溶液总重的 $0.1\% \sim 0.2\%$。

表 3-1-2　亚硫酸盐中有效 SO_2 的含量

名称	有效 SO_2 含量/%	名称	有效 SO_2 含量/%
液态二氧化硫（SO_2）	100	亚硫酸氢钾（$KHSO_3$）	53.31
亚硫酸（H_2SO_3）	6	亚硫酸氢钠（$NaHSO_3$）	61.95
亚硫酸钙（$CaSO_3$）	23	偏重亚硫酸氢钾（$K_2S_2O_5$）	57.65
亚硫酸钾（K_2SO_3）	33	偏重亚硫酸氢钠（$Na_2S_2O_5$）	67.43
亚硫酸钠（Na_2SO_3）	50.84	低亚硫酸钠（$Na_2S_2O_4$）	73.56

4. 有机酸溶液护色

通过控制 pH 值影响酶的活性的方法。酚酶的最佳活性 pH 范围为 $6 \sim 7$，当 pH 小于 6 时活性受到抑制。

5. 抽空护色

利用真空泵等机械设备造成真空状态，使果蔬中的空气释放出来的处理方法。防止氧化变色。可采用干抽或湿抽法。

思考题

1. 果蔬的种类有哪些？果蔬原料具有怎样的特点？
2. 果蔬食品加工对原料有何要求？
3. 简述果蔬原料分级、清洗的目的和常用方法。
4. 简述果蔬原料去皮的主要方法，并说明其原理。
5. 说明果蔬原料烫漂的目的和方法。
6. 分析果蔬原料变色的主要原因，并制定工序间护色的措施。

第二章　果蔬罐藏及制汁

本章学习目标　了解果蔬罐藏的基本原理，掌握果蔬制罐及制汁的生产工艺及操作关键。

一、果蔬罐藏

食品罐藏是将经过一定处理的食品装入一种包装容器中，经过密封杀菌，使罐内食品与外界环境隔绝而不被微生物再污染，同时使罐内绝大部分微生物杀死并使酶失活，从而获得在室温下长期保存的保藏方法。

这种密封在容器中，并经过杀菌而在室温下能够长期保存的食品称为罐藏食品，俗称罐头。

罐藏具有以下优点：

① 经久耐藏；

② 安全卫生；

③ 无须另外加工，食用方便；

④ 携带方便，不易损坏。

（一）果蔬罐藏基本原理

罐头食品之所以能长期保藏主要是借助于罐藏工艺条件（排气、密封和杀菌）杀灭了罐内能引起产品败坏、产毒和致病的微生物，破坏了原料组织中自身的酶活性，并使罐头处于密封状态使其不再受外界微生物的污染来实现的。

1. 高温处理对罐头保藏的影响

食品的腐败变质主要的原因就是由于微生物的生长繁殖和食品内所含有酶的活动导致的。而微生物的生长繁殖及酶的活动必须要具备一定的环境条件，食品罐藏机理就是要创造一个不适合微生物生长繁殖及酶活动的基本条件，从而达到能在室温下长期保藏不坏的目的。

（1）高温对微生物的影响

高温可起到杀灭微生物的作用，食品中常见的微生物主要有霉菌、酵母菌和细菌。微生物的种类不同，耐热性也不同，微生物的耐热性还受到食品中的化学成分的影响，特别是受食品的 pH 值影响较大。由于 pH 值的大小与罐头的杀菌和安全有密切关系，因此可以依 pH 值大小把食品分成两类：

① 酸性食品：pH < 4.5，如水果及少量蔬菜（番茄、食用大黄等）；

② 中低酸性食品：pH > 4.5，加大多数蔬菜、肉、蛋、乳、禽、鱼类等。

果蔬罐头的 pH 值不同，罐头内常见腐败菌不同，所采用的杀菌方式也不同。

表 3 - 2 - 1　果蔬罐头的 pH 值、常见腐败菌及杀菌方式

分类	pH	果蔬种类	常见腐败菌	热杀菌条件
中低酸性	≥4.5	蘑菇、青豆、青刀豆、芦笋、胡萝卜、马铃薯、花椰菜以及蔬菜与肉类的混合制品等	嗜热性菌、嗜温性厌氧菌、嗜温性兼性厌氧菌	105～121℃
酸性	<4.5	荔枝、龙眼、桃、樱桃、李、枇杷、梨、苹果、草莓、番茄、菠萝、杏、葡萄、果汁等	非芽孢耐酸菌、耐酸芽孢菌、酵母菌、霉菌	≤100℃

（2）高温对酶活性的影响

高温处理可使酶失去活性。对于罐头来说，高温灭酶主要是针对酸性或高酸性食品的变质，因为这类罐头食品经杀菌微生物能被全部杀死，但某些酶的活力却依然存在。

2．排气处理对罐头保藏的影响

排气是将食品装箱罐后、密封前将罐头顶隙间的、装罐时带入的和原料组织内末排净的空气，尽可能从罐内排出，使密封后罐内形成真空的过程。排气是罐头制品得以保存的必备条件。

（1）排气处理对微生物的影响

排气能有效地阻止需氧菌特别是其芽孢的生长发育。

（2）排气处理对食品色、香、味及营养物质保存的影响

排气能减轻或防止氧化作用，使食品的色、气、味及营养物质得以较好的保存。

（3）排气处理对罐头内壁腐蚀的影响

排气可防止或减轻罐头内壁的腐蚀。

3．密封措施对罐头保藏的影响

密封是罐藏的关键工序之一，罐头食品之所以长期保存不坏，除了充分杀灭了能在罐内环境生长的腐败菌和致病菌外，主要是依靠罐头的密封。密封可以使罐内食品与外界环境隔绝、维持罐内真空、并防止外界微生物再侵染。因此，罐头生产过程中严格控制密封的操作，保证罐头的密封效果是十分重要的。

（二）果蔬罐藏工艺

1．工艺流程

选料 → 预处理 → 装罐 → 排气 → 密封 → 杀菌 → 冷却 → 保温检验 → 包装 → 成品

2．工艺要点

（1）装罐前容器的准备和处理

① 常用的罐藏容器：罐头食品容器主要有马口铁（镀锡板罐）、玻璃罐和铝罐等几种类型，此外还有目前日益得到广泛应用的软包装容器。食品对罐藏容器的要求是：卫生无毒；密封性能良好；耐腐蚀；适合工业化生产以及具有便于携带、开启方便和美观等特点。

马口铁罐：马口铁罐亦称锡铁罐，由两面镀锡的薄铁皮制成。有三片罐（身、底、盖）和二片罐（罐身和底冲压为一体、盖）。特点是无毒，耐高温高压，质轻，密封性和加工性好，但不能重复使用，看不到内容物，抗腐蚀性差，内容物为高酸、高蛋白食品时，需要在罐的内壁涂抗酸或抗硫的涂料层。

玻璃罐：玻璃罐由加热熔化的中性硅酸盐溶液，成型冷却而制成。玻璃罐的优点是化学惰性高，不与内容物起反应；硬度高，不变形；价廉且可重复使用；透明，便于消费者选择；形状可以多样，造型美观。适合水果罐头使用。其主要缺点是重量较大、运输成本高、易破碎。玻璃罐的罐盖和密封形式有卷封式、旋盖式、螺旋式、弹压式等。目前最常用的是旋盖式，特点是密封可靠，开启方便。

铝罐或易开罐：由铝合金冲压而成。特点是质轻，抗腐蚀，不生锈，不易变色，易成型，易开启，废罐可回收重炼。但强度较低，成本较高。

软包装容器：软包装容器指由薄纸板、铝箔、无毒塑料等材料制成的软质或半硬质的袋状、盒状或瓶状容器。包括由聚酯（外层）、铝箔（中层）和聚烯烃（内层）等薄膜复合而成的铝箔复合蒸煮袋、由薄纸板、聚乙烯、聚酯或加衬铝箔复合而成的砖形纸质复合罐、以及由聚丙烯或与聚酯塑料复合吹塑成型的半硬质塑料罐。

② 容器的准备和处理：根据果蔬原料的种类、特性、加工方法、产品规格和要求以及有关规定，选用合适的容器。空罐在使用前首先要检查空罐的完好性。对铁皮罐要求罐型整齐，缝线标准，焊缝完整均匀；罐口和罐盖边缘无缺口或变形，铁壁无锈斑和脱锡现象。对玻璃罐要求罐口平整光滑，无缺口、裂缝，玻璃壁中无气泡等。其次要进行清洗和消毒。空罐在制造、运输和贮藏过程中，其外壁和罐内往往易被污染，在罐内会带有焊锡药水、锡珠油污、灰尘、微生物、油脂等污物。因此，为了保证罐头食品的质量，在装级前就必须对空罐进行清洗，保证容器的清洁卫生，提高杀菌效果。

（2）罐液的配制

果品蔬菜罐藏中，除了液态食品（果汁）、糜状黏稠食品（果酱）或干制品外，一般要向罐内加注浓汁，称为罐注液或填充液或汤汁。果品罐头的罐注液一般是糖液，蔬菜罐头的罐注液多为盐水。罐头加注汁液后有如下作用：增加罐头食品的风味，改善营养价值；有利于罐头杀菌时的热传递，升温迅速，保证杀菌效果；排除罐内大部分空气，提高箱内真空度，减少内容物的氧化变色；罐液一般都保持较高的温度，可以提高级头的初温，提高杀菌效率。

糖液浓度的确定，一方面要满足开罐浓度的要求，一方面是考虑原料本身的糖酸含量，使成品达到适宜的糖酸比，具有良好风味。我国目前生产的糖水水果罐头的开罐浓度一般为14%～18%，加注糖液的浓度可根据下式计算：

$$Y = \frac{W_3 Z - W_1 X}{W_2}$$

式中：Y——需配制的糖液浓度，%；

W_1——每罐装入果肉重，g；

W_2——每罐加入糖液重，g；

W_3——每罐净重，g；

　X——装罐时果肉可溶性固形物含量,％；

　Z——要求开罐时的糖液浓度,％。

一般蔬菜罐头所用盐水的浓度为1％～4％，盐液配制时直接称取要求的食盐量，加水煮沸过滤即可。

（3）装罐

经预处理整理好的果蔬原料应迅速装罐，装罐时应注意以下问题：

① 定量装罐，净重要符合标准，固形物一般不少于50％，但整批不允许出现负偏差；

② 大形果块需注意一定的排列方式，宜使光滑的一面朝外，以提高外观质量（玻璃瓶）；

③ 注液留顶隙适当，一般为5～8 mm，注液温度要高，至少不低于75℃；

④ 严格控制卫生条件，不允许罐内出现杂物等。

装罐多采用手工操作，用天平或台秤称取固形物。小形果、粒粒橙等比较容易实现机械化装罐。

（4）排气

排气是将食品装箱后、密封前将罐头顶隙间的、随时带入的和原料组织内未排净的空气，尽可能从罐内排出，使密封后罐内形成真空的过程。只有排除罐内的气体，才能在密封之后形成一定的真空度。操作中，虽然加注的是热糖液，但遇冷凉的果块，温度下降很快，罐头顶隙及原料组织中仍留有空气。通过实施加热排气，原料组织受热膨胀，空气排出外，同时，顶隙中的空气被水蒸气所替代，因此，封罐、杀菌、冷却后，罐头内容物收缩，顶隙中的水蒸气凝为液体，因而罐内形成适度的真空状态。这是罐头制品得以保存罐的必备条件。

① 排气的目的：排气使罐头内保持一定的真空状态，防止容器因内容物膨胀而变形和跳盖以及密封性能下降；减轻氧化导致的感官性质变化和营养物质损失、以及罐内壁腐蚀；阻止好气性微生物生长。

② 排气的方法：排气方法及其使用设备视不同产品及要求而异，主要有三种：加热排气法、真空密封排气法及蒸汽喷射排气法。

加热排气：此法是用热水或蒸汽对虚置罐盖的实罐进行加热，使罐中心温度达到70℃，保持约10 min，利用热胀和部分蒸汽进行排气，然后立即封罐。用于与普通封罐机的配合或手工封罐（旋盖）。

真空抽气：使用带抽空装置的封罐机，在封口的同时抽出顶隙中的空气，真空度最高可接近80 kPa。

蒸汽喷射排气：使用蒸汽喷射封罐机，在封盖之前向顶隙喷饱和或过热蒸汽，将空气排走，杀菌冷却后顶隙内的蒸汽凝结为水，从而形成真空。

（5）密封

罐藏食品能长期保持良好的品质，并为消费者提供保证卫生营养的食品，主要依赖于成品的密封和杀菌。容器经密封可以断绝罐内外空气的流通，防止外界细菌入侵污染，密封食品经杀菌后可长期保藏不坏。若密封性不好，产品经处理、排气、杀菌、冷却及包装等操作将会变得毫无意义，故密封在罐头食品制造过程中是最重要的操作之一。

金属罐的密封都是通过封罐机来完成。玻璃罐与金属罐的结构不同，密封方法也不一样，玻璃罐本身因罐口边缘造型不同，使用的盖子形式不一，因此密封方法也各有区别，可以通过手工封罐（旋盖）和封罐机封罐。

（6）杀菌

为不使罐内温度下降，封罐后应立即进行杀菌。既要有效地消灭罐内有害微生物和特定的杀菌对象，又要防止内容物组织、色泽和风味等的变劣。因此，制定一个既安全又合理的杀菌工艺是至关重要的，完成杀菌后及时冷却降温也是必要的。

① 杀菌目的：杀菌的目的主要是杀死罐内能引起食品败坏的微生物和病原菌，并对内容物起一定的调煮作用，以改进质地和风味。

② 杀菌方法：果蔬罐头常用的杀菌方法有常压杀菌和加压杀菌两种。常压杀菌是将果蔬罐头放入常压的热水或沸水中进行杀菌，杀菌温度不超过水的沸点，杀菌操作和杀菌设备简便，适用于 pH 在 4.5 以下的酸性食品，如水果类、果汁类、果酱类、酸渍菜类等。一般杀菌温度在 80～100℃，时间 10～40 min。加压杀菌是将罐头放入杀菌锅内进行高压杀菌。经加压后锅内水的沸点可达100℃以上，并且随外部压力大小而升降，如气压增至 172.59 kPa 时，沸点可升至115℃，气压增高至 206.91 kPa，沸点可升至121℃左右。可以根据果蔬罐头杀菌温度的要求，通过杀菌锅内气压的增高，使水达到要求的杀菌温度。加压杀菌适用于低酸性（pH 大于 4.5）食品罐头的杀菌，如大部分的蔬菜等食品。

罐头杀菌工艺条件主要是温度、时间和反压力三项，在罐头厂通常用"杀菌公式"的形式来表示。

一般杀菌公式为：$\dfrac{t_1 - t_2 - t_3}{T}$ 或 $\dfrac{t_1 - t_2 - t_3}{T} p$

式中：t_1——从初温升到杀菌温度所需的时间，即升温时间，min；

T_2——保持恒定的杀菌温度所需的时间，min；

T_3——从杀菌温度降到所需温度的时间，即降温时间，min

T——规定的杀菌温度，℃；

P——反压冷却时杀菌锅内采用的反压力，MPa。

（7）冷却

罐头在杀菌完毕后，必须迅速冷却，否则罐内果蔬内容物继续处于较高的温度，会使色泽、风味发生变化，组织软化。果蔬中的有机酸在较高温度下会加速罐头内壁的腐蚀。罐头冷却终温一般认为可掌握在用手取罐不觉烫手为宜，38～40℃，罐内压力已降至正常为宜，此时罐头的一部分余热，有利于罐面水分的继续蒸发，结合人工擦罐，防止罐身罐盖生锈。

目前罐头生产普遍使用冷水冷却的方法。常压杀菌的罐头可采用喷淋冷却和浸水冷却，以喷淋冷却的效果较好。加压水杀菌及加压蒸汽杀菌的罐头内压较大，需采用反压冷却，在冷却时补充杀菌器内压力，如内压不高时，也可在不加压的情况下进行冷却。

（三）罐头检验与贮藏

果蔬罐头食品的质量要求，第一是罐体要完好无损，即罐头容器不变形、不漏水、不透气、罐壁无腐蚀现象及罐盖不膨胀（胖听）。第二是罐头内容物应具正常的色、香、味、形和质量，无异常、无杂质。第三罐头食品卫生指标应符合国家有关标准，罐内食品中不能检出致病菌或腐败变质。重金属含量、农药残留量和防腐剂成分均应符合规定标准。

1. 罐头的检验

（1）容器外观检查

观察瓶与盖结合是否紧密牢固，胶圈有无起皱；罐盖的凹凸变化情况；罐体是否清洁及锈蚀等。罐盖正常为两面扁平，略有凹陷，通过检查主要要检出胀罐（胖听）、突角、瘪罐等。

（2）内容物检查

主要是对内容物的色泽、风味、组织形态、汁液透明度、杂质等进行检验。还包括对罐头的总重、净重、固形物的含量、糖水浓度、罐内真空度及有害物质等进行检验。

（3）微生物检验

是指罐头堆放在保温箱中，维持一定的温度和时间，如果罐头食品杀菌不彻底或再浸染，在保温条件下，使会繁殖使罐头变质。

为了获得可靠数据，取样要有代表性。通常每批产品至少取 12 罐。抽样的罐头要在适温下培养，促使活着的细菌生长繁殖。中性和低酸性食品应在 37℃ 下至少一周为宜。酸性食品在 25℃ 下保温 7～10 天。在保温培养期间，每日进行检查，若发现有败坏现象的罐头，应立即取出，开罐接种培养，但要注意环境条件洁净，防止污染。经过镜检，确定细菌种类和数量，查找带菌原因及防止措施。

2. 罐头食品的贮藏

罐头食品的贮存场所要求清洁、通风良好。罐头食品在贮存过程中，影响其质量好坏的因素很多，但主要的是温度和湿度。

（1）温度

在罐头贮存过程中，避免库温过高或过低以及库温的剧烈变化。温度过高会加速内容物的理化变化，导致果肉组织软化，失去原有风味，发生变色，降低营养成分。并会促进罐壁腐蚀，也给罐内残存的微生物创造发育繁殖的条件，导致内容物腐败变质。实践证明库温在 20℃ 以上，容易出现上述情况。温度升高，贮期明显缩短。但温度过低（低于罐头内容物冰点以下）也不利，制品易受凉，造成水果蔬菜组织解体，易发生汁液混浊和沉淀。果蔬罐头贮存适温一般为 10 ~ 15℃。

（2）湿度

库房内相对湿度过大，罐头容易生锈、腐蚀乃至罐壁穿孔。因此要求库房干燥、通风，有较低的湿度环境，以保持相对湿度在 70% ~ 75% 为宜，最高不要超过 80%。

此外，罐瓶要码成通风垛；库内不要堆放具有酸性、碱性及易腐蚀的其他物品；不要受强日光曝晒等。

3. 罐头食品的贴标（商标）和包装

对果蔬罐头成品要进行贴标，即将印刷有食品名称、质量、成分、产地、厂家等的商标，贴在罐壁上，便于消费者选购。

罐头食品的贴标，目前多用手工操作。也有多种贴标机械，如半自动贴标机、自动贴标机等。

罐头贴标后，要进行包装，便于成品的贮存、流通和销售。包装作业一般包括纸箱成型、装箱、封箱、捆扎四道工序。完成这四道工序的机械分别称为成型机、装箱机、封箱机和捆扎机。

二、果蔬制汁

果汁、果酒、果酱类原料在榨汁或打浆前需要适当的破碎。破碎的方法一般使用破碎机，如锤式打碎机、辊式破碎机、切碎机等。需要打浆的（果酱、果泥、果及皮、带肉果汁）原料，充分软化后用打浆机打浆。

制汁是果蔬汁及果酒生产的关键环节。目前，绝大多数果蔬采用压榨法制汁，而对一些难以用压榨方法获得果汁的果实如山楂等，可采用加水浸提方法来提取果汁。一般榨汁前还需要破碎工序。

（一）果蔬的破碎

榨汁前先行破碎可以提高出汁率，特别是皮、肉致密的果实更需要破碎，但破碎粒度要适当，要有利于压榨过程中果浆内部产生的果蔬汁排出。

破碎过度，易造成压榨时外层果汁很快榨出，形成一层厚皮，使内层果汁流出困难，反而会造成出汁率下降，榨汁时间延长，混浊物含量增大，使下一工序澄清作业负荷加大等。

一般要求果浆的粒度在 3 ~ 9 mm 之间。

（二）取汁前预处理

1. 加热处理

李、葡萄、山楂等水果破碎后采用热处理，可以使细胞原生质中的蛋白质凝固，改变细胞的通透性，同时果肉软化。果胶物质水解，降低汁液黏度，提高出汁率。还有助于色素溶解和风味物质的溶出，并能杀死大部分微生物。

一般热处理条件为 60~70℃、15~30 min。

2. 酶处理

对于果胶含量丰富的核果类和浆果类水果，在榨汁前添加一定量的果胶酶可以有效地分解果肉组织中的果胶物质，使果汁黏度降低，容易榨汁、过滤，提高出汁率。添加果胶酶时，应使酶与果浆混合均匀，并控制加酶量、作用温度和时间。如用量不足或时间短，果胶物质分解不完全，反之，分解过度，影响产品质量。

（三）榨汁和浸提

1. 榨汁

需要说明的是，在制作高档葡萄酒时，一般要采用自流汁，即不经加压而自行流出的汁液，自流汁大约占 50%~55%；而经过加压而流出的汁液称压榨汁，一般出汁率10% 左右，常用于制作低档果酒，因其风味较差。

2. 浸提

对一些汁液含量较少、难以用压榨力法取汁的水果原料如山楂、梅、酸枣等采用浸提工艺，但浸提温度高、时间长，果汁质量差。国外常用低温浸提，温度为 40~65℃，时间为 60 min 左右，浸提汁色泽明亮，易于澄清处理，氧化程度小，微生物含量低，芳香成分含量高，适于生产各种果蔬汁饮料，是一种可行的、有前途的加工工艺。

思考题

1. 哪些因素会影响罐头的真空度，怎样影响？
2. 哪些因素影响罐头的杀菌效果，怎样影响？
3. 什么叫罐头排气，其目的是什么？
4. 果蔬制汁的方法主要有哪些？果蔬取汁前通常要进行哪些预处理？

第三章 果蔬速冻

本章学习目标 了解果蔬速冻的基本原理及速冻过程对果蔬的影响，掌握果蔬速冻的生产工艺及操作关键。

食品冷藏能很好的保持其原有的成分、营养和感官性质。冷冻技术首先从缓冻开始的，质地、风味等损失较严重。目前冷冻技术已由缓冻发展为速冻，不仅提高了冷冻效果，而且对食品的质量起着重要的保护作用。国内的速冻加工虽起步较晚，但发展迅速。目前的产品种类以速冻蔬菜为主，果实除为数不多的保鲜困难的种类外，其他因受食用方式的限制，应用还比较少。

由于速冻技术有着显著的优越性，缓冻已被速冻所取代，以下所述皆为速冻。

速冻保藏：将经过处理的果蔬原料用快速冷冻的方法冻结，然后在 −18 ~ −20℃ 的低温下保藏。

一、果蔬速冻原理

（一）冷冻过程

速冻也就是快速散热降温，同时液态水形成冰晶的过程。首先是水由初始温度降至冰点，再由液态变为固态而冻结，然后继续散热使温度下降到一定范围。

组织内水分的结晶包括两个过程，即晶核的形成和晶体的增长。晶核只有在某种过冷条件下才能发生。晶核形成后，随着温度的下降，周围的水分子就不断地有规律地结合到晶核上面，使晶核增大，当所有能结晶的水分子全部结晶，便形成了冰晶体。

水结成冰后，冰的体积比水增大约 9%，冰在温度每下降 1℃ 时，其体积则会收缩 0.01% ~ 0.005%，二者相比，膨胀比收缩大。冻结时，表面的水首先结冰，然后冰层逐渐向内伸展。当内部水分因冻结而膨胀时，会受到外部冻结了的冰层的阻碍，因而产生内压，这就是所谓"冻结膨胀压"；如果外层冰体受不了过大的内压时，就会破裂。

（二）产品的冰点

食品中的水分呈溶液状态，内含许多有机物质，它的冰点比纯水低，且溶液浓度越高，冰点越低。果蔬的冰点与其可溶性固态物的含量呈负相关，一般为 −1 ~ −4℃。

（三）产品中水分冻结与质量的关系

游离水易结冰，结合水不易结冰，即使小于 −15℃ 有时也以过冷却水形式存在，结冰对产品质量不利，因此，游离水越少，冻藏食品质量越好。

（四）晶体形成的特点

在冷冻过程中形成的冰晶体的大小与晶核数目直接相关，而晶核数目的多少又与冷冻速度或环境温度有关。缓慢冻结时，细胞间隙的水分首先冻结形成少数晶核，随着冷冻的进行，这些晶核不断地吸收周围的水分，同时细胞内的水分向细胞间隙渗透，使晶核不断增大，加之水形成冰后的体积增加，增长的晶核会对细胞壁造成挤压损伤，解冻后易产生汁液的流失，以及组织变软、质地变差。

但在速冻条件下，由于温度下降很快，可以使冰晶在细胞间隙和细胞内部同时形成，且数量多，体积小，每个冰晶的增长幅度也很小，不存在内部水分过多地向细胞间隙的渗透。这样在整个冻结过程中，细胞的内外压力处于比较均衡的状态，细胞壁不会遭受大的机械损伤，因而解冻后能较好地保持原有质地，也不会造成明显的流汁现象。

冻结速度越快，对品质的影响就越小，此即速冻的其中涵义。冻结速度的衡量，一般是以食品中心温度由 $-1℃$ 降至 $-5℃$ 所需时间为根据（30 min 内为速冻），或者以单位时间内 $-5℃$ 的冻结层从食品表面移至内部的距离为准（5~20 cm/h 为速冻）。

（五）冷冻与微生物的关系

在 $0℃$ 以下的低温，由于冻结引起水分不足和溶质浓度增加，对微生物产生抑制作用。速冻可使微生物存活数急剧下降，但不能使其全部死亡。缓慢冻结和重复冻结对微生物杀伤作用大，最敏感的是营养体，而孢子体有较强的抵抗力，常常能免于冷冻的伤害。

酵母菌和霉菌的耐低温能力较强，有些在 $0℃$ 以下仍能生长繁殖，少数在 $-6~-10℃$ 下缓慢生长。一些嗜冷性细菌在 $-10~-20℃$ 下仍能活动，因此冷冻食品宜在 $-18℃$ 或更低温度的冷冻库中贮藏。

处于冷藏的低温条件下，肉毒杆菌等产生毒素的细菌也仍能存活，有的还能缓慢生长且产生毒素，解冻后则会很快生长和产生大量毒素，影响食品的卫生和质量，甚至引起中毒，因此解冻后应尽快食用。

二、速冻对果蔬的影响

果蔬在冷冻过程中，其组织结构及内部成分仍会发生一些理化变化，影响产品的质量。影响程度视果蔬的种类、成熟度、加工技术及冷冻方法等的不同而不同。

（一）冷冻对果蔬组织结构的影响

一般来说，冷冻可以导致果蔬组织细胞膜的变化，即膜透性增加，膨压降低，这虽然有利于水分和离子的渗透，但可能造成组织的损伤，而且缓冻和速冻对果蔬组织结构的影响也是不同的。

在冷冻期间，细胞间隙的水分较细胞原生质体内的水分先结冰，甚至低到 $-15℃$ 的冷冻温度下，原生质体仍能维持其过冷状态，而且细胞内过冷的水分比细胞外的冰晶体具有较高的蒸汽压和自由能，因而细胞内水分通过细胞壁流向细胞外，致使细胞外冰晶体不断增长，细胞内的溶液浓度不断提高，一直延续至细胞内水分冻结为止。果蔬组织的冰点以及结冰速度都受到其内部可溶性固形物如盐类、糖类和酸类等浓度的控制。

在缓冻条件下，晶核主要是在细胞间隙中形成，数量少，细胞内水分不断外移，随着晶体不断增大，原生质体中无机盐浓度不断上升，最后，细胞失水，造成质壁分离，原生质浓缩，其中的无机盐可达到足以沉淀蛋白质的浓度，使蛋白质发生变性或不可逆的凝固，造成细胞死亡，组织解体，质地软化，解冻后"流汁"严重。

在速冻条件下，由于细胞内外的水分同时形成晶核，晶体小、且数量多，分布均匀，对果蔬的细胞膜和细胞壁不会造成挤压现象，所以组织结构破坏不多，解冻后仍可复原。保持细胞膜的结构完整对维持细胞内静压是非常重要的，它可以防止流汁和组织软化。

（二）冷冻对微生物的影响

大多数微生物在低于0℃的温度条件下其生长活动就可被抑制，温度越低对微生物的抑制作用就越强。冷冻低温可以使微生物细胞原生质蛋白质变性，微生物细胞大量脱水，使微生物细胞受到冰晶体的机械损伤而死亡，因而冷冻可以抑制或杀死微生物。一般酵母菌和霉菌比细菌的忍耐低温能力强，有些霉菌和酵母菌能在－9.5℃未冻结的基质中生活。微生物的孢子比营养细胞有较强的忍受低温的能力，常能免于冷冻的伤害。

致病细菌在果蔬速冻时随着温度降低其存活率迅速下降，但冻藏小低温的杀伤效应则很慢。如果冷冻和解冻重复进行，对细菌的营养体具有更高的杀伤力，但对果蔬的品质也有很大的破坏作用。

（三）冷冻中的化学变化对果蔬的影响

果蔬原料在降温、冻结、冻藏和解冻期间都会发生色泽、风味和质地的变化，因而影响产品的质量。通常在－7℃的冻藏温度下，多数微生物停止了生命活动，但原料内部的化学变化并没有停止，甚至在商业性的冻藏温度（－18℃）下仍然发生化学变化。在速冻温度以及－18℃以下的冻藏温度条件下化学物质变化速度较慢。在冻结和冻藏期间常发生影响产品质量的化学变化有：不良气味的产生、色素的降解、酶促褐变以及抗生素的自发氧化等。

1. 盐析作用引起的蛋白质变性

产品中的结合水与原生质、胶体、蛋白质、淀粉等结合，在冻结时，水分从其中分离出来而结冰，这也是一个脱水过程，这过程往往是不可逆的，尤其是缓慢的冻结，其脱水程度更大，原生质胶体和蛋白质等分子过多失去结合水，分子受压凝集，结构破坏；或者由于无机盐过于浓缩，产生盐析作用而使蛋白质等变性。这些情况都会使这些物质失掉对水的亲和力，以后水分即不能再与之重新结合。这样，当冻品解冻时，冰体融化成水，如果组织又受到了损伤，就会产生大量"流失液"，流失液会带走各种营养成分，因而影响了风味和营养。

2. 与酶有关的化学变化

果蔬在冻结和贮藏过程中出现的化学变化，一般都与酶的活性和氧的存在相关。

蔬菜在冻结前及冻结冻藏期间，由于加热、H⁺、叶绿素酶、脂肪氧化酶等作用，使果蔬发生色变，如叶绿素变成脱镁叶绿素，由绿色变为灰绿色等。

果蔬在冻结和贮藏过程中由酚类物质在酶的作用下发生氧化，使果蔬褐变。

在冻结和贮藏期间，果蔬组织中积累的羰基化合物和乙醇反应而产生的挥发性异味。原料中类脂物的氧化分解而产生的异味。

由于在果胶酶的作用下，原果胶发生了水解，导致了果蔬质地的软化。

冷冻过程对果蔬的营养成分也有影响。如在冷藏中冻结蔬菜的抗坏血酸量有所减少，但减少量与冷藏温度有关。

一般来说，冷冻对果蔬营养成分有保护作用，温度越低，保护作用越强，因为有机物化学反应速率与温度呈正相关。产品中一些营养素的损失也是由于冷冻前的预处理如切分、热烫造成的。

3. 采取措施

在冷冻和冻藏条件下，果蔬中酶的活性虽然减弱，但仍然存在，由其造成的败坏影响还很明显，尤其是在解冻之后更为迅速。因此，在速冻以前常采用一些辅助措施破坏或抑制酶的括性，例如冷冻前采用的烫漂处理、浸渍液中添加抗坏血酸或柠檬酸以及前处理中采用硫处理等。

各种速冻蔬菜的烫漂时间如下表：

速冻蔬菜的烫漂时间表

名称	烫漂时间/min	名称	烫漂时间/min
油菜	0.5~1	冬笋片	2~3
菠菜	5~10秒	蘑菇	3~5
小白菜	0.5~1	青豆	2~3
荷兰豆	1~1.5	切片马铃薯	2~3
青刀豆	1.5~2	南瓜	3
花椰菜	2~3	莴苣	3~4

三、果蔬速冻工艺

（一）原料选择和预处理

用于速冻的果实应充分成熟，新鲜饱满，色香味俱佳。以浆果类果实最适宜速冻保藏。

速冻原料的预处理，小浆果只需进行清洗、选剔、烫漂和冷却等，大形果实则一般要去皮、切分、去核（或挖心）后热烫（或不经热烫）。

（二）包装

在速冻之前，一般都将处理好的原料装于设计好的容器中，这样能使在冻结的过程中不丧失水分和减轻氧化变色，也使果实在冻结后即为成品形式。

包装容器有涂胶的纸板筒或杯、涂胶的纸盒、衬铝箔或胶膜的纸板盒、玻璃纸、聚酯层及塑料薄膜袋等，其中以塑料薄膜袋小包装较为普遍，且成本低廉。经切分的果实常与糖浆共同包装速冻，既改进风味，保存芳香，同时糖浆可吸出果实内的水分而形成冰膜，有利于防止氧化变色。

大型包装应先经预冷后再包装，以提高生产效率。冻结时不易丧失水分的原料，也可速冻后再进行包装。

（三）速冻

速冻工序要求原料中心温度降到 $-18℃$ 或更低。冻结的速度除与冷冻环境的温度（一般为 $-30℃$ 左右）有关外，也与包装的大小和冷冻方法有很大的关系。

四、速冻制品的解冻

速冻制品一般在食用前需要进行解冻。速冻果蔬为防止解冻时内容物渗出或流汁，解冻的速度宜缓慢。解冻可在冰箱冷藏间、室温、冷水或温水中进行，也可以采用电流加热或微波加热（家庭可用微波炉的解冻功能）进行解冻。

微波解冻质量好，可保持食物完好，因微波加热热量直接产生在食物内部，升温均匀而迅速，能较好地保持食物的色、香、味和营养，且解冻时间短。

电流加热解冻也属于内加热法，是在冻结的食物中通入低频或高频交流电，利用冰和水的电阻而生热进行解冻，可用于大量冷冻制品的商业解冻。

思考题

1. 冻结和冻藏对果蔬有何影响？
2. 水果和蔬菜在速冻工艺上有何异同？
3. 影响速冻果蔬质量的因素有哪些？如何提高速冻果蔬的质量？

第四章　果蔬干制

本章学习目标　了解果蔬干制的基本原理及干燥过程中的主要变化，掌握果蔬干制的生产工艺及操作关键。

果蔬干制是最早被人类发现和利用的加工方法。经过劳动人民长期的生产和生活实践，干制品的种类和制作方法不断丰富和发展。传统的自然干制设施简单，操作容易，成本低廉，且有不少制品驰名中外，如新疆葡萄干、红枣、柿饼、桂圆等。随着近代科技的发展，人工干制方法和现代技术不断涌现，并得到越来越广泛的应用。果蔬干制品种类多，体积小、质量轻、营养丰富、食用方便，并且易于运输与贮存。果蔬干制品在外贸出口、方便食品的加工以及地质勘察、航海、军需、备战备荒等方面都有着十分重要的意义。

一、果蔬干制原理

果品蔬菜干制就是指利用一定的手段，减少果蔬中的水分，将其可溶性固形物的浓度提高到微生物不能利用的程度，同时果蔬本身所含酶的活性也受到抑制，使产品得以长期保存。果品干制后得到的产品叫做果干，蔬菜干制后得到的产品叫做脱水菜或干菜。

水是微生物生命活动的必需物质。微生物无论是菌体从外界摄取营养物质，还是向外界排泄代谢产物，都需要水来作为溶剂和媒介。不同微生物在其活动中所需的水分含量不同，绝大部分微生物需要在水分含量较高的环境中生长繁殖，它们的孢子或芽孢的萌发需要的水分更多。当我们采取一定的手段降低果蔬的水分含量时，就会有效地抑制微生物的活动。但水分存在的状态与水分活度值（Aw）的大小同微生物的活动有关，并且也同酶的活性和化学反应有关。

（一）果蔬中的水分状态

水和干物质是构成果蔬组织的基本物质，新鲜果品蔬菜含水量很高，水果含水量为70% ~90%，蔬菜为85% ~95%。果蔬中的水分按其存在状态可分为三类：

1. 游离水（也称自由水或机械结合水）

约占总水量的60% ~80%，它具有水的全部性质，这部分水在果蔬中即可以以液体形式移动，也可以以蒸汽形式移动，在果蔬干燥时很容易释放。

2. 胶体结合水（也称束缚水，结合水，物理化学结合水）

它是被吸附在产品组织内亲水胶体表面的水分。在干燥过程中游离水没有大量蒸发之前它不会被蒸发，在游离水基本蒸发完后，一部分胶体结合水被蒸发。

3. 化合水（也称化学结合水）

与物质分子呈化合状态，性质极稳定，不会因干燥作用被排除。

（二）水分活度

1. 水分活度的定义

水分活度（Water activity，Aw）是指溶液中水的逸度与同温度下纯水速度之比，也就是指溶液中能够自由运动的水分子与纯水中的自由水分子之比。它可以近似地用溶液中水的蒸汽分压（P）与纯水的蒸汽压（P_0）（或溶液的蒸汽压与溶剂的蒸汽压）之比来表示：

$$Aw = p/p_0 \quad （p：溶液中水蒸汽压；p_0：纯水蒸汽压。）$$

2. 水分活度与微生物

通过干制，食品的水分活度下降，微生物受到抑制。微生物的活动离不开水分，它们的生长发育需要适宜的水分活度值。不同种类的微生物对水分活度值下限的要求不同。减小水分活度时，首先是抑制腐败性细菌，其次是酵母菌，然后才是霉菌。表3－4－1是一般微生物生长繁殖的最低 Aw 值。

3. 水分活度与酶的活性

酶的活性与水分也有着密切的关系，当水分活度下降时，酶的活性也受到抑制。

值得注意的是，干制所用的温度并不能将微生物全部杀死，也不能将酶全部灭活，当干制品遇到潮湿气候而吸湿后，很容易引起腐败变质。

表3－4－1　一般微生物生长繁殖的最低 A_w 值

微生物种类	生长繁殖的最低 Aw 值
革兰氏阴性杆菌，一部分细菌的孢子和某些酵母菌	1.00～0.95
大多数球菌、乳杆菌、某些霉菌	0.95～0.91
大多数酵母菌	0.91～0.87
大多数霉菌、金黄色葡萄球菌	0.87～0.80
大多数耐盐细菌	0.80～0.75
耐干燥霉菌	0.75～0.65
耐高渗透压酵母菌	0.65～0.60
任何微生物均不能生长	<0.60

（三）干燥过程的一般规律

干燥过程是复杂的热、质转移过程，涉及到热的传递和水分的外移。干燥过程中既能承载和传递热量，又能容纳从物料中脱除的水分的物质称为干燥介质，一般为湿空气、烟道气、过热蒸汽等。水分从物料的内部散失到周围介质中有两个过程：一个是从物料表面以气态形式蒸发或升华，称外扩散；另一个是由物料内部向表面的移动，称内扩散。两种扩散保持较高的协调和一致性，是干制工艺的关键所在。人工干制时若起始升温太快，会造成表层温度很高，外扩散一时过激，而内部温度低，水分来不及向外移动，因此使物料表面干结形成硬壳，即出现所谓"结壳"现象。结壳不仅阻碍水分的继续蒸发，同时由于内部水分含量高、蒸汽压大，会导致表面胀裂，可溶性物外溢，严重影响品质。

果实干制所脱除的水分是全部游离水和部分结合水。游离水的脱除远比结合水容易，因此在干燥的初始阶段水分蒸发较快，含水量与干燥时间呈直线关系，称等速干燥段，此阶段干燥速度主要取决于外扩散；随着大部分游离水的排除，开始蒸发结合水时，含水量与干燥时间的直线关系消失，干燥速度呈下降趋势，越到最后速度越慢，这一阶段称减速干燥段，干燥速度主要取决于内扩散；对比较难干的原料，在大量蒸发水分之前设置预热段，以高温高湿介质先将其热透再开始干燥，更有利于内外扩散的协调及加快水分脱除，提高制品质量。

干燥过程可用以下三条曲线组合在一起完整地表示出来，即干燥曲线、干燥速率曲线和干燥温度曲线（图 3 – 4 – 1）。

① 干燥曲线 1：干制过程中果蔬绝对水分（$W_{绝}$）和干制时间间的关系曲线。（$W_{绝}$ = 果蔬中的水分/果蔬的干物质）；

② 干燥速率曲线 2：干制过程中单位时间内物料绝对水分变化率。即干燥速度与干燥时间的关系曲线；

③ 干燥温度曲线 3：干燥过程中果蔬的温度和干燥时间的关系曲线。

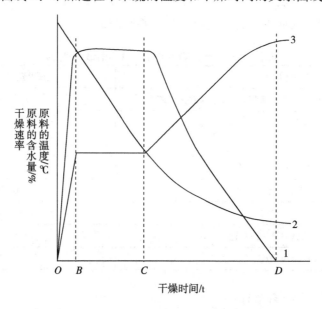

图 3 – 4 – 1　食品干燥过程曲线

1—干燥曲线　2—干燥速率曲线　3—干燥温度曲线

由上图可将干燥　过程分为四个阶段：

1. 初期加热阶段

其温度迅速上升至热空气的湿球温度，物料水分则沿曲线逐渐下降，而干燥速率则由零增至最高值（OB 段）；

2. 恒速干燥阶段

在此阶段的干燥速度稳定不变，故称恒速干燥阶段，水分按直线规律下降，向物料提供的热量全部消耗于水分蒸发，此时物料温度不再升高（BC 段）；

3. 降速干燥阶段

当物料干燥到一定程度后，干燥速率逐渐减少，物料温度上升，直至达到平衡水分，干燥速度为零，物料温度则上升到与热空气干球温度相等（CD 段）；

4. 干燥末期

在此阶段要注意与平衡水分相关的温湿度条件。

（四）影响干燥速度的因素

1. 干燥介质的温度和相对湿度

干燥的快慢主要取决于空气的湿度饱和差。在空气绝对湿度不变的条件下，温度越高，湿度饱和差越大，蒸发越快。若温度不变，空气相对湿度越低则饱和差越大，蒸发越快：相反，若相对湿度高，水分蒸发则慢。因此，干燥中需及时排湿。

过高的干燥温度将引起糖的焦化，不仅使颜色加深，还可使制品发苦。果实干制温度一般以不超过 70℃ 为宜。

2. 干燥介质的流动速度

干燥介质流动速度越大，湿气排除就越快，水分蒸发也就越快。

3. 原料的种类、品种及状态

不同种类、品种的原料，所含化学成分和组织结构不同，干燥速度就有差异。一般可溶性固形物含量高、组织致密的干燥慢，反之则快。

原料经去皮、切分、脱蜡、热烫、熏硫或浸硫等预处理，均可提高干燥速度。

4. 原料的装载量

干制时单位面积装载原料越多，厚度越大，就越不利于介质流通，干燥速度越慢。但装载量太少又不经济。因此原料的装载量以不妨碍介质流通为宜。

二、果蔬干燥过程中的变化

1. 质量和体积的变化

果蔬经干制后，体积与质量明显变小。果品一般干制后体积为原来的 20%～35%，蔬菜为 10%；果品质量为原重的 20%～30%，蔬菜为 5%～10%。

2. 颜色的变化

果蔬在干制过程中或干制品贮存中，处理不当往往产品要发生颜色变化。最常发生的是褐变，即产品变为黄褐色、深褐色或黑色。按照褐变发生的原因又分为酶褐变和非酶褐变。

3. 透明度的变化

干制过程中，原料受热，细胞间隙的空气被排除，使干制品呈半透明状态。一般说干制品越透明，质量就越好。这不只是由于透明度高的制品外观好，而且还说明制品中空气含量少，可减轻氧化作用和营养物质的损失，提高制品的耐贮性。

4. 营养物质的变化

① 水分：果蔬经干制加工后水分含量变化最大，大部分水分被排除。

② 碳水化合物：干制中糖分的损失，一是呼吸消耗，二是高温作用下的分解或焦化，呼吸越旺盛、时间越长，以及干制温度越高、作用时间越长，糖分的损失越多。

③ 维生素：维生素在干制中以维生素 C 最容易损失，其他如维生素 C 等较为稳定。原料经热烫和硫处理可较为有效地保护维生素 C。

5. 表面硬化现象

内部溶质向表面迁移，并不断积累结晶；表面干燥强烈而形成一层干硬膜。

6. 内部多孔的形成

表面硬化及内部蒸汽的迅速建立会促使物料成为多孔性制品。

三、果蔬干制工艺

（一）基本工艺流程

原料选择 → 清洗 → 整理 → 护色处理 → 干燥 → 后处理 → 包装 → 成品

（二）操作要点

1. 原料选择

干制原料宜选择干物质含量高、水分少、可食部分比例大、风味良好、粗纤维含量少的种类和品种，并要充分成熟。

2. 原料的预处理

干制原料除一般的选别分级、洗涤之外，大形果须去皮、切分、去心。小形果有的切半去核，有的整果干制，一般可不去皮。多数需热烫和硫处理，以减轻色泽，增加透明，保持 VC，加快蒸发、缩短干燥时间。对一些整果带皮干制而蜡质较多的原料，还需要进行脱蜡处理，以加快干燥速度，如葡萄用 1.5% ~ 4.0% 的 NaOH 液（沸腾或接近沸腾）处理 1 ~ 5 s，李子用 0.15% ~ 1.5% 的 NaOH 液处理 5 ~ 30 s，然后用清水洗净，除去果面蜡粉。

3. 干制及干制过程中的管理

干制可以采用自然干燥和人工干燥两种方式进行。自然干燥是利用太阳能将果蔬晒干、阴干或晾干。人工干制是利用干制设备将果蔬烘干，干制方法包括空气对流干燥、滚筒干燥、真空干燥、冷冻升华干燥、微波干燥和超声波干燥等。

人工干制要求在较短的时间内，采取适当的温度，通过通风排湿等操作管理，获得较高质量的产品。要达到这一目的，就要依据果蔬自身的特性，采用恰当的干燥工艺技术。干制过程中的管理主要是对干制过程中的温湿度进行管理。

（1）温度管理

果蔬干制过程中的温度管理要根据果蔬原料的特点分别采取不同的升温和降温管理。

对于可溶性物质含量高或切分成大块以及需整形干制的果品和蔬菜，宜采用初期低温，中期高温，后期温度降低的干制方法。即干燥初期为低温 55~60℃；中期为高温，70~75℃，后期为低温，温度逐步降至50℃左右，直到干燥结束。这种温度管理方式操作简单，能量耗费少，生产成本较低，干制质量较好。如：红枣采用这种方式干燥时，要求在 6~8 h 内温度平稳上升至 55~60℃，持续 8~10 h，然后温度升至 68~70℃持续 6 h 左右，之后温度再逐步降至 50℃，干据大约需要 24 h。

对于可溶性物质含量低或切成薄片、细丝的果蔬原料，在干制初期应急剧升高温度，最高可达 95~100℃，当物料进入干燥室后吸收大量的热能，温度可降低 30℃左右，此时应继续加热使干燥室内温度升到 70℃左右，维持一段时间后，视产品干燥状态，逐步降温至干燥结束。此法干燥时间短，产品质量好，但技术较难掌握，能量耗费多，生产成本较大。如采用这种方式干制黄花菜，先将干燥室升温至 90~95℃，送入黄花菜后温度会降至 50~60℃，然后加热使温度升至 70~75℃，维持 14~15 h，然后逐步降温至干燥结束，干制时间需 16~20 h。

对大多数蔬菜的干制或者对那些封闭不太严、升温设备差、升温比较困难的烘房来说，整个干燥期间，温度可以维持在 55~60℃的恒定水平。

（2）通风排湿

要使原料尽快干燥，必须注意通风排湿。一般当相对湿度达70%时，就应通风排湿。

（3）倒换烘盘

倒换烘盘的同时要翻动原料，以使成品干燥一致。

（4）掌握干燥时间

一般干制产品达到它所要求的标准含水量或略低于标准含水量时结束干燥。

4. 包装前干制品的处理

果蔬干制品在包装前通常要进行一系列的处理，以提高干制品的质量，延长贮存期，降低包装和运输费用。

（1）回软处理（又称均湿或水分的平衡）

一般的自然干制和人工干制所制得的产品，无论是物料个体之间，还是物料内部，其水分分布并不一定均匀一致，并且产品表现干硬。因此，在包装之前常需进行回软处理，其目的是使水分分布均匀一致，使干制品适当变软，便于后处理。回软的方法就是将完成干燥过程的产品堆积在密闭的室内或容器内进行暂短的贮存，使水分在干制品内部及干制品之间相互扩散和重新分布，最终达到均匀一致的要求。水果干制品常需回软处理，时间为 1~3 天。

（2）防虫处理

果蔬干制品处理不当常有虫卵混杂，尤其是自然干制的产品。果蔬干制品的防虫处理一般有物理防治法和化学药剂防治法。物理防治法包括低温杀虫、高温杀虫、高频加热和微波加热杀虫、辐射杀虫、气调杀虫等。化学药剂防治法是采用化学药剂烟熏的方法。常用的熏蒸剂有二硫化碳（CS_2）二氧化硫（SO_2）、氯化苦（Cl_3CNO_2）、溴代甲烷等。但使用时应严格控制使用量和使用方法。

（3）压块

大多数果蔬经过干制后，虽然质量减轻，体积缩小，但是有些制品很蓬松，这些干制品往往由于体积大，不利于包装运输。因此，在包装前需要压块处理。

压块处理时要注意同时利用水、温度、压力的协同作用。

果蔬干制品一般可放在水压机或油压机中的压块模型中压块，大生产中有专用的连续式压块机。压块时要注意破碎问题。蔬菜干制品水分含量低，脱水蔬菜冷却后，质地变脆易碎。因此，蔬菜干制品常在脱水的最后阶段，干制品温度为 $60 \sim 65℃$ 时，趁热压块。或者在压块之前喷热蒸汽以减少破碎率。但是，喷过蒸汽的干制品压块后，水分可能超标，影响耐贮性。所以，在压块后还需干燥处理，生产中常用的干燥方法是与干燥剂一起贮放在常温下，使干燥剂吸收水分。

5. 干制品的包装

包装对干制品的贮存效果影响很大，因此，要求包装材料应达到以下几点要求：密封、避光、具有一定的机械强度、符合食品卫生要求，价格低廉。

生产中常用的包装材料有木箱、纸箱、纸盒、金属罐等。

6. 干制品贮藏

影响果蔬干制品贮存效果的因素很多，如原料的选择与处理、干制品的含水量、包装前的处理、包装、贮存条件及贮存技术等。

选择适宜的干制原料，经过热烫、熏硫处理以及防虫处理，都可以提高干制品的保藏性能。干制品的含水量对保藏效果影响很大。在不损害制品质量的条件下，含水量超低，保藏效果就越好。

干制品应贮存于避光、干燥、低温的场所。因为光线往往会促使果蔬干制品变色、香味物质损失，为了更好地保存干制品，库房应适当避光。贮存温度越低干制品保存时间就越长，以 $0 \sim 2℃$ 为最好，一般不宜超过 $10 \sim 14℃$。温度每提高 $10℃$，果蔬干制品的褐变速度会加速 $3 \sim 7$ 倍。贮存温度为 $0℃$ 时保持的二氧化硫、抗坏血酸和胡萝卜素的含量要比 $4 \sim 5℃$ 时多。贮存环境的空气越干燥越好，相对湿度最好控制在 65% 以下。

在干制品贮存过程中应注意其管理，如贮存场所要求清洁、卫生，通风良好。能控制温、湿度变化，堆放码垛应留有间隙，具有一定的防虫防鼠措施等。

7. 干制品的复水

许多果蔬干制品是在复水后才能食用。干制品的复水性是指干制品重新吸收水分后在质量、大小、形状、质地、颜色、风味、成分、结构以及其他可见因素各方面恢复原来新鲜状态的程度。如果干制品的复水性越好，说明其质量越好。但实际上，干制品复水后很难完全达到新鲜状态时的品质。干制品的复水性与干制品的种类、品种、成熟度、干制方法以及复水方法有关。

复水性是新鲜食品干制后能重新吸回水分的程度，常用复水率（或复水倍数）来表示。复水率（$R_复$）是指干制品复水后沥干质量（$G_复$）与干制品试样质量（$G_干$）的比值。表 3 - 4 - 2 是几种脱水蔬菜的复水率。

表 3 - 4 - 2　几种脱水蔬菜的复水率

蔬菜种类	复水率	蔬菜种类	复水率
胡萝卜	1:(5~6)	菜豆	1:(5~6)
马铃薯	1:(4~5)	刀豆	1:12.5
洋葱	1:(6~7)	菠菜	1:(6.5~7.5)
番茄	1:7	甘蓝	1:(8.5~20.5)
青豌豆	1:(3.5~4)	茭白	1:(8~8.5)

脱水蔬菜的复水方法是把脱水菜浸泡在 12~16 倍质量的冷水中，保持 30 min 后，再迅速煮沸并保持沸腾 5~7 min。

干制品的复水并不是干燥历程的简单恢复，因为果蔬在干制过程中，由于干制方法或其自身的特性，经常会使物料发生一些不可逆的变化，如一些组织细胞、毛细管萎缩变形，更多的是一些胶体发生物理和化学变化的结果，使得干制品复水性复原性下降。

另外，在复水时，水的用量和质量对其复水效果影响也很大。用水过多，可使一些花色素、黄酮类色素及其他可溶性物质溶出而损失；水的 pH 值和硬度对干制品的复水性和复原性也有不同程度的影响。因此，在干制品复水处理时，应注意这些问题，才能得到较好的复水效果。

思考题

1. 简述果蔬干制的基本原理。
2. 简述果蔬在干燥过程中的主要变化。
3. 如何防止干制品褐变？
4. 果蔬干制的一般工艺及操作要点。

第五章　果蔬糖制

本章学习目标　了解果蔬糖制和果胶凝胶的基本原理，掌握蜜饯类和果酱类糖制品的生产工艺及操作关键。

果蔬糖制就是采取各种方法使食糖渗入组织内部，从而降低水分活度，提高渗透压，可有效地抑制微生物的生长繁殖，防止腐败变质，达到长期保藏不坏的目的。利用高浓度糖的防腐保藏作用制成的果蔬糖制品，是我国古老的食品加工方法之一。一般糖制品包括果脯蜜饯和果酱两大类产品，果脯蜜饯类是以果蔬等为原料，经整理及硬化等预处理后，加糖煮制或腌渍而成的高糖产品，传统的果脯蜜饯含糖量在60%～70%，制品保持一定的形态。果酱类为果蔬的肉或汁加糖浓缩而成，形态呈黏稠状、冻体或胶态，属高糖和高酸食品，一般用来涂抹面包和馒头等食用。

糖制品对原料的要求一般不高，通过综合加工，可充分利用果蔬的皮、肉、汁、渣或残、次、落果，甚至不宜生食的橄榄和梅子也可制成美味的果脯、蜜饯、凉果和果酱。尤其值得重视的野生果实如猕猴桃、野山楂、刺梨和毛桃等，可制成当今最受欢迎的无污染、无农药的糖制品。所以，糖制品加工也是果蔬原料综合利用的重要途径之一。

至今，糖制品的制作多沿用传统加工方法，生产工艺比较简单，投资少，见效快，极适于广大果产区和山区就地取材、就地加糖，获取最大的经济效益和社会效益。随着全国技术市场的开放很多新产品被研制推广，尤以瓜菜和保健蜜饯的开发最为突出。

一、果蔬糖制的分类

我国果蔬糖制品加工原料众多，方法多样，形成制品种类繁多，风味优美，是我国名特食品中的重要组成部分。一般按加工方法和产品形态，可分果脯蜜饯和果酱两大类。

1. 果脯蜜饯类

习惯上，北方多称之为果脯，南方多称之为蜜饯。果脯蜜饯类又可分为以下几个品种。

① 干态蜜饯：半透明、不粘手的干态产品，即果脯。

② 湿态蜜饯：半干态或浸渍在浓糖液中的湿态产品，即蜜饯。

③ 凉果：先制果胚，再糖制，并配以多种中药香料，成品具有酸、咸、甜等复合风味的产品。

④ 话化类：与凉果的区别在于没有糖制过程，成品以咸味为主的产品。

2. 果酱果冻类

果酱果冻类又可按以果肉为主还是以果汁为主加工的产品分为以下几个品种。

① 以果肉为主的产品有：果酱和果泥。

② 以果汁为主的产品有：果冻、果糕、马茉兰和果丹皮等。

二、果蔬糖制原理

果蔬糖制加工中所用食糖的特性是指与之有关的化学和物理的性质而言。化学方面的特性包括糖的甜味和风味，蔗糖的转化等；物理特性包括渗透压、结晶和溶解度、吸湿性、热力学性质、黏度、稠度、晶粒大小、导热性等。其中在果蔬糖制上较为重要的有糖的溶解度与晶析、蔗糖的转化、糖的吸湿性、甜度及沸点等。探讨这些性质，目的在于合理地使用食糖，更好地控制糖制过程，提高制品的品质和产量。

1. 糖的溶解结晶

各种纯净的食糖在一定的温度下都有一定的溶解度。当糖分过饱和时，或温度下降时，糖的溶解度会降低而导致糖晶体生成，在果蔬糖制中这种现象被称作"返砂"。

返砂既有碍制品的外观，又降低糖制品的保藏性。但可作为糖霜蜜饯的"上霜"处理。

为了避免蔗糖的晶析返砂，糖制时可加入部分饴糖、蜂蜜或淀粉糖浆。因为这些糖中含有多量转化糖、麦芽糖和糊精，可降低结晶性。或者用少量的果胶或动物胶，以增大糖的黏度来抑制蔗糖的结晶。

2. 糖的转化

蔗糖在酸性条件下加热，或在转化酶的作用下，水解为葡萄糖和果糖，称转化糖。这种转化反应，在糖制上比较重要。糖煮时有部分蔗糖转化，有利于抑制晶析，但由于转化糖的吸湿性很强，过度的转化又会使制品在贮存中容易吸湿回潮。

由于葡萄糖分子中含有羟基和醛基，蔗糖若长时间与稀酸共热，会生成少量的羟甲基呋喃甲醛，使制品轻度褐变。葡萄糖与氨基酸或蛋白质发生羰氨反应生成黑色素，是糖制中产生褐变的主要原因。再者，糖煮时锅底或锅边的温度很高，易产生焦糖或煮糊，也使糖液和制品颜色变褐甚至发黑。

蔗糖的转化率与酸性和加热时间呈正相关，褐变程度与加热温度和时间呈正相关。

3. 糖的吸湿性

糖的吸湿性和糖的种类及空气的相对湿度关系密切。果糖的吸湿性最强，葡萄糖次之，蔗糖最小。蔗糖转化后吸湿性加强。空气相对湿度越大，糖的吸湿量越多。一般糖的吸湿量达到15%，便开始失去晶形。干态果脯若在湿度较高的环境贮藏，由于吸湿回潮，表面变黏甚至流糖，既有损外观，也消弱保藏作用，容易引起发霉变质。

4. 糖的甜度

甜味增进了制品的风味，但要调整适当的糖酸比以获得最佳的风味。

目前，糖制品的总趋势是低糖少甜味，所以要寻找和开发各种低热量、甜味低的甜味剂。但不能取代糖的保藏作用。

5. 糖液的浓度和沸点

糖液的沸点随糖浓度的升高而升高，如纯糖液沸点在112℃时，其浓度约为80%（表3-5-1）。常压煮制或浓缩可通过测定沸点温度来掌握可溶性固形物的含量和确定煮制或浓缩的终点。

表3-5-1　蔗糖液沸点与浓度的关系

浓度/%	10	20	30	40	50	60	70	80	90
沸点/℃	100.4	100.6	101.0	101.5	102.2	103.6	106.5	112.0	130.8

糖液的沸点还受到糖的种类、纯度、大气压等因素影响。

三、蜜饯类糖制品加工工艺

1. 基本工艺流程

原料→前处理→漂洗→预煮→
→蜜制→配料→烘干→凉果
→糖制→装罐→封罐→杀菌→冷却→湿态蜜饯
→糖制→烘干→上糖衣→干态蜜饯

2. 主要操作要点

（1）原料选择

制作果脯蜜饯的原料各地有所不同，一般要求含水量小，可食部分比例大，糖酸比适宜，单宁和粗纤维少，且具良好香气。需长时间煮制的原料必须硬度高、肉质致密、韧性好，即耐煮、不破碎，能保持原形。因此采收成熟度不宜高，一般以7~9成成熟度为宜。

（2）预处理

果脯蜜饯原料除前述的分级、洗涤、去皮、切分、去核或挖心、硬化、热烫、硫处理等以外，尚有盐腌、染色、划缝、刺孔等处理。

盐腌　为凉果类原料所采用，既是原料或半成品保存方法，也可使原料脱水，使成品有少许咸的风味（糖制前经脱盐处理）。

染色　为使制品具鲜艳色泽，人工进行着色，可染色后糖煮，也可在煮制糖液中添加色素。

划缝　某些带皮煮制的果实，为了加速渗糖，在表皮上划缝（划破皮层即可），如蜜枣。

刺孔　刺孔也用于带皮整果，作用同划缝，将果皮扎透即可。

（3）预煮

预煮可以软化果实组织，有利于糖在煮制时渗入，对一些酸涩、具有苦味的原料，预煮可起到脱苦、脱涩作用。预煮可以钝化果蔬组织中的酶，防止氧化变色。

（4）糖制

糖制是果蔬糖制加工最关键的操作，糖制的基本作用是通过冷浸糖渍和加热糖煮过程，使果蔬组织中的含糖量提高到要求的浓度。

由于存在着浓度差，外部糖分向果蔬内部渗透，而内部水分则向外部渗透，最终达到平衡。

基本糖制过程可分为两种：冷浸糖渍和加热糖煮。冷浸糖渍中，特别要掌握适当的糖液浓度差，使糖液浓度逐渐增高，以防组织极度脱水发生皱缩影响外观。而在加热糖煮中，加热使分子运动加快，糖液浓度降低，渗透作用增强，减少糖制时间。但加热糖煮主要要控制好火候，并使糖液浓度逐渐提高。

具体的糖制方法主要有以下几种：

常温糖渍法：采用多次加糖法，糖制时间很长，成品瘪缩。

一次煮制法：多次加糖，一次煮制后，连同糖液一起冷浸 1~2 天。

多次煮制法：煮制（3~10 min）与冷浸（12~24 h）相间，总的煮制时间可缩短为30~45 min。

快速煮制法（冷热交替煮制法或变温煮制法）：利用冷热交替加快渗糖速度总糖制时间为 1~2 天。

真空糖浸法：利用真空条件降低果蔬内部压力，再借空气压力促进糖液渗入，免去长时间热煮，能较好地保持果蔬的品质。

（5）干燥

干态果脯糖制完成后要进行干燥，水分降至 18%~20%。将充分渗糖的果块从糖液中捞出沥糖，铺在烘盘上送入烘房或干燥间，温度控制在 65℃左右，烘至表面不黏为度。

（6）上糖衣

增加制品的美观；使制品不粘结、不返砂，增强保藏性。糖衣类型有透明糖衣和白霜糖衣。如透明糖衣：1.5%的果胶液；白霜糖衣：糖粉或过饱和糖液与淀粉糖浆的混合物（1~2∶1）

四、果胶凝胶原理

果胶广泛地存在于植物中，特别在一些水果中含量丰富。果胶的主要成分是多聚半乳糖醛酸。

存在于果蔬中的天然果胶往往呈不同程度的甲酯化，即羟基→甲氧基。完全甲酯化时：甲氧基含量约为 16%，天然果胶的甲酯化范围在 0%~85%之间。当 50%甲酯化时，甲氧基含量约为 7%。

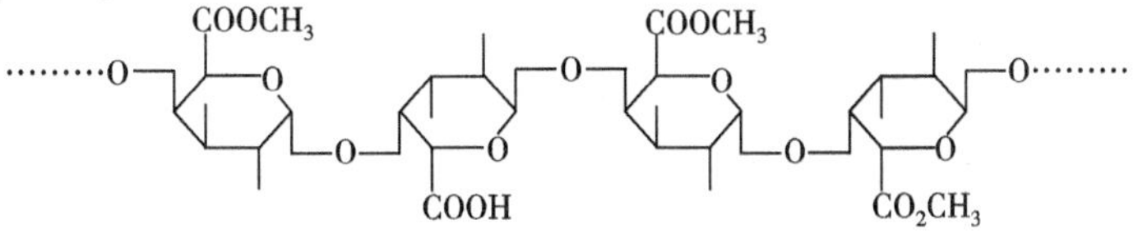

图 3-5-1　果胶的分子结构

果酱类制品凝胶的好坏对其质量影响很大。果胶的凝胶有高甲氧基果胶—糖—酸型和低甲氧基果胶—离子型两种。

高甲氧基果胶胶束在一般溶液中带负电荷，外层吸附一层水膜，当溶液的 pH 值低于 3.5，脱水剂含量达 50% 以上时，果胶即脱水，并因电性中和而凝聚为胶凝。

高甲氧基果胶凝胶的基本条件是果胶浓度 0.5% ~ 1.5%，pH 2.0 ~ 3.5，糖分 50% 以上，温度 50℃ 以下。一般来说，果胶含量高，糖分多，酸分适量（pH3.1 左右），环境温度低，凝胶强度大。

低甲氧基果胶的羧基大部分未被甲氧基化，对金属离子比较敏感，与钙离子或其他多价金属离子结合形成网状凝胶结构。

低甲氧基果胶对金属离子比较敏感，少量的钙离子即能使之凝胶。一般用酶法制得的低甲氧基果胶，钙用量为 4 ~ 10 μg/g，酸法制得的为 30 ~ 60 μg/g。此种凝胶受酸分影响，pH 低至 2.5 或高达 6.5 都能凝胶，但 pH 3.0 和 5.0 时，强度最高，pH4.0 时强度最低。温度对低甲氧基凝胶影响大，在 0 ~ 58℃ 范围内，温度越低，强度越高。

五、果酱类糖制品加工工艺

原料处理→加热软化→配料→浓缩→装罐→封罐→杀菌→果酱类
           ↳制盘→冷却成型→果丹皮、果糕类
   ↳取汁过滤→配料→浓缩→冷却成型→果冻、马莱兰

（一）原料选择

果酱类制品要求原料具良好的色香味，含丰富的有机酸和果胶。原料的成熟度，除果冻不宜太熟，以保持较多的果胶，保证凝胶力以外，其他要求充分成熟。一般残次落果及加工下脚料均可利用。

（二）加工工艺

1. 果酱

① 原料预处理：主要是洗净后适当破碎。有的要去皮、去心或去核。

② 软化：加果肉重约20%的水（浆果不加），将处理好的原料加热煮沸，充分软化。

③ 打浆：原料软化后用打浆机打碎成浆。果肉柔软的桃、杏、草莓等果实，无需软化和打浆，直接加糖煮制即可。

④ 配料浓缩：按凝胶形成的条件，若果胶和有机酸不足，适当添加，使浓缩后果胶含量达1%左右，pH 在 3.1 左右。加糖量为果肉重量的 50% ~ 100%，配成 65% ~ 75% 浓糖液，过滤后分次加入。如在常压下浓缩，要不断搅拌，防止糊锅，至固形物含量 50% 以上。批量生产则用真空浓缩。

⑤ 装罐：浓缩后趁热装罐（盒），密封。

⑥ 杀菌冷却：装罐后在沸水或常压蒸汽中杀菌 15 ~ 20 min，冷却后即为成品。

2. 果泥

果泥与果酱相似，不同之处是果酱允许较大果肉存在，而果泥更细腻。其生产过程

可在第一次打浆后加入部分食糖稍加浓缩，再打浆一次，然后加入剩余的糖，浓缩至可溶性固形物含量60%以上，或锅中心温度105～106℃结束。

3. 果冻

① 洗涤、破碎：将原料洗净后破碎，破碎的粒度要适宜。柔软多汁果实洗净即可。

② 预煮、取汁：加果肉重量1～3倍水，煮制20～60 min。浆果类不加水，煮制2～3 min。煮后滤出汁液，稍加澄清。

③ 配料浓缩：为保证凝胶，对汁胶的果胶、有机酸含量或pH进行测定，并适当调整，含酸量以浓缩后达到0.75%～1.0%为宜。加糖量一般为果汁重的60%～80%。浓缩至沸点温度104～105℃，或可溶性固形物含量约65%。

④ 装盒、杀菌：浓缩后即分装于盒内密封，在85℃热水中杀菌20 min，冷却后即为成品。

4. 果丹皮

原料预处理及软化、打浆与果酱相同。打浆后加果浆重量10%～20%的糖，浓缩至较黏稠（适宜摊皮操作），在玻璃板上摊成3～5 mm厚的皮（厚薄要均匀）。然后送入烘干间，在65～70℃温度下烘至表面不黏为止。及时揭皮切分成片、条，或卷成卷，然后进行包装。

思考题

1. 简述果蔬糖制所用糖的种类、特性及有关作用。
2. 简述果胶在果蔬糖制中的作用及影响果胶胶凝快慢的主要因素。
3. 蜜饯类糖制品生产工艺及操作要点。
4. 果冻生产的一般工艺及操作要点。

第六章　果蔬腌制

本章学习目标　了解果蔬腌制的基本原理及腌制对蔬菜的影响，掌握果蔬腌制的生产工艺及操作关键。

凡将新鲜果蔬经预处理后（选别、分级、洗涤、去皮切分），再经部分脱水或不经过脱水，用盐、香料等腌制，使其进行一系列的生物化学变化，而制成鲜香嫩脆、咸淡（或甜酸）适口且耐保存的加工品，统称腌制品。

蔬菜腌制在中国最广泛，全国各地均有一定规模的加工企业，城乡集体个人普通进行蔬菜腌制，自制自食，是蔬菜加工品中产量最大的一类。世界三大名酱腌菜：榨菜、酱菜、泡酸菜，其中榨菜、泡菜是中国独特产品，西欧的泡酸菜，日本的酱菜都是由中国传入。各地都有著名产品，各具特色，如北京冬菜、酱菜；扬州、镇江酱菜；四川榨菜、冬菜、芽菜、大头菜；云南大头菜，贵州独盐酸菜，以及浙江萝卜条和小黄瓜，广东酥姜等，均畅销国内外，深受消费者欢迎。

一、蔬菜腌制品的分类及成品特点

大部分蔬菜种类、品种，均可进行腌制，而芜菁（大头菜）、雪里蕻、菊芋、草食蚕、大蒜、薤头等，更适宜作腌制品。各类腌制品均要求蔬菜原料新鲜，嫩脆，肉质肥厚，纤维少，含糖和含氮物质高，色泽正常，加工可利用率高，成菜率高，无病虫害，较耐贮藏。

蔬菜腌制品可分为发酵性腌制品和非发酵性腌制品两类，发酵性腌制品又可分湿态发酵腌渍品和半干态发酵腌渍品两种。非发酵性腌制品又可分咸菜类、酱菜类、糖醋菜类和酒糟渍品等。各类腌制品适宜的原料及成品特点如表 3 - 6 - 1 所示。

表 3 - 6 - 1　各类腌制品适宜的原料及成品特点

腌制品种类		适宜的蔬菜原料	成品特点
泡酸菜类	泡菜	子姜、菊芋、草食蝉、豇豆、萝卜、茎蓝、薤头、辣椒	咸酸适宜、清香嫩脆直接食用
	酸菜	甘蓝、黄瓜、大白菜、青番茄、叶用芥菜	味酸、嫩脆、烹调后食用
咸菜类	榨菜	茎用芥菜	咸淡适宜、鲜、香、嫩、脆回味返甜，可直接食用或烹调
	冬菜	叶用芥菜的嫩茎及幼芽，大白菜	
	芽菜	叶用芥菜的嫩茎及叶脉	
	大头菜	根用芥菜	
	其他咸菜	萝卜、胡萝卜、茎蓝、芥菜、芜菁、雪里蕻	
酱渍菜		根、茎类及瓜类如萝卜、黄瓜、莴笋、草食蚕	咸甜适宜、嫩脆、有酱香味
糖醋菜		黄瓜、大蒜、薤头、姜、萝卜	酸甜适宜、嫩脆
腌渍菜		青菜头、蘑菇、莴笋、竹笋	半成品、脱盐后烹调
调味类		辣椒酱、芥末	鲜、香、麻、辣、咸

二、蔬菜腌制原理

蔬菜腌制的原理主要是利用食盐的防腐保藏作用、微生物的发酵作用、蛋白质的分解作用以及其他生物化学作用，抑制有害微生物活动和增加产品的色、香、味。其变化过程复杂而缓慢。

1. 食盐的保藏作用

有害微生物在蔬菜上的大量繁殖和酶的作用，是造成蔬菜腐烂变质的主要原因，也是导致蔬菜腌制品品质败坏的主要因素。食盐的防腐保藏作用，主要是它具有脱水、抗氧化、降低水分活性、离子毒害和抑制酶活性等作用之故。

盐渍是蔬菜腌制的重要步骤。食盐浓度不同，对乳酸菌的影响不同，腌制的产品质量也不同。

食盐浓度对乳酸菌生长和腌制品质量的影响（以28℃为例）如下：

① 当食盐浓度小于5%时，对微生物的抑制作用较小，各种微生物的活性都很活跃，原料等卫生很重要。

② 食盐浓度为8%～10%时，腐败菌被有效抑制，乳酸菌发育较活跃，常用于发酵性产品的生产。

③ 当食盐浓度大于15%时，乳酸菌也被抑制，但某些使腌菜发臭的细菌却能缓慢生长，生产某些地区人们嗜好的臭腌菜风味食品。

④ 当食盐浓度大于20%时，几乎所有的微生物被抑制，仅在表面有微量的酵母生长，此时只是纯粹的盐渍。

2. 微生物的发酵作用

以乳酸发酵为主，并伴随着轻微的酒精发酵和醋酸发酵。

① 乳酸发酵：是乳酸细菌利用单糖或双糖作为基质积累乳酸的过程，它是发酵性腌制品腌渍过程中最主要的发酵作用。

发酵过程的总反应式：

$$C_6H_{12}O_6 \longrightarrow 2CH_3CHOHCOOH + 83.67 \text{ kg}$$

② 酒精发酵：酵母菌将蔬菜中的糖分解成酒精和二氧化碳。

发酵总反应式：

$$C_6H_{12}O_6 \longrightarrow 2CH_3CH_2OH + 2CO_2 \uparrow$$

酒精发酵生成的乙醇，对于腌制品后熟期中发生酯化反应而生成芳香物质是很重要的。

③ 醋酸发酵：在蔬菜腌制过程中还有微量醋酸形成，醋酸是由醋酸细菌氧化乙醇而生成的。

反应式：

$$CH_3CH_2OH + O_2 \longrightarrow 2CH_3COOH + H_2O$$

制作泡菜、酸菜需要利用乳酸发酵，而制造咸菜酱菜则必须将乳酸发酵控制在一定的限度，否则咸酱菜制品变酸，成为产品败坏的象征。

3. 蛋白质分解作用

蛋白质的分解作用及其产物氨基酸的变化是腌制过程中的生化作用，它是腌制品色、香、味的主要来源，是咸菜类在腌制过程中的主要作用。这种生化作用的强弱、快慢决定了腌制品的品质。蛋白质在原料中蛋白酶作用下，逐步被分解为氨基酸。而氨基酸本身就具有一定的鲜味和甜味。如果氨基酸进一步与其他化合物作用就可以形成复杂的产物。蔬菜腌制品色、香、味的形成，都与氨基酸的变化密切有关。

三、腌制对蔬菜的影响

（一）质地的变化

腌制品都保持有一定脆度。形成脆性有两方面原因，一是细胞的膨压，在腌制中蔬菜失水萎蔫，使细胞膨压下降，脆性减弱，但在腌制过程中，由于盐液的渗透平衡，又能恢复和保持细胞一定的膨压，使泡菜、酸菜、酱菜、糖醋菜有一定脆度。形成脆度另一主要原因是细胞中的果胶成分，原果胶是由含甲氧基的多缩半乳糖醛酸的缩合物，具有胶凝性。但胶凝性的大小决定于甲氧基含量的高低，甲氧基含量高，胶凝性大。果胶的胶凝性使细胞黏结，强度增加而表现出脆性。但是果胶在原料组织成熟过程中，或加热（或加酸或加碱）的条件下，都可以水解成可溶性果胶酸，失去黏结作用，硬度下降甚至软烂。

在生产上，腌制品脆性减低的主要原因为原料过分成熟或受机械损伤；或在酸性介质中果胶被水解；或受霉菌分泌的果胶酶使果胶水解。进行保脆的措施如下，一是防止霉菌繁殖；二是用硬水或在水溶液中增加钙盐、用量为原料总重量的 0.05%，使果胶酸与钙盐作用，生成不溶性的果胶酸盐，对细胞起到黏结的作用。

（二）色泽的变化

腌制品尤其是咸菜类在后熟中制品要发生色泽的变化，最后生成黄褐色或黑褐色，产生色泽的变化主要有以下几种情况：

① 酶褐变所产生的色泽变化：蛋白质水解后生成氨基酸如酪氨酸，当原料组织受破坏后，有氧的供给或前面所述中戊糖还原中氧的产生，可使酪氨酸在过氧化物酶的作用下，经过复杂的化学反应生成黑色素。

② 非酶褐变引起的色泽变化：腌制品色泽加深不是由于酶的作用引起，而是高温条件下所形成。氨基酸中的氨基与含有羰基的化合物如醛，还原糖产生羰氨反应，生成黑蛋白素。如盐渍大蒜、冬菜的变色。

③ 物理引附引起的变化：在酱渍和糖醋菜中褐色加深主要是由于辅料如酱油、酱、食醋、红糖的颜色产生物理吸附作用，使细胞壁着色，如云南大头菜、芽菜、糖醋菜。

④ 叶绿素的变化：在腌制品生产过程中，pH 有下降的趋势，在酸性介品中，叶绿

素脱镁生成脱镁叶绿酸而变成黄褐色，影响外观品质。

以发酵作用为主的泡酸菜类，要保绿是较难的。而对于腌渍品，采用一定措施可以保绿，即将原料浸入 pH7.4~8.3 的微碱性水中，浸泡 1 h 左右，换水 2~3 次，即在碱性条件下生成叶绿酸的金属盐类被固定，而保持绿色。

对于白色或浅色蔬菜原料，为了防止在腌制过程中发生褐变现象，可以选择含单宁物质少，还原糖较少，品质好，易保色的品种作为酱腌菜的原料；采取热烫、硫处理等抑制或破坏氧化酶活性；以及适当掌握用盐量等方法。

（三）香气和滋味的变化与形成

1. 鲜味的形成

在蔬菜的腌制和后熟期中，蔬菜所含的蛋白质在微生物和水解酶和作用下被逐渐分解为氨基酸，这些氨基酸都具有一定的鲜味，如成熟榨菜氨基酸含量，按干物质计算为 18~19g/kg，而在腌制前只有 12g/kg 左右，提高 60% 以上。在腌制品中鲜味的主要来源是谷氨酸与食盐作用生成谷氨酸钠。此外微量的乳酸、天门冬氨酸及具有甜味的甘氨酸、丙氨酸和丝氨酸等，对鲜味的丰富也大有帮助。

2. 香气的形成

腌制品的香气主要来源于以下几方面：

① 发酵作用产生的香气　如原料中本身所含及发酵过程中所产生的有机酸、氨基酸，与发酵中形成的醇类发生酯化反应，产生乳酸乙酯、乙酸乙酯、氢基丙酸乙酯、琥珀酸乙酯等芳香酯类物质。另外，在腌制过程中乳酸菌类将糖发酵生成乳酸的同时，还生成具有芳香风味的丁二酮（双乙酰），也是发酵性腌制品的主要香气成分之一。

② 甙类水解的产物和一些有机物形成的香气　如带有苦辣味的黑芥子甙在酶的作用下生成具有芳香气味的芥子油。

③ 蔬菜本身含有的一些有机酸及挥发油（醇、醛等）的香气。

④ 外加辅料的香气　在腌制过程中加入的某些辛香调料中含有特殊的香气成分。如花椒中的异茴香醚和牻牛儿醇、八角中的茴香脑、小茴香中的茴香醚、山奈中的龙脑和桉油精、桂皮中的水芹烯和丁香油酚都具有特殊的香气。

（四）蔬菜腌制与亚硝基化合物

亚硝基化合物是指含有 $-NO^-$ 基的化合物，是一类致癌性很强的化合物，该化合物前体物质是胺类、亚硝酸盐及硝酸盐。亚硝基化合物在动物体内和人体内，如果作用于胚胎会导致畸形，作用于基因便可遗传下一代，作用于体细胞则致癌。

自从有关于腌制品中含有亚硝酸盐甚至有亚硝胺这些被认为是致癌物的报道后，引起人们对腌制品食用安全性的质疑。因此有必要了解腌制过程中亚硝酸盐和亚硝胺的来源和产生途径，以便采取相应的措施。其实. 只要制品的原料新鲜，加工方法得当，食用腌制品是安全的。

　　亚硝酸盐和亚硝胺来源于自然界的氮素循环，蔬菜生长过程中所摄取的氮肥是以硝酸盐或亚硝酸盐的形式进入体内，进一步合成氨基酸和蛋白质等物质。在采收时仍有部分亚硝酸盐或亚硝酸尚未转化而残留，此外，土壤中也有硝酸盐的存在，植物体上所附着的硝酸盐还原菌（如大肠杆菌）所分泌出的酶亦会使硝酸盐转化为亚硝酸盐。在加工时所用的水质不良或受细菌侵染，均可促成这种变化。

　　一些蔬菜如：萝卜、大白菜、芹菜、菠菜中含有一定量的硝酸盐，它可经酶及微生物作用还原成亚硝酸盐，提供了合成亚硝基化合物关键的前身物质，硝酸盐含量：叶菜类＞根菜类＞果菜类。如：菠菜 3000 mg/kg，萝卜 1950 mg/kg，番茄 20～221 mg/kg，新鲜蔬菜腌制成咸菜后，硝酸盐含量下降，亚硝酸盐含量上升，新鲜蔬菜亚硝酸盐含量一般在 0.7 mg/kg，而酱腌菜亚硝酸含量可升至 13～75 mg/kg。

　　亚硝胺是由亚硝酸和胺化合而成，胺来源于蛋白质、氨基酸等含氮物的分解；新鲜蔬菜中是极少的，但在腌制过程中会逐渐地分解，并溶解到腌制液中。在腌制液的表面往往出现霜点、菌膜，这都是蛋白质含量很高的微生物，如白地霜生成的菌膜，一旦受到腐败菌的感染，会降解为氨基酸，并进一步分解成胺类，在酸性环境中具备了合成亚硝胺的条件，尤其在腌制条件不当导致腌菜劣变时，还原与合成作用更明显。

　　在蔬菜腌制过程中亚硝酸盐的形成与温度和用盐量等因素有关。一般认为，在 5%～10% 食盐溶液中腌制，会形成较多的亚硝酸盐。在低温下腌渍，亚硝峰形成慢、但峰值高、全程含量高，持续时间长。

　　虽然亚硝酸盐具有致癌的危险性，但是，由于蔬菜能提供食用纤维、胡萝卜素、维生素 B、维生素 C、维生素 E、矿物质等人类食物中不可缺少的物质，自身就减弱了亚硝酸盐对人体的威胁。但是为了食用安全，把腌制中有害的亚硝酸盐控制在最低限度，同时避免胺类物的产生，在腌制中应注意采取相应的措施：

　　① 选用新鲜的蔬菜作原料，加工前洗涤干净，减少硝酸盐还原菌的感染。

　　② 腌制时用盐要适当，撒盐要均匀并将原料压紧，使乳酸菌迅速生长、发酵，形成酸性环境抑制分解硝酸盐的细菌活动。

　　③ 如发现腌制品表面产生菌膜，不要打捞或搅动，以免菌膜下沉使菜卤腐败而产生胺类，可加入相同浓度的盐水将菌膜浮出或立即处理销售。

　　④ 腌制成熟后食用，不吃霉烂变质的腌菜。避开亚硝峰，待腌制菜亚硝酸盐生成的高峰期过后再食用。

四、蔬菜腌制工艺

　　由于腌制蔬菜的品种繁多，又具明显的地方特色，且存在着口味等差异，在腌制时存在着较大的用料差异。但主要腌制工艺大致相同：

　　原料选择 → 清洗 →（切分）整理 →晾晒 → 腌制 → 倒缸 → 封缸 → 保藏

1. 原料选择及预处理

腌制蔬菜原料，必须符合两条基本标准：一是新鲜，不被杂菌感染，符合卫生要求；二是品种必须对路，不是任何蔬菜都适于腌制咸菜。比如有些蔬菜含水分很多，怕挤怕压，易腐易烂，像熟透的西红柿就不宜腌制。腌咸菜不论整棵、整个或加工切丝、条、块、片，都要形状整齐，大小、薄厚基本匀称，讲究色、味、香型、外表美观。

腌制前的蔬菜要处理干净。蔬菜本身有一些对人体有害的细菌和有毒的化学农药，所以腌制前一定要把蔬菜彻底清洗干净，有些蔬菜洗净后还需要晾晒，利用紫外线杀死蔬菜的各种有害菌。

2. 蔬菜腌制工具的选择

腌制咸菜要注意使用合适的工具，特别是容器的选择尤为重要，它关系到腌菜的质量。腌制数量大，保存时间长的，一般用缸腌。腌制半干咸菜，如香辣萝卜干、大头菜等，一般应用坛腌，因坛子肚大口小，便于密封，腌制数量极少，时间短的感菜，也可用小盆、盖碗等。腌器一般用陶瓷器皿为好，切忌使用金属制品。

腌菜的器具要干净。一般家庭腌菜的缸、坛，多是半年用半年闲。因此，使用时一定刷洗干净，除掉灰尘和油污，洗过的器具最好放在阳光下晒半天，以防止细菌的繁殖，影响腌品的质量。

3. 腌制

发酵性腌制品的用盐量多为6% ~ 8%或更低，并要创造一种厌气条件，以促进乳酸菌生长。

非发酵性腌菜中的加工一般要求每100 kg预处理的蔬菜用食盐20 ~ 25 kg和浓度为18波美度的盐水5 ~ 10 kg，入缸时放一层蔬菜撒一层盐，并加盐水少许，以使盐粒溶化。

食盐用量是否合适和准确掌握食盐的用量，是能否按标准腌成各种口味咸菜的关键。腌制咸菜用盐量的基本标准，最高不能超过蔬菜的25%（如腌制100斤蔬菜，用盐最多不能超过25斤）；最低用盐量不能低于蔬菜重量的10%（快速腌制咸菜除外）。腌制果菜、根茎菜，用盐量一般高于腌制叶菜的用量。

酱腌要用布袋，酱腌咸菜，一般要把原料菜切成片、块、条、丝等，才便于酱腌浸入菜的组织内部。如果将鲜菜整个酱腌，不仅腌期长，又不易腌透。因此，将菜切成较小形状，装入布袋再投入酱中，酱对布袋形成压力，可加速腌制品的成熟。布袋最好选用粗纱布缝制，使酱腌易于浸入；布袋的大小，可根据腌器大小和咸菜数量多少而定，一定以装5斤咸菜为宜。

咸菜的温度一般不能超过20℃，否则，咸菜很快腐烂变质、变味。在冬季要保持一定的温度，一般不得低于 – 5℃，最好在2 ~ 3℃为宜。温度过低咸菜受冻，也会变质、变味。

贮存腌菜的场所要阴凉通风，蔬菜腌制之后，除必须密封发酵的咸菜以外，一般供再加工用的咸菜，在腌制初期，腌器必须敞盖，同时要将腌器置于阴凉通风的地方，以利于散发咸菜生成的热量。咸菜发生腐烂、变质，多数是由于咸菜贮藏的地方不合要求，温度过高，空气不流通，蔬菜的呼吸热不能及时散发所造成的。腌后的咸菜不能在太阳下曝晒。

4. 倒缸

按时倒缸是腌制咸菜过程中必不可少的工序。倒缸就是将腌器里的酱或咸菜上下翻倒。这样可使蔬菜不断散热，受均匀，并可保持蔬菜原有的颜色。

入缸加盐后每天倒缸1次，腌制5~10天后改为隔天倒缸1次。

5. 密封贮存

一般腌制30~40天后封缸贮存，即为成品。封缸时应尽量灌满汤液，否则容易腐烂。

思考题

1. 简述蔬菜腌制的基本原理。
2. 分析说明蔬菜腌制品的色、香、味形成机理。
3. 蔬菜腌制的一般工艺及操作要点。

第七章　果酒酿造

本章学习目标　了解果酒酿造的基本原理，掌握果酒酿造的生产工艺及操作关键。

水果经破碎、压榨取汁、经过酒精发酵或者浸泡等工艺精心调配配制而成的各种低度饮料酒都可称为果酒。我国习惯上对所有果酒都以其果实原料名称来命名，如葡萄酒、苹果酒、山楂酒等。

果酒具有如下的优点：一是营养丰富，含有多种有机酸、芳香酯、维生素、氨基酸和矿物质等营养成分，经常适量饮用，能增加人体营养，有益身体健康；二是果酒酒精含量低，刺激性小，既能提神、消除疲劳，又不伤身体；三是果酒在色、香、味上别具风韵，不同的果酒，分别体现出色泽鲜艳、果香浓郁、口味清爽、醇厚柔和、回味绵长等不同风格，可满足不同消费者的饮酒享受；四是果酒以各种栽培或山野果实为原料，可节约酿酒用粮。

一、果酒的种类

果酒的种类很多，分类方法也有多种，由于葡萄酒是果酒类中的最大宗品种，类型最多，因此，果酒的分类是以葡萄酒为参照划分的。

① 根据酿造方法和成品特点不同分为发酵果酒、蒸馏果酒、配制果酒等几种。发酵果酒是将果汁经酒精发酵和陈酿而制成。它不需要经过蒸馏，也不需要在发酵之前对原料进行糖化处理，其酒精含量一般在 8~20 度。蒸馏果酒也称果子白酒，是将果品进行酒精发酵后再经过蒸馏而得的酒，又名白兰地，蒸馏果酒酒度高，一般在 40 度以上。配制果酒也称果露酒，是用果汁加酒精调配而成，如山楂露酒、桂花露酒、樱桃露酒等。鸡尾酒是用多种各具色彩的果酒按比例配制而成的。

② 按水果原料分有葡萄酒、苹果酒、山楂酒和杨梅酒等。

③ 按酒的颜色分有红葡萄酒，白葡萄酒，桃红葡萄酒等。

④ 按含糖多少分干葡萄酒（含糖量 0~4 g/L）、半干葡萄酒（含糖量 4~12 g/L）、半甜葡萄酒（含糖量 12~50 g/L）和甜葡萄酒（含糖量大于 50 g/L）等。

⑤ 按含二氧化碳分平静葡萄酒、起泡葡萄酒和加气起泡葡萄酒等。

二、果酒酿造原理

1. 酒精发酵作用

果酒的酒精发酵是指果汁中所含的己糖，在酵母菌的一系列酶的作用下，通过复杂的化学变化，最终产生乙醇和 CO_2 的过程。果汁中的葡萄糖和果糖可直接被酒精发酵利用，蔗糖和麦芽糖在发酵过程中通过分解酶和转化酶的作用生成葡萄糖和果糖并参与酒精发酵。但是，果汁中的戊糖、木糖和核酮糖等则不能被酒精发酵利用。

酵母菌的酒精发酵过程是厌氧发酵，所以果酒的发酵要在密闭无氧的条件下进行，若有空气存在，酵母菌就不能完全进行酒精发酵作用，而部分进行呼吸作用（丙酮酸氧化生成 CO_2 和水，并放出大量热能），使酵母发酵能力降低，酒精产量减少，这个现象很早就被巴斯德发现，称为巴斯德效应。所以果酒在发酵初期，一般供给充足空气，使酵母菌大量生长、繁殖，然后减少空气供给，迫使酵母菌进行发酵，以利酒精生成和积累。

酒精发酵是相当复杂的化学过程，有很多化学反应和中间产物生成，而且需要一系列酶的参与。除产生乙醇外，酒精发酵过程中还常有以下主要副产物生成，它们对果酒的风味、品质影响很大：甘油、乙醛、醋酸、琥珀酸以及杂醇等。

2. 果酒酿造的微生物

果酒酿造的成败及品质的好坏，与参与微生物的种类有最直接的关系。酵母菌是果酒发酵的主要微生物，但酵母菌的品种很多，生理特性各异，有的品质优良，而有的甚至有害。

① 葡萄酒酵母　又称椭圆酵母，附生在葡萄皮上，可由葡萄自然发酵、分离培养而制得。具有以下主要特点：发酵力强；产酒力高；抗逆性强；生香性强。

② 野生酵母　包括巴氏酵母、尖端酵母、醭酵母等；虽然也能经发酵作用产生乙醇，但品质较差。为避免不利发酵，可用二氧化硫处理的方法将其去除。

③ 其他微生物　主要有醋酸菌、乳酸菌、霉菌等，这些微生物会干扰正常的发酵过程，甚至会导致发酵的失败。

三、果酒酿造工艺

1. 基本工艺流程

原料选择 → 分选 → 除梗 → 洗涤 → 破碎 → 果汁调整 → 主发酵 → 后发酵 → 陈酿 → 调配 → 装瓶 → 杀菌 → 冷却 → 产品
$\qquad\qquad\qquad\qquad\qquad\qquad\qquad\qquad\qquad\qquad\qquad\uparrow$
$\qquad\qquad\qquad\qquad\qquad\qquad\qquad\qquad\qquad$酵母的三级扩大培养

2. 主要工艺操作要点

（1）原料选择

为保证果酒质量，必须对其所用的果实进行选择，首先应选择完好无损的鲜果，剔除腐败霉变的烂果。果实在采收、运输过程中的任何伤害，都会影响果酒的质量。选果时对果实的大小和形状没有严格要求，但对果实的成熟度应当重视，应以成熟为宜。

一般以选糖分高、香味浓、汁液多的种类、品种为宜，此外还必须考虑风味及单宁、色素、果胶和酸的含量。水果中以葡萄和其他浆果的酿造性能为好，压榨时可以不必加水稀释，故能酿制酒味醇厚的制品。此外，苹果、梨、柑橘、杨梅、猕猴桃、荔枝、凤梨等也都适合酿制果酒。由于品种不同，其含有的糖分、酸涩味都不同，但对酿酒来说，只要搭配得当，是可以酿成美酒的。果实在破碎压榨之前应该用大量水充分洗涤，以除去泥土污物和残余农药，防止影响成品酒的质量与品位。图 3 - 7 - 1 为葡萄的采摘与筛选。

图 3 - 7 - 1　采摘与筛选

（2）发酵前的处理

发酵前的处理包括破碎、除梗，压榨（红葡萄酒带渣发酵，白葡萄酒取净汁发酵），澄清，二氧化硫处理（起杀菌、澄清、抗氧化等作用），以及果汁成分调整等。

果汁成分调整主要对果汁中的糖分和酸含量进行调整，为确保成品的酒精度，对糖分的调整更重要。

调整方法：根据酒精发酵反应式，理论上 180 g 葡萄糖生成 92 g 酒精，即 1 g 葡萄糖生成 0.511 g 酒精（合 0.64 mL，20 度时酒精的相对密度 0.7943），反之，生成 1 度酒精（1 mL 酒精/100 mL 果酒）需葡萄糖 1.475g。

但实际上酒精发酵不是完全生成乙醇，所以，实际生产中以生成 1 度酒精需 1.7 g 葡萄糖计算。根据成品酒精度要求计算所需果汁中葡萄糖的含量，若不足，则需补充。

（3）酒精发酵及发酵期间的管理

前发酵　前发酵又叫主发酵，它是发酵的主要阶段，果汁经主发酵大部分变为果酒。发酵初期，酵母菌开始活动，放出少量 CO_2，所以在果汁的液面上有气泡产生，这时汁液的温度和糖分变化都不大。而后，酵母繁殖加快，CO_2 放出量增多，进入发酵高峰时，泡沫上下翻滚，并发出响声，汁液温度逐渐升高，糖分则不断下降。到后期发酵逐渐减弱，CO_2 放出量逐渐减少，果酒温度降低到接近室温，糖分下降到 1% 以下，汁液开始清晰，废渣和酵母开始下沉，表示主发酵即将结束。

后发酵　果汁经过主发酵后，基本上酿成了原酒，但发酵还不够彻底，各种成分还在不断变化。主发酵结束时残余的糖，在酵母的作用下继续转化为酒精和 CO_2，此时果酒发酵就进入了后发酵期，一直到残糖接近耗尽，酵母自溶沉淀，并与原酒中的果肉、果渣沉淀形成酒脚，原酒澄清度增加。后发酵进行 15 天左右，应及时添加 SO_2，并保证满桶，在桶口添加液体亚硫酸或高度酒精，防止染菌和氧化。

（4）陈酿

刚发酵完成的酒，含 CO_2、SO_2 以及酵母的臭味、生酒味、苦涩味和酸味等，酒液浑浊不清，色泽暗淡，果香与酒香不协调，口感粗糙、辛辣不细腻，不宜饮用；也很不稳定，需要经过一定时间的贮藏和适当的工艺处理，称为陈酿。经过陈酿及澄清，使不良物质减少或消除，增加新的芳香成分，酒液清晰透明，既增加了酒的稳定性，又使酒风味醇和芳香，促进了酒的成熟。

陈酿前若酒精达不到要求，必需添加同类果子白酒或食用酒精以补充之，并且超过 1～2 度，以增强保存性。实践证明，在陈酿中必须有 80 个以上的保藏单位方能安全贮藏（一般 1% 的糖分为 1 个保藏单位，1% 酒精为 6 个保存单位）。用于陈酿的容器必须密封，不与储酒起化学反应，无异味；陈酿温度为 10～15℃，环境相对湿度为 85% 左右，通风良好，储酒室必须保持清洁卫生。

陈酿期的主要变化有：物理变化（主要为沉淀，使果酒澄清）和化学变化（酯化反应、氧化还原反应，形成风味醇和、气味芳香的产品）

在陈酿期间，要做好以下几方面的管理：添桶（装满容器），换桶（分离沉淀），下胶（去除稳定的悬浮物）以及冷热处理（减短陈酿期）等。

图 3-7-2 为葡萄酒陈酿车间和酒窖图片。

图 3-7-2　陈酿

（5）成品调配

为了保持酒质均一，保持固有的特色，提高酒质或修正缺点，根据以上标准，常在酒已成熟而未出厂时要进行酒的成分分析，确定是否需要调配及调配方案，然后进行调配。对成品果酒进行成分调配的内容包括酒精度、糖、酸、色泽和香气等。

调配后即可装瓶。

（6）装瓶保存

装瓶密封后，需经巴氏杀菌，也可经杀菌后装瓶。但一般酒精度大于 16 度的果酒不需杀菌即可长期保存。

红葡萄酒酿造的工艺过程见图 3 - 7 - 3。

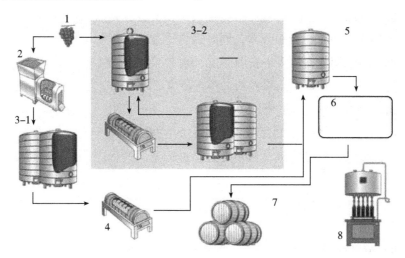

图 3 - 7 - 3　红葡萄酒的酿造过程

1—采收　2—破皮去梗　3 - 1—浸皮与酒精发酵　3 - 2—二氧化碳浸皮法　4—榨汁

5—苹果酸乳酸发酵　6—澄清　7—橡木桶陈酿　8—装瓶

红酒的颜色和口味结构主要来自葡萄皮中的红色素和单宁等，所以必须先破皮让葡萄汁液能和皮接触，以释出这些多酚类的物质。葡萄梗的单宁较强劲，通常会除去，有些酒厂为了加强单宁的强度会留下一部分的葡萄梗。

浸皮与酒精发酵　完成破皮去梗后，葡萄汁和皮会一起放入酒槽中，一边发酵一边浸皮。传统多使用无封口的橡木酒槽，现多使用自动控温不锈钢酒槽，较高的温度会加深酒的颜色，但过高（超过 32℃）却会杀死酵母并丧失葡萄酒的新鲜果香，所以温度的控制必须适度。发酵时产生的二氧化碳会将葡萄皮推到酿酒槽顶端，无法达到浸皮的效果，依传统，酿酒工人会用脚踩碎此葡萄皮块与葡萄酒混和，此外亦可用邦浦淋酒或机械搅拌混合等方法。浸皮的时间越长，释入酒中的酚类物质、香味物质、矿物质等越浓。当发酵完，浸皮达到需要的程度后，即可把酒槽中液体的部份导引到其他酒槽，此部分的葡萄酒称为初酒。

二氧化碳浸皮法：用此法制成的葡萄酒具有颜色鲜明，果香宜人（香蕉、樱桃酒等），单宁含量低容易入口等特性，常被用来制造适合年轻人饮用的清淡型红葡萄酒，如法国宝祖利（Beaujolais）出产的新酒，原理上制造的特点是将完整的葡萄串放入充满二氧化碳的酒槽中数天，然后再榨汁发酵。事实上，由于压力的关系很难全部保持完整的葡萄串，会有部分被挤破的葡萄开始发酵。除了能生产出具特性的酒之外，这种酿造法还可让乳酸发酵提早完成，好赶上十一月第三个星期四的新酒上市。

榨汁：葡萄皮榨汁后所得的液体比初酒浓厚得多，单宁红色素含量非常高，但酒精含量反而较低。酿酒师可依据所需在初酒中加入经榨汁处理的葡萄酒，但混合之前须先经澄清的程序。

橡木桶陈酿：此过程对红酒比对白酒重要，几乎所有高品质的红酒都经橡木桶的培养，因为橡木桶不仅补充红酒的香味，同时提供适度的氧气使酒圆润和谐。培养时间的长短依据酒的结构、橡木桶的大小新旧而定，通常不会超过两年。

苹果酸乳酸发酵：红葡萄酒培养的过程主要为了提高稳定性、使酒成熟，乳酸发酵、换桶、短暂透气等都是不可少的程序。

澄清　红酒是否清澈跟酒的品质没有太大的关系，除非是因为细菌感染使酒浑浊。但为了美观，或使酒结构更稳定，通常还是会进行澄清的程序。酿酒师可依所需选择适当的澄清法。

思考题

1. 果酒的种类有哪些？
2. 简述葡萄酒酿造原理，并说明影响酒精发酵的因素。

第八章　其他果蔬加工制品简介

本章学习目标　了解其他常见果蔬加工制品生产的基本原理、生产工艺及操作关键。

一、鲜切果蔬加工

鲜切果蔬（Fresh – cut fruits and vegetables），又称最少加工果蔬（Minimally processed and fruits and vegetables），半加工果蔬、轻度加工果蔬、切分（割）果蔬等。即把新鲜果蔬进行分级、整理、挑选、清洗、切分、保鲜和包装等一系列处理后使产品保持生鲜状态的制品。消费者购用这类产品后不需要再作进一步的处理，可直接开袋食用或烹调。随着生活水平的提高，生活节奏的加快，消费者选购果蔬时越来越强调新鲜、营养、方便，鲜切果蔬正是由于具有这些特点而深受重视。

鲜切果蔬是美国于 50 年代以马铃薯为原料开始研究的，60 年代在美国开始进入商业化生产。MP 果蔬与速冻果蔬产品相比，虽然保藏时间短，但它更能保持果蔬的新鲜质地和营养价值，无须冻结和解冻，食用更方便，生产成本低，在本国或本地区销售具有一定优势。由于鲜切果蔬具有清洁、卫生、新鲜、方便等特点，因而深受消费者的喜爱。

1. 鲜切果蔬加工的基本原理

鲜切果蔬必须解决两大基本问题：一是果蔬组织仍是有生命的，而且果蔬切分后呼吸作用和代谢反应急剧活化，品质迅速下降。由于切割造成的机械损伤导致细胞破裂，导致切分表面木质化或褐变，失去新鲜产品的特征，大大降低切分果蔬的商品价值。二是微生物的繁殖，必然导致切割果蔬迅速败坏腐烂，尤其是致病菌的生长还会导致安全问题。完整果蔬的表面有一层外皮和蜡质层保护，有一定的抗病力。在鲜切果蔬中，这一层皮常被除去，并被切成小块，使得内部组织暴露，表面含有糖和其他营养物质，有利于微生物的繁殖生长。因此，鲜切果蔬的保鲜主要是保持品质、防褐变和防病害腐烂。其保鲜方法主要有低温保鲜、气调保鲜和食品添加剂处理等，并且常常需要几种方法配合使用。

2. 鲜切果蔬的加工单元操作

① 原料挑选：通过手工作业剔除腐烂次级果蔬、摘除外叶黄叶，然后用清水洗涤，送往输送机。

② 去皮：方法有手工去皮、机械去皮，也有加热或化学处理去皮。

③ 切割：按客户要求，如切片、切粒、切条等，一般用机械切割，有时也用手工切割。

④ 清洗、冷却：经切割后，在装满冷水的洗净槽里洗净并冷却。叶菜类除用冷水浸渍方式冷却外，也可采用真空冷却。

⑤ 脱水：洗净冷却后，控掉水分，装入布袋用离心机脱水处理。

⑥ 包装、预冷：经脱水处理的果蔬，即可进行抽真空包装或普通包装。包装后尽快送预冷装置（如隧道式、压差式）冷却到规定的温度。真空预冷则先预冷后包装。

⑦ 冷藏、运销：预冷后的产品再用专用塑料箱或纸箱包装，然后送冷库贮藏或立即运送目的市场。

二、新含气调理果蔬食品加工

1993 年，日本小野食品兴业株式会社开发出一项食品加工保鲜新技术——新含气调理食品加工保鲜技术。

新含气调理食品加工保鲜技术是针对目前普遍使用的真空包装、高温高压灭菌等常规加工方法存在的不足，而开发的一种适合于加工各类新鲜方便食品或半成品的新技术。该项技术通过将食品原材料预处理后，装在高阻氧的透明软包装袋中，抽出空气并注入不活泼气体（通常使用氮气）并密封，然后在多阶段升温、两阶段冷却的调理杀菌锅内进行温和式灭菌。

经灭菌后的食品能较完善地保存食品的品质和营养成分，而食品原有的色、香、味、形、口感几乎不发生改变，并可在常温下保存和流通长达 6～12 个月。这不仅解决了高温高压、真空包装食品的品质劣化问题，而且也克服了冷藏、冷冻食品的货架期短、流通领域成本高等缺点，因而该技术被业内专家普遍认为具有极大的推广应用价值。专家认为，新含气调理食品保鲜加工新技术，可广泛应用于传统食品的工业化加工，有助于开发食品新品种，扩大食品加工的范围，从而开拓新的食品市场。该技术尤其适用于加工肉类、禽蛋类、水产品、蔬菜、水果和主食类、汤汁类等多种烹调食品或食品原材料，应用前景十分广阔。

1. 新含气调理果蔬食品加工工艺

新含气调理加工的工艺分为初加工、预处理、包袋和调理灭菌 4 个步骤。

（1）初加工

包括原料的选择、洗涤、去皮和切分等。

（2）预处理

预处理可起到两种作用，一是结合蒸、煮、炸、烤、煎、炒等必要的调味烹饪对食品进行调味，二是在上述调味过程中减少微生物的数量（减菌），如蔬菜每克原料中有 10^5～10^6 个细菌，经减菌处理之后，可降至每克原料中有 10～10^2 个。通过过样的预处理，可以大大降低和缩短最后灭菌的温度和时间，从而使食品承受的热损伤限制在最小程度。

（3）气体置换包装

将预处理后的原料及调味汁装入耐热性强和高阻隔性的包装袋中，以惰性气体（通常使用氮气）置换其中的空气，然后密封。气体置换有 3 种方式：一是先抽真空，再注入氮气，其置换率一般可达 99% 以上；二是直接向容器内注入氮气，置换率一般为

95%～98%；三是在氮气的环境中包装，置换率一般在97%～98.5%；通常采用第一种方式。

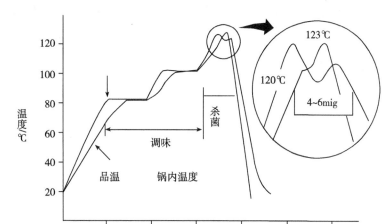

图3-8-1　新含气调理杀菌温度-时间曲线

（4）调理灭菌

采用波浪状热水喷淋、均一性加热、多阶段升温、二阶段急速冷却的灭菌方式。

波浪状热水可形成十分均匀的灭菌效应；多阶段升温灭菌是为了缩短食品表面与食品中心之间的温度差。第一阶段为预热期，第二阶段为调理入味期，第三阶段为灭菌期。每一阶段温度的高低和时间的长短，均取决于食品的种类和调理的要求。多阶段升温灭菌的第三阶段的高温域较窄，从而避免了蒸汽灭菌锅因一次升温及加温加压时间过长而对食品造成热损伤以及出现煮熟味和糊味的弊端。一旦灭菌结束，冷却系统迅速启动，5～10 min之内，温度降至40℃以下，从而尽快脱离高温状态。

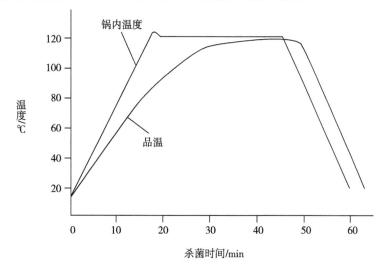

图3-8-2　高温高压杀菌温度-时间曲线

2. 新含气调理果蔬食品加工的特点

新含气调理食品因已达到商业无菌状态，单纯从灭菌的角度考虑，可在常温下保存 1 年。但是，货架期还受包装材料的透氧率、包装时气体置换率和食品含水率变化的限制。如果包袋材料在 120℃ 的条件下加热 20 min 后，透氧率不高于 $2 \sim 3$ mL $\cdot$ 24 h^{-1} $\cdot$ m^{-2}，使用的氮气纯度为 99.9% 以上，气体置换率达到 95% 以上时，保鲜期可以达到 6 个月。

新含气调理加工适合的食品种类相当广泛，在蔬菜水果方面有炒藕片、八宝菜、木耳、香菇、萝卜丝、竹笋片、榨菜、青豆、葡萄、梨、苹果、荔枝、龙眼、草莓、菠萝等。

思考题

1. 简述鲜切果蔬的产品特点和加工方法。
2. 简述新含气调理食品的产品特点和加工方法。

第四篇　饮料工艺学

第一章 饮料用水及水处理

本章学习目标 了解饮料用水水源及其特点，掌握不同水质对饮料生产的影响；掌握饮料用水的处理方法，重点掌握离子交换软化水的方法及反渗透、电渗析等膜软化法，掌握几种水消毒的原理与方法；运用所学知识分析和解决饮料生产用水中出现的技术问题。

一、饮料用水的水质要求

水是饮料生产的重要原料，水质的好坏，直接影响成品的质量，饮料中 85% ~ 95% 甚至 100% 都是水。饮料水不是饮用水，饮料中即使含微量杂质也会带来问题，因为杂质的性质比杂质的含量更重要；本身处理方法很多但无一是完美的，某种方法只能适用某一种水源。因此，对于饮料用水的处理工作具有重要意义。软饮料用水的水质标准见表 4 - 1 - 1、表 4 - 1 - 2。

表 4 - 1 - 1 一般饮料用水标准

项目名称	指标	项目名称	指标
浊度/度	< 2	高锰酸钾消耗量/（mg/L）	< 10
色度/度	< 5	总碱度（以 CaCO₃ 计）/（mg/L）	< 50
味及嗅	无味无臭	游离氯含量/（mg/L）	< 0.1
总固形物含量/（mg/L）	< 500	细菌总数/（个/mL）	< 100
总硬度/（mmol/L）	< 2	大肠菌群（个/L）	< 3
铁（以 Fe 计）含量/（mg/L）	< 0.1	霉菌含量（个/mL）	≤1
锰（以 Mn 计）含量/（mg/L）	< 0.1	致病菌	

注 在微生物指标中，从质量角度考虑，又将酵母指标列入者，数值为 1mL 不表现或 ≤5/100 mL

表 4 - 1 - 2 饮用水和饮料用水在指标上的差异

指标	饮用水	饮料用水
浊度/度	< 3	< 2
色度/度	< 15	< 5
总固形物/（mg/L）	< 1000①	< 500
总硬度/（mg/L）	< 450	< 100
铁/（mg/L）	< 0.3	< 0.1
高锰酸钾消耗量/（mg/L）	-	< 10
总碱度/（mg/L）	-	< 50
游离氯②/（mg/L）	-	< 0.1
致病菌	-	不得检出

①溶解性总固体：< 1 000 mg/L。

②在与水接触 30 min 后不应低于 0.3 mg/L。集中式给水除出厂水应符合上述要求外，管网末梢水不应低于 0.05 mg/L。

二、软饮料用水的水源及其特点

饮料用水都是淡水，淡水最主要的水源为地表水和地下水，自来水。

① 地表水：包括河水、江水、湖水、水库水、池塘水、浅井水等。

特点：浊度高，有机物多，矿物质含量低，细菌多，温度易变。

② 地下水：主要指井水，泉水，自流井等。

特点：与地表水相反。浊度低，有机物少，矿物质多，细菌少，温度较稳定。

③ 自来水：由于已经过适当的水处理工艺，如杀菌、过滤等，细菌较少。特点：水质好且稳定，达到饮用水标准。

三、水质对饮料品质的影响

水中的杂质按微生物分散的程度，大致可分为三类：悬浮物、胶体、溶解物质。

（1）悬浮物

凡是粒度大于 $0.2\ \mu m$ 的杂质统称为悬浮物质。主要是：泥土、沙粒等无机杂质，也有浮游生物（如蓝藻类、绿藻类等）及微生物、昆虫等。

在成品饮料中如有悬浮物，则造成饮料：

① 呈现混浊。

② 可浮在瓶颈产生颈环。

③ 静置后可沉在瓶底，生成瓶底积垢或絮状沉淀，使外观质量大为降低。

④ 悬浮物质会使碳酸饮料中的二氧化碳迅速消耗，结果使瓶内二氧化碳含量不一，从而使液面高度不一致。

⑤ 浮游生物和微生物不仅影响产品的风味，而且还会导致产品变质。

通常以浊度表示悬浮物的多少。

（2）胶体物质

胶体物质粒子直径平均为：$0.001\sim0.20\ \mu m$，能通过过滤，在超显微镜下可见。

胶体分为两种：无机胶体和有机胶体。无机胶体：硅酸胶体和黏土等，是由许多离子和分子聚集而成的——是水混浊的主要原因。有机胶体：高分子物质，有机体，例如蛋白质，腐殖质等——是水带色的主要原因。

可使成品饮料：

① 混浊：胶体物质多为黏土性无机胶体，可使水混浊。

② 变色：有机胶体为分子量很大的高分子物质，一般是动植物残骸经过腐蚀分解的腐殖酸，腐殖质等，导致水质带色。

③ 影响水的味道和气味，H_2S，NH_3（动植物残骸分解）。

（3）溶解物质

这类杂质的微粒在 $0.001\ \mu m$ 以下，以分子或离子状态存在于水中。溶解物主要有溶解气体、溶解盐类和其他有机物。

溶解气体：天然水中主要是 O_2 和 CO_2。此外是 H_2S 和 Cl_2 等。这些气体的存在会影响碳酸气饮料中 CO_2 的溶解度（量）及产生异味。

溶解盐类：溶解在水中的无机盐，基本上以阳离子和阴离子形式存在。这些无机盐构成了水的硬度和碱度。

硬度的通用单位为 mmol/L 或 mg/L，也有用德国度表示。饮料用水，要求硬度小于 8 度。

① 水的硬度：水的硬度是指水中离子沉淀肥皂的能力。

硬脂酸纳（肥皂）＋ 钙或镁离子 → 硬脂酸钙或镁（沉淀物）

水的硬度的大小通常指的是 Ca^{2+} 和 Mg^{2+} 盐类的含量。硬度分为：总硬度，暂时硬度和永久硬度。暂时硬度为碳酸盐硬度，化学成分为钙、镁的碳酸氢盐，其次是钙镁的碳酸盐，这类盐加热煮沸分解为不溶的碳酸盐。硬度可大部分除去，为暂时硬度。永久硬度（又称为非碳酸盐硬度）表示水中钙，镁的氯化物（$CaCL_2$，$MgCL_2$）、硫酸盐（$CaSO_4$，$MgSO_4$）、硝酸盐 $[Ca(NO_3)_2$，$Mg(NO_3)_2]$ 等盐类的含量，这些盐加热不能生成沉淀。总硬度包括暂时硬度和永久硬度。

硬度的通用单位为 mmol/L 或 mg/L。我国工业上通用的是德国度：1L 水中含有 10 mgCaO 为 $1°d$，1 mgMgO ＝ 1.4 mgCaO，1 mmol/L ＝ $2.804°d$。饮料用水，要求硬度小于 8 度。

② 碱度：水中碱度取决于天然水中能与 H^+ 离子结合的 OH^- 和 CO_3^{2-}、HCO_3^- 的含量。水的总碱度包括 OH^-，CO_3^{2-}，HCO_3^- 的总含量。

天然水中的总碱度通常与该水中的暂时硬度大小相当。总碱度 ＞ 总硬度时，说明水中存在 OH^-、CO_3^{2-}，属于碱性水；总碱度 ＜ 总硬度时，说明水中存在 Ca^{2+}、Mg^{2+} 的氯化物，OH^-、CO_3^{2-} 基本上不存在，属于非碱性水。总碱度 ＝ 总硬度时，说明水中只含有 Ca^{2+}、Mg^{2+} 的碳酸氢盐。

③ 水的硬度和碱度对软饮料生产的影响：软饮料用水，对水的碱度（以 $CaCO_3$ 计 ＜ 50 mg/L）和硬度（以 $CaCO_3$ 计 ＜ 100 mg/L）都有一定的要求。

a. 硬度的影响：如硬度高，对于饮料配制用水来说：会产生碳酸钙沉淀和有机酸钙沉淀，影响产品的口味及质量；饮料中的 CO_2 也可以与 Ca^{2+} 离子，Mg^{2+} 离子结合而沉淀导致 CO_2 的含量降低，气减少；非碳酸盐硬度过高时，还会使饮料出现盐味。对于其他生产用水，如冷却水等，硬度大会造成瓶壁发暗、及换热器的传热效率降低等。

b. 碱度的影响：如碱度高。则和金属离子反应形成水垢，产生不良气味；和饮料中的有机酸反应，改变饮料的酸甜比及风味；影响 CO_2 的溶入量；会使饮料酸度下降，使微生物容易在饮料中生存；生产果汁型碳酸饮料时，会与果汁中的某些成分发生反应，生成沉淀。

四、混凝与过滤

（一）混凝

① 原理：同种胶体颗粒带有相同电性的电荷，彼此间存在着电性斥力，使颗粒之间互相排斥，这样，它们就不可能互相接近并结合成大的团粒，也就不易沉降。针对这种情况添加混凝剂使胶体颗粒表面电荷被中和来破坏胶体的稳定性，使小颗粒变为大颗粒而沉降，从而得到澄清的水。

② 助凝剂：属辅助药剂，本身不起凝聚作用，仅用来帮助形成凝絮。如用来调节pH值的酸，石灰等。有时浊度不足，投入黏土（助凝剂）促凝集。助凝剂有：石灰，水玻璃，漂白粉，果胶，藻酸钠，黏土等。

③ 常用混凝剂：水处理中大量使用的混凝剂有铝盐和铁盐两类。铝盐：明矾、硫酸铝、碱式氯化铝等。铁盐：硫酸亚铁、硫酸铁及三氯化铁三种。

（二）过滤

用混凝剂处理的水，仍需要过滤处理，才能达到要求。待滤水通过具有多孔隙介质及多孔隙结构的滤料层，水中的一些悬浮物和胶体杂质被滤料截留在孔隙中或介质表面上，以除去水中的不溶性物质，从而使原水得到净化。该法适用于浊度低，污染程度比较轻的水。水的过滤过程是一系列不同过程的综合，包括阻力截留（筛滤）重力沉降和接触凝聚。三种作用在同一过滤系统中是同时产生的。阻力截留主要发生在滤料表层，接触凝聚和重力沉降是发生在过滤层的深处。

过滤材料不同，过滤效果也不同。其性能及结构影响着过滤的进行及净化的质量。良好的过滤材料必须具备以下几个条件：

① 有足够的机械强度；

② 具有足够的化学稳定性，过滤时不溶于水，不产生有害和有毒的物质；

③ 适宜的级配和足够的孔隙率，颗粒外形接近球形，表面比较粗糙最好有棱角；

④ 价廉物美。

石英沙、无烟煤通常作初级过滤材料；当原水水质基本满足要求时，可采用沙滤棒过滤器；活性碳过滤器可除去水中的色和味；采用微孔膜过滤器可达到精滤效果。当今的过滤不再是仅仅除去水中的悬浮杂质和胶体物质，还能除去水中的异味、颜色、铁、锰及微生物等物质，从而获得品质优良的水。过滤甚至可以延伸到超滤和反渗透，这两种方法将在后面介绍。

1. 过滤的形式

（1）池式过滤

池式过滤主要是指过滤介质（滤料）填于池中的过滤形式。主要的过滤介质有：砂、石英砂（人工破碎）、活性炭、磁铁矿粒、大理石粒、无烟煤、石榴石等。滤料粒径大小及形状是决定去除效果的关键因素之一。

滤料层的结构见图4－1－1。

正确的滤料层结构应具有以下特点：含污能力大（kg/m³表示）；产水能力（生产能力）高（m³/m²·h）。适合这样条件的过滤池或过滤罐，才能保证处理水的质量。因此，滤料层应有适宜的级配和足够的孔隙率。

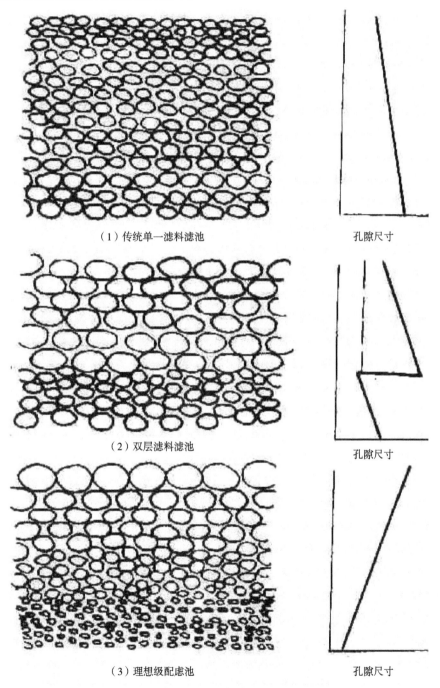

（1）传统单一滤料滤池　　　　　　　　　孔隙尺寸

（2）双层滤料滤池　　　　　　　　　孔隙尺寸

（3）理想级配滤池　　　　　　　　　孔隙尺寸

图4－1－1　滤料层的结构及孔隙变化

所谓级配，就是滤料粒径范围及在此范围内各种粒径的数量比例。天然滤料的粒径大小很不一致，为了既满足工艺要求，又能充分利用原料，常选用一定范围内的粒径。由于不同粒径的滤料要互相承托支撑，故相互间要有一定的数量比，通常用 d_{10}、d_{80} 和 K 作为控制指标。

$$K = d_{80} / d_{10}$$

式中：K——不均匀系数；

$\quad$ d_{80}——通过滤料质量的 80% 的筛孔直径；

$\quad$ d_{10}——通过滤料质量的 10% 的筛孔直径。

K 越大，则粗细颗粒差别越大。K 过大，各种粒径的滤料互相掺杂，降低了孔隙率，对过滤和反冲不利。一般，普通快滤池 $K = 2 \sim 2.2$。

滤料层的孔隙率是指滤料的孔隙体积和整个滤层体积的比例。石英砂滤料的孔隙率为 0.42 左右，无烟煤滤料的孔隙率为 0.5 ~ 0.6。

过滤时水流一般自上而下，这样可以保持较大的过滤速度和较好的反冲效果。对单层滤料来说，其特点是上边的孔隙小，下面的孔隙大，悬浮物截留在表面，底层滤料未充分利用（如图 4 - 1 - 1（1））。生产时采用两种或多种滤料，造成具有空隙上大下小特征的滤料层（如图 4 - 1 - 1（2））。

理想的滤料层结构应是上粗下细（如图 4 - 1 - 1（3））。其特点与传统的相反。即粒径沿水流方向逐渐减小。但是就单一的滤料而言。要使粒径上粗下细的结构用于水处理，实际是不可能的。因为在反冲洗时，整个滤层处于悬浮状态，这样粒径大因重量大就浮悬于下层，粒径小的被冲到上面，反冲洗停止后就自然形成了上细下粗的结构。

过滤的工艺过程基本上由两个过程组成，即过滤与冲洗两个循环的过程。过滤为生产清水的过程；而冲洗是从滤料表面冲洗掉污物，使之恢复过滤能力的过程。多数情况下，冲洗和过滤的水流方向相反，因而一般把冲洗称为反冲或反洗。

（2）砂滤棒过滤器

对于小厂用水不太多，水中杂质含量不多，只含有少量的有机物、细菌及其他杂质时，可采用砂棒过滤器（也叫砂芯过滤器）。图 4 - 1 - 2 为两种类型的砂滤棒过滤器。

① 原理　砂滤棒又叫砂芯，采用细微颗粒的硅藻土和骨灰等可燃性物质，在高温下焙烧，使其熔化，可燃性物质变为气体逸散，形成直径 2 ~ 4 μm 的小孔。水处理时，在外力作用下，通过砂滤棒的微小孔隙，水中存在的少量有机物及微生物被微孔吸附截留在砂滤棒表面，滤出的水可基本达到无菌。

② 结构　砂棒过滤器外壳是用铝合金铸成锅形的密封容器，分上下两层，中间以隔板隔开，隔板上（或下）为待滤水，隔板上或下为砂滤水。容器内安装数根砂滤棒。棒数因型号而异。

③清洗　砂滤棒处理一段时间后，砂芯外壁逐渐挂垢而降低滤水量，这时必须停机卸出滤芯，对滤芯进行处理。处理方法是：堵住砂芯出水嘴，浸泡在水中，用水砂纸轻

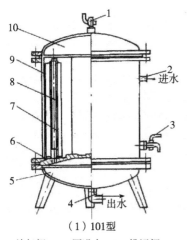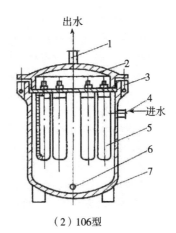

（1）101型　　　　　　　　　　（2）106型

1—放气阀　2—原进水　3—排污阀　　　　1—净水出口　2—上盖　3—隔板　4—原水出口
4—净水出口　5—下盖　6—隔板　　　　　　5—砂棒　6—排污口　7—器身
7—砂棒　8—拉杆　9—器身　10—上盖

图 4 - 1 - 2　砂滤棒过滤器

轻擦去砂芯表面被污染层，至砂芯恢复原色，可重新安装使用。若使用洗涤剂，可不卸出砂芯作封闭冲洗。

　　砂滤棒在使用前均需消毒处理，一般用 75% 酒精或 0.25% 新洁尔灭或 10% 漂白粉，注入砂棒内，堵住出水口，让消毒液和内壁完全接触，数分钟后倒出，安装时，凡与净水接触的部位都要消毒。

　　（3）活性炭过滤器

　　活性炭过滤器的结构与池式过滤器相似，只是将滤料由砂改成了颗粒状活性炭而已，过滤器的底部可装填 0.2 ~ 0.3 m 高的卵石及石英砂作为支持层，石英砂上面再装填 1.0 ~ 1.5 m 厚的活性炭作为过滤吸附层。

　　活性炭过滤器在使用过一段时间后，由于截污过多，活性炭表面及内部的微孔被水中的杂质堵塞，活性丧失，造成压降增大和出水水质变差，这时应对它进行反冲洗与再生。反冲洗的操作步骤为：

　　① 反洗：用水进行反洗，反洗强度为 $8 ~ 10 \ L/ \ (m^2 \cdot s)$，反洗时间为 15 ~ 20 min。

　　② 蒸汽吹洗：打开过滤器的放气阀及进气阀门，以 0.3 MPa 的饱和蒸汽吹 15 ~ 20 min。

　　③ 用 NaOH 液淋洗：用滤料层体积 1.2 ~ 1.5 倍的 6% ~ 8% 的 NaOH 溶液，在温度 40℃下淋洗。

　　④ 正洗：用原水顺流清洗到出水水质符合规定要求，才可而式投入运行。

　　（4）微孔过滤

　　微孔膜过滤器外壳为一立式不锈钢圆筒，内置一只或多只滤芯，滤芯为高分子材料的滤膜。滤膜的材料结构决定了过滤效果。

五、水的软化

（一）石灰软化法

1. 石灰软化法

石灰软化法包括石灰软化法、石灰 – 纯碱软化法及石灰 – 纯碱 – 磷酸三钠软化法。处理时，根据水质的要求选择不同的方法。

石灰软化适宜于碳酸盐含量较多，非碳酸盐硬度较低，不要求高度软化的水，也可用于离子交换水处理的预处理。

根据经验，每降低 $1\ m^3$ 水中暂时硬度 $0.35663\ mmol/L$ 需加 $10\ gCaO$；要使 $1m^3$ 水中的 CO_2 浓度降低 $1\ mg/L$，需加入 $1.27\ gCaO$。

2. 石灰—苏打法

此法适用于总硬度大于总碱度的水，用石灰除去水中碳酸盐硬度，苏打除去非碳酸盐硬度。虽然水中硬度被除去，但可溶性物质如 $NaCl$，Na_2SO_4 增多，特别当原水中永久硬度高时纯碱不能降低原水中溶解固体的含量。所以，目前此法已不常用。

3. 石灰—苏打—磷酸三钠软化法

此法在石灰 – 苏打法的基础上，再加入少量的磷酸三钠作为辅助软化剂，同时通入蒸汽加热，并加入混凝剂。其原理是用石灰 – 纯碱除去大部分 Ca^{2+} 和 Mg^{2+}，残存的 Ca^{2+} 和 Mg^{2+} 则通过与 Na_3PO_4 反应生成磷酸盐沉淀而被除去，使水软化。与石灰 – 苏打法相似，也带来了可溶性物质如 Na^+ 等的增多，因此，去除非碳酸盐硬度一般采用离子交换法等方法。

（二）离子交换法

离子交换法即利用离子交换剂和原水中某些阴阳离子进行交换反应，以除去水中的有害离子。使用离子交换器软化水是当前工厂常用的软化方法之一。

离子交换剂是一种能用一种离子交换另一种离子的物质，它能与水中某种离子结合，而且可以通过再生液把这种离子释放出来，离子交换剂被广泛用于溶解盐类的原水处理中。

离子交换剂的种类很多，按来源不同可分为：

① 矿质离子交换剂：如天然或人造沸石；

②碳质离子交换剂：如磺化煤；

③ 有机合成离子交换树脂：如合成树脂。

① 和②多用于一般水质的软化，主要是工业用水，如锅炉用水，冷却水，洗瓶水等。③多用于饮料生产用水处理。

1. 离子交换树脂的结构与类型

离子交换树脂是一种球形网状固体的高分子共聚物，不溶于酸、碱和水，但吸水膨胀。

离子交换树脂按其功能基团的性质通常分为阳离子交换树脂和阴离子交换树脂两类，简写为：RH、ROH。阳离子交换树脂，在交换中能与阳离子进行交换，交换基团可分为强酸性、中酸性和弱酸性三类。阴离子交换树脂，按碱性强弱可分为：强碱性和弱碱性两类。

2. 交换原理

树脂浸在水里后，吸水膨胀，其功能基团电离形成可交换离子。水处理时，水中阳离子如 K^+，Na^+，Ca^{2+}，Mg^{2+} 等被阳离子交换树脂所吸附，树脂上的 H^+ 被置换入水中。如阳树脂：RSO_3H

$$R-H^+ \ (-SO_3 \_ H^+) \ + Ca^{2+} 、 Mg^{2+} \longrightarrow RSO_3 Ca \ (Mg) \ + H^+$$

水中阴离子如：SO_4^{2-}，CL^-，HCO_3^-，$HSiO_3^-$ 等被阴离子交换树脂交换，树脂上的 OH^- 置换到水中。

$$ROH^- \ (R\equiv N-OH^-) \ + SO_4^{2-} 、 HCO_3^- 、 HSiO_3^- \longrightarrow R\equiv N-SO_4^{2-} \ (HCO_3^- 、 HSiO_3^-) \ + OH^-$$

$$H^+ \ + \ OH^- \longrightarrow H_2O$$

从而达到软化目的。

3. 交换性能

离子交换树脂的主要性能有交换容量、选择性、密度、含水率、溶胀性、机械强度、耐热性、酸性和碱性。

（1）交换容量

交换容量是树脂的重要性能指标，它能定量地表示树脂交换能力的大小。树脂交换容量有两种表示方法：一是质量表示法，即单位质量干树脂的交换能力，以 mmol/（g 干树脂）表示；二是体积表示法，即单位体积湿树脂的交换能力，以 mmol/（mL 湿树脂）或 mol/（m^3 湿树脂）表示。

（2）离子交换选择性

离子交换树脂对水中某种离子能优先交换的性能称为离子交换选择性，它和水中离子的种类、树脂交换基团的性能有很大关系，同时也受水中离子浓度和温度的影响。由于一般天然水中的离子浓度和水温变化不大，可以看成是常温和低浓度，在这种条件下，离子交换选择性有如下的基本规律：

① 水中离子所带电荷越多（即原子价越高），越易被离子交换树脂所交换，如：

$$Th^{4+} > Al^{3+} > Ca^{2+} > Na^+$$

$$PO_4^{3-} > SO_4^{2-} > CI^-$$

② 当离子所带电荷相同时，原子序数越大，即离子水合半径越小，则越易被离子交换树脂交换。如：

$$Fe^{3+} > Al^{3+} > Ca^{2+} > Mg^{2+} > K^+ \approx NH_4^+ > Na^+ > Li^+$$

$$NO_3^- > Cl^- > HCO^- > HSiO_3$$

③ H^+ 和 OH^- 的交换选择性与树脂交换基团酸、碱性的强弱有很大关系，对强酸性阳树脂，水中阳离子交换的选择性顺序为：

$$Fe^{3+} > Al^{3+} > Ca^{2+} > \cdots > Na^+ > H^+ > Li^+$$

但对弱酸性阳树脂，H^+ 的交换选择性顺序则完全倒了过来，即 $H^+ > Fe^{3+}$。同样，在强碱和弱碱阴树脂中，OH^- 的交换选择性顺序也绝然相反。如强碱阴树脂为：

$$SO_4^{2-} > NO_3^- > Cl^- > OH^- > F^- > HCO_3^- > HSiO_3^-$$

但在弱碱阴树脂中，$OH^- > SO_4^{2-} > NO_3^- > PO_4^{3-} > Cl^- > HCO_3^-$。

离子交换选择性的上述三条基本规律适用于常温下离了浓度很低的稀溶液。对于离子含量很高的浓溶液来说，由于离子间相互影响较大和水化作用不充分，水合半径的大小次序与在稀溶液中有些差别，所以离子间的选择性差别也就比较小，浓度的大小则成为交换反应的决定因素。失效树脂的再生就是如此。

4. 再生

冲洗和再生清洗 当离子树脂处理一定水量后，树脂逐渐达到饱和，交换能力下降，通常称为树脂"失效"或"老化"。这时就需要对树脂进行再生，也就是恢复软化能力。树脂再生前要进行冲洗，至树脂松动无结块为止。其目的是除去停留在树脂的杂质排除气泡利于再生。

再生 再生的机理是上述水处理的逆反应，用过量酸（用于阳树脂）与碱（用于阴树脂）通过树脂层使其重新转变为 H^+ 型与 OH^-，一般用树脂重量 2 ~ 3 倍的 5% ~ 7% HCl 处理阳树脂，用 2 ~ 3 倍的 5% ~ 8% NaOH 溶液处理阴树脂，然后用水洗至 pH 分别为 3.0 ~ 4.0 和 8.0 ~ 9.0（所以在 [H^+] ↑，当 [H^+] >> [Ca^{2+}]，反应就逆向进行）转变成 RH 和 ROH 型，再生时可对再生液适当加温（不得超过 50℃）再生效果好。

5. 离子交换水处理装置

根据生产上的需要不同，可采用不同的离子交换方式。目前离子交换水处理方式基本分为固定床及连续床两大类。

（1）固定床离子交换

固定床设备的构造和压力滤池相似，是一个圆筒钢罐，一般能承受 0.4 ~ 0.6 MPa 的压力。为了反洗时树脂层有足够的膨胀高度，从树脂层表面至上部配水系统的高度应为树脂层高度的 40% ~ 80%。

固定床离子交换装置的组合方式如图 4 - 1 - 3 所示。

单床是固定床中最简单的一种方式。常用的钠型阳离子交换即属这一方式，可用来软化硬水。

多床是同一种离子交换剂、两个单床串联的方式。当单床处理水质达不到要求时可采用多床。

复床是两种不同的离子交换剂的交换器串联方式，用于水的除盐。

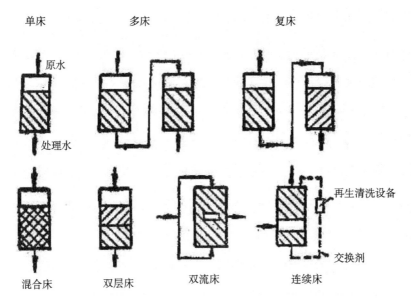

图 4 - 1 - 3　不同单元的离子交换器示意图

混合床是将阴阳离子交换树脂置于同一柱内，相当于很多级阴阳离子柱串联起来，处理过的水质量较高。

双层床是在一个交换柱中装有两种树脂（弱酸与强酸，弱碱与强碱型），上下分层不混合。

双流床主要用于处理凝结水，以提高水质。

水处理中最简单的方法采用固定床，即将离子交换树脂装填于管柱式容器中，形成固定床（固定树脂层）在水处理过程中交换、冲洗（反洗）、再生、清洗四个步骤，这样间歇反复地在同一装置中进行。

可采用复床或联合床系统除盐，复床系统能将原水的含盐量从 500/L 降为 5 ~ 10/L，出水 pH 为 7.0 ± 2，通常饮料用水，H^+ 型 732 强酸阳离子交换树脂塔与 OH^- 型 711 或 717 强碱阴离子交换树脂塔串连使用。注意在安装时一定要把阳塔放在前，阴塔放在后，否则，阴树脂在前则与 Ca^{2+}、Mg^{2+} 反应生成 Ca（OH）$_2$、Mg（OH）$_2$ 沉淀包在树脂外，从而影响其交换能力。联合床系统（即：阳床—阴床—混合床）效果更佳。这使水中绝大部分离子被复床交换，混合床只交换遗漏的离子，使混合床再生减少，比较经济。一般阳离子交换树脂的交换能力大于阴离子交换树脂，所以阴塔树脂交换量大于阳塔树脂量，以使交换能力得到平衡。为减轻阴塔的负担，从阳塔出来的水再经过一个脱碳器，强烈鼓风搅拌，除掉游离碳酸，减轻水中碳酸盐负离子的含量。即：

$$HCO_3^- + H^+ \rightleftharpoons H_2CO_3 \quad H_2CO_3 \rightarrow H_2O + CO_2 \uparrow$$

（2）连续式离子交换

连续式离子交换又分为移动床和流动床两种形式。移动床装置见图 4 - 1 - 4，交换剂装于交换塔 1 中，原水从下部流入，软水从塔上流出。这样自下而上地流动。交换一定时间（一般 1 h 左右）后停止交换，而将交换塔中一定容量的失效交换剂送至再生塔 3 中还原。同时从贮存斗中向交换塔上部补充经清洗塔 2 清洗的相同容积已还原的交换剂，约 2 min 后，交换塔又开始工作。因交换塔上面始终有刚加入的新交换层，故出水水质稳定。移动床交换剂及还原液的利用率都比固定床高，缺点是交换剂磨损较大，耗电量较多。

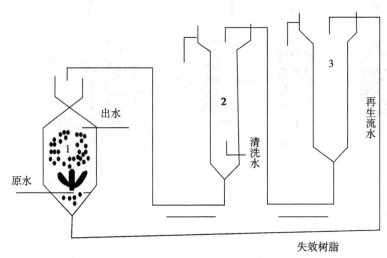

图 4 - 1 - 4 移动床

1—交换塔 2—清洗塔 3—再生塔

流动床是完全连续工作的装置。它主要由交换塔和再生洗涤塔组成。待交换水由下而上流动，由塔的顶部排出。再生好的新鲜树脂及尚可利用树脂由水射器不断送入交换塔各室底部，失效树脂送到再生塔完成再生，从而实现连续化。流动床的优点是出水质量高，并且比较稳定；设备简单，操作方便，需要交换剂量少，只是在新设备投入运行时，需要一定时间进行调整。

移动床和流动床虽然克服了固定床的一些基本缺陷，但也还存在对水质（包括水量）变化适应能力差、树脂磨损大，自动化程度要求高以及运行管理复杂等问题。

（三）电渗析法（ED）

1. 概念

电渗析法是用电力把阳离子和阴离子分开，实际上是离子交换树脂除盐的另一种形式，是汽水厂常用的一种水处理方法。

该法是利用具有选择透过性和良好导电性的离子交换膜，在外加电场的作用下，根据同性相斥，异性相吸的原理使水中阴阳离子通过交换膜而达到净化的一项技术。这种交换膜的特点是：

阴离子交换膜：只能吸附阴离子，并通过阴离子而阻止阳离子。

阳离子交换膜：只能吸附阳离子，并通过阳离子而阻止阴离子。

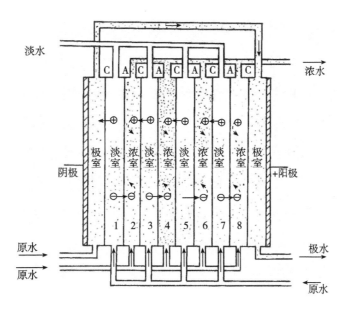

图 4 - 1 - 5　多层膜电渗析器脱盐示意图

目前，常使用的阴离子交换膜为季胺盐：R - N（CH$_3$）$_3$OH，在水中离解成 RN（CH$_3$）$_3$$^+$带正电荷，吸收水中负电荷并让其通过而阻止正离子通过。

阳离子交换膜为磺酸基型：结构式为 R - SO$_3$H，在水中离解成 R - SO$_3$$^-$带负电荷，吸收水中的阳离子并让其通过而阻止负离子通过。

2. 原理

电渗析器通电后，分别把浓淡水汇集起来，得到一股浓水。此外，电极表面上还有化学反应发生：以含 NaCl 水为例：

阴极：$H_2O \rightleftharpoons H^+ + OH^-$，　　$2H^+ + 2e \longrightarrow H_2 \uparrow$，$Na^+ + OH^- \longrightarrow NaOH$

阳极：$H_2O \rightleftharpoons H^+ + OH^-$，　　$2OH^- - 2e \longrightarrow [O]（1/2O_2）+ H_2O$，

　　　　$2Cl^- - 2e \longrightarrow Cl_2 \uparrow$，　　　$H^+ + CL^- \rightleftharpoons HCL$

由于阴膜易损坏并防 Cl$^-$通过，在阳极附近一般不用阴膜，可防止阳极上 Cl$_2$生成。电渗析法的优点是不需要再生，可以连续处理水。

（四）反渗透法

原理：反渗透法是利用倒转渗透的原理将水净化。即向水施加压力，使水分子通过半透膜，水中其他离子被截留。从而达到除盐目的。

在一个容器中用一层半透膜把容器隔成两半，一边注入淡水，一边注入盐水，并使两边液位相等。这时淡水就会自然地透过半透膜流向盐水一边。当盐水的液位达到一定高度时，产生一定的压力，抑制淡水的继续渗透而保持平衡。这时的压力为渗透压。此时，如果我们在盐水的一侧加上一个大于渗透压的力，盐水中的水分就由浓侧而转向淡侧（图 4 - 1 - 6）。这种现象就叫反渗透。生产纯净水常用反渗透法。

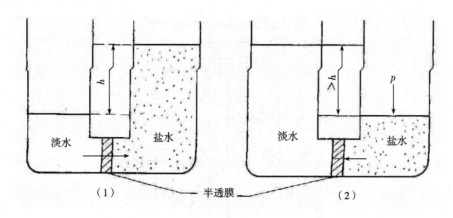

图 4 - 1 - 6　渗透与反渗透示意图

使用电渗析和反渗透法时，原水必须先经过混凝、过滤等预处理才能保证设备的正常运转。

六、水的消毒

水经过上述方法的处理，如混凝、沉淀、过滤、软化等都能除去一定量的微生物，这些方法联合起来效果更好，但尽管如此，水中仍残留一部分微生物（我们知道天然水中特别是地表水微生物很多）。为了确保消费者的健康，应配置消毒处理。消毒方法很多，但常用的有如下几种：

（一）氯消毒

是一种最常用的方法。

$$Cl_2 + H_2O \rightleftharpoons HClO + H^+ + Cl^- \qquad HClO \longrightarrow OCl^- + H^+$$

一般认为氯气的消毒作用是通过它所产生的次氯酸。HClO 是中性分子可以扩散到带负电荷的细菌表面，并通过细胞膜进入内部，通过氯原子的氧化作用而破坏细菌的某些酶系统，最后导致细菌死亡。次氯酸根（OCl^-）带负电不能靠近细菌，虽然它也含有氯原子，但不能扩散到带负电荷细菌表面，故其杀菌作用永远比不上次氯酸大约只为其 $1/8$。

目前，常用的氯消毒的试剂有：漂白粉、氯胺、次氯酸钠、液氯等。通常根据水质的好坏选择加氯的方法，原水水质好，有机物含量少，可在过滤后加氯；反之，在过滤前加氯，一般总投氯量为 $0.5 \sim 2.0$ mg/L。

（二）二氧化氯（ClO_2）

ClO_2 分子结构特点：氯原子以 2 个配位键与 2 个氧原子结合，其外层还存在一未成对电子，具有很强的氧化作用。

可有效地氧化细胞内含巯基的酶，除对一般细菌有杀死作用外，对芽孢、病毒、藻类、真菌等均有较好的杀灭作用。

二氧化氯对细胞壁有较好的吸附和透过性能，ClO_2 与微生物接触释放出新生态的氧及次氯酸分子而产生强大的杀菌消毒作用，这种强氧化作用主要表现对负电子或供电子的原子或基团（如氨基酸内含硫基的酶或硫化物、氮化物等）进行攻击，强行掠夺电子使微生物中的氨基酸氧化分解，抑制其生长并将其杀灭，从而达到消毒灭菌的目的。在杀菌过程中蛋白质变性，对高等动物细胞基本上无影响，无氯的刺激性气味。一般情况下，二氧化氯不和烷类生成氯化烷，与绝大多数脂肪族和芳香族的烃反应，不产生致癌的有机物三氯甲烷，其残留物为水、微量氯化钠和二氧化碳等无毒物质。

（三）臭氧（O_3）

臭氧是比较强烈的氧化剂，臭氧瞬时灭菌性质优越于氯。臭氧在常温下是略带蓝色的气体，通常看上去是无色的，液态臭氧是暗蓝色的比氧易溶于水。在欧洲，臭氧已广泛应用于水的消毒中，同时用作除去水臭，水色以及铁和锰。

臭氧是一种不稳定的气态物质，在水中会分解成氧气和一个原子氧。原子氧是一种很强的氧化剂，能与水中细菌以及其他微生物或有机物作用，使其失去活性。

$$O_3 \longrightarrow [O] + O_2$$

这种方法有它的优点：不会带进任何杂质，因增加氧气而能增加水的新鲜度。臭氧可用空气为原料通过臭氧器进行高频电压无声放电制成，将产生的臭氧泵入氧化塔，通过布气系统与需要处理的水充分混合，当达到一定浓度后，即可起消毒作用。耗电量大，成本高，使用上受到一定的限制。

（四）紫外线消毒

利用紫外线的能量，微生物营养细胞中的蛋白质和核酸吸收紫外光谱的能量，导致蛋白质变性，引起微生物死亡。紫外线对清洁透明的水有一定的穿透能力，所以能使水消毒。紫外线对浊水的穿透力较差。

目前使用的紫外线的装置主要是利用低压汞灯或高压汞灯产生紫外线。目前使用的紫外线饮水消毒装置大多数是低压灯管，外套紫外线透过率极高的石英玻璃管。至于处理水时具体采用灯管数应根据处理水量的大小来定。低压汞灯时，一般 30 W 灯管消毒地下水时不大于 15 m^3/h。消毒地表水时不大于 6 m^3/h。如果采用高压汞灯时可来选取。

该法有很多优点：不会改变水的理化性质、杀菌速度快（几乎瞬间完成）、效率高、不会带来异味和其他杂质、处理简单效果好、应用广、设备简单、操作管理方便。但它没有持续杀菌作用，灯管使用寿命较短。

（五）超声波消毒

超声波运用声的空化作用，小气泡不断地爆炸产生瞬间的高温（相当于太阳表面的温度，约六千多度）、高压（1492 MPa，约 4000 大气压）形成真空，使细菌的环境非常恶劣，最终消灭。

以上几种方法中氯消毒常在水中残留氯气，带来不愉快的气味并使饮料加速褪色；臭氧和超声波消毒效果都很好，但耗电量大价格贵，使用受到了限制；紫外线消毒优点多，杀菌速度快，效率高，操作简单，且费用较低，因而在饮料生产中广泛应用。

思考题

1. 简述水的分类、水中的杂质对软饮料成品的影响。
2. 硬度、碱度的概念及其分类？
3. 混凝的定义及其原理？
4. 过滤概念及其过滤原理？
5. 石灰软化法软化水的原理？并写出主要的化学反应式。
6. 什么是离子交换法，简述其交换机理。
7. 简述离子交换法的交换性能。
8. 离子交换法的装置有哪几种方式？其交换程序如何？
9. 简述反渗透膜的脱盐机理？
10. 利用所学知识设计一条软饮料用水的水处理生产线？
11. 水的消毒方式有哪些？各有何特点？各适用于何种软饮料用水？

第二章 饮料常用的辅料

本章学习目标 了解各辅料的性质，掌握其在饮料制造中的用法；重点掌握各种辅料的性质特点及相互关系；运用所学知识，分析和解决生产中出现的技术问题。

一、食糖

食糖是由甘蔗或甜菜制成的产品，主要成分为蔗糖。蔗糖是指葡萄糖和果糖所构成的一种双糖，属非还原糖。

（一）蔗糖

1. 食糖的分类

商品食糖按晶粒外形和色泽的不同，可分为白砂糖、棉白糖、赤砂糖、土红糖、冰糖、方糖等。

① 白砂糖 纯度高，含蔗糖99%以上，色泽洁白明亮，晶粒整齐，均匀，坚实，水分，杂质和还原糖含量少，按晶粒大小有粗、中、细砂之分。

② 棉白糖 总糖分不及白砂糖高，而还原糖和水分都比白砂糖高，大多产于甜菜糖厂。

③ 赤砂糖 是不经洗蜜的机制三号糖。还原糖较高，非糖成分如色素，胶质等含量也较高。

④ 土红糖 由非机制糖厂的产品（在较偏僻的地区）。纯度低，色泽深，易吸潮。一般地说，蔗糖的颜色可以代表糖的纯度，颜色越深，其所含的杂质就越多。

⑤ 冰糖和方糖 是再加工的制品，纯度比白砂糖高。方糖由白砂糖经加工处理成型而得方型的晶粒，要求质量纯洁、洁白有光泽、糖块菱角完整，在温水中能很快溶化。

2. 饮料生产对砂糖的质量要求

在饮料生产上砂糖的用量仅次于水。如用杂质含量高的糖，就会造成饮料产生沉淀物。如杂质浮于液面（比重小的）则易产生颈环。另外，不纯的糖还会带有不正常的味道和气味，并会使装瓶时产生大量泡沫，影响产品质量和保存性。为了保证产品的质量，GB 317—2006《白砂糖》对白砂糖理化指标要求见表4-2-1

表4-2-1 白砂糖的各项理化指标

项目		指标			
		精制	优级	一级	二级
蔗糖分/%	≥	99.8	99.7	99.6	99.5
还原糖分/%	≤	0.03	0.04	0.10	0.15
电解灰分/%	≤	0.02	0.04	0.10	0.13

项目		指标		
		精制	优级	一级	二级
色值/IU	≤	25	60	150	240
浑浊度/MAU	≤	30	80	160	220
不溶于水杂质/（mg/kg）	≤	10	20	40	60

对纯度达到要求的糖在使用前，化糖时须经过处理。常用过滤法或活性炭吸附法。活性炭吸附法：加入砂糖量 0.5%~1% 的活性炭，搅拌 15 min，活性炭多孔，杂质被吸附到活性炭的表面，用压滤机过滤，加助滤剂——0.1%（糖液量）的硅藻土。这样可得较洁净的糖。

（二）葡萄糖

葡萄糖是自然界里分布最广的，葡萄糖以及异构化糖均由淀粉制成，甘薯淀粉，马铃薯淀粉，玉米淀粉等都可作原料，经脱色，脱臭加工而成。

$$淀粉 \xrightarrow{a-淀粉酶} 液化 \xrightarrow{葡萄糖淀粉酶} 糖化 \xrightarrow[离子交换树脂]{硅藻土活性炭} 精制 \rightarrow 液态葡萄糖 \rightarrow 结晶 \rightarrow 结晶葡萄糖$$

葡萄糖甜味爽口，有特殊风味，在饮中加适量的葡萄糖（G），能使香味更为精细，协调。其甜感随浓度变化不大，即使达 20% 的浓度也不会像蔗糖一样有令人不适的浓甜感。葡萄糖具有较高的渗透压，约为蔗糖的 2 倍，这对食品的保存性是有利的。在饮料生产中以部分葡萄糖代替蔗糖，会产生增效效应。在蔗糖中混入 10% 的葡萄糖时，其甜度比计算结果要高，这是砂糖、葡萄糖（G）利用上不可忽视的性质，果实饮料以 12%~13% 的葡萄糖置换砂糖，其甜度不会降低，但超过该范围，则甜度降低。

但葡萄糖也有它的一个不足之处，即在低温和常温下其溶解度比蔗糖低。但与蔗糖混合时，混合糖的溶解度比它们单一时溶解度要高，所以含葡萄糖的制品在低温保存时应与蔗糖混合使用。

葡萄糖高纯度时不容易吸潮，但纯度低时则吸湿性强，应封闭保存，否则易结晶、结块，结晶水可达 15%~18%，而影响质量。

（三）果葡糖浆

一般酶法糖化淀粉所得糖化液，葡萄糖值 DE 值约 98，再经葡萄糖异构酶作用，将 42% 的葡萄糖转化为果糖，则糖分主要为果糖和葡萄糖的糖浆，称为果葡糖浆，也称异构糖。这是第一代果葡糖浆。后来（1976 年开始）用分离法把含果糖 42% 的果葡糖浆中的葡萄糖分离出去，得到含果糖 90% 的产品，再把这种产品和第一代产品混合兑制得到 55% 的果葡糖浆，含果糖 90% 和 55% 的两种果葡糖浆为第二代果葡糖浆。含 42% 果糖的第一代果葡糖浆甜度相当于蔗糖。90% 果糖的第二代果葡糖浆甜度相当于蔗糖的 14%，比蔗糖提高 40%。

在使用与蔗糖甜度相等的条件下可以得到能量低的软饮料。因果糖不易结晶，故糖浆浓度较高，且价格较低。果葡糖浆的一个优势是较高的渗透压。葡萄糖和果糖均为单糖，渗透压比双糖类的砂糖高。这对加工贮藏有利，可防微生物污染。高果糖浆甜度高并有清凉爽口的独特风味，于是被用来生产清凉饮料。美国，可口可乐公司自1980年开始用其代替部分蔗糖。果葡糖浆理化指标见表4-2-2。

表4-2-2　果葡糖浆理化指标（GB/T 20882—2007）

项目		要求	
		F42	F55
干物质[a]（固形物）（质量分数）/%	≥	71.0	77.0
糖果（占干物质）（质量分数）/%	≥	42~44	55~57
葡萄糖+果糖（占干物质）（质量分数）/%	≥	92	95
pH		3.3~4.5	
色度/RBU	≤	50	
不溶性颗粒物/（mg/kg）	≤	6.0	
硫酸灰分/%	≤	0.05	
透射比/%	≥	96	

[a] 干物质实测值与标示值应不超过±0.5%（质量分数）

（四）其他液体糖

除果葡糖浆外，还有其他液体产品，如饴糖、蜂蜜等，还有将蔗糖（46%~52%）、葡萄糖（18%~24%）、果糖（≤3%）混合的糖液，以及将砂糖和果葡糖浆混合的蔗糖混合果葡糖浆等。

二、甜味剂

上述各种糖均是能提供热量的甜味剂，过量摄取时，可导致肥胖症类营养过度的疾病，因而一些发达国家积极开发低热量甜味剂。近年来则极力着眼于开发用量少，甜度高的甜味剂以及低热量甜味剂。一些人工合成的甜味剂如糖精钠、环已基氨基磺酸盐（甜蜜素）。

（一）天然甜味剂

1．糖醇类

（1）山梨醇（Sobitol）

山梨醇是以优质葡萄糖为原料，经氢化、精制、浓缩而成的甜味剂。山梨醇在梨、桃、苹果中广为分布，含量1%~2%。其甜度与葡萄糖大体相当，但能给人以浓厚感。具有良好的保湿性、耐酸性和非发酵性，在食品、日化、医药等行业都有极为广泛的作用，可作为甜味剂、保湿剂、赋形剂、防腐剂等使用，同时具有多元醇的营养优势，即低热值、低糖、防龋齿等功效。山梨醇进入人体后，首先缓慢扩散，氧化成果糖再被利用，参与果糖代谢，对血糖和尿糖没有影响，可作为糖尿病人甜味剂使用。

（2）木糖醇（Xylitol）

木糖醇为白色晶体，外表和蔗糖相似，是多元醇中最甜的甜味剂，味凉、甜度相当于蔗糖，热量相当于葡萄糖。可提供能量但不经胰岛素作用，故用来作为糖尿病患者食用的甜味剂，此外，木糖醇是防龋齿的最好甜味剂。木糖醇是一种具有营养价值的甜味物质，也是人体糖类代谢的正常中间体。木糖醇广泛存在于各种水果、蔬菜中，但含量很低。商品木糖醇是用玉米芯、甘蔗渣等农作物，经过深加工而制得的，是一种天然健康的甜味剂。

（3）麦芽糖醇（Maltitol）

麦芽糖醇是由一分子葡萄糖和一分子山梨糖醇结合而成的二糖醇，由麦芽糖氢化而得，有液体状和结晶状两种产品。甜度为蔗糖的85%～95%，几乎不被人体吸收。麦芽糖醇不结晶、不发酵、150℃以下不发生分解，是健康食品的一种较好的低热量甜味料，此外，麦芽糖醇具有良好的保湿性，可用来保湿及防止蔗糖结晶。但是大量摄取时对某些人可产生腹泻。

2. 糖苷类

（1）甜菊苷（Stevioside）

甜菊苷常态下为白色或微黄色松散粉末或结晶。甜菊苷是从原产南美巴拉硅的一种称之为甜叶菊的植物的叶中提取的。商品甜菊苷是一种混合物，主要成分是甜菊苷，甜菊苷的甜度为蔗糖的300倍，热稳定性强，着色性极弱，不易分解，属于非发酵性甜味剂。但熔解速度慢，渗透性较差，在口中残留时间较长。甜菊苷有降低血糖作用，适宜于糖尿病患者，还有解酒、恢复疲劳等药用价值。

（2）二氢查耳酮（Dihydrochalcone）

二氢查耳酮是以柑橘皮、柚子皮、新橙皮等为原料制备的天然甜味剂，具有甜度大、能量值低、稳定性好等优良特点。它口感清爽、愉快，能降低人体对饮料或医药品中可能带有的苦味的敏感程度。根据制备方法不同分为新橙皮苷二氢查耳酮和柚皮苷二氢查耳酮。

新橙皮苷二氢查耳酮的甜度约为糖精的7倍，比较稳定，没有吸湿性，为低热量甜味剂。柚皮苷二氢查耳酮甜度略低于新橙皮苷二氢查耳酮，为糖精甜度的3～5倍。

（3）其他

① 甘草中的甜味成分是甘草酸，有微弱的特异气味，其二钠盐用作食品甜味剂。

② 天门冬酰苯丙氨酸甲酯，甜度比蔗糖高100～200倍，在体内水解为氨基酸。

③ 甘茶素（Phyllodulcin），甜度约为糖精的2倍，有防腐力，于蔗糖中加1%的甘茶素，可使甜度提高，相当于蔗糖的3倍。

（二）人工甜味剂

甜味剂是一类能赋予食品甜味的食品添加剂，可分为天然甜味剂和人工合成甜味剂，其中人工合成甜味剂又分为磺胺类、二肽类、蔗糖衍生物三类。人工甜味剂由于在人体内不能代谢吸收、不提供热量或因为用量极低而热量供应少且甜度是蔗糖的几十倍甚至几千倍，又被称为非营养型甜味剂或高倍（高甜度）甜味剂。

目前，我国食品添加剂使用标准（GB 2760）中允许使用的人工合成甜味剂共计7

种，其中在市场上比较常见的有糖精钠、甜蜜素、安赛蜜、阿斯巴甜、阿力甜、纽甜、三氯蔗糖等。

① 糖精钠（Sodium saccharin）：化学名称为邻苯甲酰磺酰亚胺钠，是最古老的甜味剂，已有近百年的应用历史。甜度是蔗糖的 200～700 倍。糖精钠价格低廉、性能稳定、用途广泛，且不易被人体所吸收，大部分以原型从肾脏排出，但味质较差、有明显后苦，安全性一直存在争议。我国规定婴儿、孕妇食品中不得使用糖精钠。

② 甜蜜素（Sodium cyclamate）：化学名称为环己基胺基磺酸钠（或钙）。甜度是蔗糖的 30～80 倍。甜味纯正，风味自然，在食品加工中具有良好的稳定性，可以代替蔗糖或与蔗糖混合使用，能高度保持原有食品的风味，并能延长食品的保存时间。是目前我国食品行业中应用最多的一种甜味剂。

③ 阿斯巴甜（Aspartame，简称 APM）：化学名称为 L-天冬氨酰-L-苯丙氨酸甲酯，又称甜味素。甜度为蔗糖的 200 倍，是一种高甜、低热的二肽甜味剂。安全性高、甜味纯正，与蔗糖或其他甜味剂混合使用有协同效应、明显的增香效果等。但是，阿斯巴甜对酸、热的稳定性较差，不适用于苯丙酮酸尿患者。

④ 安赛蜜（Acesulfame – K 或 Acesulfame Potassium）：又称为乙酰磺胺酸钾、A－K 糖，分子式：$C_4H_4KNO_4S$；分子量：201.24。甜度为蔗糖 200 倍，甜味纯正而强烈，甜味持续时间长。安赛蜜对光、热稳定，能耐 225℃ 高温，pH 值适用范围较广，适用于饮料、冰淇淋、糕点、蜜饯、餐桌用甜料等。

⑤ 三氯蔗糖（trichlorosucrose）：又名蔗糖素，化学名为 1，4，6－三氯蔗糖，是蔗糖分子中的三个羟基被氯原子选择性地取代而得到的高甜度甜味剂，甜味纯正，甜味味质非常接近蔗糖；外观为白色粉末状产品，极易溶于水、乙醇和甲醇。甜度是蔗糖的 600～650 倍；热稳定性好，温度和 pH 值对它几乎无影响，更适用于高温处理类食品加工工艺；对涩、苦等不愉快味道有掩盖效果，是一种综合性能非常理想的强力甜味剂，广泛用于饮料、食品、医药、化妆品等行业。

⑥ 纽甜（Neotame）：阿斯巴甜的天冬氨酸的氨基（NH_2）被修饰以后的产物，也称为乐甜。甜度是蔗糖的 7000～13000 倍，是目前最甜的甜味剂。纽甜成本低、甜度高、安全、热稳定性高、溶解性好，可用于各类食品。

三、酸味剂

酸味剂是饮料生产中用量仅次于甜味剂的一种重要材料。食品一般以甜、酸、咸、苦为四种基本味道，加上辣味共五种。对饮料来说，甜酸则显得更为重要，适当的甜度再通过酸味的调节，则可收到酸甜可口的效果，达到口味适宜的软饮料制品。另外，酸味使饮料有凉爽的感觉，满足人们解渴的需要。

一般饮料中使用的酸味料有柠檬酸、酒石酸、苹果酸、乳酸、磷酸等。目前在饮料工业中，最常用、用量最大的酸是柠檬酸，其他用得不多。

在市售食品中大多加有酸味剂，尤其是清凉饮料中，如果汁及饮料汽水、可乐、乳性饮料等都加酸味剂，这与酸味剂的作用有关。酸味剂的作用：

① 赋予饮料酸味外，给人以凉爽感。

② 降低 pH，抑制微生物的生长繁殖，利于贮存。另外，通过封锁细菌所需的矿物质如 Ca^{2+}、Mg^{2+}，也从另一方面抑菌。

③ 具有螯合作用，通过螯合作用，对一些金属离子如铁离子铜离子具有封锁作用。封锁金属离子的作用的能力数柠檬酸最强，在溶解状态下，100 g 柠檬酸能封锁 19 g 铁离子。

④ 抑制维生素的分解，金属铜离子促进分解（触媒），通过酸的螯合作用则抑制其分解。

⑤ 防止饮料的褪色。偶氮色素受光能的影响而褪色，铁和其他金属离子成为触媒，通过封锁可以抑制饮料的褪色。

（1）柠檬酸（Citric acid）

又名枸橼酸，分子式：$C_6H_{10}O_8$，相对分子质量210.14。为白色半透明的结晶或白色结晶性粉末，无臭，有圆润滋美爽快的酸味。在空气中会风化（空气干燥时）或潮解（潮湿时），极易溶于水和乙醇。

柠檬酸是所有有机酸中最柔和而可口的，特别适用于柑橘类饮料，其他饮料中也单独或合并使用。一般使用量为 0.2% ~ 0.35%（可以无限量使用）。在固体饮料中，常用无水柠檬酸，因它比结晶（含一分子结晶水）的吸湿性小。

（2）苹果酸（Malic acid）

分子式 $C_4H_6O_5$，相对分子质量134.09。是白色结晶或粉末，无臭，与柠檬酸相比是略带刺激性收敛味（酸涩）。酸感强度：柠檬酸：1.0，则苹果酸：1.2。极易溶于水，不潮解。

苹果酸一般不单独使用，通常与柠檬酸等混合使用，用于水果、果子露等果汁饮料中，用量：果汁露：0.05% ~ 0.1%；果汁可稍高些。因苹果酸比柠檬酸刺激性强，因而对使用人工甜味剂的饮料具有掩蔽后味的效果。此外，在果酱生产中，苹果酸对果胶形成凝胶最为合适。可用于生产果冻。

（3）酒石酸（Tartaric acid）

分子式 $C_4H_6O_6$，相对分子质量150.09。该酸主要存在于葡萄中。工业上用葡萄酿酒沉淀的酒石经酸解制备。酒石酸是无色透明柱状结晶或结晶性粉末，无臭，与柠檬酸相比具有稍涩的收敛味。酸味比柠檬酸、苹果酸强，是柠檬酸的 1.2 ~ 1.3 倍。吸湿性小于柠檬酸，较安全。通常用于葡萄饮料或果汁糖浆中，以和柠檬酸、苹果酸等合用效果为好。可用于制造固体饮料（因为不易吸湿），用量为 0.12% ~ 0.2%。

（4）乳酸（Lactic acid）

分子式 $C_3H_6O_3$。是无色至淡黄色的透明黏稠液体。可以和水以任意比混合。酸味是柠檬酸的 1.2 倍，味质有涩软的收敛味与水果的酸味不同。

乳酸是酸奶等发酵乳酸制品及其他发酵食品中的主要酸感成分之一。由乳酸菌发酵制得。水果中一般不用乳酸。主要用于乳酸饮料，如酸奶，格瓦斯等。

（5）磷酸（Phosphoric acid）

它是饮料中唯一使用的无机酸，分子式 H_3PO_4。无色透明糖浆状液体，酸味辛辣，刺激性很强。一般果汁及其汽水中不用，而用于植物提取液中较合适，其酸度是柠檬酸的 2.3 ~ 2.5 倍。

它能和非果味型饮料中的香气，如根、茎、叶、坚果或草味的香气很好地混合。

用量一般为 0.08%。商品磷酸为相对密度 1.5 ~ 1.75 的液体浓厚，密度 1.75 的是浓磷酸，密度 1.5 的与柠檬酸有相近的用量为 0.2% ~ 0.35%。

四、香料和香精

（一）概念

凡是一切能发香的物质可以叫做香料。目前食品用的香料种类繁多，数千至数万。根据它们的来源来分可分两种：人造香料，天然香料。

天然香料：从天然的植物或动物组织中抽取而得的香料。如麝香、龙涎香、柠檬油，桔子油，甜橙油等。饮料生产上主要使用的是调合香料，即香精：以天然，人造香料为原料，经过调配制成的多成分的混合体。如茉莉，玫瑰，香蕉，菠萝等香精。

（二）食品香精的分类、性能和适用范围

食品香精按其性能和用途来分可分为以下几类：

1. 油溶性香精

香味较强，稳定性好，多用于耐高温操作的一些产品如硬糖，饼干，蛋糕年糕等。这种香精使用时要注意：

① 预混：因为油质香精不溶于水，食品中多少有水存在，所以使用时必须混匀，充分搅拌。用于清凉饮料时，一般先溶于酒精中，预混后再加入饮料中。

② 植物油在贮藏中会受空气等的作用而氧化变质产生异味，使用时要注意是否变质。

2. 水溶性香精（酒精体香精）

与油性相比，香味浓度较低，耐热性差（酒精沸点低，它蒸发后能带走一部分香味成分），只能用于一些不需要加热的产品或加香时温度不高的产品。饮料主要用的是水溶性香精，它种类很多，现在市场上各种果味香精基本都有。像冰棍、冰淇淋、雪糕、果汁饮料、汽水、各种酒类及某些药品制剂等都使用水溶性香精。

3. 乳化香精（乳浊香精）

这类香精为白色乳浊状液体且带黏稠性，能溶于水也能溶于油中呈乳浊态。适用于对透明无影响的（如冰棒、雪糕、冰淇淋等）或需要乳浊态的饮料（如果汁汽水、果汁

等）。

目前一些乳化香精加有色素，使用较方便，但调制其他饮料时颜色则不好调配。

4. 粉末香精

将香气成分以各种吸附剂或基质吸住，然后做成粉末状，主要用于固体饮料的生产。它的优点是运输方便，不易破损，但贮存时需防止吸潮。

5. 植物精油

用时要加乳化剂，因为没乳化，否则易与饮料分层。使用时，一般先溶于少量乙醇，再放入饮料中，如橘子油，甜橙油。用量：0.05 g/kg。

它的缺点是不如乳化香精香气温和圆润。

（三）饮料制品使用香精时应注意的问题

在饮料制造中，香精是一种很重要的要素，但香精若使用不当时，往往花费大量的香料，却只得到很少的效果，有时甚至产生反效果，使用香料时应注意下面几点：

① 首先选择香精要看厂家：不同的厂家生产的香精香气浓度不同。

② 用量问题：香精在使用时必须适中，太多会使消费者感到做假而产生反感，太少效果不好，所以必须适中。这就要在使用前先参考各种香精所规定的参考量，进行反复的加香实验，找出比较合适的用量，同时每用不同厂家的香精，用前都重新进行实验品尝，最好自己确定用量。一般用量在 0.02% ~0.15%。

③ 温度问题：大部分的香味成分都有很大的挥发性，且挥发程度与温度呈正比。特别是水溶性香精更易挥发，不耐温，所以饮料食品若可以在加热后再加香料，则必须在加热后再加入（一般在糖浆冷却到 40℃ 以下，降到室温以下效果更好）若不能则加热时间则尽可能降低。

④ 均匀问题：使用香料必须使其均匀分布饮料中，特别是一些油溶性香精用于饮料，如用于汽水果汁时，必须以溶剂如酒精加以混合后再加入果汁，这样才可均匀分散。

⑤ 香精在碱性条件下不稳定，生产饮料时，如加碱性物质那么最好不要同时加香精。

⑥ 与其他配料的调和恰当，对香味起很大的帮助。

⑦ 其他原料的质量。

⑧ 耐杀菌问题：有些香料在加热杀菌后，其味道往往会改变，使香料得到反效果。因此使用前必须经过试验，才能成功使用。

⑨贮存问题：贮于暗冷之处，用棕色瓶装，以 10 ~30℃ 为宜，也不要太低，否则会把香精结晶析出。过高则易挥发和变质。尤其不要用橡皮塞子来盖香料，否则会使香精有橡皮的异味。

⑩安全性问题：香精多以乙醇等易燃溶剂稀释，所以在贮藏和使用时避免与火接触，严禁烟火。

五、色素

目前在消费者的心中常有错误的观念，认为色素对人体都是有害的，但我们所使用的食用色素，有许多都是从天然的动、植物中提取的。它们在食用的用量下不但无害，反而对人体有益处。

食用色素可分为天然色素和人工合成色素两大类。天然色素存在于动植物及矿物质中，而合成色素则是用化学方法人工合成。

合成色素很多属于煤焦油，无营养价值，而且大多对人体有害。所以国家对合成色素的安全性要求十分严格，并且规定了最大使用量。

（一）天然色素

1. 焦糖色

亦称酱色，它来自于动植物或微生物。一般属于天然色素。是天然的人造色素。因为它可用天然糖质为原料，如蔗糖、转化糖、淀粉水解物、麦芽糖及糖蜜等加工而成。在 $160 \sim 180℃$ 的高温下加热使之焦化，最后用碱中和而得。焦糖不是单一的成分，内含上百种成分，是一个混合物，大致可分为两类：

① 高分子物质：糖缩合而成，赋予焦糖颜色

② 低分子物质：糖分解而成，赋予焦糖香气。生产条件不同（原料、温度、催化剂等），焦糖的性质（如着色性，发泡性，等电点）不同。使用焦糖时，应根据所规定的参考量进行试验以后再用。不同厂家生产的分别进行试验。

焦糖属于两性物质，pH 在其等电点以下带正电荷。pH 在其等电点以上时带负电荷。

$$pH < pI \qquad\qquad \downarrow pI \qquad\qquad pH > pI$$

焦糖带正电荷　　　　　　　焦糖带负电荷　　　　　pH

带电性与其稳定性有很大关系。一般饮料带负电，（植物提取物大部分带负电）选择带负电的焦糖，能使饮料稳定，不发生电性中和。如可乐饮料中，就使用焦糖 $pI = 2$，饮料 $pH > 2$。这样稳定性较好。

焦糖比较安全，到目前为止没有发现焦糖中毒，用量没有限制。焦糖色在汽酒和汽水使用不多，是配制可乐型汽水的理想色素。

2. β - 胡萝卜素

β - 胡萝卜素是由橘黄色—暗红色的结晶性粉末，属脂溶性色素。它是维生素 A（即视黄醇）的前身（一分子 β - 胡萝卜素可生成两分子的维生素 A）

β - 胡萝卜素，存在于天然植物果蔬中，安全性高，目前所用得到大多是人工合成的，但也按天然色素对待。在饮料中用的不多，在奶油、人造奶油中用的较多，用量：$0.2g ／ kg$。但它在饮料中使用是有前途的。如用于生产柑橘饮料，橘子汽水时可以以假乱真，且 β - 胡萝卜素稳定性高，不会因 V_c 的存在而被破坏，它耐酸耐热性较好，用此

生产饮料，贮存 6 个月后，β – 胡萝卜素的含量在 80% 以上。另外，还可增加人体营养。但天然色素并非绝对安全，在投入使用之前必须做安全性实验。

3. 叶绿素铜钠

叶绿素铜钠是具有金属之光泽的蓝黑色粉末，它能溶于水中。在绿色蔬菜的染色上常用叶绿素铜钠，蔬菜中 Mg^{2+} 可被 H^+ 夺去，颜色变暗。这时加点叶绿素铜钠则可保持蔬菜的原色。生产绿色饮料，如果味露等也用到，最大使用量为：0.5 g / kg。

（二）合成色素（焦油系色素）

1. 概述

合成色素是粉末状态，不宜直接用于饮料中，否则分布不均，染色不匀。使用大时先将色素用水溶解配制成 1%～10% 的溶液，然后调入饮料，并且要尽力搅拌均匀。

合成色素，无营养价值且具有一定的毒性。但它着色效果好，性质稳定，用量少。世界各国对合成色素的限制都很紧，世界允许使用的有十几种。我国允许使用的只有八种。即：

四种红色：苋菜红、胭脂红、赤藓红、新红（后来加的）；

两种黄色：柠檬黄、日落黄；

两种蓝色：靛蓝（靛蓝系）、亮蓝（三苯甲烷系）。

最大使用量：四种红色为 0.05g/kg，亮蓝为 0.025g/kg，其余三种为 0.1g / kg。

常用色素性质见表 4 – 2 – 3。

2. 使用合成色素时必须注意以下问题（表 4 – 2 – 3）

表 4 – 2 – 3　食用合成色素的使用性质和允许用量

名称	溶解度/%		0.1%水溶液色调	稳定性											允许使用量/（g/kg）
	20℃	50℃		热	光	氧化	还原	Vc	酸	碱	食盐	单宁	微生物	金属	0.05
苋菜红	11	17	带紫红色	◎	○	△	×	×	◎	□	△	□	△	□	0.05
赤藓红	7.5	16	带蓝红色	◎	△	△	○	×	×	◎	□	◎	□	×	0.05
胭脂红	41	51	红色	◎	○	△	×	×	◎	□	△	◎	△	□	0.05
柠檬黄	12	60	黄色	◎	○	△	×	△	◎	○	○	□	○	×	0.05
日落黄	26	38	橙色	◎	○	△	×	×	○	○	□	○	□	×	0.05
亮　蓝	18		蓝色	◎	○	△	○	○	◎	○	◎	◎	○	□	0.025
靛　蓝	1.1	3.2	紫蓝色	△	△	△	×	△	□	×	○	△	□	□	0.1

* ◎ 非常稳定，○ 稳定，□ 一般，△ 稍不稳定，× 不稳定.

①使用范围不得超过以上八种；

② 使用前要了解色素性质，以免加工储藏中发生褪色等现象；

③ 使用量：不得超过最大使用量，如混合使用，调配时要折算，如一半胭脂红，一半日落黄配合，则最大使用量：$0.05 \times 50\% + 0.1 \times 50\% = 0.075$ g/kg。

④ 调配均匀问题：合成色素多为粉末状态，不宜直接分散于糖浆中，否则分布不均，染色不匀。使用时要先将色素用水溶解，配制成浓度为 1%～10% 的溶液，再调入饮

料中，并且要用力搅拌均匀。配制时要准确称量色素，根据需要量一次配好，避免长期存放防止温度变化而析出或变色。

另外，调配时注意避免用金属器，用不锈钢（较稳定）或玻璃仪器较好，而且配制色素溶液的水要用处理水，防止金属离子或还原物质与色素作用。

⑤ 调色问题：对于色素的颜色选择应与饮料一致，如橘子汽水应是浅黄色，杨梅汽水应是微红色，可乐型汽水则是红褐色。我国常用的四种基本色素（苋菜红、胭脂红、柠檬黄、靛蓝）为红、黄、蓝三种。利用这三种色进行适当比例调配则调出不同的色谱来。具体配法见表 4 - 2 - 4。

由于条件不同和生产工艺方法的差异，要通过多次实践，才能调配出理想的色调。

表 4 - 2 - 4　几种色调的使用色素配合比

色调	苋菜红	胭脂红	柠檬黄	日落黄	亮蓝	靛蓝
草莓色	73			27		
蛋黄色	2		93	5		
橙色			25	75		
甜瓜色			86		14	
绿色			65		35	
茶色	7		87		6	
番茄色		93		7		
葡萄色	77		13			
咖啡色	10	25	30	27	8	
可乐色	16		63	10		11
巧克力色	46		48		6	

六、防腐剂

所谓防腐剂是指仅具有抑菌作用的物质，而具有杀菌作用的物质叫杀菌剂，两者无严格区分。

饮料的原料是砂糖、果汁等营养丰富的物质，适于微生物的繁殖，如果 pH 高容易导致饮料败坏，为了达到较长期的保存，往往需要在软饮料中添加一些防腐剂。

在酸性饮料中，引起败坏的主要微生物是酵母。这是因为在酸性情况下细菌不易繁殖，而霉菌在氧气供应不足的情况下（如密封、抽空或充 CO_2 等）也受到抑制，所以只有酵母易于生存。为防止酵母引起的败坏，果汁饮料有加热杀菌的工序。但若同时使用防腐剂，可在一定程度上降低加热杀菌条件而使制品品质提高。对碳酸饮料，虽然本身构成了一个酸性环境，但也要加防腐剂，以确保防止酵母及其他微生物引起的败坏。

防腐剂的种类较多，目前，我国常用的防腐剂是苯甲酸及其盐类和山梨酸及其盐类。

它们的毒性低，抑菌效果好。现介绍如下：

（一）苯甲酸及其钠盐

苯甲酸是白色有荧光的鳞片或针状晶体，稍带有安息香气味（苦杏仁味）所以又叫安息香酸。它溶于酒精等有机溶剂，难溶于水，是稳定的化合物，但有吸湿性，100℃时开始升华，在酸性条件下容易随蒸汽挥发。

苯甲酸钠相对分子质量为144.11，是白色的颗粒或结晶性粉末，微带安息香的气味，味微甜而有收敛性，在空气中稳定，易溶于水，在酒精中溶解度低（1.3%，25℃）。

因为苯甲酸钠易溶，故使用较多。两者都可抑制发酵，亦都能抑菌，对产酸菌作用弱，但其钠盐效力稍强些。它们在pH值3.5以下时效果较好（苯甲酸抑菌的最适pH为2.5~4.0）。实际使用苯甲酸及其钠盐时，以低于pH值4.5为宜。当pH=4.5时，苯甲酸对一般微生物完全抑制的最小浓度为0.05%~0.1%。

有些有机酸与微生物在一起时，可起氧化作用，此氧化作用对微生物有杀菌作用。如食品防腐剂的苯甲酸和水杨酸都是因为氧化作用而抑制了微生物的活动。

（二）山梨酸及其钾盐

山梨酸为无色针状结晶或结晶性粉末，无臭或稍带刺激性气味。分子式：$C_6H_8O_2$；相对分子质量：112.13；结构式：$CH_3—CH=CH—CH=CH—COOH$。难溶于水，比较易溶于乙醇，对光热稳定但在空气中易被氧化。

山梨酸钾为白色~淡黄褐色鳞片状结晶或结晶性粉末。分子式：$C_6H_7O_2K$，结构式：$CH_3—CH=CH—CH=CH—COOK$。它易溶于水、食盐水、蔗糖液。

山梨酸及其钾盐有较广的抗菌谱，对霉菌、酵母和好气性菌都有抑制作用，但对嫌气性芽孢形成菌及嗜酸乳酸菌几乎无效。在乳酸饮料中使用很合适（乳酸菌能成活，其他菌被抑制）。

作为酸性防腐剂，以在pH值低的时候抑菌作用强（因为pH低时未离解的分子态存在数量多，分子不带电荷，易接近微生物起防腐作用）如在pH=3.0时，对霉菌、酵母的作用需60~250 PPM，在pH=6.5时则需1000~2000 PPM。

在制品含菌多时，山梨酸及其盐可被微生物作为能源而利用，所以必须在比较卫生的加工条件下应用才能有效。山梨酸在人体内可按脂肪酸氧化途径被吸收利用，是公认的比较安全的防腐剂。

（三）对羟基苯甲酸酯类

饮料中允许使用的为对羟基苯甲酸乙酯和对羟基苯甲酸丙酯。它们为无色或白色结晶性粉末，几乎无嗅，稍有涩味。微溶于水。易溶于乙醇、丙二醇。在碱性环境下，如氢氧化钠溶液中形成酚盐则可溶。但在这种状态下长时间放置，或碱性过强，酯键部位会水解生成对羟基苯甲酸和醇，效力明显降低。

对羟基苯甲酸酯类的毒性较苯甲酸低，抑菌防腐性能要比苯甲酸及山梨酸强。其抗菌效果与 pH 无关，在 pH4 ~ 8 的范围都有很好的效果。但此类物质水溶性较低。随着对羟基苯甲酸酯类的酯链增长，其脂溶性提高，毒性降低，防腐性能增高。

我国《食品安全优国家标准食品添加剂使用标准》（GB 2760—2014）中规定：对羟基苯甲酸乙酯和丙酯作为饮料加工使用的防腐保鲜剂，其最大使用量（均以对羟基苯甲酸计）为：碳酸饮料 0.2 g/kg；果汁（果味）饮料：0.25 g/kg。

作为饮料防腐，其浓度需在 0.025% ~ 0.01% 才能较好地起作用，但此浓度有舌感麻痹，给人以不舒适的感觉，有时在高温或高酸条件下产生不愉快的气味，因此要求在一般食品中的添加量不超过 0.05 g/kg，并同时使用其他防腐剂或保存技术较好。使用时，由于其溶解度较小，可用适量的乙醇或加入碳酸钠溶液帮助溶解。但是不要使用强碱，以免使其分解而使抗菌活力下降。

（四）乳酸链球菌素

乳酸链球菌素（Nisin）是一种仅有 34 个氨基酸残基的短肽分子，是一种高效、无毒、安全、无副作用的天然食品防腐剂，相对分子质量为 7000 ~ 10000。

Nisin 的抗菌作用在于它对菌体营养细胞的质膜起破坏作用，并抑制细胞壁中肽聚糖的生物合成，从而使细胞壁质膜和磷脂化合物合成受阻，并造成细胞内含物外泄，严重地引起细胞裂解。对芽孢的作用是在孢子出芽膨胀的起始阶段抑制其发芽。

溶解性上，乳酸链球菌素（Nisin）是一种浅棕色固体粉末，使用时需溶于水或液体中，且于不同 pH 下溶解度不同。如 pH 2.5 时溶解度达 12%，pH 5.0 时下降到 4%，在碱性条件下几乎不溶解。

乳酸链球菌素（Nisin）的稳定性也与溶液的 pH 有关，Nisin 在酸性条件下极为稳定。如当溶于 pH = 3 的稀盐酸中，经 121℃ 15 分钟高压灭菌仍保持 100% 的活性，溶于 pH = 6.5 的脱脂牛奶中，经 85℃ 巴氏灭菌 15 min 后，活性仅损失 15%。Nisin 显示出较强的耐酸耐热性。

抑菌性方面，乳酸链球菌素（Nisin）能有效抑制引起食品腐败的许多革兰氏阳性细菌，如乳杆菌、明串珠菌、小球菌、葡萄球菌、李斯特菌等，特别对耐热芽孢杆菌、肉毒梭菌以及李斯特氏菌有强烈的抑制作用。若鲜乳中添加 0.03 ~ 0.05 g/kg Nisin 可抑制芽孢杆菌和梭状芽孢杆菌孢子的发芽和繁殖，确保饮用安全。

七、二氧化碳

（一）二氧化碳在软饮料中的主要作用

二氧化碳是碳酸饮料的重要成分，也是其特征性成分。其作用包括以下几点：

（1）带出人体内的热量，给人以凉爽感

当人们喝碳酸饮料后，由于受热及压力下降，饮料中的碳酸分解（吸热反应）成二氧化碳和水，当二氧化碳从体内逸出时，会带走热量，使人觉得凉爽，因此含二氧化碳的碳酸饮料在夏天有消暑的作用。反应式如下：$H_2CO_3 \rightarrow CO_2 + H_2O$

（2）可产生特殊的风味，并突出香味增强风味特征

二氧化碳可与饮料中的其他成分配合产生特殊的风味；二氧化碳从饮料中逸出时，带出香味，增强风味特征。

（3）二氧化碳刺激口腔，给人以刹口感

（4）抑制饮料中微生物的生长繁殖，延长货架期

一般认为，3.5~4倍以上的含气量可完全抑制微生物生长，并使其死亡。

（二）二氧化碳的物理特征

二氧化碳的物理性质如下：

相对分子质量：44.01；

标准状态下的摩尔体积：22.26 L；

相对密度：1.529（0℃，0.1 MPa）；

气体密度：1.977 kg/m3（0℃，0.1 MPa）；

液体密度：1.0299 kg/L（-20℃，1.97 MPa）；

固体密度，1.566 kg/L（-80℃）；

三重临界点：-56.6℃，0.52 MPa

临界温度：31.3℃

临界压力：7.38 MPa

临界密度：0.464 kg/L。

（三）二氧化碳对饮料风味的影响

饮料中二氧化碳的溶解量对饮料质量有一定的影响，尤其是对风味复杂多样的饮料，二氧化碳含量对其甜酸呈味影响很大，甚至可完全改变风味、口感。例如柑桔橙类饮料，含有易挥发的萜类物质，二氧化碳量过大时，会破坏香味而让人感觉出苦味，二氧化碳量过少时，会失去碳酸饮料的特色，难以给消费者轻微的刺激，满足不了消费者的心理需求。表4-2-5为国内外常见饮料中二氧化碳的含量标准。

表4-2-5 常见饮料中的二氧化碳含量

饮料品种	含气量标准/MPa
橙汁汽水，葡萄汁汽水，菠萝汁汽水，樱桃汽水，桔子汁汽水，草莓汽水	0.196~0.294
柠檬汽水，白柠檬汽水，可乐，沙示汽水，小香槟	0.294~0.392
姜麦酒，普林汽水，大香槟	0.392~0.490

八、其他添加物

软饮料生产中除了前面所讲到的原辅材料外，有时还需要用到下列一些物质。

1. 增稠剂

它是增加饮料的黏稠度防止排液，并给人以"体"感，使人不会觉得只在喝水。常

用的增稠剂有 CMC、黄原胶、卡拉胶、果胶、海藻酸钠、阿拉伯树胶、琼脂、藻酸丙二醇酯等。

2. 乳化剂

在一些香精中含有乳化剂的存在，另外饮料也需要添加乳化剂（如乳类和豆乳类）。乳化剂的作用是使得饮料中的脂类成分能很好地分散于饮料中而不至于出现分层现象。常用的乳化剂主要有单甘酯、蔗糖、大豆磷脂等。

3. 抗氧化剂

添加抗氧化剂的目的在于防止因饮料中易被氧化的物质发生氧化而变质（如产生异味或氧化褐变、褪色等）。软饮料中一般使用的是水溶性的抗氧化剂，常用的有抗坏血酸、异抗坏血酸、亚硫酸盐类、葡萄糖氧化酶、过氧化氢，另外还有一些增效剂：有机酸类。

4. 澄清剂

澄清剂主要用于果汁的澄清，如明胶、单宁、膨润土、PVPP（聚乙烯吡咯烷酮）、聚酰胺、琼脂、活性炭、蜂蜜等。

5. 酶制剂

酶制剂主要用在含有果汁的饮料生产中，如果汁的澄清、脱苦等。最常用的有果胶酶、淀粉酶（用于果汁的澄清），还有柚苷酶、柠碱前体脱氢酶（用于果汁的脱苦）等。

思考题

1. 简述饮料生产中使用甜味剂、酸味剂、香味剂、防腐剂等的目的和作用。
2. 简述饮料制品使用甜味剂、酸味剂、香味剂色素时应注意的问题。
3. 简要说明二氧化碳的净化系统。
4. 二氧化碳在碳酸饮料中的作用？使用时应注意哪些问题。
5. 试述饮料生产中使用增稠剂、乳化剂、抗氧化剂、酶制剂、澄清剂等作用。

第三章 饮料生产上的关键技术

本章学习目标 了解碳酸饮料、果蔬汁饮料、豆乳饮料、茶饮料制作的工艺，掌握各工序的操作要点；熟悉掌握饮料生产中易出现的问题成因及对策；能运用所学知识，分析和解决生产中出现的技术问题。

一、碳酸饮料及其生产关键技术

碳酸饮料是在一定条件下充入二氧化碳气的制品，不包括由发酵法自身产生的二氧化碳气的饮料。成品中二氧化碳气的含量（20℃时体积倍数）不低于 2.0 倍。

按原料或产品的性状进行分类。

1. 果汁型（Fruit juice type）

原果汁含量不低于 2.5% 的碳酸饮料，如橘汁汽水、橙汁汽水、菠萝汁汽水或混合果汁汽水等。

2. 果味型（Fruit flavoured type）

以果香型食用香精为主要赋香剂，原果汁含量低于 2.5% 的碳酸饮料，如桔子汽水、柠檬汽水等。

3. 可乐型（Cola type）

含有焦糖色、可乐香精或类似可乐果和水果香型的辛香、果香混合香型的碳酸饮料。无色可乐不含焦糖色。

4. 低热量型（Low - calorie type）

以甜味剂全部或部分代替糖类的各型碳酸饮料和苏打水。成品热量低于 75 kJ/100mL。

5. 其他型（Other types）

含有植物抽提物或非果香型的食用香精为赋香剂以及补充人体运动后失去的电介质、能量等的碳酸饮料，如姜汁汽水、沙示汽水、运动汽水等。

（一）碳酸饮料的制造工艺

碳酸饮料是含碳酸气的清凉饮料的总称，其制造工艺分两种：现调式和预调式。

1. 现调式

现调式是指先用水把糖调成糖液，再添加酸味剂、香料等制成调合糖浆，定量注入瓶中（装 1/5），然后再充满碳酸水调和成汽水的方式，也叫"二次灌装法"。

工艺流程（Technology procedure，制造过程）如图 4 – 3 – 1 所示。

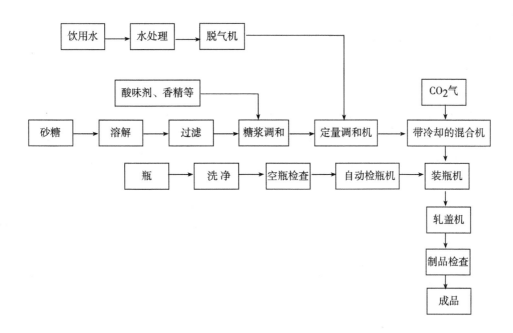

图 4 - 3 - 1　预调式碳酸饮料生产工艺流程

2. 一次灌装法（预调式，混合灌装）

将水和加味糖浆按一定比例先调好，再经冷却混合，碳酸化处理将达到一定含气量成品一次灌装入容器中的方法。

生产工艺流程如图 4 - 3 - 2 所示。

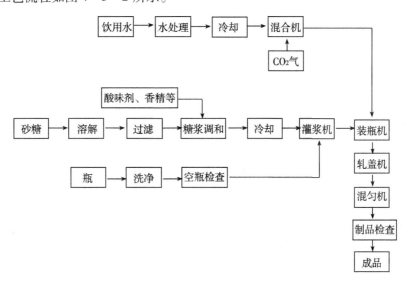

图 4 - 3 - 2　现调式碳酸饮料生产工艺流程

在一次灌装和二次灌装中，糖浆的制备过程是一样的。调和糖液直接关系到制品的特点。必须选择优质原料，并根据消费者的嗜好而作适当的原料配合调节，即应有一个合适的配方。

（二）碳酸饮料生产的关键过程

1. 原糖浆的制备

（1）糖的溶解

把糖溶解于水中，一般称为原糖浆或单糖浆。碳酸饮料所用的砂糖为优质的白砂糖，溶于一定量的水后制成预计浓度的糖液，再经过过滤、澄清后备用，所用的水必须是纯良的水，与装瓶用水相同。避免因砂糖品质不良而引起的制品质量问题，因微量的砂糖杂质会引起制品出现絮状物及混浊。

溶糖的方法有两种：冷溶法和热溶法。配制短期内饮用的饮料的糖浆可采用冷溶法，因不经加热杀菌，存放时间不能过长，对于纯度要求高，或要延长贮藏期的饮料，最好采用热溶法。

热溶法的优点是：能杀灭附于糖内的细菌；可分离凝固糖中的杂物；溶解迅速，生产效率高；排除空气，加热可使气逸出，这对 CO_2 溶解很重要。

冷溶法的唯一优点是节约燃料。

冷溶法所用的容器一般采用内装搅拌器的不锈钢桶，在桶底有排放的管道，便于清洗。其生产过程很简单，就是先在容器中放入规定量的水，在室温下边搅拌，边加规定量糖。或者把规定量的水和糖一起加入后，在室温下搅拌让其溶解。待完全溶化滤去杂物即为具有一定浓度的糖液。注意，搅拌不要过度，以免混进过多空气，对碳酸化不利。固体砂糖一般搅拌 20~30 min 就可溶解。

这种糖液的浓度一般配成 45~65°Bx（55°Bx 左右），配好后应即使用，如要存放一天，则必须配成 65°Bx。

热溶液一般采用不锈钢夹层锅，并备有搅拌器，锅底部有放料管道，采用蒸汽加热。生产时将糖和水先配好放入锅内通蒸汽煮沸并搅拌。加热时，表面有凝固杂物浮出，须用筛子筛去，否则会导致饮料变味，甚至会产生瓶颈处环形物。一般糖浆煮沸 5 min，便于杀菌。糖浆浓度一般为 65°Bx，一般热溶液都以蒸汽加热，如果采用直接火加热，则备有锅底受热温度过高。如不加热，或搅拌不力，锅底的糖浆因过热而焦化，无论直接或蒸汽加热，都应不断进行搅拌。在配制调味糖浆前，还应该测定其浓度，因为在加热过程中，有一部分水损失掉了。

（2）糖浆浓度的测定与糖液配制

我国饮料行业所用的糖浆浓度单位有三种，即相对密度、波美度（°Bé）、白利度（°Bx）。糖浆浓度的测定可用糖度表、密度计或折光计等测定。

波美度与相对密度的关系为：15℃的相对密度 = 144.3/（144.3 – Bé），Bé—波美度数。此式仅用于糖浆浓度的测定；白利度是我国及英国等其他国家通用检测含糖量的标度。白利度是指含糖量的重量百分比，如白利度 550°Bx，即 100g 糖液中含糖 55 g，并非指 100 mL 糖液中含糖 55 g。

知道了这些糖浆浓度表示法的定义，就可根据糖浆浓度及容积，求所需的糖和水的重量。例如：

配制 23L550°Bx 的糖浆需糖和水各多少。550°Bx 的糖浆相对密度为 1.26 kg/L，那么：

糖浆重量为：23 × 1.26 = 28.98 kg

需糖量：28.98 × 0.55 = 15.939 kg

需水量：28.98 × 0.45 = 13.041 kg。

（3）糖浆过滤

糖液配好后，为除去杂质，必须过滤，过滤方法有自然过滤和加压过滤两种。

自然过滤法是（锥形）厚绒布滤袋，内加纸浆滤层，操作极简单。但滤速流量太慢，不适合用于一般工厂化生产，大部分工厂采用加压过滤。

加压过滤是采用不锈钢板框压滤设备，加纸浆作为助滤剂（加浆量为 1 kg/1m² 过滤面积）用离心泵加压把糖液泵到过滤器并使通过，就可达到澄清透明的糖浆。过滤时压力不超过 1.2 kg/cm²，一般操作压力在 0.6 kg/cm² 左右。在过滤一段时间后，发现压力上升超过 1.2 kg/cm²，以及流量降低时，应停止操作，重新更换纸浆清洗滤布。

如生产中采用的砂糖质量较差，或者对一些特殊饮料（无色透明的白柠檬汽水），则必须采用活性炭净化处理。处理方法：将活性炭加入热糖浆中，添加时不断搅拌，活性炭添加量视糖及活性炭的质量而言。一般用量为糖重量的 0.5% ~ 1.0%，处理时温度保持80℃，接触 15 min，再加硅藻土作为助滤剂用量为糖重的 0.1%，进行反复过滤（硅藻土主要防止活性炭堵塞过滤层表面），即可得到纯净透明的糖液。

2. 调合糖浆（果味糖浆，加香糖浆）的制造与配方设计

调和糖浆是由已经制备好的原糖浆加入香精和色素等物料而制成的可以灌装的糖浆。先将已过滤的原糖浆放到装有搅拌器的不锈钢容器中，在不断搅拌下，将各种所需原料不断加入，加入顺序为：

糖液→防腐剂→甜味剂→酸味剂→果汁→色素→香精→加水定容

具体操作为：苯甲酸钠等防腐剂一般配成25%的溶液加入；糖精钠等甜味剂用温水溶解，配成约50%的溶液加入；酸味剂一般配成50%的溶液，或按需要量称取后用适量温水溶解后过滤加入；加果汁；香精要在40℃以下加入，最好是15℃的液温时加入；色素：用热水溶化后，配制成5%的水溶液加入；最后加水到规定容积。

糖液配好后需测定浓度，再抽样加碳酸水小试，观察汽水色泽，评味，如不符，则需作调整。

配制好的调和糖浆应立即进行装瓶，尤其是乳浊型饮料存放时间过长，会发生分层。

对于新型饮料的研制或配方改进等，需要进行配方设计。进行配方设计时，首先要确定所生产的饮料的种类，如是配制果味汽水还是果汁汽水，前者属低档，可完全用添加剂、糖水调配而成。另外，还要考虑水果的种类、酸甜比，总之，要尽量使饮料接近天然水果味。在此基础上，根据饮料品种的要求，参考饮料中糖、酸及香精参考用量（表4-3-1）设计实验，各配料及其最大用量以我国食品添加剂使用卫生标准的规定为依据。

表4-3-1　不同饮料的糖、酸及香精用量

名称	含糖量/%	柠檬酸/（g/L）	国内香精参考用量/（g/L）
苹果	9~12	1	0.75~1.5
香蕉	11~12	0.15~0.25	0.75~1.5
杏	11~12	0.3~0.85	0.75~1.5
黑加仑子	10~14	1	0.75~1.5
樱桃	10~12	0.65~0.85	0.75~1.5
葡萄	11~14	1	0.75~1.5
石榴	10~14	0.85	0.75~1.5
可乐	11~12	磷酸0.9~1	0.75~1.5
白柠檬	9~12	1.25~3.1	0.75~1.5
柠檬	9~12	1.25~3.1	0.75~1.5
橘子	10~14	1.25	0.75~1.5
鲜橙	11~14	1.25~1.75	0.75~1.5
芒果	11~14	0.425~1.55	0.75~1.5
冰淇淋	10~14	0.425	0.75~1.5
菠萝	10~14	1.25~1.55	0.75~1.5
梨	10~13	0.65~1.55	0.75~1.5
桑葚	10~14	0.85~1.55	0.75~1.5
草莓	10~14	0.425~1.75	0.75~1.5

3. 糖浆的定量灌装和定量混合

（1）定量灌装

采用二次灌装生产线时，糖浆调配好后，经冷却马上就可进行浓糖浆的定量灌装。

糖浆定量是关系到汽水质量规格统一的关键操作，每瓶中灌装的糖浆占汽水容积的20%左右（1:4）。

定量是通过定料机（糖浆机、注糖机）来完成的，也就是液体定量灌装机。一般有12头、16头、24头等，常见的定料机可分为两种形式：容积定量和液面密封定量。定料机的基本结构相同，一般由定量机构、瓶座、回转盘、进出瓶装置及传动机构组成，只是定量机构有所区别。另外，还有液体静压式加料机，圆筒加料机等。

（2）定量混合

在一次灌装法（预调式）中水和加味糖浆需定量混合。定量混合有以下几种形式：

① 配比泵法：连锁两个活塞泵，一个进水，一个进糖浆。两泵的流量可以控制（通过活塞筒直径的大小进行调节），比如糖浆和水以1:4的比例混合的话，则输糖泵的流量是1，输水泵的流量为4，这就要求输泵的流量必须精确。目前有的厂家采用的一种混合仪，即用配比泵调节流量，但它里面有自动装置，如两泵的比例不对会自动报警，如水或糖浆快没有了（流完了）则自动停机。

② 孔板控制法：控制料槽和水槽两个液面等高，即静压力约相等，两槽下面的管口直径相等，但管内以不同直径的孔板控制流量。孔板可以替换变径，现已经改为节流阀，可以随时调节两种液体，混合后以一混合泵打入冷却机。

现在新型的流量控制是用电子计算机，电子计算机根据混合后饮料的糖度测试的数据来调整水流量和糖浆流量（调节两者管道中的可变直径孔板阀来完成）以达到正确比例。

4. 碳酸化、灌装

（1）碳酸化原理

把二氧化碳溶解于液体（二次灌装液体为水，一次灌装液体为糖浆）中的过程称为碳酸化。CO_2在碳酸饮料成分中所占的比重是很小的（7~9 g/L），但它的作用却很大没有它就不成为碳酸饮料。各个品种都有其特有的含气量。（表4-3-2）

表4-3-2 各品种汽水参考含气量

品名	含气量/容积倍数	品名	含气量/容积倍数	品名	含气量/容积倍数
冰淇淋汽水	1.5	柠檬汁汽水	2.5~3.5	沙示汽水	3.5~4
橙汁汽水	1.5~2.5	白柠檬汽水	2.5~3.5	麦精汽水	3.5~4
菠萝汽水	1.5~2.5	樱桃汽水	2.5~3.5	柠檬汽水	3.5~4
葡萄汽水	1.5~2.5	姜汁汽水	2.5~3.5	苏打水	4~5
苹果汁汽水	1.5~2.5	可乐汽水	3.5~4	矿泉水	4~5
草莓汽水	1.5~2.5	干姜汽水	3.5~4		

水和CO_2混合的过程实际上是一个化学反应过程，即

$$CO_2 + H_2O \xrightleftharpoons{压力} H_2CO_3$$

这个过程服从亨利定律（Henry）和道而顿定律（Dalton）。

亨利定律：气体溶解在液体中时，在一定的温度条件下，一定量的液体溶解的气体量是与液体保持平衡时的气体压力成正比。即温度一定时，

$$V = Hp$$

式中：V——溶解气体量；

    p——平衡压力；

    H——与溶质、溶剂及温度有关的常数。

道而顿定律：混合气体的总压力等于各组成气体的分压力之和。即

$$p = \sum p_i$$

式中：p——总压力；

    p_i——分压，$i = 1，2，3，\cdots，n$，即各组分气体在温度不变时，单独占据混合气体所占的全部体积时，对器壁施加的压力。

（2）CO_2的溶解度

在一定温度和压力下，二氧化碳在水中的最大溶解量称为二氧化碳在水中的溶解度（实际上是 $CO_2 + H_2O \rightleftharpoons H_2CO_3$ 的动态平衡。在 0.1 MPa（1 个绝对大气压）下，温度为 15.56℃时，1 体积的水可以溶解 1 体积的二氧化碳。在温度不变的情况下，压力增加，溶解度也增加。在压力不变的情况下，温度降低，溶解度增加。水中二氧化碳的溶解量与温度的关系可用下式计算：

$$V = 1.7967 - 0.07791t + 0.0016424t^2$$

式中：V——1mL 水吸收 CO_2的体积；

    t—— 温度，℃。

由上式可计算出各种温度下 1 体积水吸收 CO_2的体积数。

（3）影响 CO_2溶解度的因素

① 温度：液体的温度越低，溶解度越大，反之则越小。比如在一大气压下，100 体积的水中 CO_2溶解量为：0℃：171 体积；10℃：119 体积；20℃：88 体积；60℃：36 体积。

一般温度控制在 4℃左右，温度太低（0℃以下）会结冰，另外冰结在冷却器上，使得耗电量大，传热效果差。有的工厂为了增加产量，温度没有下降到 4℃就充气，那么产品含气量就降低，从而影响质量。

② CO_2气分压压力：在温度不变的情况下，压力增加，溶解度也随之增加，在一般碳酸化压力范围内（p < 0.8 MPa），CO_2的溶解量服从亨利定律和道尔顿定律，但在压力为 0.49 MPa 以上时，亨利常数需要修正。

③ 气液的接触面积和接触时间：一般从接触面积上来考虑，因为接触时间长了会影响生产效率。气液两相接触的表面积越大越好，所使用的设备为汽水混合器（或碳酸化器）。一般把水加压喷雾，使水进入碳酸气吸收塔，气液两相接触而进行碳酸化作用。

④ 空气杂质影响：纯水中 CO_2的溶解度比不纯的水（含糖或含盐的）要大。CO_2中

的杂质则妨碍 CO_2 的溶解，最常见的影响碳酸化的因素是空气，空气不仅影响碳酸化的效果，而且对产品来说，能促进霉菌和腐败菌的生长，并能氧化香料使风味遭到破坏。根据道尔顿气体分压及溶解度定律，各气体被溶解的量不仅决定于气体在液体中的溶解度，而且决定于该气体在气体混合物中的分压。并且根据计算得出结论：0.1 MPa、20℃时，1 体积的空气溶解于水，可排走 50 体积的 CO_2。

液体中除了溶解的空气外，还有未溶解的气泡。这些气泡给灌装造成困难，因为灌装泄压时气泡会很快逸出，激烈的搅动产品，导致大量泡沫产生，不宜装满，且灌装加盖后产品含气量不足。

⑤ 液体的种类及存在于液体中的性质：在标准状态下，CO_2 在中水的溶解度是 1.713，在酒精中则为 4.329，这说明液体本身的性质对 CO_2 的溶解度有很大的影响。另外，当液体中溶解有溶质时，例如胶体、盐类则有利于 CO_2 的溶入，而含有悬浮杂质时则不利于 CO_2 的溶入。

（4）碳酸化系统

① CO_2 气调压站：二氧化碳气调压站是一个根据所供应的 CO_2 气的压力和混合机所需要的压力进行调节的设备。

CO_2 气的来源有三种：

a. 气体 CO_2：工业生产的副产品，或天然 CO_2，或化学反应而制得的（如用硫酸和小苏打，即：

$$H_2SO_4 + 2NaHCO_3 \rightarrow CO_2 \uparrow + 2H_2O + Na_2SO_4$$

b. 液体：贮于钢瓶中的 CO_2 液体。

c. 干冰（固体）。

在第一种情况下，调压站的主要作用是加压。

第二种情况是最常见的，即用液体 CO_2。钢瓶中盛装液体 CO_2，当打开出口时即挥发为气体，压力可达 80 MPa（80 kg/cm^2）。所以必须通过调压站处理才能进入混合机。最普通的降压站只用一个降压阀，即在钢平处安装一个降压阀把压力降到混合机所需要的压力，再进行碳酸化。这里要注意在降压阀前安装一个气体加热器。以防冻结阀芯，因为 CO_2 通过降压阀时由于压力的骤降，会吸收大量的热以至使降压阀结霜和冻结。

第三种情况是用干冰挥发器，有高压和低压两种，使干冰挥发为气体再使用。在高压挥发器中气体又变成液体储存于挥发器中。

② 冷却器：冷却器的目地是将水和糖液降到 4℃ 左右，便于碳酸化，冷却器的形式多种多样。目前多数冷却器是用板式热交换器。

③ 汽水混合机：碳酸化过程一般是在汽水混合机中进行的。混合机的类型很多，有薄膜式混合机、喷雾式混合机、喷射式碳酸化器、填料塔式混合机等。二氧化碳与水的作用需要一定的时间，要缩短时间只能扩大气、水的接触面积。任何混合机都是在一定

的气体压力、一定的液体温度下，在一定的时间内，尽量扩大两者的接触面积，以达到一定的饱和度。图4-3-3、图4-3-4是两种混合机的图示。

喷雾型混合机（图4-3-3）。在罐顶装一个可转动的或不动的喷头。水或糖液通过雾化器形成细小均匀的液体微团，与CO_2有较大的接触面积，混合效果较好。

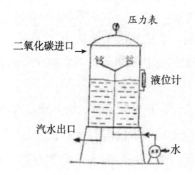

图4-3-3 喷雾式混合机

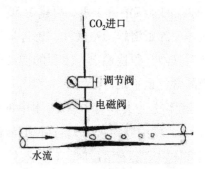

图4-3-4 文丘里管的式混合机

文丘里管式混合机属喷射式混合机（图4-3-4）。最近几年进口生产线中的混合机大都是这一代产品。水或成品通过一个文丘里管。咽喉处连接CO_2进口，当加压的水流经过咽喉处流速加快，注入的CO_2与水通过咽喉处后，由于压差使水炸裂成细滴，增加了碳酸化的效果。

上面的几种混合物机可单用也可混合用。文丘里管可做碳酸化也可做预碳酸化，或追加碳酸化。

（5）灌装

碳酸水（汽水）的灌装，与糖浆的灌装不同。灌装系统是装瓶线的心脏，它是保证产品质量的关键工序，常采用的灌装方式有启闭式灌装、等压式灌装、负等压灌装、加压式灌装等。目前，碳酸饮料大都采用等压式灌装。

等压式灌装是在高于大气压的条件下，贮液缸与汽水瓶内的压力相等，料液在重力作用下流入瓶内的灌装。这种灌装冲力小，灌装平稳，不易发泡，速度较高。

等压式灌装原理如图4-3-5所示，通往瓶中有三条通路，一条通往料槽液面以上的气管A，一条通往料液下面的料管B，还有一条是通往大气的排气管C。整个灌装过程由以下三个环节组成。

① 等压过程：当瓶子上升顶住阀门造成密闭的时候，第一次打开气管。料槽上部的压力气体（由另外通入料槽CO_2，多数是另外通入的无菌压缩空气来保压）即向下流，使瓶中与料槽上部的压力相等。

② 灌装和回气过程：由于瓶中的压力升高（比1大气压更高），这个反压力使料管的弹簧阀打开，汽水由于位差而流入瓶中，瓶中的空气通过气管而流向料槽顶部，当液面至气管口即停止（通常是汽水在汽管中再上升至料槽液面）。

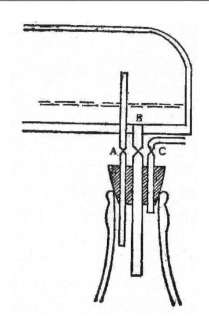

图4-3-5　等压式罐装示意图

③排气方式：这时由凸轮作用，封闭气管和料管，打开排气管，排出气体，压力降低，气管中的汽水流入瓶中达到预期的液面。排气后脱离密闭状态，送往轧盖机封盖。

（三）碳酸饮料生产中常见的质量问题分析

1. 杂质、混浊、沉淀

（1）产生的原因

杂质是产品中肉眼可见的有一定形状的非化学产物。杂质一般不影响口味，但影响产品的外观。杂质有小颗粒的沙子、尘埃、碎玻璃、小铁屑、刷毛等。杂质产生的原因主要有：

① 原辅料（包括水）中特别是糖中带来的杂质；

② 瓶或盖未洗净；

③ 机器碎屑，容器、管道等沉积物。因此，必须做好对原辅料严格过滤处理，对各机器、容器进行严格的清洗、检验等工作，并保证环境卫生，以防杂质带来产品的安全隐患。

浑浊是指产品看起来不透明，呈乳白色或其他颜色；沉淀是在瓶底发生白色或其他颜色的片屑状、颗粒状、絮状等沉淀物。产生浑浊、沉淀的原因很多，但一般是由于微生物污染、化学反应、物理变化及其他原因引起的。因此，在分析时要根据具体情况，逐一排查。

① 微生物引起　汽水中由于pH值低，氧较少，糖度高，在这种情况下对制品造成浑浊沉淀和变味的微生物主要是酵母菌；偶尔可见到嗜酸菌，多为乳酸杆菌、白念球珠菌。造成微生物污染的原因可能是CO_2含量不足；防腐剂含量不足；环境不卫生；或者

原辅料质量不好等。

② 化学反应引起

a. 主要有砂糖中的杂质引起。用市售的砂糖作碳酸饮料时，装瓶放置数日后，有时会产生细微的絮状沉淀现象，又称为"起雾"。白砂糖中含有的极其微量的淀粉、蛋白质、多糖类等是导致沉淀的主要原因。这些物质开始是均匀分布的，在外因（如 pH 值）作用下，慢慢相互作用聚合而产生沉淀。

b. 香料或色素质量不合格（或受冻后的香精）或用量过多也会导致沉淀。在可乐汽水中含植物提取物，它带负电荷，焦糖也带电荷，用带正电荷的焦糖则产生电性中和而沉淀。另外，在含鞣酸的汽水（如橘子茶汽水）中使用焦糖也容易发生沉淀。

c. 水的硬度高。柠檬酸与水中的 Ca^{2+} 离子发生化学反应生成柠檬酸钙而沉淀出来。

d. 配料方法不当。如生产调和糖浆，苯甲酸，糖精应在加酸之前加入，如在加酸之后加入则产生沉淀。当苯甲酸钠用量过多时，与柠檬酸作用也会生成苯甲酸而析出沉淀。

e. 冲洗瓶不净，残留的碱液与汽水中的酸中和生成了盐类沉淀物。

③ 物理因素引起　上述沙子、尘埃等杂质如不清除干净，极易导致沉淀。

（2）防止混浊沉淀的办法

① 选用优质的原辅料。如砂糖，对质量差的砂糖必须进行净化处理。选用优质香料、食用色素，并严格控制使用量。

② 保证产品有足够的二氧化碳含气量。

③ 加强卫生管理、减少生产中各环节的污染。水处理、配料、刷瓶、灌装、轧盖等各工序都要严格卫生要求。车间、设备、工器具及管线等要定期消毒灭菌。

④ 防止空气混入。以防降低二氧化碳含气量、利于微生物生长。

⑤ 调和糖浆的配合严格按操作规程进行。

⑥ 提高生产用水的水质，保证水质符合饮料工艺用水要求。

⑦ 提高洗瓶质量，确保净瓶，确保洗净后的空瓶无残余碱液。

2. 含气量不足或爆瓶

（1）含气量不足

如 CO_2 含量不足则失去了碳酸饮料特有的风味，含气量不足的原因主要有两个：

① CO_2 的溶解量少：水的温度或混合糖浆的温度过高；调配时空气混入液体中；混合机的混合效果不好；CO_2 的纯度低；机器、管线空气排除不好或漏气等都会影响 CO_2 的溶解量。

② CO_2 的损失：主要在罐装和压盖过程中造成的。如二次灌装时温差太高；压盖不及时，敞瓶的时间太长；罐装的冲击及压盖不紧；瓶口、盖不合格，或瓶、盖不配套；灌装机质量较差，如胶嘴漏气，簧筒弹簧太软，瓶托位置太低，造成边灌边漏气，或自动机灌装位置太低等都易造成 CO_2 的损失。

解决的办法是：

① 选用纯净的二氧化碳生产汽水，不纯净的必须进行净化处理。

② 降低水温。

③ 保证混合机的混合效果，经常检查管路、阀门等，保证各环节保持正常状态，严格执行操作规程。

④ 严防空气混入，要正确使用混合机和灌装机的排气阀。注意管路、阀门等的严密性。

⑤ 确保灌装机灌装嘴的严密性，要经常检查更换灌装机的金属嘴子及胶嘴子。经常检查弹簧的压力，要随时调整瓶托的位置。

⑥ 灌装后的汽水要及时轧盖，轧盖操作要认真，并保持轧盖机正常良好的工作状态。

⑦ 严格盖、瓶的质量控制。

（2）爆瓶

① 温度过高或 CO_2 压力太大，由于储藏温度高或 CO_2 含量又大，气压增加而超过瓶子的耐压程度而爆瓶；

② 瓶质量太差，按 QB 943—34，瓶应耐压 1.18 MPa。因此，应控制成品中合适的 CO_2 含量，并保证瓶子的质量。

3. 变色

碳酸饮料在贮存中会出现变色、褪色等现象，特别是受到阳光的长时间照射。

（1）褪色

产生褪色的原因主要有：光线的照射使耐光性弱的色素物质变性褪色；温度过高使耐热性弱的色素变性褪色；色素氧化而褪色。饮料贮存时间太长，色素也会分解而失去着色力等。因此，碳酸饮料应尽量避光保存，贮存时间不能太长；贮存温度不能太高。

（2）褐变

褐变包括酶褐变和非酶褐变。酶褐变主要是由产品中果汁原料所含的多酚氧化酶造成的；非酶褐变则是由美拉德反应、焦糖化反应、Vc 褐变等造成的。

4. 变味

一些汽水刚生产后风味正常，但在存放一段时间后产品变成了既无香味又无 CO_2 气，且有很难闻气味的汽水。造成汽水变味原因有：

① 原辅材料质量差或处理不妥，如 CO_2 中杂质含量高，净化方法不妥；水处理不当，余氯较多等；

② 来源于空气中的 O_2 使物质氧化而变味，如香精（特别是萜类的）的氧化变味；

③ 配制时间过长、温度过高引起挥发性物质如香精挥发逃逸，造成香味不足；

④ 微生物污染，其代谢产物使得产品变味，如酵母产酒精、醋酸菌产酸等；

⑤ 酸甜比例失调，配料不妥造成变味；

⑥ CO_2气压过高或过低，使风味失调。

⑦ 回收的瓶子中盛装过其他有刺激味的物质，没有刷净而造成的。

在这些变味原因中，微生物是主要因素。尤其是酵母菌，以汽水中的糖类等为营养源生长繁殖。在果汁类汽水中也会因肠膜明串珠菌和乳酸杆菌的生长繁殖而使汽水产生不良气味，如酸败味或双乙酰味（类似馊饭气味）等。

要解决这一问题，必须严格控制水处理、配料、洗刷瓶、灌装、压盖等工序的操作与管理，确保生产中各环节的卫生。

二、果蔬汁工艺及其生产关键技术

果蔬汁是用新鲜或冷藏的水果或蔬菜为原料，经加工制成的制品。果蔬汁是果蔬中最有营养的部分，易被人体吸收，有的还有药效。果蔬汁饮料是指在果汁（浆）或蔬菜汁中加入水、糖液、酸味剂等调制而成的制品。习惯上把果汁（浆）和蔬菜汁这两大类饮料产品合称为果蔬汁饮料。果蔬汁可以直接饮用，也可以制成各种饮料，是良好的婴儿食品和保健食品，还可作为其他食品的原料。

按加工工艺进行分类：

① 澄清汁 也称透明汁，不含悬浮物质，均为澄清透明的汁液。如苹果汁、葡萄汁、芹菜汁和冬瓜汁等。

② 混浊汁 也称不透明汁，它带有悬浮的细小颗粒，这一类果蔬汁一般是由橙黄色的果实榨取的。如桔子汁、菠萝汁、胡萝卜汁和西红柿汁。

③ 浓缩汁 新鲜果蔬汁经加工处理后使其脱去一部分水而浓缩到一定的浓度，浓缩果汁又称果汁露。

⑤ 果汁粉浓缩后的果蔬汁经喷雾干燥而制得的制品。

（一）果蔬汁生产工艺流程

1. 工艺流程（图4-3-6）

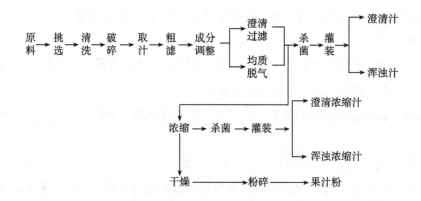

图4-3-6 果蔬汁生产工艺流程

2. 主要生产步骤

（1）原料的选择和洗涤

供制果蔬汁的原料，要求具有汁液丰富，取汁容易、出汁率高等条件。此外，还应有良好的风味，色泽稳定，酸度适当，并在加工中仍能保持这些优良品质，无明显不良变化。原料新鲜成熟，无霉烂、病虫害，这是保证果汁质量的重要条件。

制汁前原料应充分洗涤干净，一般采用喷水冲洗或流动水冲洗，以除去附在其表面的尘土、农药和部分微生物。带皮榨汁的原料更应重视洗涤水的清洁，不用重复的循环水洗涤。必要时用无毒表面活性剂洗涤，甚至用次氯酸钠、高锰酸钾或双氧水等消毒液消毒。然后再用清水清洗，果实原料的洗涤方法可根据原料的性质、形状和设备条件加以选择。洗涤之后由专人剔除病害果、未成熟果、枯果和受伤果。

（2）榨汁和浸提

榨汁是制汁生产的重要环节，含果汁丰富的果实，大都采用压榨法来提取果汁。含汁液较少的果实，如山楂等可采用加水浸提的方法来提取果汁。

① 破碎和打浆：破碎的目的是：为了提高出汁率。尤其对皮、肉致密的果实来说，破碎工序更是必要的，特别是皮和果肉致密的果蔬，更需借破碎来提高出汁率，这是因为果实的汁液均含于细胞质内，只有打破细胞壁才可取出汁液。破碎度要适当。若果块太细，压榨时果汁反而不易流出。一般要求果浆粒度在 3～9mm 之间。

破碎可用破碎机或切片机进行，破碎时间尽量短些，以免氧化变色。经过破碎的果肉，就可以进行榨汁。

② 榨汁前的预处理：预处理的目的在于提高出汁率和品质。果实品种不同所采用的预处理方式也不相同。一般有加热处理和加果胶酶处理两种预处理方法。

③ 榨汁：国际食品标准委员会（CAC）的国际标准和国际推荐标准以及各主要果蔬汁饮料消费国均规定必须用机械方法制汁，所以目前绝大多数果蔬汁生产企业都采用压榨取汁工艺。破碎或经过加热后的果肉，未经压榨而流出的果汁，称为自流汁；经过压榨而流出来的果汁，称为压榨汁。自流汁比压榨汁澄清，色泽也较鲜美。果蔬的出汁率可采用如下计算公式进行计算：

$$出汁率 =（榨出的汁液质量／被加工的果蔬质量）×100\%$$

常用的榨汁机有杠杆式榨汁机、螺旋榨汁机、切半锥汁机、液压式压榨机、轧辊式压榨机等。无论用哪一种压榨机，一般在第一次压榨后都要将果渣搅拌后进行第二次压榨。有的在果渣中加入适量的热水，浸 6～8 h 后进行第二次压榨。这样可以提高出汁率。

果实的出汁率取决于果实的质地、品种、成熟度和新鲜度、加工季节、榨汁方法和榨汁的效能。压榨饼的孔隙度、果汁的黏度对出汁率也有颇大的影响。果实出汁率一般以浆果为最高，柑橘和仁果类略低。草莓出汁率 60%～75%，葡萄 65%～80%，苹果和梨 55%～70%，宽皮橘 35%～40%。

几种水果的出汁率见表4-3-3。对于某些水果如柑橘类果实和石榴果实等，都有一层很厚的外皮。榨汁时外皮中的不良风味和色泽中的可溶性物质会一起进入果汁中。同时柑橘类果实外皮中的精油，含有极易变化的 α - 苎烯，容易生成一种异臭果皮、果肉皮和种子中存在着柚皮苷和柠碱等导致苦味的化合物，这类果实就不宜采用破碎压榨取汁法，而应该采用逐个榨汁的方法。因此，生产不同的果蔬汁，应根据果蔬的结构、汁液存在的部位和组织理化性状，以及成品的品质要求来选用相适应的制汁方法和设备。

表4-3-3　几种水果出汁率参考表

原料名称	果肉占原料/%	取汁方法	出汁率/%
湖南黄皮柑	72.3	螺旋压榨法	42.6（对原料计）
四川红柑	78.7	螺旋压榨法	50.7（对原料计）
湖南广柑	74.6	螺旋压榨法	47.4（对原料计）
		切半锥汁法	45.8（对原料计）
四川广柑	73.1	螺旋压榨法	46.8（对原料计）
		切半锥汁法	47.8（对原料计）
蕉柑	70~72	打浆机取汁法	50~55（对原料计）
温州蜜柑	75~77	螺旋压榨法	58~60（对原料计）
			75~80（对果肉计）
菠萝	35~40	螺旋压榨法	50~60（对果芯计）
苹果			70~80（对原料计）
葡萄		破碎压榨机取汁法	70~80（对原料计）
番茄		破碎压榨机取汁法	80以上（对不齐整后果料计）
厦门文旦柚	59~60	果肉破碎后螺旋压榨	55~56（对果肉计）
广西酸柚	39~48	果肉破碎后螺旋压榨	50（对果肉计）

对于汁液含量较少难以用压榨方法取汁的水果原料如山楂、金樱子、刺梨、梅、酸枣等，可采用加水浸提法。如山楂浸提汁，可将山楂捅核去萼破碎后，加温水浸提制得。

果实的破碎和榨汁，不论采用何种设备和方法，均要求工艺过程短，出汁率高，以防止和减轻对果汁色香味的损害，最大限度地防止空气混入。

总的来说，与榨汁法相比、浸提法提取的果蔬汁色泽明亮，氧化程度小，微生物含量低，芳香成分浸出多。但要注意的是浸提法提取出的汁液不是原汁，需进行浓缩处理。

（3）澄清和过滤

澄清和过滤是澄清汁生产上特有的工序。澄清方法主要以下几种。

① 加酶澄清法：

原理：加酶澄清法是利用果胶酶制剂来水解果汁中的果胶物质，生成聚半乳糖醛酸及其降解产物。当果胶失去胶凝化作用后，果汁中的非可溶性悬浮颗粒聚集在一起，导致果汁形成一种可见的絮状物，达到澄清的目的。

酶制剂用量：澄清果汁时，酶制剂用量是根据果汁的性质、果胶物质的含量及酶制剂的活力来决定的，一般用量是每吨果汁加干酶制剂 2 ~ 4 kg。

酶制剂加入方式：酶制剂可直接加入榨出的新鲜果汁中，也可以将果汁加热杀菌后加入。一般说，榨出的新鲜果汁未经加热处理，直接加入酶制剂，这样果汁中的天然果胶酶可起协同作用，使澄清作用较经过加热处理的快。因此，果汁在加酶制剂之前不经加热处理为宜。若榨汁前已用酶制剂处理，则无需再行处理，或稍加处理即能得到透明、稳定的产品。某些水果如红葡萄，为了钝化果实中的氧化酶，需经 80 ~ 85℃ 短时间的加热处理，否则将会产生酶褐变等不良变化，这样则在将果肉浆冷却至 55℃ 后加入酶制剂。

制取浓缩果汁用的原汁中不允许有过量的果胶，为此需加入足够量的酶制剂，使果胶降解。否则果汁中的果胶未充分降解，将会导致浓缩果汁混浊；极端情况下，还可能使果汁凝结成果冻，使浓缩果汁失去复水能力。

② 明胶—单宁澄清法：此法适用于含有较多的单宁物质，如苹果、梨、葡萄、山楂等果汁。

原理：明胶或鱼胶、干酪素等蛋白物质，可与单宁酸盐形成络合物，此络合物沉降的同时，果汁中的悬浮颗粒亦被缠绕而随之沉降。另外，试验证明果汁中的果胶、维生素、丹宁及多聚戊糖等带负电荷，酸性介质中明胶、蛋白质、纤维素等则带正电荷，这样，正负电荷的相互作用，促使胶体物质不稳定而沉降，果汁得以澄清。果汁中含有一定数量的单宁物质，生产中为了加速澄清，也常加入单宁。

明胶以盐酸法制取为优，用时用冷水浸胀 2 ~ 3 h，之后加热至 50 ~ 60℃，配制后放置 5 h 左右，过长和过短均不利于澄清。常用明胶液浓度可配成 3% 左右。

明胶和单宁在果汁中的用量：取决于果汁种类、品种及成熟度和明胶质量。常用为明胶 100 ~ 300 mg/L 果汁，单宁 90 ~ 120 mg/L 果汁。如苹果汁一般明胶加入量在 80 ~ 100 mg/L 果汁。使用时需预先试验，以加入明胶和单宁后产生大量的片状凝絮，2 h 内可发生沉降，摇匀后过滤容易，滤液透明、澄清为度。

此法在较酸性和温度较低的条件下易澄清，以 8 ~ 10℃ 为佳。

③ 酶、明胶联合澄清法：对于仁果类果汁，此法应用最多，如苹果汁。其方法为，新鲜的压榨汁采用离心或直接用酶制剂处理 30 ~ 60 min，之后加入必需数量的明胶溶液，放置 1 ~ 2 h 或更长，接着用硅藻土过滤。当果汁中单宁物质含量很高时，为了防止它们对果胶酶的抑制作用，也可先加入明胶。其终点可通过测定黏度的方法来确定。

④ 超滤澄清法：超滤是利用特殊的超滤膜的膜孔选择性筛分作用，在压力驱动下，把溶液中的微粒、悬浮物、胶体和高分子等物质与溶剂和小分了溶质分开。使用这一技术不但可澄清果蔬汁，同时，因在处理过程中无需加热，无相变现象，设备密闭，减少了空气中氧的影响，对保留维生素 C 及一些热敏性物质是很有利的，另外超滤还可除去部分果蔬汁中的微生物等。

超滤法是近年来新兴的果汁澄清方法，可一举取代澄清剂、机械分离和过滤。过程无化学变化，与传统的化学澄清方法相比，能较好地保持食品中的营养素。目前大型厂家普遍采用超滤法澄清。

⑤ 其他

如自然澄清法、加热澄清法、冷冻澄清法、海藻酸钠、碳酸钙澄清法、蜂蜜法等。

除了超滤澄清法外，其他方法澄清后都必须进行过滤操作，以分离其中的沉淀和悬浮物，使果汁澄清透明。常用于过滤的介质有石棉、帆布、硅藻土、植物纤维、合成纤维等。常用的过滤方法有压滤法、真空过滤法和离心分离法。

（4）果蔬汁的均质和脱气

均质和脱气是混浊果蔬汁制造上的特殊操作。生产混浊果蔬汁如柑桔汁、番茄汁、胡萝卜汁等或生产带肉果汁时，为了防止产生固液体的分离，降低产品的品质，常进行均质处理，特别在瓶装果蔬汁尤为必要。马口铁罐包装的产品很少采用。冷冻保藏的果蔬汁和浓缩果蔬汁无须均质。

① 均质：均质的目的在于使不同粒子的悬浮液均质化，使果汁保持一定的混浊度，获得不易分离和沉淀的果汁。果汁通过均质设备均质，使果汁中所含的悬浮粒子进一步破碎，使粒子大小均一，促进果胶的渗出，使果胶和果汁亲和，均匀而稳定地分散于果汁中，保持果汁的均匀混浊度。不经均质的混浊果汁，由于悬浮粒子较大，在压力作用下会逐渐沉淀而使果汁失去混浊度。

均质设备有高压式、回转式和超声波式的等。当果汁通过一个均质阀时，加高压的果汁从极狭小的间隙中通过，之后由于急速降低压力而膨胀冲出，使粒子微细化并均匀地分散在果汁中。胶体磨也用于均质，当果汁流经胶体磨的狭腔时（间隙为 0.05 ~ 0.07 mm），则受到强大的离心力的作用，所含的颗粒相互冲击、摩擦、分散和混合，微粒的细度可达 0.002 mm，从而达到均质的目的。超声波均质机是利用强大的空穴作用力，产生紊流、摩擦作用，冲出作用等而使粒子破碎。

② 脱气：果蔬细胞间隙存在着大量的空气，在原料的破碎、取汁、均质和搅拌、输送等工序中要混入大量的空气，所以得到的果汁中含有大量的氧气、二氧化碳、氮气等。这些气体以溶解形式或在细微粒子表面吸附着，也许有一小部分以果汁的化学成分形式存在。气体的溶解度取决于种类、温度、表面蒸汽压和气体的扩散能力。这些气体中的氧气可导致果汁、营养成分的损失和色泽的变差，因此，必须加以去除，这一工艺又称脱气或去氧。它的目的在于：

a. 脱去果汁内的氧气，从而防止维生素等营养成分的氧化，减轻色泽的变化，防止挥发性物质的氧化及异味的出现。

b. 除去附着在果汁、菜汁悬浮颗粒上的气体，防止装瓶后固体物的上浮，保持良好的外观。

c. 减少装瓶和高温瞬时杀菌时起泡，而影响装罐和杀菌效果，防止浓缩时过分沸腾。

　　d. 减少罐头内壁的腐蚀。

　　脱气的方法有加热、真空法、化学法、充氮置换法等，且常结合在一起使用，如真空脱气时，常将果汁适当加热。

　　（5）果蔬汁的糖酸调整与混合

　　有些果汁并不一定适合消费者的口味，为使果汁符合产品规格要求和改善风味，需要适当调整糖酸比例。但调整范围不宜过大，以免果汁失去原有的风味。一般绝大多数果汁成品的糖酸比例在（13:1）～（15:1）为宜，但果汁饮料的糖酸比大于果汁的糖酸比，其适宜的糖酸比来源于市场调查；蔬菜汁一般需用食盐味精进行调味。调整的方法有糖酸调整法（即在新鲜果蔬汁中加入砂糖和酸味剂进行调整），还有采用不同品种原料混合法，以取长补短，如宽皮橘类缺乏酸味和香味，可加入风味较浓烈的橙汁；玫瑰香葡萄风味较好，但色淡、酸度低，可与深色品种葡萄相混合等。

　　糖酸调整工序通常在均质、浓缩、干燥、充气等以前进行，澄清果汁则在澄清后进行，有时也可在特殊工序中间进行。

　　（6）果汁的浓缩

　　浓缩果汁、菜汁较之直接饮用汁具有很多优点。它容量小，可溶性固形物可高达65%～68%，可节省包装和运输费用，便于贮运；果汁、菜汁的品质更加一致；糖、酸含量的提高，增加了产品的保藏性；最后，浓缩汁用途广泛。因此，近年来产量增加很快，橙汁和苹果汁尤以浓缩形式为多。

　　理想的浓缩果蔬汁，在稀释和复原后，应和原果蔬汁的风味、色泽、混浊度相似，因而加热的温度、果蔬汁在浓缩机内的停留时间就显得很重要，目前所采用的浓缩方式，主要是真空降膜式浓缩机，对于带肉果汁、番茄浆等则可采用盘管和强制循环式，高浓缩度果蔬汁用搅拌薄膜式浓缩。但不管哪一种机械，均需在减压下完成浓缩。此外，还有冷冻浓缩法，反渗透、超滤浓缩法等。

　　（7）果蔬汁的杀菌和包装

　　① 杀菌：果蔬汁饮料的杀菌工艺正确与否，不仅影响到产品的保藏性，而且影响到产品质量，是非常重要的一项工艺。果蔬汁的杀菌主要有热杀菌和冷杀菌两大类，其中热杀菌应用最为普遍，目前的杀菌几乎都采用热杀菌中的高温短时间杀菌工艺（HTST）以及超高温瞬时杀菌工艺（UHT），后一种可直接进行无菌罐装，产品质量大为改善，并延长了保质期。冷杀菌主要有高压杀菌等。

　　② 包装：目前常用的包装容器有三片罐（包括普通罐和易拉罐）、两片罐（易拉罐）、利乐包、玻璃罐及聚酯瓶等。灌装机有重力式、真空式、加压式和气体信息控制式等。

　　果蔬汁的装填方法有高温装填法和低温装填法两种。一般果实饮料的灌装，除纸质容器外，几乎都用热灌，罐装密封后中心温度控制在70℃以上。这种灌装方式一方面可利用果汁的热量对容器内表面进行杀菌，如果密封性完好的话，就能继续保持完好的杀菌状态；另一方面，由于满量灌装，冷却后果汁容积缩小，容器内形成一定的真空度能较好地保持果汁品质，但果汁在杀菌之后到装填冷却之后所需的时间，一般为 3 min 以上，再缩短是困难的，因此热所引起的品质下降是很难免的。

低温装填法是将果汁加热到杀菌温度之后保持短时间，然后通过热交换器立即冷却至常温或常温以下，将冷却后的果汁进行无菌装填。这样，热对果汁品质的继续影响就小，可以得到优质产品。目前，大型厂家普遍采用无菌灌装系统进行果蔬汁灌装。

浓缩果汁通常采用内衬复合铝箔袋的 200 L 铁桶包装。

（二）果蔬汁饮料的质量问题

1. 褐变

褐变是指产品的色泽变为褐色，例如苹果汁、香蕉汁在加工时或贮藏期间颜色会由浅黄色、黄色变成褐色或深褐色。

褐变包括酶促褐变和非酶褐变。酶促褐变是果蔬汁中的多酚类物质在多酚氧化酶及氧的作用下产生褐色素。非酶褐变主要原因是美拉德反应的结果，此外还有维生素 C 褐变。

防止方法：加热钝化和尽量排除氧（每克维生素 C 能除去 1 mL 空气中的氧）；加热时勤搅拌防糊底褐变；选择单宁少的原料；加工时应用蔗糖，少用还原糖；选择适宜的 pH 防止维生素 C 褐变。

2. 澄清汁的后浑浊

果蔬汁在装瓶后贮藏过程中产生的浑浊、继而形成沉淀的现象称为澄清汁的后浑浊，它直接影响产品的货架期，因此成为制约果汁工业发展和果汁品质的重要问题。造成果蔬汁饮料混浊的主要原因有：一是果胶、单宁、蛋白质、淀粉等物质引起，此现象主要是澄清效果不好所致，此外是由生产环节卫生控制不当或杀菌条件不合适等，导致微生物污染而引起，再者，水的硬度高也是不可忽视的因素。

生产上采用软水加工；提高澄清处理效果；工艺上注意操作卫生和规范生产工艺条件等，以避免后浑浊的发生。

3. 混浊果蔬汁的分层

混浊果蔬汁，特别是瓶装混浊果蔬汁或带肉果汁，保持均匀一致的质地对品质至关重要。要使混浊物质稳定，就要使其沉降速度尽可能降至零。其下沉速度一般认为遵循斯托克斯方程。

$$v = \frac{2gr^2 (\rho_1 - \rho_2)}{9\eta}$$

式中：v——沉降速度；

g——重力加速度；

r——混浊物质颗粒半径；

ρ_1——颗粒或油滴的密度；

ρ_2——液体（分散介质）的密度；

η——液体（分散介质）的黏度。

据此，为了使混浊果蔬汁稳定，可采取如下措施，如工艺上均质处理以降低颗粒的体积，采取脱气处理，加热钝化酶，必要时可加入适量增稠剂等。

4. 维生素的损失

维生素尤其维生素 C 易被氧化，不仅会造成维生素 C 的损失，还会因为维生素 C 的氧化而引起果蔬汁饮料质量劣变，维生素 C 还会参与褐变。果蔬汁中维生素 C 稳定性的因素包括果蔬汁的酸度、热处理程度、饮料中氧含量、贮藏温度、果蔬汁酶的存在等。

5. 绿色果蔬汁的变色

绿色果蔬汁的色泽来源于叶绿体，其基本结构为 4 个吡咯环的共轭体系，其中 4 个氮与镁配合成金属配合物，在酸性条件下易被 H^+ 取代变成脱镁叶绿素，色泽变暗。可采取稀碱液中浸泡、加其他物质如 Cu^{2+} 取代 H^+ 等护色方法。

6. 柑橘类果汁的苦味与脱苦

柑橘类果汁在加工过程中或加工后常易产生苦味，主要成分是黄烷酮糖苷类和三萜类化合物。属于前一类的有柚皮苷、橙皮苷、枸橘苷等，称前苦味物质；后一类有柠碱、诺米林、艾金卡等，称后苦味物质（迟发苦味）。前苦味物质存在于白皮层、种子、囊衣中，是葡萄柚、早熟温州蜜柑的主要苦味物质。后苦味物质是橙类的主要苦味物质，如柠碱，在果汁加工中表现为所谓的"迟发苦味"，即后苦味。主要防止措施如下：选择苦味物质含量少的优质原料；改进取汁方法；采用酶法脱苦、吸附或隐蔽法脱苦等。

三、豆乳饮料生产关键技术

（一）豆乳的营养价值及分类

1. 豆乳的营养价值

我国植物蛋白资源丰富，以大豆为例，我国是世界四大生产国之一。我国食品结构的缺陷是蛋白质含量偏低，奶源严重缺乏，因此，发展植物蛋白饮料正是适应了我国国情，提高国人蛋白质摄入量的一个有效补充措施。

豆乳中含有丰富而优良的蛋白质，其蛋白质氨基酸组成接近理想蛋白质的氨基酸组成，且不含胆固醇，而含有较多的不饱和脂肪酸、维生素、矿物质。其中尤以不含胆固醇，含较多的不饱和脂肪酸及维生素 E 对人体极为有利，可以起到某些保健作用。另外，矿物质中含 K 较多，作为一种碱性食品，可以缓冲鱼肉等酸性食品的不良作用，维持酸碱平衡。

2. 豆乳的分类

植物蛋白饮料是用蛋白质含量较高的植物的果实、种子或核果类、坚果类的果仁等为原料，经加工制成的制品，成品中蛋白质含量不低于 0.5%（m/V）。分为豆乳类饮料、椰子乳（汁）饮料、杏仁乳（露）饮料、其他植物蛋白饮料。

① 豆乳类饮料（Soy bean drinks）：以大豆为主要原料，经磨碎、提浆、脱腥等工艺制得的浆液中加入水、糖液等调制而成的制品，如纯豆乳、调制豆乳、豆乳饮料。

② 椰子乳（汁）饮料（Coconut milky drinks）：以新鲜、成熟适度的椰子为原料，取其果肉加工制得的椰子浆中加入水、糖液等调制而成的制品。

③ 杏仁乳（露）饮料（Apricot kernel milky dinks）：以杏仁为原料，经浸泡、磨碎等工艺制得的浆液中加入水、糖液等调制而成的制品。

④ 其他植物蛋白饮料（Other vegetable protein drinks）：以核桃仁、花生、南瓜子、葵花子等为原料经磨碎等工艺制得的浆液中加入水、糖液等调制而成的制品。

豆奶饮料是利用大豆制成的无豆腥味、苦涩味、无膨胀性，而且不含营养抑制因子，在感官质量上接近于牛乳的产品。开发研制以国家标准为依据的豆乳系列产品既符合功能食品的发展方向，又是贯彻国家"大豆行动计划"和"国家大豆振兴发展计划"、提高全社会健康水平的积极举措。

（二）豆乳类饮料制造上的技术关键

1. 豆腥味的脱除

大豆豆腥味主要是由于脂肪氧化酶作用于不饱和脂肪酸的结果。生产豆乳时要防止豆腥味的产生就必须钝化脂肪氧化酶，脂肪氧化酶的失活温度为 $80 \sim 85\,^{\circ}\mathrm{C}$，故用加热的方法可使脂肪氧化酶丧失活性。加热方法有干豆加热再浸泡制浆和先浸泡再热烫后磨浆两种，其中后一种方法豆腥味仍较重，这可能是由于水浸泡时脂肪氧化酶活性增强且利于脂肪氧化反应进行的缘故。但是在加热钝化酶过程中，碰到了一个矛盾之处，即加热可使酶钝化的同时也使得其蛋白质受热变性，这样就降低了蛋白质的溶解性，不利于磨浆时蛋白质的抽提。因此，生产中一方面要防止豆腥味的产生，另一方面又要保持大豆蛋白质较高的溶解性。防止豆腥味的生产的关键就是在大豆破碎之前钝化脂肪氧化酶的活性。对此，国内外特别是日本有很多脱腥增香、改善风味的专利报道。

目前较好的钝化酶的方法有远红外加热法、热磨法、预煮法等；真空脱臭可消除已经产生的豆腥味物质；采用酶法脱腥也可除去豆腥味，如利用蛋白质分解酶作用于脂肪氧化酶，用醛脱氢酶、醇脱氢酶作用于醛、酮、醇类，消除豆腥味。此外还可结合环状糊精、聚磷酸盐等药物处理、添加香精等风味剂掩盖或通过发酵作用（乳酸菌、生香菌等）来改善豆乳风味。上述方法可以单用也可联合使用，后者效果更好。

2. 苦涩味的脱除

传统的豆浆有轻微的苦味和涩味，不同的人有不同感觉，豆腥味气越强的制品苦涩味也越强。即使是大豆粉或大豆蛋白浓缩物。也有不同程度的苦涩味。那么苦涩味的成分到底是什么呢？

豆乳中苦涩味的产生是因为大豆在加工生产豆乳时产生了具有各种苦涩味的物质。如卵磷脂氧化生成的磷脂胆碱，蛋白质水解产生的苦味肽，相对分子质量 800 以下的二至四肽，及部分具有苦涩味的氨基酸、有机酸、不饱和脂肪酸氧化产物黄酮类，都是构成豆乳苦涩味的物质。它们能否产生苦涩味在于它们的结构中是否存在疏水性基团，尤其是环状疏水基团。

防止的方法是在生产豆乳时尽量避免生成这些苦味物质，如控制蛋白质水解，添加葡萄糖内酯，控制加热温度及时机，控制溶液接近中性。另外，发展调制豆乳，不但可掩盖大豆异味，还可增加豆乳的营养成分及新鲜口感。还可以用加入牛奶或奶粉、果汁、咖啡、可可、香兰素等物质来掩蔽。单纯的豆奶是难以完全除去涩味的。

3. 生理有害因子

生豆浆会引起中毒，是因为大豆中存在淀粉酶抑制因子、胰蛋白酶抑制因子、大豆凝集素、大豆皂苷及棉籽糖、水苏糖等低聚糖类。淀粉酶抑制因子和胰蛋白酶抑制因子可抑制淀粉酶和胰蛋白酶活力，大豆凝集素能使红细胞凝集，大豆皂苷则有溶血作用，低聚糖则会引起胀气。其中大豆皂苷能溶解血栓，可将其提取出来用于治疗心血管病。

这些生理有害因子中，胰蛋白酶抑制因子，属于蛋白质类，耐热性强，不易被破坏。生吃大豆，由于胰蛋白酶的作用受阻碍，会引起胰腺肿大等病变。所以胰蛋白酶抑制物深为食品加工技术和营养专家们所重视。通常认为至少需钝化80%或90%的胰蛋白酶抑制物活性，方可饮用。钝化后，蛋白质的生理效价也明显提高。有报道经下列处理后，可达到钝化胰蛋白酶的目的：

100℃加热至少10 min，以14-20 min为好；

110℃加热至少5 min，以7 min为好；

115℃加热至少3 min，以6 min为好；

120℃加热至少2 min，以5 min为好。

其他生理有害因子不耐热，在钝化胰蛋白酶抑制因子时即可使它们被破坏或变性。

4. 脂肪析出、絮状沉淀和褐变

豆乳中含有少量脂肪，容易出现脂肪析出现象，附着在瓶颈，影响外观。可采取均质处理，并加入适当的乳化剂加以解决。

全脂豆乳饮料经过二次杀菌处理，蛋白质可能会因变性产生少量沉淀。可通过调节豆乳的pH在6.5以上，远离蛋白质的等电点，并加入稳定剂，如0.3%~0.4%的明胶等处理；加强卫生管理，避免微生物污染等。

生产中加入的糖类会与蛋白质等羰基类化合物发生美拉德反应引起褐变，此外，如果工艺处理不好，还会因焦糖化反应而引起褐变，这一点尤其在实验室配制时操作不当易引起。因此，豆浆经脱臭、灭菌、均质后，待冷却到30℃左右时加入糖，再灌装进行二次杀菌。使用非还原性双糖，不用还原糖或采用不参与褐变反应的甜味剂替代蔗糖，或控制二次杀菌时的温度、时间及采取反压降温等措施，均可降低或避免褐变反应。

5. 口感粗糙

有些豆乳组织粗糙，有粒子的感觉，刺激口腔和喉咙，造成不适感觉，产品稳定性差，存放时会产生沉淀。可通过控制磨浆时的粒度和均质处理来提高豆乳的口感和稳定性。

（三）豆奶生产的基本工序

1. 工艺流程

大豆→清杂→去皮→浸泡→磨浆→分离→调配→均质→杀菌→真空脱臭→包装→成品

豆奶生产工艺不同厂家有不同的工艺。有的无浸泡而直接磨浆，也有的干磨成分后而直接调浆，也有的杀菌在均质前也有的在均质后。这里是豆奶生产的基本工序。

① 清杂：因为大豆表皮上有皱纹，尘土和微生物附着其中，浸泡前应充分洗净，至少用清水洗三遍。

② 去皮：对于采用大豆不经浸泡而直接加水磨浆，干磨成粉后再调浆的加工方法时，应先对大豆进行脱皮处理。这样也可生产出品质优良的产品，且可免除浸泡工序中污水处理问题。采用浸泡工艺的，有的厂家去皮，有的厂家不去。对脱皮大豆要求其水分含量在13%以下。

③ 浸泡：目的是软化细胞组织结构，降低磨浆时的能耗与磨损，提高胶体的分散程度和悬浮性，增加收得率。

通常将大豆浸泡于3～4倍的水中。一般浸泡至豆瓣表面平服，中心与边缘色泽一致，横面易于断开即可。浸泡温度越高，时间越短；一般水温70℃时，浸泡时间为0.5 h；水温30℃左右，浸泡时间为4～6 h。

④ 磨浆与分离：可采用热磨法（80～100℃的热水混合），用磨浆机或胶体磨，万能磨等。有些工厂采用二次磨浆，先粗磨再细磨。采用离心机进行离心，以热浆进行分离，降低黏度。要求浆体的细度应有90%以上的固形物通过150目滤网。

⑤ 调配：纯豆奶经调制后可生产出在营养上和口感上近与牛奶的调制豆奶，亦可调制成各种风味的豆奶饮料，或者酸性豆奶饮料，根据生产目的不同进行不同的调配。豆奶虽然含有丰富的营养全面的蛋白质和大量不饱和脂肪酸，但也有它的不足之处，如在营养上，维生素方面，豆奶中维生素 B_1、B_2 含量不足，维生素 A 和 C 含量很低，不含有维生素 B_{12} 和维生素 D，无机盐方面钙盐含量偏低，口感不及牛乳等。这就需要我们调制时加以注意，尤其是在生产婴儿豆奶或营养豆奶时。

在营养上，维生素 B_1、维生素 B_2 和维生素 D 等都有必要进行强化。无机盐方面，最常补的是钙盐，以碳酸钙为最好，宜均质前添加，避免沉淀。

改善风味上，可通过添加油脂提高口感和改善色泽；此外，为了增加滑嫩的口感和香气，可添加一些奶粉，鲜奶；还可添加咖啡、可可、椰浆等调味。

豆乳中脂肪、蛋白质含量丰富，易变性而不稳定。需加入增稠剂、乳化剂改善稳定性。常用的有黄原胶、CMC－Na 等，用量为：0.05%～0.1%。

⑥ 加热杀菌与脱臭目的：一是杀灭有害的微生物如致病菌和腐败菌；二是为了破坏不良因子，特别是胰蛋白酶抑制物。

采用超高温短时间连续杀菌法（UHT）。就是在 130 ～ 150℃ 下，加热几秒至数十秒的时间后迅速冷却。由于加热时间短，营养损失少，制品在色香味上都较好。

豆奶工业中所用的超高温短时杀菌设备，一般与脱臭设备组合在一起，用蒸汽直接加热，这样可有效地除去豆奶中挥发性的不良气味，是迄今为止最有效的加热和脱臭的方法。

⑦ 均质：均质的目的是破碎脂肪球等粒子，使豆奶稳定和口感。均质效果有三个因素决定：均质压力，温度，次数。一般条件许可的话压力、温度越高越好，次数增加也好。

从工艺流程的安排上来讲，均质可在杀菌脱臭前进行，也可在脱臭后进行，各有利弊。

⑧ 包装：可采用散装，亦可采用塑料袋，复合蒸煮带和玻璃瓶等包装。无菌包装是目前发展迅速的包装形式。

四、茶饮料生产关键技术

我国是世界上最早发现并利用茶叶的国家，栽培茶树和饮用茶的历史有 3000 ～ 4000 年，被誉为中华民族的"国饮"。在相当长的历史时期中，我国的茶叶产量和出口量居世界第一位。国内罐装茶饮料的开发生产兴起于 80 年代初，但真正的规模化生产则始于 90 年代初，在外资的渗透下，逐步地增长。截止 2005 年，中国约有茶饮料生产企业近 40 家，其中大中型企业有 15 家，上市品牌多达 100 多个，有近 50 个产品种类。而与此同时，中国茶饮料消费市场的发展速度更是惊人，几乎以每年 30% 的速度增长，占中国饮料消费市场份额的 20%，超过了果汁饮料而名列饮料市场的"探花"，大有赶超碳酸饮料之势。随着茶饮料的出现及市场的繁荣，中国茶产业将迎来更加美好的前景。

（一）茶饮料的功能及分类

1. 茶饮料的功能

茶叶含有丰富的生理活性物质，目前人们已鉴定出的化学成分达 500 多种。这些物质对人体的药理功能是茶叶作为人类重要饮料的决定因素。

现代化学和药理研究证明，茶叶所含的生物碱绝大多数是咖啡碱及少量的可可碱，茶叶碱等黄嘌呤类衍生物，此外，茶叶中还含有游离儿茶素或酯型儿茶素及多种维生素、矿物质、蛋白质和糖等。这些物质共同作用的结果，使得茶具有以下的功效：醒脑提神；止渴、解热、消暑；利尿；明目；促进消化；解毒、消炎及抗菌整肠；缓解糖尿病的症状；促进血液循环，降血压、血脂、缓解心绞痛等；抗放射性危害；抗氧化，能清除自由基及抗癌等。

罐装茶饮料的出现，由于省去了传统冲泡法所需的大量时间，可适应人们快节奏的现代生活，再加上其所具有的上述保健功效，使得世界上兴起了一股茶饮料热。

今后我国茶饮料的发展方向，一是增加品种，二是强调其功能性。

在我国，茶饮料业有着广阔的前景，市场是巨大的。虽然目前它还处于开发期，有待于被广大消费者认识和接受，但这也正是开拓进取的契机。

2. 茶饮料的分类

茶饮料是指用水浸泡茶叶，经抽提、过滤、澄清等工艺制成的茶汤或在茶汤中加入水、糖液、酸味剂、食用香精、果汁或植（谷）物抽提液等调制加工而成的制品。

根据中华人民共和国国家标准 GB/T 10789—2007《饮料通则》GB/T 21733—2008及行业标准 QB2499-2000《茶饮料》，茶饮料分为以下 7 类：

① 茶汤（Tea beverage）：以茶叶的水提取液或其浓缩液、茶粉等为原料，经加工制成的，保持原茶汁应用风味的液体饮料，可添加少量的食糖和（或）甜味剂。

② 复（混）合茶饮料（Blended tea beverage）：以茶叶和植（谷）物的水提取液或其浓缩液、干燥粉为原料，加工制成的，具有茶与植（谷）物混合风味的液体饮料。

③ 果汁茶饮料和果味茶饮料（Fruit juice tea beverage and fruit flavored tea beverage）：以茶叶的水提取液或其浓缩液、茶粉等为原料，加入果汁、食糖和（或）甜味剂、食用果味香精等的一种或几种调制而成的液体饮料。

④ 奶茶饮料和奶味茶饮料（Milk tea beverage and milk flavored tea beverage）：以茶叶的水提取液或其浓缩液、茶粉等为原料，加入乳或乳制品、食糖和（或）甜味剂、食用奶味香精等的一种或几种调制而成的液体饮料。

⑤ 碳酸茶饮料（Carbonated tea drinks）：以茶叶的水提取液或浓缩液、茶粉等为原料，加入二氧化碳、食糖和（或）甜味剂、食用香精等调制而成的液体饮料。

⑥ 其他调味茶饮料（Other flavored tea beverage）：以茶叶的水提取液或其浓缩液、茶粉等为原料，加入除果汁和乳之外其他可食用的配料、食糖和（或）甜味剂、食用酸味剂、食用香精等的一种或几种调制而成的液体饮料。

⑦ 茶浓缩液（Concentrated tea beverage）：采用物理方法从茶叶水提取液中除去一定比例的水分加工制成，加水复员后具有原茶汁应有风味的液态制品。

（二）茶饮料的工艺流程及要点

1. 茶饮料的工艺流程

（1）茶汤饮料生产工艺

茶叶→热浸提→过滤→茶浸提液→调和→过滤→加热（90℃）灌装→充氮→密封→灭菌→冷却→检验→成品

（2）调味茶饮料生产工艺

溶糖→过滤

↓

茶叶→热浸提→过滤→调配——→过滤→杀菌→灌装→检验→成品

↑

酸、香精等

2. 工艺要点

① 原料：用于茶饮料的茶叶原料主要是红茶、绿茶、乌龙茶。其中以红茶居多，其次是乌龙茶。选择茶叶时应注意不同种类和产地对茶叶的风味的影响较大。茶叶要选择当年的茶叶，最好是新茶。

选择茶叶时应注意按原料茶叶种类和产地的不同，采取不同的搭配的形式。

② 浸提：一般选用脱氧的去离子水浸提。影响浸提的因素有茶水比、浸提温度、浸提时间、茶叶颗粒大小等。有许多报道中使用的茶水比为1:100（mg/L），即茶叶浓度为1%（mg/L）。但按这个比例生产茶饮料时生产动力消耗较大，一般在实际生产中按1:(8~20)的比例生产浓缩茶，配制茶饮料时再稀释即可。浸提温度一般80~95℃。萃取时间一般不超过20 min（10~15 min）。茶叶粒径大小一般选择40~60目，茶叶粒径太大，则茶叶中的有效成分不容易萃取出来；粒径太小，则会为后续的过滤工序带来困难。

③ 过滤澄清：茶叶浸提结束之后应立即过滤除去浸提液中的茶渣及杂质，并迅速降低其温度。由于茶汤中含有淀粉、果胶、蛋白质、茶多糖等大分子物质，还含有小分子物质如茶多酚、咖啡碱、氨基酸等，如不采取适当方法进行澄清处理，这些物质就会在低温下或在贮藏中产生浑浊沉淀。澄清处理的方法有低温沉淀法、离子螯合法、膜过滤法、酶法等。

④ 调和：由于茶汤极易氧化褐变，并改变了茶饮料的风味，因此需要加入一些抗氧化剂。常用的抗氧化剂是维生素C及其钠盐，也可使用异抗坏血酸及其钠盐。如茶饮料偏酸，则需调整pH，一般常用碳酸氢钠调节。在茶饮料滋味允许的前提下，宜将pH调低一些，这样既有利于保持茶饮料中儿茶素等物质的稳定性，还具有防止微生物滋长的作用。

⑤ 杀菌：杀菌可采用常规方法，也可采用其他方法。使用常规的杀菌釜杀菌，茶饮料极易褐变，并产生杀菌不良气味，尤其绿茶饮料更为严重，因此建议采用UHT方法或其他方法杀菌。经过上述方法即可制得茶浸提液。

⑥ 调配、过滤：精滤后的茶浸提液，稀释至适当的浓度，按制品的类型要求，可不添加任何其他配料制成单一茶饮料。如果是生产调味茶饮料，则加入糖、酸味剂、原果汁（或浓缩果汁）、乳制品、香精、香料及非果蔬植物抽提液等配料制成其他类型的茶饮料，如果汁茶饮料、果味茶饮料等、调配后过滤，除去可能存在的沉淀物。

⑦ 加热灌装：过滤后的混合液经板式热交换器加热至85~95℃进行热灌装。然后充氮、密封。如是无菌灌装则采用UHT杀菌，冷却后进行无菌灌装。

⑧ 杀菌：茶饮料属于低酸性饮料，pH在6.0以上，要采用高温杀菌。纯茶饮料可采用121℃、5 min以上或115℃、15 min的杀菌工艺，可达到预期杀菌效果。其他茶饮料根据产品所含配料的不同而采取不同的杀菌工艺。冷杀菌工艺可保证茶饮料质量。

（三）茶饮料生产中常见质量问题分析

1. 冷后浑

茶的浸提汁放冷后，会出现乳酪状的浑浊物，这种现象称为"冷后浑"，这种浑浊的乳状物称为茶乳酪（tea cream）。

（1）沉淀物的形成原因

茶饮料沉淀物的主要成分是茶多酚、氨基酸、咖啡碱、蛋白质、果胶、矿物质等，这些物质在水溶液中发生一系列变化，主要是分子间的氢键、盐键、疏水作用、溶解特性、电解质、电场等的变化，从而导致茶汤沉淀。

茶乳酪主要是茶多酚与咖啡碱的缔合物。在茶乳酪形成的条件中，以温度、浓度、酸碱度最为重要。

（2）解决办法

目前处理"冷后浑"问题的方法大致可分为两大类：化学方法和物理方法。

① 物理方法：低温沉淀法，即将茶提取液迅速冷却，使茶汁混浊或沉淀快速形成后，用离心或过滤的方法去除，以提高茶汁的澄清度；或采用超滤（UF）、微滤（MF）等技术，去除茶汁中大分子化学成分如蛋白质、果胶、淀粉等，可获得澄清透明的茶汁。

② 化学方法：

a. 添加酶类：在茶汁中添加单宁酶、纤维素酶、蛋白酶或果胶酶，可使大分子物质分解，从而减少浑浊沉淀现象，提高茶汁的澄清度。采用复合酶的效果优于单一酶。

b. 转溶：氢键是一种比较弱的共价键，在茶汁中添加碱液，使茶多酚与咖啡碱之间络合的氢键断裂，且与茶多酚及其氧化物生成稳定性的水溶性很强的盐，避免茶多酚及其氧化物同咖啡碱络合而增加大分子成分的溶解性，促进茶沉淀的形成，再用酸调节，茶汁经冷却和离心后即可增加澄清度。常用的碱有氢氧化钠、氢氧化钾、氢氧化铵、亚硫酸钠、低亚硫酸钠等。此外还有其他方法转溶。

c. 添加大分子胶体物质：可在茶饮料中添加大分子胶体物质如阿拉伯胶、海藻酸钠、蔗糖脂肪酸脂等。由于这些物质具有良好的乳化作用和分散作用，使茶汁中可溶性成分的分散性得到改良，可避免在低温下产生浑浊，并可提高茶汁的色香味。

d. 去除茶汁部分内含物：添加少量吸附剂等物质，去除茶汁中部分茶多酚或咖啡碱，使茶汁中形成浑浊沉淀的成分比例失调，从而减少沉淀产生。

茶饮料出现的浑浊沉淀主要是茶叶内含成分引起的，也是茶饮料风味物质所在。解决茶饮料浑浊沉淀的措施要本着既不会造成茶汤成分过分损失或风味的过多改变，又能合理、有效地解决茶汤沉淀问题这一原则。

2. 褐变

（1）产生原因

多酚类色素、茶红素、茶黄素、叶绿素是茶汤中的主要色素物质，易受酸、碱、温度、光照、氧等因素的作用而使茶变色，产生不悦目的色彩。如叶绿素的水解、黄酮类物质的氧化、环境 pH 对花色素的影响等等均会导致茶汤的变色。茶汤中的主要成分儿茶素的氧化途径为：儿茶素→邻醌→茶黄素→茶红素→茶褐素。乌龙茶和红茶茶汤汤色的褐变则取决于这种变化：茶黄素→茶红素→茶褐素。

（2）茶汤的护色方法

① 原料的选取：制绿茶的原料以炒青者为佳，半烘炒者次之，烘青者较差。这是因为全炒青的绿茶叶绿素保留最多，半烘炒者次之，烘青者最少，而黑褐色的脱镁叶绿素的形成则相反。

② 冷浸提：加热（包括萃取和杀菌）可使茶汤汤色发生不同程度的褐变加深，在低温下萃取则可避免高温对茶汤色素的不利影响。结合使用果胶酶、纤维素酶等不但可起到护色作用，而且可提高萃取效率。

③ 改变茶汤的 pH：茶汤中的儿茶素虽不是茶汤的呈色物质，但如被氧化或在强酸或偏碱条件下则变褐，对茶汤汤色极为不利。pH4 ~ 8 内，儿茶素的稳定性随 pH 升高而降低。林亲禄（1996）发现绿茶茶汤色泽与其总还原力具有显著线性关系，还原力越强则茶汤绿色度越好。

④ 添加抗氧化剂：氧气对茶汤汤色影响较大，因而添加抗氧化剂对改善茶汤汤色极为重要。常用的抗氧化剂是维生素 C。一般添加量为 400 ~ 600 mg/kg。

⑤ 分子包埋法：β - 环状糊精是茶饮料（尤其速溶茶）生产中常用的分子包埋剂。在茶饮料中应用具有如下特点：可包埋香气组分，使香气组分稳定，防止加热损失及裂变。可包埋茶汤中茶多酚、叶绿素等物质，因而可减少沉淀现象，具有显著的护色作用。防止茶饮料产生杀菌不良气味。减少茶汤的苦涩味和收敛味。

⑥ 酶法：将单宁酶/葡萄糖氧化酶混合使用分解茶汤中的茶乳酪，并用于茶汤的护色。在实际应用中葡萄糖氧化酶常与过氧化氢酶结合使用。单宁酶和环状糊精混合使用也可避免由于单一使用单宁酶而造成的口味变酸和色泽变化。

⑦ 离子护色法：茶汤中的色素物质包括脂溶性色素（叶绿素、叶黄素、类胡萝卜素）和水溶性色素（花色素、黄酮类、氧化多酚色素等）。在绿茶茶汤中，叶绿素是重要的呈色物质之一，但该色素很不稳定，当其分子中镁离子被氢取代后会生成脱镁叶绿素，使绿茶茶汤发生褐变，当加入 Cu^{2+} 或 Zn^{2+} 后又可恢复绿色，且稳定性大大提高。在红茶和乌龙茶茶汤中，Al^{3+} 可使茶汤更为明亮。然而，Zn^{2+} 和 Al^{3+} 却会与茶汤物质生成沉淀，因而，使其使用受到限制。

⑧ 添加色素：在红茶和乌龙茶色泽生产中，一些茶饮料厂家仅使用极少量红茶或乌龙茶提取液（或速溶茶粉），再加入焦糖色素着色，添加红茶或乌龙茶香精调香，如此可制得基本具有红茶和乌龙茶色泽并且不产生沉淀之茶饮料。

⑨ 杀菌方法：采用一般的杀菌釜杀菌，由于儿茶素等物质的氧化使茶汤汤色发生极为显著的褐变，且产生杀菌不良气味。采用超高温杀菌（温度 135 ~ 150℃，2 ~ 8 s），对茶饮料品质影响极小。其他尚在研究中的杀菌方法有辐照杀菌、高压杀菌等。

思考题

1. 简述二氧化碳在碳酸饮料中的作用？

2. 简述碳酸饮料的一般生产工艺流程？什么叫现调式和预调式？各有什么特点？

3. 怎样制备调味糖浆？在制备调味糖浆时应注意什么问题？

4. 影响液体中二氧化碳溶解量的因素有哪些？

5. 对汽水生产中所用二氧化碳的质量应有什么要求？二氧化碳的来源有几种？

6. 如何净化二氧化碳？使用二氧化碳时要注意哪些问题？如何表示水或液体中二氧化碳的溶解量？

7. 水在碳酸化前为什么要先进行脱气处理？空气的存在会给汽水生产带来哪些影响？

8. 汽水生产中空气的主要来源是什么？怎样减少空气含量？

9. 在碳酸化工艺中，为什么要设二氧化碳调压站？为什么二氧化碳降压阀会结霜或冻结？怎样防止？

10. 简述碳酸饮料生产中质量问题及解决办法。

11. 何谓果蔬汁饮料？果蔬汁饮料是如何分类的？

12. 果蔬汁榨汁前为什么要进行预处理？简述预处理的方法。

13. 试述澄清汁、浑浊汁、浓缩汁生产上的特有工序及其加工方法和原理。

14. 对破碎和压榨的基本要求是什么？对破碎压榨出的果汁为什么要进行粗滤？

15. 果汁的澄清有哪几种方法？何种较好？

16. 生产混浊果汁时为什么要均质和脱气？如何保证真空脱气的效果？

17. 如何进行果汁的糖酸调整？用两种果汁进行固形物及糖酸比调整，怎样计算？

18. 对果汁杀菌的基本要求是什么？果汁杀菌的方法有哪些？果汁的灌装方式有哪些？

19. 果蔬汁饮料加工中容易出现哪些质量问题？如何解决？

20. 什么是植物蛋白饮料？植物蛋白饮料有哪些种类？

21. 豆乳的豆腥味是怎样产生的？如何克服？

22. 豆乳中的胀气因子指的是什么？

23. 豆乳饮料制造上的基本工序有那些？各工序设计的特点、作用和目的是什么？

24. 简述茶饮料定义和分类。

25. 试述茶饮料生产工艺及其工艺特点。

26. 什么是茶乳酪？茶饮料的沉淀与哪些因素有关？如何防止沉淀？

27. 试分析茶饮料在加工和贮藏中的色泽变化，并指出护色方法及方法原理。

参考文献

［1］周显青. 稻谷精深加工技术［M］. 北京：化学工业出版社，2006.

［2］姚惠源. 稻米深加工［M］. 北京：化学工业出版社，2004.

［3］吴加根. 谷物与大豆食品工艺学［M］. 北京：中国轻工业出版社，1995.

［4］李新华，董海洲. 粮油加工学［M］. 北京：中国农业大学出版社，2002.

［5］刘心恕. 农产品加工工艺学［M］. 北京：中国农业出版社，1998.

［6］田龙宾. 农产品贮运与加工技术［M］. 北京：中国农业科技出版社，2001.

［7］赵晋付. 食品工艺学.［M］北京：中国轻工业出版社，2001.

［8］无锡轻院. 食品工艺学：上册［M］，北京：中国轻工业出版社，1993.

［9］李新华，杜连起，李代发，等. 粮油加工工艺学［M］. 成都：成都科技大学出版社，1996.

［10］叶敏. 米面制品加工技术［M］. 北京：化学工业出版社，2006.

［11］吴坤，李梦琴. 农产品储藏与加工学［M］. 石家庄：河北科学技术出版社，1994.

［12］石彦国，任莉. 大豆制品工艺学［M］. 北京：中国轻工业出版社，1998.

［13］周光宏. 畜产品加工学［M］. 北京：中国农业大学出版社，2002.

［14］周永昌. 蛋与蛋制品工艺学［M］. 北京：中国农业出版社，1995.

［15］马美湖. 动物性食品加工学［M］. 北京：中国轻工业出版社，2003.

［16］马美湖. 现代畜产品加工学［M］. 长沙：湖南科学技术出版社，2001.

［17］蒋爱民. 畜产食品工艺学［M］. 北京：中国农业出版社，2000.

［18］张兰威. 蛋制品工艺学［M］. 黑龙江：黑龙江科学技术出版社，1996.

［19］高真编. 蛋制品工艺学［M］. 北京：中国商业出版社，1992.

［20］骆承庠. 畜产品加工学（第二版）. 北京：中国农业出版社，1992.

［21］赵丽芹，张子德. 园艺产品贮藏加工学（第二版）［M］. 北京：中国轻工业出版社，2009.

［22］罗云波，蔡同一. 园艺产品贮藏加工学（贮藏篇）［M］. 北京：中国农业大学出版社，2002.

［23］罗云波，蔡同一. 园艺产品贮藏加工学（加工篇）［M］. 北京：中国农业大学出版社，2002.

［24］陈学平. 果蔬产品加工工艺学［M］. 北京：中国农业出版社，1995.

［25］李家庆. 果蔬保鲜手册［M］. 北京：中国轻工业出版社，2003.

［26］叶兴乾. 果品蔬菜加工工艺学［M］. 北京：中国农业出版社，2002.

［27］赵晨霞．果蔬贮藏加工技术［M］．北京：科学出版社，2004．

［28］邵宁华．果蔬原料学［M］．北京：农业出版社，1992.

［29］龙燊．果蔬糖渍工艺学［M］．北京：中国轻工业出版社，1987.